JINGXI HUAGONG CHANPIN
YUANLI YU GONGYI YANJIU

精细化工产品原理与工艺研究

程海涛　编著

化学工业出版社
·北京·

内容简介

本书对精细化工产品生产原理、产业化过程设备、生产工艺流程设计、生产原料精制、生产过程产物分离与提纯、产品功能物质合成技术、配方复配与优化方法进行了完整、精准、详细的论述，针对相关生产工艺流程与设备绘制了工艺流程图。本书突出精细化工产品产业化原理分析、生产工艺设计方法、设备结构解析与创新设计，强化精细化工产品产业实用性、学术水平和理论深度，可作为精细化工产品研发、工艺优化、生产管理、教育教学、市场应用等人员的参考书，同时也可作为高等学校化学工程与工艺、高分子材料与工程、应用化学（工科）、制药工程等相关专业的教材。

图书在版编目(CIP)数据

精细化工产品原理与工艺研究/程海涛编著. —北京：化学工业出版社，2022.10

ISBN 978-7-122-41926-2

Ⅰ. ①精… Ⅱ. ①程… Ⅲ. ①精细加工-化工产品-工艺学-研究 Ⅳ. ①TQ062

中国版本图书馆 CIP 数据核字（2022）第 137869 号

责任编辑：李晓红
文字编辑：王云霞
责任校对：赵懿桐
装帧设计：王晓宇

出版发行：化学工业出版社
（北京市东城区青年湖南街 13 号 邮政编码 100011）
印 装：北京科印技术咨询服务有限公司数码印刷分部
787mm×1092mm 1/16 印张 16 字数 372 千字
2022 年 10 月北京第 1 版第 1 次印刷

购书咨询：010-64518888
售后服务：010-64518899
网 址：http://www.cip.com.cn
凡购买本书，如有缺损质量问题，本社销售中心负责调换。

定 价：98.00 元

前　言

精细化工产业作为化学工业和石油化学工业产业链的重要组成环节，逐步成为现代国民经济的支柱产业。在20世纪，精细化工产业相关理论、生产工艺、产品设计等产业环节得到长足的发展，积累了深厚的理论与实践基础，精细化工产品在满足人类日常衣、食、住、行需求，解决自然资源、能源、环境污染等问题方面发挥了不可替代的推动与支撑作用。进入21世纪20年代，精细化工产业呈现出前所未有的飞速发展，逐步成为整个化学工业和石油化学工业发展的牵引与风向标，整个化学工业和石油化学工业都在精细化、深层次功能化、高效绿色化原则指引下发展，成为化学工业、石油化学工业可持续发展，实现“碳中和、碳达峰”的必然选择。其中，精细化工生产技术、市场需求飞速增长与品质标准提升、生产原料供应能力稳步提高与多样化、产业链创新与转移构成了精细化工产业的挑战与发展机遇。

为了适应精细化工产业的飞速发展与产品需求持续扩大，笔者在从事精细化工产业生产与使用的实践、科学研究、本科化工专业教育教学实践工作的基础上，收集整理相关文献资料，编写成这本书。本书对精细化工产业基本产品与产业前沿产品的生产原理、产业化过程设备、生产工艺流程设计、生产原料精制、生产过程产物分离与提纯、产品功能物质合成技术、配方复配与优化方法进行了完整、精准、详细的论述，针对相关生产工艺流程绘制了工艺流程图。本书突出精细化工产品产业化原理分析、生产工艺设计方法、设备结构解析与创新设计，可作为精细化工产业研发、优化设计、生产过程管理、市场应用等人员的参考，同时也可以作为高等学校化学工程与工艺、高分子材料与工程、应用化学（工科）、制药工程等相关专业的教材与文献资料。

本书为“衡水学院学术专著出版基金资助出版”项目整体研究成果，同时也是教育教学改革研究与实践项目“新时代化工类专业课程‘课程思政’标准化、规范化建设研究（jg2020045）”与“构建‘三全育人、校企贯通’应用型人才培养质量保障体系探索与实践（jg2021023）”、校级课题“新时代衡水学院教育教学质量评价改革研究与实践（2022XZ12）”和“新型撞击流装置强化沧州冬枣原花青素提取工艺及抗氧化性能分析研究（2020ZR02）”、河北省人力资源社会保障研究课题一般项目（JRS-2022-3002和JRS-2020-1105）的实践研究成果。

由于精细化工产业发展日新月异，相关理论与技术工艺不断创新丰富，另外由于编著者水平与文献资料收集范围局限，在编写过程中不可避免地存在不足与疏漏之处，恳请广大读者批评指正，提出宝贵意见和建议。

编著者

2022年9月

目　录

第 1 章
绪论　001

1.1　精细化工与精细化工产业　001
1.2　精细化工产品内涵分析　001
1.3　精细化工产品产业化　003
　1.3.1　精细化工产品产业化特征　003
　1.3.2　精细化工产品的商业特点　005
　1.3.3　精细化工产品的投资效益评价　006
　1.3.4　精细化工与高新技术的关系　007
1.4　精细化工产品的研究与开发　009
　1.4.1　新产品的分类　009
　1.4.2　产品的标准化及标准级别　009
　1.4.3　信息收集与文献检索　010
　1.4.4　市场预测和技术调查　011
　1.4.5　精细化工产品的研发科研课题的来源　012
　1.4.6　科研课题的研究方法　013
　1.4.7　精细化工新产品的发展规律　014
　1.4.8　精细化工新产品产业化过程　015
1.5　精细化工产品的分析研究　019
　1.5.1　精细化工产品分析研究的特点　019
　1.5.2　精细化工产品分析研究的程序　020
　1.5.3　精细化工产品研究分析实例　021
　1.5.4　合成验证与性能测试　022
参考文献　023

第 2 章
精细化工产品产业化工艺流程　024

2.1　产品设计与生产工艺简介　024
2.2　产业化生产工艺流程　025
2.3　生产工艺设计　026

2.4 产业化工艺流程单元操作 028
2.4.1 萃取 028
2.4.2 精馏 032
2.4.3 吸收-解吸 034
2.4.4 干燥 039
2.4.5 传热 040
参考文献 046

第3章 精细化工产品生产原理 047

3.1 合成型精细化工产品的合成基础 047
3.2 单元有机合成反应 048
3.2.1 卤化反应 049
3.2.2 磺化反应 052
3.2.3 硝化反应 059
3.2.4 烃化反应 063
3.2.5 酰化反应 067
3.2.6 偶合反应 070
3.2.7 氧化、还原反应 072
3.2.8 氨基化反应 082
3.2.9 重氮化反应 084
3.2.10 酯化反应 086
3.3 复配型精细化工产品 088
参考文献 091

第4章 洗涤剂生产工艺原理与流程 092

4.1 简介 092
4.2 洗涤剂洗涤过程机理 094
4.2.1 污垢的范畴 094
4.2.2 污垢与附着表面的相互作用 095
4.3 污垢的去除原理 096
4.3.1 固体污垢的去除原理 096

4.3.2 液体污垢的去除原理 096
4.4 洗涤剂核心构成成分功能与效应 097
4.4.1 表面活性剂结构特性（胶束）分析 098
4.4.2 增溶效应机理 098
4.4.3 润湿效应机理 099
4.4.4 发泡与消泡效应机理 100
4.4.5 乳化效应机理 102
4.4.6 去污效应机理 102
4.4.7 表面活性剂的协同效应 103
4.5 皂类洗涤剂生产工艺与设备 104
4.5.1 油脂的精炼 104
4.5.2 皂基的制造 109
4.5.3 肥皂的制造 111
4.6 颗粒状洗涤剂生产工艺与设备 113
4.6.1 高塔喷雾干燥成型原理 113
4.6.2 附聚成型原理 115
4.6.3 流化床成型原理 115
4.6.4 干混法成型原理 116
4.6.5 喷雾干燥与附聚成型组合工艺原理 116
4.6.6 成型工艺的选择原则 116
4.7 液体洗涤剂生产工艺与设备 117
4.7.1 原材料准备 118
4.7.2 复配 118
4.7.3 后处理 119
4.7.4 灌装 120
4.7.5 浆状洗涤剂生产工艺与设备 120
4.8 洗涤剂存在的问题与发展趋势 120
4.8.1 洗涤剂存在的问题 120
4.8.2 洗涤剂的发展趋势 121
参考文献 124

第5章
化妆品生产工艺原理与流程 125

5.1 化妆品简介 125
5.2 化妆品原料 126

5.2.1 基质原料 126
5.2.2 辅助原料 127
5.3 化妆品设计与生产原理 127
5.3.1 保湿化妆品 127
5.3.2 祛斑美白化妆品 129
5.3.3 洁肤化妆品 133
5.3.4 抗衰老和抗皱化妆品 134
5.3.5 防晒化妆品 136
5.3.6 发用化妆品 139
5.3.7 美乳化妆品 140
5.3.8 抑汗除臭化妆品 141
5.3.9 抗粉刺化妆品 142
5.4 化妆品产业化生产工艺流程设计工程化实例 142
5.4.1 膏霜类化妆品产业化生产工艺流程 142
5.4.2 香水类化妆品产业化生产工艺流程 143
5.4.3 美容类化妆品产业化生产工艺流程 143
5.5 化妆品产业化生产设备 144
5.5.1 天然功能产物提取设备 144
5.5.2 乳化设备 148
5.6 化妆品产业的发展趋势 160
参考文献 161

第 6 章
香料与香精生产工艺原理与流程 163

6.1 概述 163
6.2 植物天然香料产业化工艺原理与流程 164
6.2.1 水蒸气蒸馏法 164
6.2.2 溶剂提取法 166
6.2.3 物理压榨法 167
6.2.4 扩散吸收法 168
6.2.5 超临界流体萃取法 169
6.3 单体香料产业化工艺原理与流程 170
6.4 合成香料产业化工艺原理与流程 172
6.4.1 半合成香料 172
6.4.2 整体合成香料 173

6.5 香精产业化工艺原理与流程 174
6.5.1 香精中所含香料分类 175
6.5.2 香精的调配要求 175
6.5.3 香精调配工艺流程 175
6.5.4 香精发展趋势 179
参考文献 179

第 7 章
胶黏剂生产工艺原理与流程 180

7.1 胶黏剂基础知识 180
7.1.1 胶黏剂的种类 180
7.1.2 胶黏剂的组成 181
7.1.3 胶黏剂使用原则 184
7.2 主体粘接物质（基料）的鉴别 184
7.2.1 化学氧化燃烧法 184
7.2.2 热分解鉴别法 185
7.2.3 溶解试验分析法 185
7.2.4 显色反应鉴别法 186
7.2.5 红外光谱分析鉴别法 186
7.3 胶黏剂粘接影响因素及机理 186
7.3.1 胶黏剂粘接影响因素 186
7.3.2 胶黏剂粘接机理 188
7.4 粘接工艺设计 189
7.4.1 胶黏剂主体粘接物质（基料）的确定 189
7.4.2 胶黏剂配方的优化设计 191
7.4.3 粘接工艺步骤 191
7.5 胶黏剂生产工艺 192
7.5.1 天然产物胶黏剂 193
7.5.2 高分子聚合物合成胶黏剂 198
7.5.3 橡胶胶黏剂 206
7.5.4 压敏胶黏剂 207
7.5.5 光敏胶黏剂 208
7.5.6 密封胶黏剂 209
7.6 胶黏剂发展趋势 209
参考文献 210

第 8 章
涂料生产工艺原理与流程 211

8.1 涂料基础知识 212
8.1.1 涂料的作用 212
8.1.2 涂料固化机理 212
8.1.3 颜料的选择 213
8.1.4 固化涂料颜料与主要成膜物质体积比（颜基比） 213
8.1.5 主要成膜物质的发展与选择 214
8.2 涂料分类概述 218
8.3 涂料工艺 219
参考文献 220

第 9 章
电子信息产业精细化工产品 221

9.1 电子产品产业化精细化工产品定义 221
9.2 电子产品产业化精细化工产品主要特征 222
9.3 印制线路板产业化精细化工产品 223
9.3.1 印制线路板的基材 224
9.3.2 线路成像用光致抗蚀剂和网印油墨 224
9.3.3 电镀用化学品 224
9.4 半导体产业化精细化工产品 224
9.5 液晶材料产业化精细化工产品 225
9.6 动力锂电池产业化精细化工产品 225
9.6.1 正极材料 226
9.6.2 负极材料 227
9.6.3 锂离子电池隔膜 229
9.6.4 锂离子电池电解液介质 230
参考文献 231

第 10 章
精细化工产业发展趋势 233

10.1 石油资源化深度拓展对精细化工产业的推动 234

10.2 新型表面活性剂加速化妆品更新换代 236
10.3 功能高分子材料与智能材料融合发展 236
10.4 电子产品产业化精细化工产品 238
10.5 纳米材料与纳米技术 238
10.6 清洁生产理念在精细化工产业化中的应用 239
10.6.1 绿色精细化工技术 240
10.6.2 绿色精细化工技术实例 242
10.6.3 绿色精细化工技术发展趋势 243
参考文献 244

第 1 章
绪论

精细化工是现代化学工业的重要分支，是发展高新技术的重要基础，也是衡量一个国家的科学技术发展水平和综合实力的重要标志之一。精细化工产品是化学工业中用来与基本化工产品相区分的一个专属名词。精细化工是当今化学工业最具活力的新兴领域之一，其产品种类多、附加值高、用途广、产业关联度大，直接服务于国民经济的诸多行业和高新技术产业的各个领域。大力发展精细化工已成为世界各国调整化学工业结构、提升化学工业产业能级和扩大经济效益的战略重点。近几十年来，“化学工业精细化”已成为发达国家化工科技和生产发展的一个重要特征。

1.1 精细化工与精细化工产业

对于“精细化工”，从不同的角度和内容出发，有不同的定义。从精细化工整个技术、工艺、设备所包含的内容进行定义，精细化工是精细化学工业、精细化学工程、精细化学工艺的总称。而从精细化工产业最终提供的商品进行定义，则生产具有功能独特、技术聚集度高、市场商业化成熟度较高、附加值高且可持续等特点的商业化产品的化学工业，称为精细化工。

精细化工产业是物质特性与工艺技术基础研究、产业政策分析与研究、化学合成与成分复配、产品成型工艺研究、产品市场化研究等组成部分的总称。

1.2 精细化工产品内涵分析

20 世纪 70 年代，美国化工战略研究专家 C. Kline 根据化工产品的“质”和“量”引出差别化的概念，把化工产品分为通用化学品、有差别的通用化学品、精细化学品、专用化学品四大类。根据 Kline 的观点，精细化学品是指按分子组成（即作为化合物）来生产和销售的小吨位产品，有统一的商品标准，强调产品的规格和纯度；专用化学品是指小量而有差别的化学品，强调的是其功能。

较为通用的是把化工产品分为通用化工产品（或大宗化学品）和精细化工产品（或精细化学品）两大类。通用化工产品又可分为无差别产品（如硫酸、烧碱、乙烯、苯等）和有差别产品（如合成树脂、合成橡胶、合成纤维等）。通用化工产品用途广泛，生产批量大，产品常以化学名称及分子式表示，规格是以其中主要物质的含量为基础。精细化工产品则分为精细化学品（如中间体、医药和农药以及香精的原料等）和专用化学品（如医药成药、农药配剂、各种香精、水处理剂等），具有生产品种多、附加价值高等特点，产品常以商品名称或牌号表示，规格以其功能为基础。精细化学品是通用化工产品的次级产品，它虽然有时也以化学名称及分子式表示，且规格有时也是以其主要物质的含量为基础，但它往往有较明确的功能指向，与通用化工产品相比，商品性强，生产工艺精细。专用化学品是化工产品精细化后的最终产品，更强调其功能性，一种精细化学品可以制成多种专用化学品，例如酞菁铜有机颜料，同一种分子结构，由于晶型不同、粒径不同、表面处理不同或添加剂不同，可以制成纺织品着色用、汽车上漆用、建筑涂料用或作催化剂用等产品。专用化学品的附加值要比精细化学品高得多。制造专用化学品的专用化技术多种多样，例如分离纯化、复配增效或剂型改造等技术。

“精细化工”是精细化学工业（fine chemical industry）的简称，是生产精细化工产品的工业的通称。“精细化学品”一词国外沿用已久，但迄今尚无统一确切的科学定义。现代精细化工应该是生产精细化学品和专用化学品的工业，我国正是将精细化学品和专用化学品纳入精细化工的统一范畴。因此，从产品的制造和技术经济性的角度进行归纳，通常认为精细化学品是生产规模较小、合成工艺精细、技术密集度高、品种更新换代快、附加值高、功能性强和具有最终使用性能的化学品。我国化工界目前得到多数人公认的定义是：凡能增进或赋予一种（类）产品以特定功能，或本身拥有特定功能的多品种、高技术含量的化学品，称为精细化工产品，有时也称为精细化学品（fine chemicals）或专用化学品（speciality chemicals）。按照国家自然科学技术学科分类标准，精细化工是精细化学工程（fine chemical engineering）的简称，属化学工程（chemical engineering）学科范畴。

随着科学技术的发展及人们生活水平的提高，要求化学工业不断提高产品质量及应用性能，增加规格品种，以适应各方面用户的不同需求。因此精细化工已成为当今世界各国发展化学工业的战略重点，而精细化工产业价值率（简称精细化率）也在相当大程度上反映着一个国家的化工发展水平、综合技术水平以及化学工业集约化的程度。化工产品的精细化工产业价值率可以用下面的式子表示：

$$\text{精细化工产业价值率} = \frac{\text{精细化工产业产品总价值}}{\text{化工产业产品总价值}} \times 100\%$$

范畴是根据归类对象的共同特性，对研究对象进行分类与归纳的依据。精细化工产品的种类繁多，所包括的范围很广，精细化工产品的范畴根据每个国家各自的工业生产体制而有所不同，但差别不大，只是划分的范围宽窄不同。随着科学技术的进步，精细化工产品的分类可能会越来越细。

根据我国原化工部文件的界定及近十年来精细化工工业发展的实践，当代中国精细化工的含义指的是国际上通用的精细化学品和专用化学品的总和，它包括了农药、染料、涂料（包括油漆和油墨）及颜料、试剂和高纯物、信息用化学品（包括感光材料、磁性材料等）、食品和饲料添加剂、胶黏剂、催化剂和各种助剂、化学药品、日用化学品、功能高分子材料等 11 个门类。在催化剂和各种助剂中可分为催化剂、印染助剂、塑料助剂、橡胶助剂、水处理剂、纤维抽丝用油剂、有机抽提剂、高分子化合物添加剂、表面活性剂、皮革助剂、农药用助剂、油田用化学品、混凝土添加剂、机械和冶金用助剂、油品添加剂、炭黑、吸附剂、电子工业专用化学品、纸张用添加剂、其他助剂等 20 个小类。

值得注意的是，精细化工涵盖范围很广，上述分类是我国原化工部在1986年为了统一精细化工产品的口径，加快调整产品结构，发展精细化工，作为计划、规划和统计的依据而提出的。由于当时以计划经济体制为主，条块分割，除了化工部主管精细化工一大块外，其他如轻工业部、卫生部（现国家卫生健康委员会）等部委也分管了一部分，因此以上11大类并未包括精细化工的全部内容。而且由于我国精细化工起步较晚，精细化工产品的门类也比国外少，不过这种差距正在逐步缩小。因新品种不断出现，且生产技术往往是多门学科的交叉产物，除上述11大类之外，生物技术产品、医药制剂、酶、精细陶瓷、精细纳米材料等也归属于精细化工产品。

1.3 精细化工产品产业化

精细化工产品生产的全过程不同于一般化学品，它是由化学合成复配、剂型（制剂）加工和商品化（标准化）三个生产部分组成的。在每一个生产过程中又派生出各种化学的、物理的、生理的、技术的、经济的要求和考虑，这就导致精细化工必然是高技术密集的产业。多品种、系列化和特定功能、专用性质构成了精细化工产品的量与质的两大基本特征。与传统大化工（无机化工、有机化工、高分子化工等）相比，精细化工生产具有自身的一些显著特点。

1.3.1 精细化工产品产业化特征

（1）多品种

从精细化工的分类可以看出精细化工产品必然具有多品种的特点。随着科学技术的进步，精细化工产品的分类越来越多，专用性越来越强，单一产品的应用范围越来越窄。由于单一产品应用面窄，针对性强，特别是专用化学品，往往是一种类型的产品可以有多种牌号，因而新品种和新剂型不断出现。如表面活性剂的基本作用是改变不同两相界面的界面张力，根据其所具有的润湿、洗涤、浸渗、乳化、分散、增溶、起泡、消泡、凝聚、平滑、柔软、减摩、杀菌、抗静电、匀染等表面性能，制造出多种多样的洗涤剂、渗透剂、扩散剂、起泡剂、消泡剂、乳化剂、破乳剂、分散剂、杀菌剂、润湿剂、柔软剂、抗静电剂、抑制剂、防锈剂、防结块剂、防雾剂、脱皮剂、增溶剂、精炼剂等。多品种也是为了满足应用对象对性能的多种需要，如染料应有各种不同的颜色，每种染料又有不同的性能以适应不同的工艺。食品添加剂可分为食用色素、食用香精、甜味剂、营养强化剂、防腐抗氧保鲜剂、乳化增稠品质改良剂及发酵制品等七大类，约一千余个品种。

随着精细化工产品的应用领域不断扩大和商品的创新，除了通用型精细化工产品外，专用品种和定制品种越来越多，这是商品应用功能效应和商品经济效益共同对精细化工产品功能和性质反馈的自然结果。不断地开发新品种、新剂型或新配方及提高开发新品种的创新能力是当前国际上精细化工发展的总趋势。因此，多品种不仅是精细化工生产的一个特征，也是评价精细化工综合水平的一个重要标志。

（2）采用综合生产流程和多功能生产装置

精细化工的多品种反映在生产上需经常更换和更新品种，这就需要采用综合生产流程和多功能生产装置。生产精细化工产品的化学反应多为液相并联反应，生产流程长、工序多，主要采用的是间歇式生产装置。为了适应以上生产特点，必须增强企业随市场调整生产能力和品种的灵活性。国外在20世纪50年代末期就摈弃了那种单一产品、单一流程、单用装置的落后生产方式，广泛地采用了多品种综合生产流程和多用途多功能生产装置，取得了很好的经济效益。到了20世纪80年代，从单一产品、单一流程、单元操作的装置向柔性生产系统（FMS）发展。如英国的帝国化学工业公司（ICI）的一个子公司，1973年用1套装备、3台计算机可以生产当时的74个偶氮染料中的50个品种，年产量3500t，它可能是最早的FMS的例子。FMS指的是一套装备里，生产同类多个品种的产品。它设有自动清洗的装置，清洗后用摄像机确认清洗效果。1986年日本化药株式会社提出了“无管路化工厂”的方案，开始了“多用途装备系统”的研制，这样的一套装备有可能生产近百个品种。如日本旭工业株式会社到1993年初已制造“AIBOS8000型移动釜式多用途间歇生产系统”达10套，它的反应釜是可移动的，自动清洗（CIP），无管路，计算机控制，遥控，可以无菌操作。同时，很多厂家发展了一机多能的设备，如在一台设备中，可以进行过滤、洗涤滤饼和干燥等操作。

（3）技术密集度高

高技术密集度是由几个基本因素形成的。首先，在实际应用中，精细化工产品是以商品的综合功能出现的，这就需要在化学合成中筛选不同的化学结构，在剂型（制剂）生产中充分发挥精细化学品自身功能与其他配合物质的协同作用。这就形成了精细化工产品高技术密集度的一个重要因素。

其次，精细化工技术开发的成功概率低、时间长、费用高。据报道，美国和德国的医药和农药新品种的开发成功率为1/10000，日本为1/30000～1/10000；在染料的专利开发中，往往成功率仅有0.1%～0.2%。据统计，开发一种新药约需5～10年，其耗资可达2000万美元。若按化学工业的各个门类来统计，医药的研究开发投资最高，可达年销售额的14%。对一般精细化工产品来说，研究开发投资占年销售额的6%～7%是正常现象。造成以上情况的原因除了精细化工行业是高技术密集度行业外，产品更新换代快、市场寿命短、技术专利性强、市场竞争激烈等也是重要原因。另外，从20世纪70年代开始，各国由于环境保护以及对产品毒性控制方面的要求日益严格，也直接影响到精细化工研究开发的投资和速度。不言而喻，其结果必然导致技术垄断性强，销售利润率高。

技术密集还表现在情报密集、信息量大而快。一方面，由于精细化学品常根据市场需求和用户不断提出应用上的新要求而改进工艺过程，或是对原化学结构进行修饰，或是修改更新配方和设计，其结果必然产生了新产品或新牌号。另一方面，大量的基础研究工作产生的新化学品，也不断地需要寻找新的用途。为此，必须建立各种数据库和专家系统，进行计算机仿真模拟和设计。因此，精细化工生产技术保密性强，专利垄断性强，竞争激烈。

精细化学品的研究开发，关键在于创新。根据市场需要，提出新思维，进行分子设计，采用新颖化工技术优化合成工艺。早在20世纪80年代初，ICI公司的研究人员就提出研发（R&D）、生产、贸易构成三维体系。衡量化学工业水平的标志，除了生产和贸易外，主要是它的研发水平。就技术密集度而言，化学工业是高技术密集指数工业，精细化工又是化学工业中的高技术密集指数工业。以机械制造工业的技术密集度指数为100，则化学工业为248，精细化工中的医药和涂料分别为340和279。

（4）大量采用复配和剂型加工技术

复配和剂型加工技术是精细化工生产技术的重要组成部分。精细化工产品由于应用对象的专一性和特定功能，很难用一种原料来满足需要，往往需要加入其他原料进行复配，于是配方的研究便成为一个很重要的问题。例如香精常常由几十种甚至上百种香料复配而成，除了主香剂之外，还有辅助剂、头香剂和定香剂等组分，这样制得的香精才香气和谐、圆润、柔和。在合成纤维纺织用的油剂中，除润滑油以外，还必须加入表面活性剂、抗静电剂等多种其他助剂，而且还要根据高速纺或低速纺等不同的应用要求，采用不同的配方，有时配方中会涉及十多种组分。又如金属清洗剂，组分中要求有溶剂、防锈剂等。医药、农药、表面活性剂等门类的产品，情况也类似，可以说绝大部分的专用化学品都是复配产品。

为了满足专用化学品特殊的功能、便于使用和贮存的稳定性，常常要将专用化学品制成适当的剂型。在精细化工中，剂型是指将专用化学品加工制成适合使用的物理形态或分散形式，如制成液剂、混悬液、乳状液、可湿剂、半固体、粉剂、颗粒等。香精为了使用方便常制成溶液；液体染料为了使印染工业避免粉尘污染和便于自动化计量也制备成溶液；洗涤剂根据使用对象不同可以制成溶液、颗粒和半固体；牙膏和肤用化妆品则制成半固体；为了缓释和保护敏感成分，有些专用化学品制成微胶囊。因此，加工成适当剂型也是精细化工的重要特点之一。

有必要指出，经过剂型加工和复配技术所制成的商品，其数目往往远远超过由合成得到的单一产品数目。采用复配技术和剂型加工技术所推出的商品，具有增效、改性和扩大应用范围等功能，其性能往往超过结构单一的产品。因此，掌握复配技术和剂型加工技术是使精细化工产品具有市场竞争能力的一个极为重要的方面，这也是我国精细化工发展的一个薄弱环节。

1.3.2　精细化工产品的商业特点

（1）技术保密、专利垄断

精细化工公司通过技术开发拥有的技术进行生产，并以此为手段在国内及国际市场上进行竞争，在激烈竞争的形势下，专利权的保护是十分重要的。尤其是专用化学品多数是复配型的，配方和剂型加工技术带有很高的保密性。如许多特种精细化工产品，其分装销售网可能遍布世界各地，但工艺或配方仅由总部极少数人掌握，严格控制，排斥他人，以保证独家经营，独占市场，不断扩大生产销售额，获得更多的利润。

（2）重视市场调研、适应市场需求

精细化工产品的市场寿命不仅取决于它的质量和性能，而且还取决于它对市场需求变化的适应性。因此，做好市场调研和预测，不断研究消费者的心理需求，了解科学技术发展所提出的新课题，调查国内外同行的新动向，改进自己的工作，做到知己知彼，才能在同行强手面前赢得市场竞争的胜利。

（3）重视应用技术和技术服务

精细化工属于开发经营性工业，用户对商品的选择性高，因而应用技术和技术服务是组织精细化工生产的两个重要环节。为此，精细化工生产单位应在技术开发的同时，积极开发应用技术和开展技术服务工作，不断开拓市场，提高市场信誉；还要十分注意及时把市场信息反馈到生产计划中去，从而增强企业的经济效益。国外精细化工产品的生产企业极其重视技术开发和应用、技术服务这些环节间的协调，反映在技术人员配备比例上，技术开发、生产经营管理（不包括工人）和产品销售（包括技术服务）大体为2:1:3，值得我们借鉴。

新产品在推广应用阶段要加强技术服务，其目的是掌握产品性能，研究应用技术和操作条件，指导用户正确使用，并开拓和扩大应用领域。只有这样，一个精细化工新品种才能为用户所认识，才能打开销路，进入市场并占领市场。

1.3.3 精细化工产品的投资效益评价

生产精细化工产品可获得较高的经济与投资效益，概括起来，可从下列三个方面加以评价。

（1）附加价值与附加价值指数

附加价值是指在产品的产值中扣除原材料、税金、设备和厂房的折旧费后，剩余部分的价值。它包括利润、人工劳动、动力消耗以及技术开发等费用。附加价值不等于利润，因为某种产品加工深度大，则工人劳动及动力消耗也大，技术开发的费用也会增加。而利润则有各种因素的影响，例如是否一种垄断技术，市场的需求量如何等。附加价值高可以反映出产品加工中所需的劳动、技术利用情况，以及利润高低等。此外，产品的质量是否能达到要求也很重要，这些都是高利润不可忽视的因素。

据美国商业部工业经济调查局资料介绍，投入石油化工原料50亿美元，产出初级化学品100亿美元，再产出有机中间体240亿美元和最终成品40亿美元。如进一步加工成塑料、合成橡胶、化学纤维、橡胶和塑料制品、清洗剂和化妆品，可产出中间产品400亿美元和最终成品270亿美元。再进一步深度加工成用户直接使用的农药、汽车材料、纸浆及纸的联产品、家庭耐用品、建筑材料、纺织品、鞋、印刷品及出版物，总产值可达5300亿美元。由此可见，初级化工产品随着加工深度的不断延伸，精细化程度越高，附加价值越高。一般来说，1美元石油化工原料，加工到合成材料可增值8美元（其中，塑料为5美元，合成纤维为10美元），如果加工成精细化工产品则可增值到106美元。精细化工产品附加值提升示意图见图1-1。

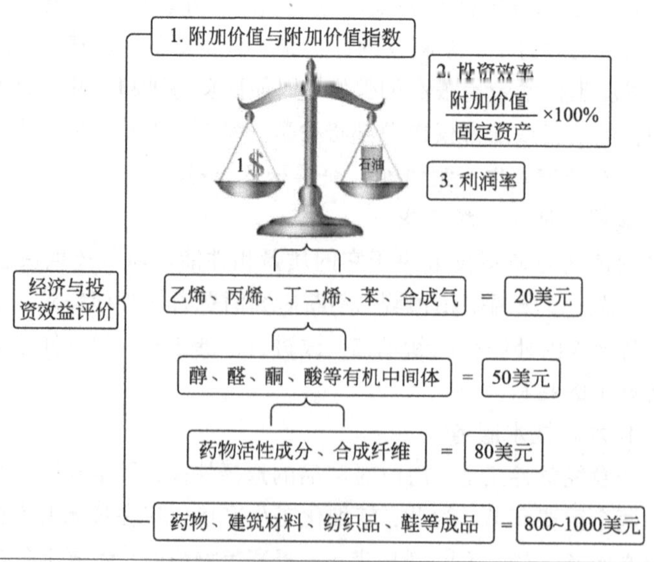

图1-1 精细化工产品附加值提升示意图

如能把深度加工与副产物的综合利用结合起来，则经济效益会更好。我国石化企业具有丰富的精细化工产品所需原料，但当前已形成生产能力的大宗化工品均是经过一次或二次加工而成的，大部分未进行产品的深度加工，而且副产物的综合利用差距更大。一般来说，化工产品每深度加工一次，经济效益可成倍或成几倍增长。例如从丙烯出发合成丙烯酸，进而再合成高档原料2-乙基己基丙烯酸酯，其经济效益可提高3～4倍。

以氮肥为基数的有关行业的附加价值指数（有关行业附加价值／氮肥附加价值）如下：氮肥100，石油化工产品335.8，染料、有机颜料、环式中间体1219.2，塑料1213.2，合成纤维606，涂料732.4，医药制剂4078，农药310.6，感光材料589.4，表面活性剂143.3，合成橡胶423.8，脂肪族中间体632，无机盐485，无机颜料218.7，香料79，油墨95.7。

（2）投资效率

总体来说，化学工业属于资本型工业，资本密集度高，但精细化工投资少，投资效率高（计算式见图1-1），资本密集度仅为化学工业平均指数的0.3～0.5，为化肥工业的0.2～0.3。通常精细化工产品的返本期短，一般投产3～5年即可收回全部设备投资，有些产品返本期更短。

（3）利润率

国际上评价利润率高低的标准是：销售利润率少于15%的为低利润率，15%～20%的为中利润率，大于20%的为高利润率。根据近年来的统计结果，世界100家大型化工公司中，高、中利润率的均为生产精细化工产品的公司，大化工产品深度加工为精细化工产品可以大幅度提高利润率。

1.3.4 精细化工与高新技术的关系

当代高科学技术领域的研究开发是精细化工发展的战略目标。所谓高科技领域是指当代科学、技术和工程的前沿，对社会经济的发展具有重要的战略意义，从政治意识看是影响力，从经济发展看是生产力，从军事安全看是威慑力，从社会进步看是推动力。精细化工是当代高科技领域中不可缺少的重要组成部分，其与电子信息技术、航空航天技术、自动化技术、生物技术、新能源技术、新材料技术、海洋开发技术等密切相关。

20世纪人们合成和分离了2285万种新化合物，新药物、新材料的合成技术大幅度提高，典型的单元操作日趋成熟，这主要归属于精细化工的长足发展和贡献。21世纪科技界三大技术，即纳米技术、信息技术和生物技术，实际上都与精细化工紧密相关。由此可见，精细化工还将继续在社会发展中发挥其核心作用，并被新兴的信息、生命、能源、新材料、航天等高科技产业赋予新时代的内容和特征。

（1）精细化工与微电子和信息技术

精细化工的发展为微电子信息技术奠定了坚实的基础。例如，近年来国外生产的大型电子计算机，已大部分采用金属氧化物半导体大规模集成电路作为主存储器。薄膜多层结构已大量用于集成电路，而电子陶瓷薄膜作为衬底和封装材料是实现多层结构的支柱。GaAs作为电子计算机逻辑元件的材料，被认为是最有希望的材料。而集成电路块的制作过程中需要用到各种超纯试剂、高纯气体、光刻胶等精细化学品。例如聚酰亚胺可用于三维化集成电路的制作。目前世界光刻胶年销售额超过5亿美元。

精细化工产品可以用于大规模和超大规模集成电路的制备，在声光记录、传输和转换等方面也有重要应用。如电子封装材料、各种焊剂和基板材料；光存储材料和垂直磁性记录材料，传感器用的光、电、磁、声、力以及对气氛有敏感性的材料，如精细陶瓷材料；成像材料、光导纤维、液晶和电致变色材料等方面都有广泛的应用。

（2）精细化工与空间技术

当代航天工业和空间技术发展很快，各国竞争十分激烈，它体现了一个国家的综合实力。而航天所用的运载火箭、航天飞机、人造卫星、宇宙飞船、空间中继站以及通信、导航、遥测遥控等设备的功能材料、电子化学品、结构胶黏剂、高纯物质、高能燃料等都属于特种精细化学品。例如，航天运载火箭发动机的喷嘴温度高达 2800℃并产生强大的推动力；喷嘴材料要求耐高温、耐高冲击和耐腐蚀，用石墨和 SiC 陶瓷可以满足喷嘴材料的要求。火箭的绝热材料可用石墨和 Al_2O_3、SiO_2、SiC 陶瓷制作。航天飞机由太空重返大气层时，机体各部分均处在超高温状态，机体的防护层采用碳纤维增强复合材料，并在 Al_2O_3-SiC-Si 的粉末中进行热处理，使其表面形成 SiC 保护层，再添入 SiO_2 以提高防护层的抗氧化性。又如，空间技术所用结构胶黏剂一般常采用聚酰亚胺胶、聚苯并咪唑胶、聚喹唑啉胶、聚氨酯胶、有机硅胶以及特种无机胶黏剂。

（3）精细化工与纳米科学技术

纳米科学技术是用单个原子、分子制造物质的科学技术。纳米科技是以许多现代先进科学技术为基础的科学技术，它是现代科学（混沌物理、量子力学、介观物理、分子生物学等）和现代技术（计算机技术、微电子和扫描隧道显微镜技术、核分析技术等）结合的产物。纳米科学技术又引发一系列新的科学技术，如纳米电子学、纳米材料学、纳米机械学等。纳米科学技术被认为是世纪之交出现的一项高科技，有关专家认为其将有可能迅速改变物质资料的生产方式，从而导致社会发生巨大变革。欧美各国十分重视纳米技术，有关国家将其列入“政府关键技术”“战略技术”，投入大量人力物力进行研发。我国也相当重视纳米技术，并取得了多项高水平的研究成果，有些方面已经达到国际先进水平。

纳米材料由纳米粒子组成，纳米粒子一般是指尺寸在某一方向介于 1～100nm 之间的粒子，是处在原子簇和宏观物体交界的过渡区域，是一种介观系统，它具有表面效应、量子尺寸效应、体积效应和宏观量子隧道效应。

精细化工和当代纳米科学技术密切相关。首先，有些传统的精细化工技术可以应用于纳米技术，如制备纳米粒子的方法可以采用精细化工的传统技术方法，即真空冷凝法、物理粉碎法、机械球磨法、气相沉积法、沉淀法、溶胶凝胶法、微乳液法、水热合成法等。另一方面，纳米材料在精细化工方面也得到了一定的应用。它已在胶黏剂和密封胶、涂料、橡胶、塑料、纤维、有机玻璃、固体废物处理等方面得到了应用。由于纳米粒子的奇特性质，纳米材料在精细化工方面的应用，亦将使精细化工发生巨大的变革。

（4）精细化工与生物技术

生物技术可以认为是 21 世纪的革新技术，而精细化工正是实现生物技术工业化的部门。生物技术是与化学工业密切相关的，它的突破与发展，给世界经济发展和社会发展产生巨大影响。生物技术固然先进，但也有一些难以处理的化学工程问题。例如生化反应产物往往组分多而复杂；产物在料液中的含量很低；生物物质易变性，对热、某些酶和机械剪切力等都很敏感，易引起分解变异；许多生物物质或生化体系的性质与 pH 值的变化有很大的关系，很容易引起变性、失活、离解或降低回收率和产物纯度；且生物物质混合液中，物理化学性质不一，情况十分复杂，其中有些生物大分子呈胶粒状悬浮物质，很难用常规的沉降、过滤等办法进行分离纯化。所有这些问题，会使分离和纯化工艺过程变得十分复杂，使设备庞大，生产费用上升，因而成为需要投入大量研究力量的突出问题。

(5) 精细化工与新能源技术

精细化工与能源技术的关系十分密切。例如太阳能电池材料是新能源材料研究的热点，IBM 公司研制的多层复合太阳能电池其光电转换效率可达 40%。氢能是人类未来的理想能源，资源丰富、干净、无污染，应用范围广。而光解水所用的高效催化剂和各种储氢材料，固体氧化物燃料电池所用的固体电解质薄膜和阴极材料，质子交换膜燃料电池用的有机质子交换膜等，都是目前研究的热点课题。

1.4　精细化工产品的研究与开发

为了保持与提高精细化工产品的竞争能力，必须坚持不懈地开展科学研究，注意采用新技术、新工艺和新设备。同时还必须不断研究消费者的心理和需求，以指导新产品的研制开发。

1.4.1　新产品的分类

(1) 按新产品的地域特征分类

① 国际新产品。指在世界或国际范围内首次生产和销售的产品。

② 国内新产品。指国外已经多次产业化生产和销售，国内第一次产业化生产和销售的产品。

③ 地方或企业新产品。指市场已有，但在本地区或本企业第一次生产和销售的产品。

(2) 按新产品的创新和改进程度分类

① 全新产品。指具有新原理、新结构、新技术、新的物理和化学特征的产品。

② 换代新产品。指生产基本原理不变，部分地采用新技术、新的分子结构，从而使产品的功能、性能或经济指标有显著提高的产品。

③ 改进新产品。指对老产品采用各种改进技术，使产品的功能、性能、用途等有一定改进和提高的产品。也可以是在原有产品的基础上派生出来的一种新产品。改进新产品的工作，是企业产品开发的一项经常性工作。

1.4.2　产品的标准化及标准级别

产品标准是对产品结构、规格、质量和检验方法所作的技术规定。它是一定时期和一定范围内具有约束力的产品技术准则，是产品生产、质量检验、选购验收、使用、保管和洽谈贸易的依据。

产品标准的内容主要包括：①产品的品种、规格和主要成分；②产品的主要性能；③产品的适用范围；④产品的试验、检验方法和验收规则；⑤产品的包装、储存和运输等方面的要求。

(1) 国际标准

国际标准是国际上有权威的组织制定、为各国承认和通用的标准，例如国际标准化组织

（ISO）和国际电工委员会（IEC）所制定的标准。ISO在电子技术以外几乎所有领域里制定国际标准。1983年，ISO出版了《国际标准题内关键词索引》，简称“KWIC索引”1994年8月我国国家技术监督局正式加入国际标准化组织。

（2）国家标准

国家标准（GB）是对全国经济、技术发展有重大意义而必须在全国范围内统一的标准。国家标准是国家最高一级和规范性技术文件，是一项重要的技术法规，一经批准发布，各级生产、建设、科研、设计管理部门和企事业单位，都必须严格贯彻执行，不得更改或降低标准。

（3）行业标准

行业标准系在全国某个行业范围内统一的标准。根据《中华人民共和国标准化法》的规定：由我国各主管部、委（局）批准发布，在该部门范围内统一使用的标准，称为行业标准。例如，机械、电子、建筑、化工、冶金、轻工、纺织、交通、能源、农业、林业、水利等行业，都制定有行业标准。

行业标准由国务院有关行政主管部门制定，并报国务院标准化行政主管部门备案。当同一内容的国家标准公布后，则该内容的行业标准即行废止。

行业标准由行业标准归口部门统一管理。行业标准的归口部门及其所管理的行业标准范围，由国务院有关行政主管部门提出申请报告，国务院标准化行政主管部门审查确定，并公布该行业的行业标准代号。行业标准分为强制性标准和推荐性标准。如下列标准属于强制性行业标准：①药品行业标准、兽药行业标准、农药行业标准、食品卫生行业标准；②工农业产品及产品生产、储运和使用中的安全、卫生行业标准；③工程建设的质量、安全、卫生行业标准；④重要的涉及技术衔接的技术术语、符号、代号（含代码）、文件格式和制图方法行业标准；⑤互换配合行业标准；⑥行业范围内需要控制的产品通用试验方法、检验方法和重要的工农业产品行业标准。

（4）地方标准

为了加强对地方标准的管理，根据《中华人民共和国标准化法》和《中华人民共和国标准化实施条例》有关规定，对没有国家标准和行业标准而又需要在省、自治区、直辖市范围内统一的下列要求，可以制定地方标准（含标准样品的制定作）：①工业产品的安全、卫生要求；②药品、兽药、食品卫生、环境保护、节约能源、种子等法律、法规规定的要求；③其他法律、法规规定的要求。在公布国家标准或行业标准之后，该地方标准即行废止。

（5）企业标准

企业标准（QB）是由生产企业制定发布并报当地技术监督部门审查备案的标准。随着我国经济的发展，已研制生产出许多新型产品，这些产品尚未制定统一的国家标准，往往由企业根据用户的要求自行制定。有些产品虽有相应的国家标准或部标准，但某些企业为提高产品质量或扩大使用范围，允许企业制定高于国家标准的内控企业标准。

1.4.3 信息收集与文献检索

信息收集是进行精细化工开发的基础工作之一。企业在开发新产品时，必须充分利用这种廉价的“第二资源”。据统计，现代一项新发明或新技术，90%左右的内容可以通过各种途径从已有的知识中获取信息。信息工作做得好，可以减少科研的风险，提高新产品的开发速度，避免低水平的重复劳动。

(1) 信息涵盖的内容

① 化工科技文献中有关的新进展、新发现、最新研究方法或工艺等。

② 国家科技发展方向和有关部门科技发展计划的信息。

③ 有关研究所或工厂新产品、新材料、新工艺、新设备的开发和发展情况的信息。

④ 有关市场动态、价格、资源及进出口变化的信息。

⑤ 有关产品产量、质量、工艺技术、原材料供应与消耗、成本及利润的信息。

⑥ 有关厂家基建投资、技术项目、经济效益、技术经济指标的信息。

⑦ 国际国内的新标准及三废治理方面的新法规。

⑧ 使用者对产品的新要求、产品样品及说明书、价目表等。

⑨ 有关专业期刊或报刊及其广告、网络数据库的信息等。

(2) 信息的查阅和收集

精细化工信息的来源途径较多，可从中外文科技文献、调查研究、参加各种会议得到，也可以从日常科研和生活中注意随时留心观察和分析获得。目前各图书馆的电子资源较为常用，如中国知网、万方数据库、维普资讯网、CALIS 外文期刊数据库、ASP+BSP 全文数据库、Elsevier 期刊、ProQuest 学位论文全文数据库、EI 工程索引等。

1.4.4 市场预测和技术调查

(1) 掌握国家产业发展政策

国家产业发展重点的变化，往往导致某些产品的需求量大增而另一些产品的需求量减少，例如建材化工产品受政策影响较大。现在，国家对环境保护的要求日益重视，一些对环境有污染的精细化工产品势必受限，例如残余甲醛超标的精细化学品、涂料用的有毒颜料、农业用的剧毒农药将逐渐被淘汰。

(2) 了解同种类产品在发达国家的使用情况

随着现代化水平的提高，人民的生活不断改善，某些正在使用的产品将逐渐被淘汰，新产品也将不断出现。这一过程发达国家比我国较早发生，在这些国家所发生的情况也可能在我国出现，因此他们的经验可以供我们分析产品前景时借鉴。在许多专业性刊物，例如《化工学报》《化工进展》《化工新型材料》《日用化学工业》《精细化工》《现代化工》《精细石油化工》等期刊上便经常刊载这一类的信息或综述文章，可供了解产品在国际市场上兴起和消亡的情况。

(3) 了解产品在国际国内市场上的供求总量及其变化动向

企业应该针对产品在国际国内市场上的总需求量有一个估计。国外市场的需求数量可通过查阅有关数据库或询问外贸部门获得，并应了解需求上升或下降的原因；国内市场的总需求量则可根据用户的总数及典型用户的使用量来估计，并通过了解同类生产厂家的数量、生产规模的情况来估计总供货量，根据需求量与供货量的对比来确定是否生产以及生产规模的大小。

(4) 实时关注国家重大发展战略（原料基地建设）方面的信息

原料是精细化工产品生产技术、生产工艺、产品品质、产品性能、生产规模、废弃物处理的决定因素。国家发展战略，尤其是原料基地建设，将带动以此原料为基础的直接、间接生产企业的兴起，及早关注、及时谋划相关产品，进行工艺更新，用新原料替代旧原料，将大大提升企业内在发展动力，在将来市场占有方面占据主动。

（5）充分、及时地掌握产品用户需求信息

产品用户的生产规模变化及生产经营态势，以及对产品性能要求的提升，必然导致产品需求量的变化，进一步影响相应产品的市场。如能及时、主动地获取相关变化信息，就可为企业创新、产能调节提供数据与信息支持。

（6）合法利用知识产权保护企业“创新”产品

在我国，一旦一种产品销路广、利润高，便容易出现一哄而起的状况。企业对于自己独创的“拳头”产品，应申请专利或采用其他措施进行保护。在保护的同时，不断更新技术、提高产品品质、创新研究，形成系列、动态的知识产权保护机制。

（7）技术调查和预测

通过技术调查和预测，了解产品的技术状况与技术发展趋势，包括本企业能够达到的水平、国内的先进水平以及国际的先进水平。注意收集我国进口精细化工产品的品种和数量、国内销售渠道、样品、说明书、商品标签、生产厂家，以观测国外产品的特色和优点，预测本厂新产品的成本、价格、利润和市场竞争能力等。还要预测可能出现的新产品、新工艺、新技术及其应用范围，预测技术结构和产业结构的发展趋势。

（8）敏锐洞察“边空少特新”产品发展趋势与动向

凡是几个部门的边缘产品、几个行业间的空隙产品、市场需要量少的产品、用户急需的特殊产品和全国最新的产品，一般都易被大企业忽视或因“调头慢”而一时难以生产，但对精细化工企业特别适宜。这类产品往往市场较好，如果一时无法自我开发，也可向研究机构或大专院校直接购买技术投产。

（9）本土化资源的开发利用

精细化工企业尤其是乡镇企业应注意本土化资源的开发利用。例如，在盛产玉米、薯类的地区可发展糠醛、淀粉、柠檬酸、丙酮、丁醇等综合利用产品，并可将这些产品配制成其他利润更高的产品；在动植物油丰富的地区则可发展油脂化工产品，并对产品进行深加工，生产出化妆品或洗涤剂等产品；在有土特产的山区、养蚕区则可发展香料、色素等产品。这类利用本地资源开发的产品竞争力是很强的，而且生命力一般都比较旺盛。

1.4.5 精细化工产品的研发科研课题的来源

精细化工新产品开发课题的来源多种多样，但从研究设想产生的方式来考虑，主要有下述两种情况。

（1）起源于新知识的科研课题

研究者通过某种途径，如文献资料、演讲会、意外机遇、科学研究、市场及日常生活中了解到某一种科学现象或一种新产品，在寻找该科学现象或新产品的实际应用的过程中提出了新课题。一般而言，课题的产生往往伴随着灵感的闪现，虽然新课题可能仍在研究者的研究领域之内，但大多并非他预期要进行的研究内容。由于这类课题通常是研究者智慧的结晶，往往具有较高的独创性和新颖性。如果通过仔细分析和尝试性实验后认为课题符合科学性、实用性等原则，并且尚没有人进行同样研究的话，那么研究成果往往是具有创造性的新发明。图 1-2 表示了这一类课题的产生过程。

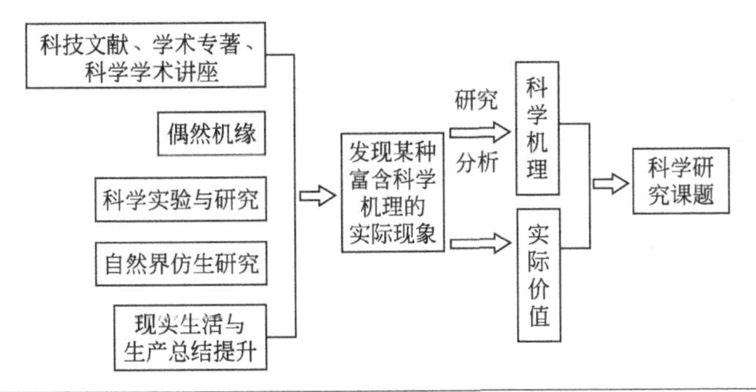

图 1-2　起源于新知识科研课题的产生过程

（2）解决具体问题的科研课题

在更多的情况下，精细化工产品的发明和改进是通过对具体课题进行深入研究后产生的，其产生过程如图 1-3 所示。

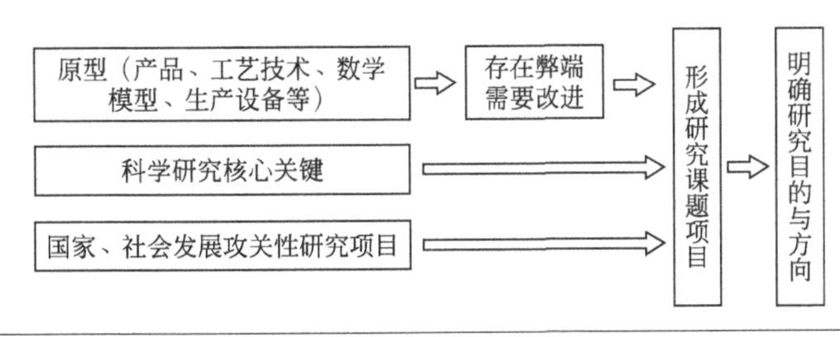

图 1-3　解决具体问题科研课题的产生过程

这一类课题可以是针对某一具体的精细化工产品，通过缺点列举、希望列举所提出的，也可以是在工业生产实际中提出来的，还可以是一些久攻不克的研究课题或攻关课题，以及仿制进口产品等。这些课题研究的目标和任务与第一种方式不同，它预先就有明确的任务和指标要求。我国现阶段精细化工产品的开发大部分是采用这一方式。

科技人员要采用这一方式选题，就要经常深入生产现场和产品用户，了解现有产品的缺点和人们对它的期望。除此之外，还应经常了解其他研究人员的研究选题动向（通过技术刊物、会议、网络或调研活动），并及时向有关领导机关或厂家了解产品开发要求或国产化要求等信息，在积累了大量信息的基础上，便可找到合适的科研课题。

1.4.6　科研课题的研究方法

在研究课题选择的同时或课题选定之后，便要开始考虑怎样着手进行研究，即制订研究方案。一个课题的研究方法往往不止一种，有时甚至有几种或十几种方法都可以用来研究同一个课题。研究者的知识结构不同，思维方式不同，就可能选择不同的研究方法。常用的研究方法有以下几种：

① 模仿和类比研究法。即模仿别人在研究同类产品时的研究方法开展研究；或以已有的产品为蓝本，根据其在某一种特征上与待开发产品的类似之处，通过模仿进行研究的方法。

② 仿天然物研究法。这是类比研究法的一种特殊形式，即以自然界中天然存在的物资为蓝本，通过结构分析和机理研究，模拟天然物质的结构，研究出性能相近或更为优越的产品。

③ 应用科学技术原理或现象法。即通过查阅文献，深入了解有关的科学原理、作用机理、特殊科学现象，并应用这些科学技术原理或现象进行研究的方法。

④ 筛选研究法。通过对大量物质和配方的尝试，找到所期望的物质或配方的研究方法。

⑤ 样品分析、研究法。如果掌握了某一精细化工产品的样品，而由于技术保密的原因无法知道其组成和配方，在研制同类产品时，可以采用分析化学的方法对其组成进行定性、定量分析，以便了解产品的大致成分及配方，在不侵犯其专利权的情况下作为研究工作的参考。

上述几种常用的研究方法并不是孤立存在的，在解决一个具体的研究课题时，科研人员往往根据实际情况、研究进展、具备条件等科学、合理地选择多种方法一起使用。

1.4.7 精细化工新产品的发展规律

一个精细化工产品从无到有、从低级到高级的不断发展，往往要经历很长时间，随着现代科学技术的进步，这个时间过程被大大缩短了。只有掌握了新产品发展的规律，才能对产品的发展方向有正确的预测，才能确定研制开发新产品的目标。新产品的发展一般要经历以下几个阶段。

（1）原型发现阶段

精细化工产品的原型，即是其发展的起点。原型的发现是一种科学发现。在原型被发现之前，人们对所需要的产品是否存在、是否可能实现是完全茫然无知的，原型的发现是该类产品研究和发展的根源，为开发该产品提供了基本思路。在 1869 年 Ross 发现磷化膜对金属有保护作用之前，此前人们并不知道可通过磷化来提高金属的防锈能力；在一百多年前人们发现除虫菊花可以防治害虫并对人畜无害之前，人们并不知道存在对人类无害的杀虫剂。许多精细化工产品的原型是人们在长期的实践中逐步发现的。再如数千年前人类便已发现了天然染料，如由植物提取的靛蓝、由茜草提取的红色染料、由贝壳动物提取的紫色染料等，这些天然染料便是人工合成染料的原型。

现代科学技术的发展，使许许多多的闻所未闻的新产品原型不断被发现。新产品原型的发现，往往预示着一类产品即将诞生，一系列根据原型发现的原理做出的新发明即将出现。

（2）雏形发明阶段

原型发现往往直接导致一个全新的化工产品的雏形发明。但在多数情况下，雏形发明的实用价值很低。例如，Ross 发现铁制品磷化防锈及由此发明了最简单的磷化液配方，但这个发明由于实用价值低而长期未受到重视。有些情况下，原型的发现并未直接导致雏形发明的产生。例如，在弗莱明发明青霉素之前，就已有细菌学者发现某些细菌会阻碍其他细菌生长这一现象，但并没有导致青霉素的发明。而弗莱明却利用类似的发现于 1929 年制成了青霉素粗制剂（雏形发明），不过尚未达到实用目的。

雏形发明的出现可视为精细化工产品研究的开始，为开发该类产品提供了客观可能性。一般而言，在雏形发明诞生之后，针对该雏形发明的改进工作便会兴起，许多有类似性质和功能的物质会逐渐被发现，有关的科技论文也会逐渐增多，产品日益朝着实际应用的方向发展。通常，雏形发现和发明容易引起人们的怀疑和抵制，因为它的出现往往冲击了人们的传统观念。科研人员如果能认识到某一雏形发明的潜在前景，在此基础上开展深入研究，往往可以开发出有重大意义的产品。

（3）性能改进阶段

雏形发明出现之后，对雏形发明的性能、生产方式进行改进并克服雏形发明的各种缺陷的应用研究工作便会广泛开展，科技文献数量大幅度增加，对作用机理及化合物结构和性能特点的研究也开始进行。一般通过两种方式对雏形发明进行改进。

第一，通过机理研究，初步弄清雏形发明的作用机理，从而从理论上提出改进的措施，并通过大量的尝试和筛选工作，找到在性能上优于雏形发明的新产品。

第二，使雏形发明在工艺上、生产方法上以及价格上实用化。经过改进后的雏形发明虽然性能上有所改善并能够应用于工业及生活实际中，但往往受到工艺条件复杂、使用不方便及原料缺乏等限制。为了解决这些问题，必须做更多更深入的研究，使产品逐渐走向实用。

（4）功能扩展阶段

一种新型精细化工产品已在工业或人们生活中实际应用之后，便面临研究工作更为活跃的功能扩展阶段。功能扩展主要表现在以下几个方面：

① 品种日益增多。为了满足不同使用者和应用场合的具体要求，在原理上大同小异的新产品和新配方大量涌现，出现一些系列产品。在这一阶段，研究论文或专利数量非常多，重复研究现象也大量出现。

② 产品的性能和功能日益脱离原型。虽然新产品仍留有原型的影子，但在化学结构、生产工艺和配方组成上离原型会越来越远，性能也更为优异。

③ 产品的使用方式日益多样化。经常出现不同使用方法的产品或系列产品。

小型精细化工企业开发的新产品一般都是功能扩展阶段的产品，但对于一个具有创新精神的企业，则应时刻注意有关原型发现和雏形发明的信息，不失时机地开展性能改进工作。一旦性能改进研究工作完成后，便要尽快转入产品的功能扩展研究，尽可能满足多方面、多功能需求，最大限度地实现市场持续扩展。

1.4.8 精细化工新产品产业化过程

精细化工新产品产业化过程的一般步骤是从一个新的技术思想的提出，再通过实验室实验、中试实验到实现工业产业化生产，取得经济实效并形成一整套技术资料的全过程；或者说是把理论技术“设想”变成物质“现实”的全过程。由于精细化工生产的多样性与复杂性，不同精细化工产品过程开发的目标和内容有所不同，如新产品开发、新技术开发、新设备开发、老技术与老设备革新等。但开发的程序或步骤大同小异，一般精细化工过程开发步骤如图 1-4 所示。综合起来看，一个新的精细化工过程产品开发可分为三大阶段，分述如下。

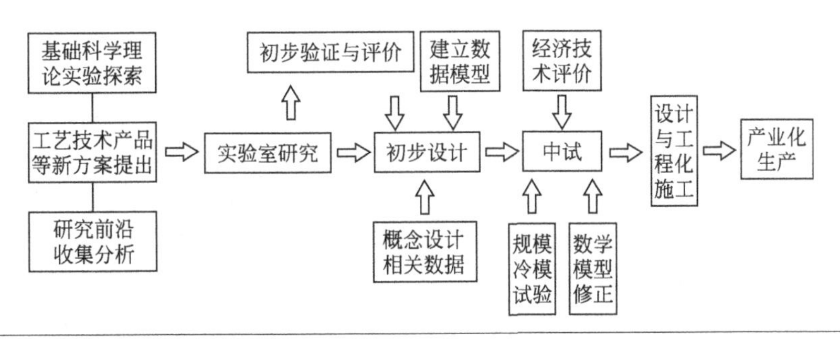

图 1-4　精细化工过程开发步骤示意图

（1）实验室研究（纯试剂小试）

实验室研究阶段包括：根据物理和化学的基本理论或从实验现象的启发与推演、信息资料的分析等出发，提出一个新的技术或工艺思路，然后在实验室进行实验探索，明确过程的可能性和合理性，测定基础数据，探索工艺条件等。具体事项说明如下。

① 选择原料。小试的原料通常用纯试剂（化学纯、分析纯等纯试剂）。纯试剂杂质少，能本质地显露出反应条件和原料配比对产品产率的影响，减少研制新产品的阻力。在用纯试剂研制取得成功的基础上，逐一改用工业原料。有些工业原料含有的杂质对新产品质量等影响很小，可直接采用。而有些工业原料杂质较多，影响合成新产品的反应或质量，则要经过提纯或别的方法处理后再用。

② 确定催化体系。催化剂可使反应速度大大加快，能使一些不宜用于工业生产的缓慢反应得到加速，建立新的产业。近年来关于制取医药、农药、食品和饲料添加剂等的催化剂专利增长很快。选择催化体系尽量要从省资源、省能源、少污染的角度考虑，尤其要注意采用生物酶作催化剂。

③ 提出和验证实施反应的方法、工艺条件范围、最优条件和指标。包括进料配比和流速、反应温度、压力、接触时间、催化剂负荷、反应的转化率和选择性、催化剂的寿命或失活情况等。这些大部分可以通过安排单因素实验、多因素正交实验等来得出结论。

④ 收集或测定必要的理化数据和热力学数据。包括密度、黏度、热导率、扩散系数、比热容、反应的热效应、化学平衡常数、压缩因子、蒸气压、露点、泡点、爆炸极限等。

⑤ 动力学研究。对于化学反应体系应研究其主反应速度、重要的副反应速度，必要时测定失活速度、计算反应过程活化能。

⑥ 传递过程。主要研究流体流动的压差、速率分布、混合与返混、停留时间规律、气含率、固含率、固体粒子的磨损、相间交换、传热系数、传质系数以及有内部构件时的影响等。

⑦ 材料抗腐蚀性能。生产过程中原料、产物、副产物、溶剂、助剂等物质与生产设备接触，为避免与其发生化学反应带来杂质，给生产安全带来隐患，需要选择性能稳定、抗腐蚀性能符合要求的材料，作为设备用材料。

⑧ 毒性试验。许多精细化工新产品都要做毒性试验。急性毒性用半数致死量（LD_{50}）来表示。LD_{50}为试验对象（大白鼠、小白鼠等）一次口服、注射、皮肤敷药剂后，有半数（50%）动物死亡时所用的药物剂量，单位是mg/kg。LD_{50}数值越小，表示毒性越大。对于医药、农药、食品和饲料添加剂等精细化工产品，除了做急性毒性试验外，还要做亚急性和慢性毒性（包括致癌、致畸）等试验。在开发精细化工产品时，预先就要查阅毒性方面的资料，毒性较大的精细化工产品就不能用于与人类生存密切相关的领域，如食品周转箱、食品包装材料和日用精细化工产品等。

⑨ 质量分析。小试产品的质量是否符合标准或要求，要用分析手段来进行鉴别与测定。整个生产工艺过程原材料的质量、工艺流程的中间控制、三废处理和利用效率等都要进行分析与测定。从事精细化工产品生产和开发的企业，应根据分析任务、分析对象、操作方法及测定原理等，建立必要的分析、检测机构并具备与性能、质量测试相应的分析仪器设备。

（2）中试放大（工业原料试验）

从实验室研究到工业生产的开发过程，一般易于理解为量的扩大而忽视其质的方面。为使小试的成果应用于生产，一般都要进行中试放大试验，它是过渡到工业化生产的关键阶段。

往往每一级的放大，都伴随有技术质量上的差别，小装置上的措施未必与大装置上的相同，甚至一些操作参数也可能要另做调整。在此阶段中，化学工程和反应工程的知识和手段是十分重要的。中试的时间对一个过程的开发周期往往具有决定性的影响。中试要求研究人员具有丰富的工程知识，掌握先进的测试手段，并能取得提供工业生产装置设计的工程数据，进行数据处理从而修正为放大设计所需的数学模型。此外，对于新过程的经济评价也是中试阶段的重要组成部分。

1）预设计及评价

结合已有的小试成果、资料或经验数据，整体、概括地预计出从原料到产品整体过程的工艺流程和生产设备，估算出投资、成本和各项技术经济指标，然后加以评价，从产业化价值可行性、工艺改进角度、中试规模（中间厂中试、局部流程中试）进行可行性研究，为中间厂设计提供关键支撑。

2）中试的任务

中试是过渡到产业化生产的关键阶段，中试的开展要求经济可行、高效，主要完成以下任务：验证产业化工艺条件持续运行稳定性，确定工艺条件可控范围；经过中试得到全面工程设计技术参数与数据，主要围绕动力学、传递过程、环境影响等方面的数据，支撑数学模型的建立，直接为工程化设计提供实践数据；依据反应物质性质、工艺参数、能量传递要求、原子利用率确定设备材质、性能指标；充分研究生产过程中各种杂质的来源与影响；为产品、副产物实际应用价值、应用领域进行理论研究；提供生产工艺过程各种状态（气相、液相、固相）废弃物处理措施与工艺条件；为产业化工艺自动化控制提供数据支撑；验证实际产业化连续生产过程中实际经济指标；对相关数学模型提供验证过程，及时修正有关数学模型。

3）中试放大方法

根据目前国内外研究进展情况，放大方法一般分为经验放大法、部分解析法、数学模型放大法和相似模拟法，分述如下。

① 经验放大法。这是依靠对类似装置或产品生产的操作经验而建立起来的以经验认识为主逐步放大的方法。为了达到足够的安全稳定性，放大的比例要逐步扩大，而且每放大一次就要及时修正有关参数，根据实际偏差程度确定下一步放大比例，主要应用于缺乏理论支撑的问题，一般会采用经验放大法逐步解决有关问题。

② 部分解析法。这是一种半经验、半理论的方法，依据化学反应工程的知识（动量传递、热量传递、质量传递、反应动力学模型），对反应系统中的局部体系进行分析，确定各影响因素之间的层次与关系紧密程度，并以数学表达式的方式作出局部关系描述，然后通过小型反应装置进行试验验证，探明这些关系式的偏离程度，确定修正因子，对有关关系进行修正，或者结合经验的判断，提出设计方法或验证结果。

③ 数学模型放大法。该法是针对一个实际放大过程用数学方程的形式加以描述，即用数学语言来表达过程中各种变量之间的关系，再运用计算机来进行研究、设计和放大。体现各种变量之间的关系建立起来的数学方程称为数学模型，它通常是一组微分或代数方程式。数学模型的建立是整个放大过程的核心，也是最困难的部分。只要能够建立正确的模型，利用电子计算机进行计算辅助，一般总可以算出结果来，得到相应的计算参数。要建立一个正确的数学模型，首先得对过程的实质有深刻的认识和确切的掌握，这就需要有从生产实践和科学研究两方面进行研究不断积累直接的、间接的知识与经验，经过去伪存真、去粗存精，

把它抽象成为概念、理论和方法，然后才能运用数学手段把有关影响因素之间的相互关系定量地表示出来。数学模型放大法成功的关键在于数学模型的可靠性、稳定性，一般从初级模型到预测模型再到设计模型需经过小试、中试到工业试验的多次检验修正，才能达到与实际过程完美符合的程度。

④ 相似模拟法。是一种通过无量纲数进行放大的方法，成功用于多种物理过程。对于化学反应过程，由于不同化学反应受到实际过程中各种外界因素的干扰，与理想状态下的反应过程出现随机偏差，因此一般不采用这种方法。

（3）工业化生产试验

一般正式化工业生产厂的规模约为中间试验厂的 10～50 倍，当腐蚀情况及物性常数都明确时，规模可扩大到 100～500 倍。

组成一个过程的许多化工单元和设备，能够有把握放大的倍数并不一致。对于通用的流体输送机械，如泵及压缩机等，因是定型产品，不存在这个问题。对于一般的换热设备，只要物性数据准确，可以放大数百倍而误差不超过 10%。对于蒸馏、吸收等塔设备，如有正确的平衡数据，也可放大 100～200 倍。总之，对于精细化工生产的单元操作和设备，经过中试后，即可比较容易地进行工业设计并投入工业化生产试验。但对于化学反应装置，由于其中进行着多种物理与化学过程，而且相互影响，情况错综复杂，理论解析往往感到困难，甚至实验数据也不易归纳为有把握的规律性的形式，工业化生产的关键或难点即在此。

精细化工产品大致分为配方型产品和合成型产品。对于配方型产品，其反应装置内进行的只是一定工艺条件下的复配或只有简单的化学反应，这种产品在经过中试后，可直接进入工业化生产，一般不会存在技术问题。对于合成型产品，尤其是需经过多步合成反应的医药类产品，由于反应过程复杂，影响因素较多，在进行设计时需建立工业反应器的数学模型，然后再进行工业化生产试验。这方面的问题属于化学反应工程学的研究范畴，在此简述如下。

数学模型可以分为两大类：一类是从过程机理出发推导得到的，这一类模型叫作机理模型；另一类是由于对过程的实质了解得不甚确切，而是从实验数据归纳得到的模型，叫作经验模型。机理模型由于反映了过程的本质，可以外推使用，即可超出实验条件范围；而经验模型则不宜进行外推，或者不宜大幅度地进行外推。既然是经验性的东西，自然就有一定的局限性，超过了所归纳的实验数据范围，结论就不一定可靠。显而易见，能够建立机理模型当然最好，但由于科技发展水平的限制，目前还有许多过程的实质尚不甚清楚，也只能建立经验模型。工业反应器中的过程都是十分复杂的，需要抓住主要矛盾，将复杂现象简化，构成一个清晰的物理图像。一般工业化学反应器数学模型的建立，首先要结合反应器的形式，充分运用各个有关学科的知识进行过程的动力学分析。图 1-5 为反应器模型建立程序，同时也示出了所涉及的学科及其相互关系。通过实验数据以及热力学和化学知识，首先获得微观反应速率方程，前已指出，要确定反应过程的温度条件，就牵涉到相间的传热、反应器与外界的换热；要确定反应器内物料的浓度分布情况，就牵涉反应器内流体流动状况、混合情况、相间传质等。反应组分的浓度或温度是决定反应速率的重要因素。因此，微观反应速率方程是不可能描述此反应器的全过程的。这就需要将微观反应速率方程与传递过程结合起来考虑，运用相应的数学方法，建立宏观反应速率方程。最后，还需从经济的角度进行分析，以获得最适宜的反应速率方程。

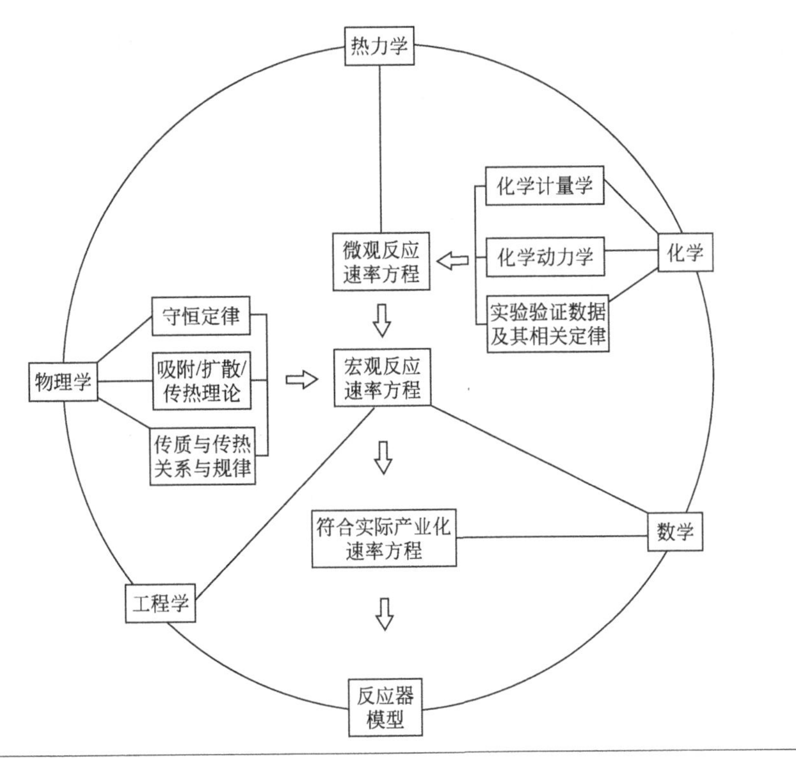

图 1-5　反应器模型建立程序

数学模型的模型参数不宜过多，因为模型参数过多会掩盖模型和装置性能相拟合的真实程度。还应考虑计算机是否能运算所得的模型方程，费时多少，特别是控制用的数学模型。另外，同一过程往往可以建立许多数学模型，这里就存在着一个模型识别的问题，即对可能的模型加以鉴别，找出最合适的模型来，模型确定下来之后，还需根据实验数据进行参数估值。

工业反应器的规模改变时，不仅产生量的变化，而且产生质的变化。这样一来根据实验室的数据和有关的学科知识建立起来的反应器模型，用于实际生产时需要做不同规模的反应器试验，反复将数学模型在实践中检验、修改、锤炼与提高，方可作为工业化生产设计时的依据。当然，目前还不能说所有化工过程都可以用数学模型来描述，也不是说每个化工过程的开发都必须建立数学模型，应视具体情况而定[1]。

上述所讨论的几个放大阶段，仅与工艺过程有关，当然这是重要的一面。然而，对于一个新产品工厂或车间的设计与建设，这些是不够的，还有许多方面的问题需要解决，诸如经济分析、机械设计、自动控制、环境保护等，需综合考虑。

1.5　精细化工产品的分析研究

1.5.1　精细化工产品分析研究的特点

由于精细化学品的原料来源途径较多，原料本身不纯，都是同系物的混合物，组成复杂不固定；精细化学品的产品大都不经分离提纯，为满足工艺的特定要求往往把各种性能不同的化学品混合复配，或把不溶于水的物质配成乳液，所以在一般剖析过程中，首先必须经过预分离和分离过程，然后再对其基本物性等进行定性和定量分析。再者，精细化学品的组成与性能之间缺乏简单的对应关系，特别是普遍存在协同效应或相互制约等情况，使用方面也表现为多功能性，所以剖析主要成分或有效成分的结构及含量后，还要进行配方、性能的研究和评价。

1.5.2 精细化工产品分析研究的程序

由于剖析对象具有复杂性，剖析过程具有综合性，因而剖析工作具有烦琐性和多样性，没有一套规范化的普遍适用的程序和方法。所以在进行剖析时，思路要清晰，目标要明确，根据样品的性质、复杂程度、组成成分以及剖析的目的要求等，选择合适的程序和方法。精细化工产品分析研究的一般程序见图 1-6。

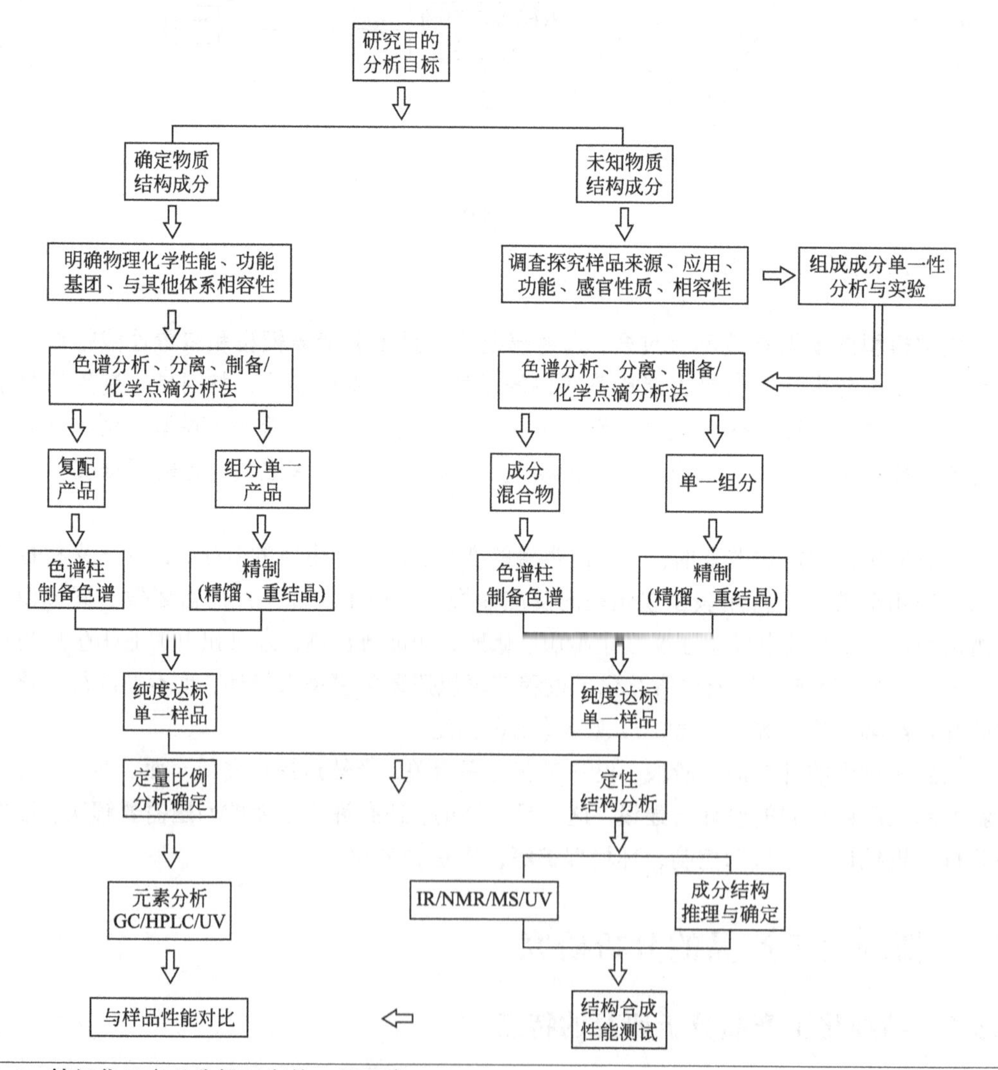

图 1-6 精细化工产品分析研究的一般程序

对组成简单的样品分析研究，通过物化性质的查阅、薄层色谱或化学点滴分析定性研究，确定为复配精细化工产品则进行分离，如果精细化工产品为某一种物质占据绝大比例，则相应产品应进行精制提纯，提高主要成分纯度后再进行定量分析，完成分析研究过程。但对于功能多样、组分复杂的精细化工产品，进行分析研究则需要遵循一定科学研究步骤与方法：对被分析研究样品进行了解和调查；对样品物化性质进行初步检验；制定分析研究程序；分析研究样品的初步分离；初步分离成分纯度鉴定；分离成分结构测定；分离成分各组分含量的定量测定；合成、成型、配方和应用性能研究。

对精细化工产品样品进行初步分析与研究是分析研究工作的一步基础工作，也是最重要的一个环节，基础工作做得扎实、完整、详细则研究方向明确，步骤方法清晰能产生事半功倍的效果。对精细化工产品样品的由来和使用功能进行深入了解、分析（如样品的固有特性、使用特性、可能的组分等），能够最大限度缩小分析、研究的范围。通过对分析、研究的目的、指标要求、任务、应用价值的考虑可以精准确定研究范围，减少必要实际实验次数，节约资源，降低环境影响。无论配方型产品还是合成型产品，在分析、研究工作开展之初，查阅现有各种、各方面文献资料，对相应产品现有研究经验有彻底、充分的掌握有利于分析研究工作的高效、快速、深入开展。目前对样品的认识和调查主要从以下两个方面开展：

① 精细化工产品样品来源。一是国内外新产品样品，特别是填补国内空白所引进的国外新产品；二是天然产物样品；三是产业化过程中出现的需要分析、研究的课题。

对于国内外新产品，需要尽可能地获知该产品的商品名称、化学结构、特殊功能、生产厂家、商标、批号，以缩小查找专业文献的作者和时段范围，提升文献查找效率与精准度。

针对天然产物，则要了解动植物种、属的具体名称。根据化学分类学原理，同源植物有相似的化学组成，因此还需要查找与其处于同一种、属植物的化学组分及其物化性质。

产业化过程中出现的分析研究课题，则应明晰该产品的生产工艺流程、化学反应方程式、副反应、副产物，以尽可能获知所分析研究样品是生产工艺哪一个过程产生的，以及大概的组成元素、具有的特征官能团、基础化学结构。

② 精细化工产品样品的使用功能和经济价值。通过了解样品的使用功能，常可根据功能与结构的关系推断样品可能具有的特性与组分，有效缩小分析研究范围领域。如果分析研究样品用于日常生活且使用量大，则样品一般以价格低廉的通用化工产品为原料；若产品用于国防建设领域，则样品应该是具有特殊性能的新型材料[2]。

1.5.3　精细化工产品研究分析实例

对于某一个剖析对象的剖析程序，应根据具体条件有所变化，可简也可繁。如对清洁洗涤剂新产品配方分析、研究、验证，工作核心任务首先是弄清对洗涤性能起决定作用的表面活性剂的品种、结构、配方中所占比例，其次是进行配方优化和应用研究，获得性能与样品类似或优于研究样品的升级配方。至于清洁洗涤剂中各助剂的组成、配比等可根据助剂具有功能的一般变化规律进行调整。分析、研究路径与方法主要是溶剂萃取、柱色谱和薄层色谱分离，使用表面活性剂标准品进行对照实验等。如未知配方清洁洗涤剂的研究分析程序见图 1-7。

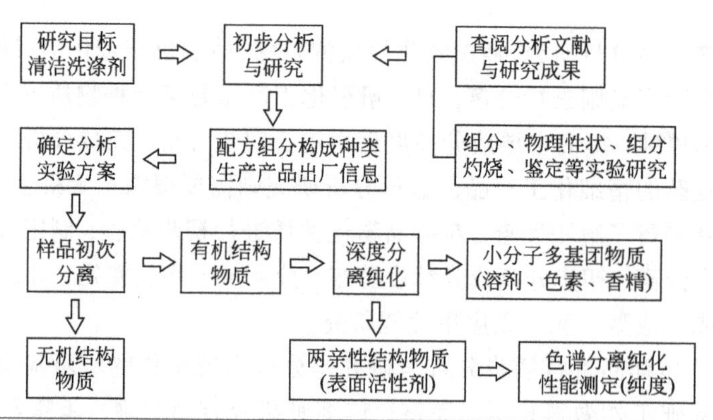

图 1-7　未知配方清洁洗涤剂的研究分析程序

以天然植物为研究对象，研究剖析植物有效成分的结构、性能、疗效，特别是取得该植物药物对特定疾病的治疗效果与具体有效成分信息，在研究开始首先对文献记载的此类天然植物的来源、种属、种植环境、特定功能分离等资料进行收集、研究、分析、整理。在此基础上建立有效成分药理模型（动物试验方法）。如治疗肝炎的药物，必须分离植物提取物的各个部位，在动物身上做试验，观察其治疗效果，以确定提取物的有效部位和有效成分化合物[3]。因此，药理试验是分离步骤的指引与导向，是剖析工作的前提。天然植物药物中有效成分的研究分析程序如图 1-8 所示。

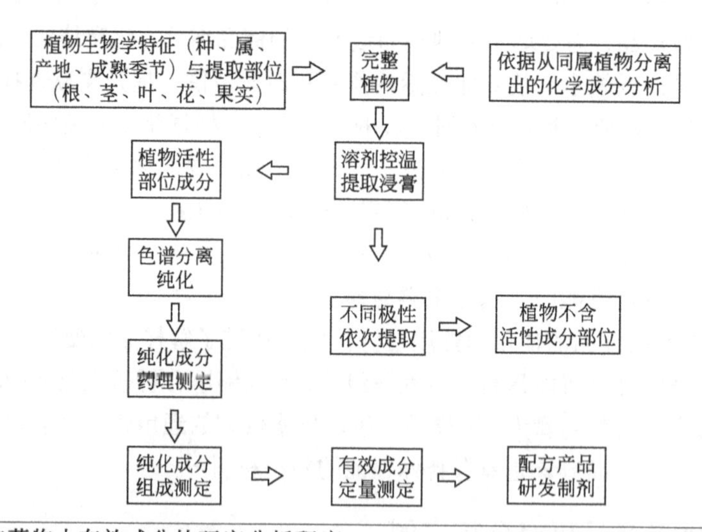

图 1-8　天然植物药物中有效成分的研究分析程序

1.5.4　合成验证与性能测试

由于分离过程中纯化得到的样品其目标结构化合物的纯度有时不够高，所应用的分析仪器、方法也可能有一定局限，给出的信息就不一定准确和完善，由此推断出来的未知组分的结构式就可能有错误。推测结构时，波谱法虽是重要手段，但结合与结构直接关联的化学方法（如物理常数测定、溶解性试验、显色反应、衍生物制备和降解反应等）将使推测结构的精准度误差更小、结论更加可靠。

对单一组分的样品，研究分析结果的可靠检验方法是通过化学合成以验证结构式正确性；对组成复杂的配方型产品就需要通过性能测试验证产品实际使用效果以及使用过程中相关性能达标性。

合成验证通常是合成标准样品（化合物本身或衍生物），或寻找纯物质作为目标产物，同时从标准图谱库中查找结构相同的谱图，仔细分析比较这些波谱数据和化学测定数据，然后进行逆向结构推断，寻找合理的导向基团与合适的结构保护基团，然后建立可行的逆向合成路线，得到目标产物，并通过性能测试进行验证[4]。

精细化工产业产品的研发、生产、应用整体过程，与其他产业产品有很大差别，主要包括物质特性与工艺技术基础研究、产业政策分析与研究、化学合成与成分复配、产品成型工艺研究、产品市场化研究。各个组成部分又包含物理、化学、生物、生理、工艺、技术、设备、经济、金融、社会人文等多方面、多角度的需求与影响。

参考文献

[1] 陈立功，冯亚青. 精细化工工艺学[M]. 北京：科学出版社, 2018.
[2] 李和平. 精细化工工艺学[M]. 北京：科学出版社, 2019.
[3] 冯亚青，王世荣，张宝. 精细有机合成[M]. 3 版. 北京：化学工业出版社, 2018.
[4] 宋启煌，方岩雄. 精细化工工艺学[M]. 4 版. 北京：化学工业出版社, 2018.

第 2 章
精细化工产品产业化工艺流程

精细化工产品根据生产原理、成分组成比例、有无化学反应，可分为合成型精细化工产品与复配型精细化工产品。

精细化工产品具有特定结构、组分、生产工艺，因此具有功能专一、特定使用领域、个性化品质要求的特征。精细化工产品在生产工艺设计、产业化设备方面与石油化工和煤化工等传统意义上的大化工是有区别的，区别在于工艺设计更绿色、高效、灵活，产业化设备更精细、组合更加紧凑、产品适合度更高、个性化设计更突出。

2.1 产品设计与生产工艺简介

精细化工产品设计与生产工艺的研究是一项整体工程，针对实际使用、市场需求、科学预测的结果，在查阅相关文献、产业化实例、收集从原料到产品使用及售后信息基础上，提出精细化工产品核心功能物质选择科学依据及合成、提取方法与工艺，确定相关合成、提取路径与配方设计，对多条生产工艺在环境效益、生态效益、经济效益、技术效益方面进行方案比选，确定最优方案，依据最优方案对生产路线、产业化工艺流程进行合理化设计，对产业化设备进行优化、设计、选型。

合成型精细化工产品的生产路线关键是核心功能物质的合成，依据分子结构逆向切断分析，确定相关反应物作为原料，为提升反应体系转化效率，依据反应影响因素，选择恰当溶剂体系、催化体系，在一定温度、压力条件下，经过最少基本合成单元反应得到目标结构产物。

复配型精细化工产品是由多种功能组分组成均一混合体系，重点在于多种功能组分的选择与配方比例的优化，根据各种原料物化性质确定溶解、混合、分散等单元操作，使整个体系中多种组分比例均一、稳定。产业化工艺由原料精制（提纯、粉碎、干燥、溶解、加热、冷却、气化等）、中间产物分离提纯（冷凝、过滤、蒸馏、吸附、萃取、结晶、精馏、吸收、干燥等）、产品精制与商品化设计等组成。

精细化工产品产业化生产流程范畴是从生产原材料到消费者使用的产品，整个过程中的单元反应、单元操作、商品化单元，依据科学性、绿色环保、高效、精准性进行可调整模块化组合设计。通过产业化生产流程图的形式呈现，主要有产业化生产流程简图（框图）、产业化生产流程设备图、产业化生产流程操作参数说明。

（1）产业化生产流程简图（框图）

产业化生产流程简图使用过程中也被称为框图，主要构成要素有矩形框、线条、方向箭头，其中矩形框代表单元反应、单元操作、操作设备，线条代表物质的流动通道，方向箭头代表物质流动方向、单元反应与单元操作的先后顺序，如图 2-1 中所示矩形框、线条、方向箭头构成的精细化工产品产业化生产流程简图，图中包含原料（反应物）储存设备、原料（反应物）精制、单元反应、商品化单元操作、体系介质与催化剂添加、非产品物质可循环利用等。

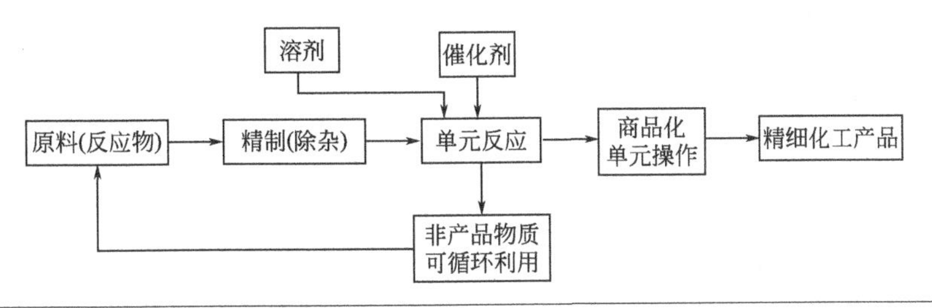

图 2-1　精细化工产品产业化生产流程简图（框图）

（2）产业化生产流程设备图

在产业化生产流程简图（框图）基础上，将矩形框代表的单元反应、单元操作等过程操作用具体机械设备简图、有关图例进行替代，相关设备间用物料流程线连接，连接位置与实际进料位置一致，在物料流程线上用箭头标示实际物料、产品、废物等的走向。

（3）产业化生产流程操作参数说明

依据确定的产业化生产流程，从原料处理、辅助物质添加时间进行简述，沿着流程线对每个设备发生的单元反应、单元操作进行详述，指出每个设备最终得到的物质，以及温度、压力、流量、配比、催化剂用量、溶剂、转化率等。除此之外还要对原料、中间产品、产品的储存、运输方式、安全措施和注意事项等进行介绍。

2.2　产业化生产工艺流程

（1）产业化生产工艺流程设计原则

精细化工产品产业化生产工艺流程设计从原料利用、工艺精准控制、生产安全、装置选型等方面应遵循产业化生产工艺流程模块化、连续化、自动控制原则；原材料、辅助材料等物料及能量的循环利用应达到 100%及以上；对产业化生产过程中出现的安全隐患应该有针对性、可操作性措施；产业化生产工艺流程中设备选型应当高效、节能、安全，单元操作组合应当合理、符合实际、单元数最少；产业化生产工艺流程符合环境政策、经济政策、产业政策，在环境、经济、技术方面具有完全可行性 [1,2] 。

生产工艺的组织即工艺路线的流程化通常按如下顺序进行：原料储存、进料准备、反应、产品分离、产品精制、产品储存等。对上述六个过程要进行详细研究，具体到每个过程需要哪些单元操作并加以组合，各个单元操作需要的设备，以及各自的运行参数和次序。将工艺过程具体化的过程称为工艺路线的组织。

（2）工艺过程设计

化工工艺即化学品生产技术，是指将原料主要经过化学或物理过程转变为产品的方法，包括实现这一转变的全部措施。

工艺过程设计是根据一个化学反应或过程设计出一个生产流程，并研究流程的合理性、先进性、可靠性和经济可行性，再根据工艺流程及条件选择合适的生产设备、管道和仪表等，进行合理设计工厂、车间等，以满足生产的要求，同时化工工艺专业与相关专业密切合作，形成设计文件、图纸，并按照其施工，最终建成投产。

（3）配方优化与工艺优化

各组分的组成及用量的组合称为产品的配方。精细化学品不同于石油化工和基本有机化工产品，为了满足使用者的要求，通常要对产物进行商品化，如配制成复合物。许多精细化学品属于配方类产品，对于配方类产品，需要先确定产品的类型和主要性能，然后选择合适的组分，使每种组分本身的性能均能满足产品某方面的要求，拟定各组分的相对比例，按一定的工艺制备产品，根据性能测定，改变组分和用量，确定性能达标的产品组成和用量。

对于新开发的产品，要进行组分的选择、各组分用量的选择、生产工艺过程的选择等，经过单因素优选法或正交设计等多次试验，最终确定产品的配方。

在生产过程中，通过调整主要工艺条件，如反应物配比、反应温度、反应压力、反应时间、催化剂用量等，使目标参数如产率、经济效益最大化，且产品性能达到技术要求，这个过程称为工艺优化。

2.3 生产工艺设计

众所周知，每种精细化学品都有多条生产工艺路线可供选择。在对某种精细化学品进行工艺路线设计时，首先要收集和查阅相关的信息资料，对其各种生产方法及流程进行调研和考察，评价不同生产方法在技术、经济和环保方面的差异，其中工艺流程最为重要，它是决定整个工艺路线是否先进、可靠，经济上是否合理的关键。要考察产品成本、主要原材料的用量及供应、公用工程的利用及供应、副产物的利用、三废处理、生产技术是否先进、设备是否先进可靠、生产的自动化机械化程度、基本建设投资等。另外，要尽可能收集所涉及物料的热力学数据，可以通过查资料、实验、计算，掌握生产过程中各种物料的物理和化学性质、数据参数[illegible]。

（1）确定生产工艺路线的内容

① 确定生产所用的原材料。

② 选择各种单元操作并加以组合。

③ 选择适宜的生产设备。

④ 确定工艺操作条件。

要落实工艺路线所涉及的主要设备，如标准设备、非标准设备、需要进口的设备。如果设备达不到技术要求，需要改变原定的工艺路线或部分工艺路线。

（2）生产方式的选择

从原料到产品，可以采用不同的生产方式和设备进行生产。根据原料和产品的特点、吨位，进行技术、环保、经济效益分析和比较，选择间歇式、半连续式或连续式生产方式。

1）间歇式生产

间歇式生产是精细化工、生物制品、药品等行业中主要的生产方式。原料被分批地处理，主要生产过程始终在相同设备中进行，按工艺规定的顺序进行，每次作业完成卸出产物或半成品后，重新装入原料，再重复一遍相同的操作。这种操作的特征是工艺条件为动态，人工可干预，过程参数（原料的配比、浓度、温度、压力、转化率和物性等）随反应时间的变化而变化，因此操作中需要经常对反应系统进行调节，以便反应在最佳条件下进行。

间歇式生产的优点是灵活、投资少、转向快，设备的设计和使用属于柔性设计，可进行不同产品的生产；缺点是产品批量生产，稳定性差，生产能力低。由于精细化工产品种类多、产量小，大多采用间歇式生产方式。

2）半连续式生产

半连续式生产是指整个生产流程中部分工序采用间歇式，部分工序采用连续式，是间歇式生产工艺到连续式生产工艺的过渡阶段。

半连续式生产的优点是投资比连续式生产低，切换品种比连续式生产容易，较适合规模适中、多品种产品的生产。半连续式生产操作方便，与间歇式相比，生产规模大、生产效率高。与连续式生产比，其缺点是劳动强度高、能耗高、产品质量易波动、自动化程度低。

3）连续式生产

连续式生产是指物料均匀、连续地按一定工艺顺序运动，在运动中不断改变形态和性能，最后连续生成产品。从原材料投入后，经过许多相互联系的加工步骤，到最后一步才能生产出成品，即前一个步骤生产的半成品是后一个步骤的加工对象，直到最后一个加工步骤才能得到成品，运作模式是 24h 连续运行、不间断地生产。

连续式生产的优点是产品质量好，性能稳定，能耗、物耗、成本低，工艺先进，生产效率高，产量大，自动化水平高，劳动强度小。缺点是建设周期长，一次性投资大，有些生产设备加工比较困难，产品切换困难，不适合多品种产品的生产，对工人的素质要求高，其中一道工序出现故障可能会导致整个流程的停车、停产。

由于三种生产方式有各自的优缺点，所以选择新技术、新工艺，选直接法代替多步法，选原料易得路线代替多原料路线，选低能耗代替高能耗方案，选接近常温常压代替高温高压，选污染废料少代替污染严重的，选便于实现微机控制的生产方式。一般性原则如下：

① 通常产量大于 5000t/a，采用连续式生产；小于 5000t/a，采用间歇式生产。有时还要考虑其他因素来确定生产方式。

② 反应速率慢，物料含固体颗粒，固体易结晶析出，堵塞管道设备，宜采用间歇式生产。

③ 产品的市场需求有季节性、周期性的，可采用间歇式生产。

④ 产品需求量大，反应物在设备中的停留时间既短又反应完全的，可采用连续式生产。

（3）生产项目设计的主要程序

① 项目的前期各项准备工作。

② 编制项目建议书。

③ 编制项目可行性报告。

④ 编制项目设计任务书。

⑤ 工艺初步设计，即根据已批准的可行性研究报告，确定全厂性的设计原则、设计标准、设计方案和重大技术问题，编制的初步设计文件有设计说明书和说明书的附图、附表、物料流程图、管道及仪表流程图、设备布置图等。

⑥ 施工图设计，即把初步设计中确定的设计原则和设计方案，根据建筑施工、设备制

造及安装工程的需要进一步具体化。施工图设计内容有施工设计说明书、管路布置图、管架图、设备管口方位图、管架表、材料表、设备一览表等。

⑦ 建设项目的施工。

⑧ 生产试车、投产。

⑨ 项目的评价、验收。

2.4 产业化工艺流程单元操作

2.4.1 萃取

液-液萃取操作的基本过程如图 2-2 所示。将一定量溶剂加入被分离的原料液 F 中，所选溶剂称为萃取剂 S，要求它与原料液中被分离的组分（溶质）A 的溶解能力越大越好，而与原溶剂（或称稀释剂）B 的相互溶解度越小越好。然后加以搅拌使原料液 F 与萃取剂 S 充分混合，溶质 A 通过相界面由原料液向萃取剂中扩散，因此萃取操作也属于两相间的传质过程。搅拌停止后，将混合液注入澄清槽，两液相因密度不同而分层：一层以萃取剂 S 为主，并溶有较多的溶质 A，称为萃取相 E；另一层以原溶剂（稀释剂）B 为主，且含有未被萃取完全的溶质 A，称为萃余相 R。若萃取剂 S 和原溶剂 B 为部分互溶，则萃取相中还含有少量的 B，萃余相中亦含有少量的 S。

由上可知，萃取操作并没有得到纯净的组分，而是新的混合液：萃取相 E 和萃余相 R。为了得到产品 A，并回收溶剂以供循环使用，尚需对这两相分别进行分离。通常采用蒸馏或蒸发的方法，有时也可采用结晶等其他方法。脱除溶剂后的萃取相和萃余相分别称为萃取液 E′和萃余液 R′。

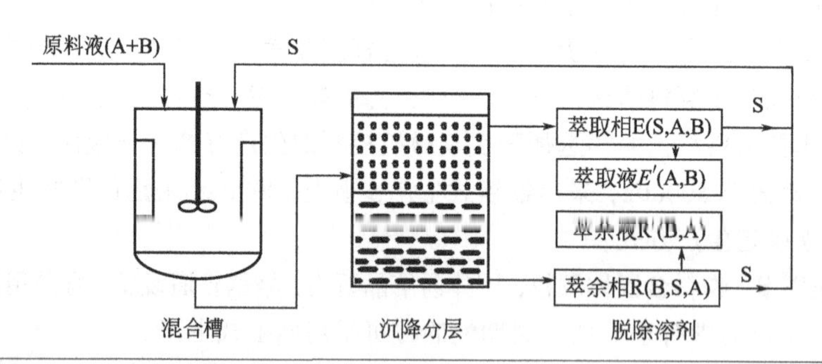

图 2-2 液-液萃取操作的基本过程

2.4.1.1 物料衡算与杠杆定律

设有组成为 x_A、x_B、x_S（R 点）的溶液 R（kg）及组成为 y_A、y_B、y_S（E 点）的溶液 E（kg），若将两溶液混合，混合物总量为 M（kg）。组成为 z_A、z_B、z_S。则可列总物料衡算式及组分 A、组分 S 的物料衡算式：

$$M = R + S$$

$$M_{z_A} = R_{x_A} + E_{y_A}$$

$$M_{z_S} = R_{x_S} + E_{y_S} \tag{2-1}$$

由此可以导出:

$$\frac{E}{R}=\frac{z_A-x_A}{y_A-z_A}=\frac{z_S-x_S}{y_S-z_S} \tag{2-2}$$

式 (2-2) 表明混合液组成的 M 点的位置必在 R 点与 E 点的连线上，且线段 $\overline{RM}$ 与 $\overline{ME}$ 之比与混合前两溶液的质量成反比，即:

$$\frac{E}{R}=\frac{RM}{EM} \tag{2-3}$$

式 (2-3) 为物料衡算的简洁图示方法，称为杠杆定律。根据杠杆定律，可较方便地在图上定出 M 点的位置，从而确定混合液的组成。必须指出，即使两溶液不互溶，M 点 (z_A，z_B，z_S) 仍可代表该两相混合物的总组成。

2.4.1.2　平衡连接线

利用溶解度曲线，可以方便地确定溶质 A 在互成平衡的两液相中的组成关系。现取组分 B 与溶剂 S 的双组分溶液，其组成以图 2-3 中的 M_1 点表示，该溶液必分为两层，其组成分别为 E_1 和 R_1。

在此混合液中滴加少量溶质 A，混合液的组成将沿连线 $\overline{AM_1}$ 移至点 M_2。充分摇动，使溶质 A 在两相中的组成达到平衡。静置分层后，取两相试样进行分析，其组成分别在 E_2、R_2。互成平衡的两相称为共轭相，E_2、R_2 的连线称为平衡连接线，M_2 点必在此平衡连接线上。

图 2-3 中溶解度曲线将三角形相图分成两个区。该曲线与底边 R_1E_1 所围的区域为分层区或两相区，曲线以外是均相区。若某三组分物系的组成位于两相区内的 M 点，则该混合液可分为互成平衡的共轭相 R 及 E，故溶解度曲线以内是萃取过程的可操作范围。

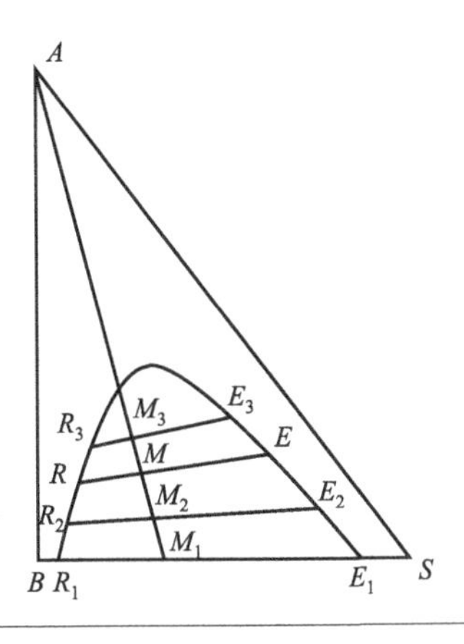

图 2-3　平衡连接线

2.4.1.3　分配曲线

平衡连接线的两个端点表示液-液平衡两相之间的组成关系。组分 A 在两相中的平衡组成也可用下式表示:

$$k_A=\frac{\text{萃取相中组分A的质量分数}}{\text{萃余相中组分A的质量分数}}=\frac{y_A}{x_A} \tag{2-4}$$

k_A 称为组分 A 的分配系数。同样，对组分 B 也可写出类似的表达式：

$$k_B = \frac{y_B}{x_B} \tag{2-5}$$

k_B 称为组分 B 的分配系数。分配系数一般不是常数，其值随组成和温度而异。

2.4.1.4 萃取过程计算

萃取塔的分离效率可以用传质单元高度 H_{OE} 或理论级当量高度 h_e 表示。影响填料萃取塔分离效率的因素主要有填料的种类、轻重两相的流量及脉冲强度等。对一定的实验设备（几何尺寸一定，填料一定），在两相流量固定条件下，脉冲强度增加，传质单元高度降低，塔的分离能力增强。

以水为萃取剂，从煤油中萃取苯甲酸，苯甲酸在煤油中的浓度约为 1%（质量分数）。水相为萃取相（用字母 E 表示，又称连续相、重相），煤油相为萃余相（用字母 R 表示，又称分散相）。在萃取过程中苯甲酸部分地从萃余相转移至萃取相。萃取相及萃余相的进出口浓度由容量分析法测定。考虑水与煤油是完全不互溶的，且苯甲酸在两相中的浓度都很低，可认为在萃取过程中两相液体的体积流量不发生变化。

（1）按萃取相计算的传质单元数 N_{OE}

计算公式为：

$$N_{OE} = \int_{Y_{Et}}^{Y_{Eb}} \frac{dY_E}{Y_E^* - Y_E} \tag{2-6}$$

式中 Y_{Et}——苯甲酸在进入塔顶萃取相中的质量比组成，kg 苯甲酸/kg 水，此处 $Y_{Et}=0$；

Y_{Eb}——苯甲酸在离开塔底萃取相中的质量比组成，kg 苯甲酸/kg 水；

Y_E——苯甲酸在塔内某一高度处萃取相中的质量比组成，kg 苯甲酸/kg 水；

Y_E^*——与苯甲酸在塔内某一高度处萃余相组成 X_R 成平衡的萃取相中的质量比组成，kg 苯甲酸／kg 水。

用 Y_E-X_R 图上的分配曲线（平衡曲线）与操作线可求得 $\frac{1}{Y_E^* - Y_E}$ 与 Y_E 的关系。再进行图解积分或用辛普森积分可求得 N_{OE}。

（2）按萃取相计算的传质单元高度 H_{OE}。

$$H_{OE} = \frac{H}{N_{OE}} \tag{2-7}$$

式中 H——萃取塔的有效高度，m；

H_{OE}——按萃取相计算的传质单元高度，m。

（3）按萃取相计算的体积总传质系数

$$K_{YEa} = \frac{q_{m,s}}{H_{OE}\Omega} \tag{2-8}$$

式中 $q_{m,s}$——萃取相中纯溶剂的流量，kg/h；

Ω——萃取塔截面积（萃取塔内径计算），m^2；

K_{YEa}——按萃取相计算的体积总传质系数，$kg/(m^3 \cdot h)$。

同理，也可以按萃余相计算 N_{OR}、H_{OR} 及 K_{XRa}。

2.4.1.5 萃取操作影响的因素

萃取操作的影响因素多样，但是主要因素表现为以下三个方面：物料体系本身性质，萃取剂的选择最为重要；操作因素，温度影响较大，另外还有分散相的选择、萃取剂的用量；萃取设备。

（1）萃取剂的选择

萃取剂的选择是利用萃取操作分离原料液有效成分的关键因素，同时也要考虑萃取剂是否容易回收及经济是否合理。主要考虑如下几个方面：

1）萃取剂的选择性

萃取剂的选择性是指萃取剂 S 对原料液中两个组分溶解能力的不同，即对溶质 A 是优良溶剂，对原溶剂 B 是不良溶剂。即使萃取相中溶质 A 的浓度 y_A 要比原溶剂 B 的浓度 y_B 大得多。而萃余相中原溶剂 B 的浓度 x_B 比溶质 A 的浓度 x_A 大得多，那么这种萃取剂的选择性就好。

萃取剂的选择性可用选择性系数 β 表示，其定义式为

$$\beta = \frac{\dfrac{y_A}{y_B}}{\dfrac{x_A}{x_B}} = \frac{\dfrac{y_A}{x_A}}{\dfrac{y_B}{x_A}} = \frac{k_A}{k_B} \tag{2-9}$$

式中 β——选择性系数；

y——组分在萃取相中的质量分数；

x——组分在萃余相中的质量分数；

k——组分的分配系数；

下标 A,B——组分 A，组分 B。

选择性系数 β 和蒸馏中的相对挥发度 α 有很大程度的相似性。若 β=1，则由式（2-1）可知萃取相和萃余相在脱除溶剂 S 后将具有相同的组成，并且等于原料液的组成，说明 A、B 两组分不能用此萃取剂分离，换言之所选择的萃取剂是不适宜的。若 $\beta > 1$，说明组分 A 在萃取相中的相对含量比萃余相中的高，即组分 A、B 得到了一定程度的分离，显然选择性系数 β 越大，组分 A、B 的分离也就越容易，相应的萃取剂的选择性也就越高。萃取剂的选择性越高，对溶质 A 的溶解能力越大，而对于一定的分离任务，可减少萃取剂用量，从而降低回收溶剂的操作费用，并且获得的产品纯度越高。

2）萃取剂物理性质影响分层的因素

① 萃取相与萃余相密度差。为使萃取相与萃余相能较快分层，要求萃取剂与原溶剂有较大的密度差，尤其是对于没有外加能量的萃取设备，密度差较大是加速萃取相与萃余相分层的推动力，对于提高设备生产能力贡献很大。

② 两相间界面张力。两相之间界面张力是影响分离效果的重要因素之一。若界面张力太大，两相界面不易润湿，两相分散较困难，两相不能充分接触，单位体积内的相界面积缩小，不利于界面的更新，对传质不利，降低分离效果。若界面张力过小，两相容易分散，虽然两相可以充分接触，利于物质传递，但是分散相的液滴太小，容易出现乳化现象，形成稳定乳化分散体系，分散相不易重新合并、集聚，因而难于分层，不利于物质分离。因此，界面张力要适中，其中首要的还是满足易于分层的要求，即通常选择界面张力较大的

萃取剂。

③ 萃取剂分离难易程度。萃取相和萃余相中的溶剂，通常以蒸馏的方法进行分离，萃取剂回收的难易直接影响萃取操作经济性。因此，要求萃取剂 S 与原料液组分的相对挥发度要大，不应形成恒沸物；为节约回收所耗的热量，最好是组成低的组分为易挥发组分。若被萃取的溶质不挥发或挥发度很低，而萃取剂 S 为易挥发组分时，则希望萃取剂 S 具有较低的汽化潜热，以节约热能。

3）其他影响因素

选择萃取剂时还应考虑其他一些因素，诸如，萃取剂应具有比较低的黏度，以利于输送及传质；具有化学稳定性和热稳定性，对设备腐蚀性小，无毒；不易燃易爆，来源充分，价格低廉。

一般来说，很难找到满足上述所有要求的萃取剂，在选用萃取剂时要充分了解其主要限制因素，根据实际情况加以权衡，以满足必须要求。

（2）操作因素

① 萃取操作温度。萃取操作只能在两相区内进行。对同一物系两相区，随温度升高变小，且 S 与 B 的互溶度增大，温度继续升高，两相区继续缩小，甚至完全消失，成为一个互溶的均相三元体系，此时萃取操作无法进行。反之，对同一物系，温度降低，两相区面积增加，有利于萃取操作进行。所以，操作温度低，分离效果好。但操作温度过低，会导致液体黏度增大，扩散系数减小，传质阻力增大，传质速率降低，对萃取不利。工业生产中的萃取操作一般在常温下进行。

② 分散相的选择。正确地选择作为分散相的液体，能使萃取操作有较大的相际接触面积，并且强化传质过程。分散相的选择通常遵循以下原则：宜选体积流量较小的一相为分散相；宜选不易润湿填料、塔板等内部构件的一相作分散相，这样，可以保持分散相更好地形成液滴状而分散于连续相中，以增大相际接触面积；宜选黏度较大的一相作分散相，这样，液滴的流动阻力较小，而增大液滴运动速度，强化传质过程。

③ 萃取剂的用量。当其他操作条件不变时，增加萃取剂的用量，则萃余相中溶质 A 的浓度将减小，萃取分离效率提高，但萃取回收设备负荷加重，导致回收时分离效果不好，从而使循环萃取剂中溶质 A 的含量增加，萃取效率反而下降。在实际生产中，必须特别注意萃取剂回收操作的不完善对萃取过程的不良影响。

2.4.2 精馏

简单蒸馏、平衡蒸馏是仅进行一次部分汽化和部分冷凝的过程，故只能部分地分离液体混合物；而精馏则是把液体混合物进行多次部分汽化和部分冷凝，使混合物分离达到所要求的组成。如含乙醇（体积分数）不到 10%的醪液经一次简单蒸馏可得到 50%的烧酒，再蒸一次可到 65%的烧酒，依次重复蒸馏，乙醇含量还可继续提高。同样也可用多次平衡蒸馏来逐次分离从而提高纯度。理论上多次部分汽化在液相中可获得高纯度的难挥发组分，多次部分冷凝在气相中可获得高纯度的易挥发组分。如果将上述多次部分汽化、多次部分冷凝分别在若干个加热釜和若干个冷凝器内进行，一是蒸馏装置将非常庞大，二是能量消耗非常大，如图 2-4 所示。最上一级装置中，气液两相经过分离后，气相可以作为产品排出，液相返回至下一级，这部分液体称为回流液；最下一级装置中，气液两相经分离后，液相可以作为产品排出，气相则返回至上一级，这部分上升蒸气称为气相回流。当上一级所产生的冷液回流与下一级的热气进行混合时，由于液相温度低于气相温度，因此高温蒸气将加热低温的液体，使液体部分汽化，蒸气自身被部分冷凝，起到了传热和传质的双重作用。同时，中间既无产品生成，又不设置加热器和冷凝器。

由上分析，将每一级的液相产品返回到下一级，气相产品上升至上一级，不仅可以提高产品的产率，而且是精馏过程进行必不可少的条件。因此，两相回流是保证精馏过程连续稳定操作的必要条件之一。

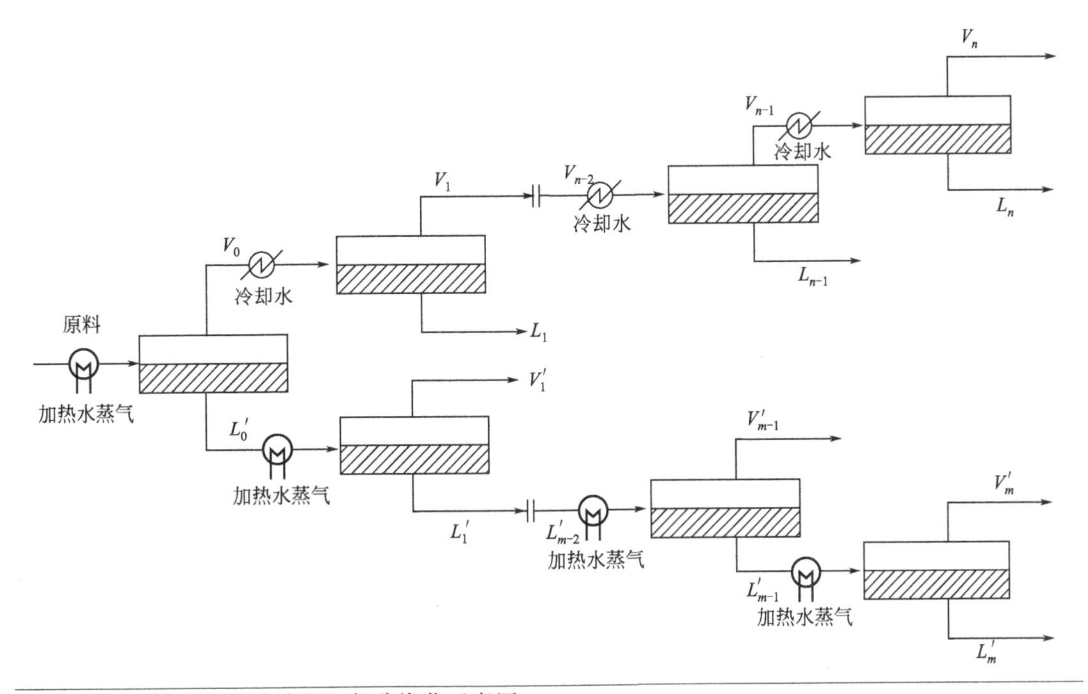

图 2-4　无回流多次部分冷凝和部分汽化示意图

2.4.2.1　精馏原理分析

工业生产中的精馏过程是在精馏塔中将多次部分汽化和部分冷凝过程巧妙有机结合实现的。

连续精馏是指连续进料和连续出料，是一个稳定的操作过程。如图 2-5 所示，设在总压为 101.33kPa 下，苯-甲苯混合液的温度为t_1，组成为x_1，其状况以A点表示，若将此混合液自A点加热到温度为t_3的E点，由于E点处于两相区，这时混合液将部分汽化，分成互成平衡的气液两相，气相浓度为y_2，液相浓度为x_2 $(x_2 < x_1)$。气液两相分开后，再将浓度为x_2的饱和液体单独加热到温度为t_4的F点，这时又出现新的平衡，得液相的组成x_3 $(x_3 < x_2)$及与之平衡的气相浓度y_3，依此类推，最终可得易挥发组分苯含量很低的液相，即可获得近似于纯净的甲苯。

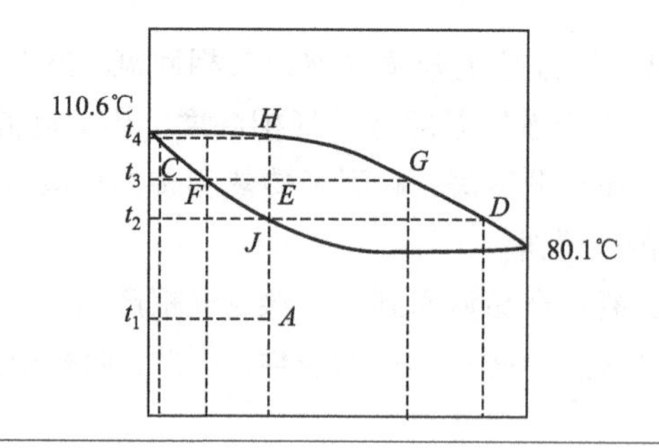

图 2-5　苯-甲苯精馏相图

将上述气相 y_2 冷凝至 t_2，也可以分成互为平衡的气液两相，如图 3-4 中 D 点和 J 点得到气相的浓度为 y_1，$y_1 > y_2$，依次类推，最后可得到近于纯净的苯。

2.4.2.2　连续精馏装置的组成

其主要设备有精馏塔、冷凝冷却器、再沸器，有时还配有原料预热器和回流泵等辅助设备。原料液经预热器预热到指定的温度后，于加料板位置加入塔内。在进料板处与精馏段下降的液体汇合后，再逐板溢流，最后流入塔釜再沸器中。在每层塔板上，回流的液体与上升的蒸气相互接触，进行传热和传质。正常操作时，连续地从塔釜中取出部分液体（残液），而剩余的部分液体汽化后产生的上升蒸气依次通过所有塔板，而后进入冷凝器被全部冷凝，并将一部分冷凝液作为回流液送回塔中；另一部分再经冷却器降温后作为塔顶产品（馏出液）取出。

连续精馏操作中，原料液从塔的中部通过加料管连续送入精馏塔内，同时从塔顶和塔底连续得到产品，所以精馏是一种稳定的操作过程。

通常，将原料液进入管处的那层板称为加料板，精馏塔以加料板为界分为上下两段，加料板以上的塔段称为精馏段，加料板以下的塔段称为提馏段。精馏段的作用是从下到上逐板增浓上升气相中易挥发组分的浓度。提馏段的作用是从上到下逐板提升下降液相中难挥发组分的浓度。塔板的作用是提供气液两相进行传质和传热的场所。

塔板上设置有许多小孔，从下一层板上升的气流与从上一层板下降的液流，由于存在温度差和浓度差，气相就要进行部分冷凝，使其中部分难挥发组分转入液相；而气相冷凝时放出的热量传给液相，使液相部分汽化，使其中易挥发组分转入气相。总之，使离开塔板上升的气相中易挥发组分的浓度得到了提升，下降的液相中难挥发组分的浓度较进入该板时增高，每一块塔板上气液两相都进行双向传质，因此，每一块塔板是一个混合分离器，足够多的塔板数可使各组分较完全分离。

再沸器多数为一间壁换热器，通常以饱和水蒸气为热源加热釜内溶液。溶液受热后部分汽化，气相进入塔内，使塔内有一定流量的上升蒸气流，液相作为釜残液排出。冷凝器为一间壁换热器，使进入冷凝器的塔顶蒸气被全部或部分冷凝，部分冷凝液送回塔顶回流，其余作为液相产品排出。

2.4.3　吸收-解吸

2.4.3.1　吸收基本原理

吸收是利用各组分溶解度不同而进行气体混合物分离的操作。而在生产中，除少部分直接获得液体产品的吸收操作外，一般的吸收过程都要求对吸收后的溶剂进行再生，即在另一称之为解吸塔的设备中进行与吸收相反的过程——解吸。因此，一个完整的吸收分离过程一般包括吸收和解吸两部分。

气体的吸收-解吸是典型的传质过程之一，也是石油化工、精细化工生产过程中常用的重要单元操作过程，在气体净化中常使用溶剂来吸收有害气体，保证合格的原料气供给，在合成氨、石油化工中原料气的净化过程中均有广泛应用。在合成氨脱硫、脱碳工段均采用溶剂吸收法脱除有害气体，溶剂吸收法吸收效率高，单元操作装置运行费用低廉。吸收过程是利用气体混合物中各个组分在液体（吸收剂）中的溶解度不同，来分离气体混合物。被溶解的组分称为溶质或吸收质，含有溶质的气体称为富气，不被溶解的气体称为贫气或惰性气体。

溶解在吸收剂中的溶质和在气相中的溶质存在溶解平衡，当溶质在吸收剂中达到溶解平衡时，溶质在气相中的分压称为该组分在该吸收剂中的饱和蒸气压。当溶质在气相中的分压大于该组分的饱和蒸气压时，溶质从气相溶入液相中，称为吸收过程。当溶质在气相中分压小于该组分的饱和蒸气压，溶质就从液相逸出到气相中，称为解吸过程。

提高压力、降低温度有利于溶质吸收；降低压力、提高温度有利于溶质解吸。吸收-解吸正是利用这一原理分离气体混合物，吸收剂可循环重复利用。

UTS-TX 吸收-解吸采用水吸收空气中的二氧化碳组分。一般情况下二氧化碳在水中溶解度很小，即使预先将一定量的二氧化碳气体通入空气中混合以提高空气中二氧化碳浓度，水中二氧化碳含量仍然很低，所以吸收的计算方法可按照低浓度气体吸收来处理，并且此体系二氧化碳气体的吸收过程属于液膜控制。因此，本实训单元主要测定 K_{Ya} 和 H_{OG}。

填料层高度 Z 的计算公式如下：

$$Z=\frac{V}{K_{Ya}\Omega}\int_{Y_2}^{Y_1}\frac{\mathrm{d}Y}{Y-Y^*}=H_{OG}\times N_{OG}\text{；}\quad Z=\frac{L}{K_{Xa}\Omega}\int_{X_2}^{X_1}\frac{\mathrm{d}X}{X^*-X}=H_{OL}\times N_{OL}\text{；}$$

$$K_{Ya}=\frac{V}{Z\Omega}N_{OG}\text{；}\quad K_{Xa}=\frac{L}{Z\Omega}N_{OL}$$

$$N_{OG}=\int_{Y_2}^{Y_1}\frac{\mathrm{d}Y}{Y-Y^*}=\frac{Y_1-Y_2}{\Delta Y_m}\text{；}\quad N_{OL}=\int_{X_2}^{X_1}\frac{\mathrm{d}X}{X^*-X}=\frac{X_1-X_2}{\Delta X_m}$$

$$\Delta Y_m=\frac{\Delta Y_1-\Delta Y_2}{\ln\frac{\Delta Y_1}{\Delta Y_2}}=\frac{\left(Y_1-Y_1^*\right)-\left(Y_2-Y_2^*\right)}{\ln\frac{Y_1-Y_1^*}{Y_2-Y_2^*}}$$

$$\Delta X_m=\frac{\Delta X_1-\Delta X_2}{\ln\frac{\Delta X_1}{\Delta X_2}}=\frac{\left(X_1^*-X_1\right)-\left(X_2^*-X_2\right)}{\ln\frac{X_1^*-X_1}{X_2^*-X_2}}$$

$$Y^*=mX$$

$$X^*=\frac{Y}{m}$$

$$Y=\frac{L}{V}X+Y_1-\frac{L}{V}X_1$$

$$Y=\frac{L}{V}X+Y_2-\frac{L}{V}X_2$$

$$N_{OG}=\frac{1}{1-\frac{mV}{L}}\ln\left[\left(1-\frac{mV}{L}\right)\frac{Y_1-mX_2}{Y_1-mX_1}+\frac{mV}{L}\right];\quad N_{OL}=\frac{1}{1-\frac{L}{mV}}\ln\left[\left(1-\frac{L}{mV}\right)\frac{Y_1-mX_2}{Y_1-mX_1}+\frac{L}{mV}\right]$$

式中　Y_1、Y_2——进、出塔气相中吸收质摩尔比；

X_2、X_1——进、出塔液相中吸收质摩尔比；

*——平衡状态；

V——惰性气体的摩尔流量，kmol/h；

L——吸收剂的摩尔流量，kmol/h；

Ω——塔截面积，m^2；

H_{OL}——液相总传质单元高度，m；

N_{OL}——液相总传质单元数；

H_{OG}——气相总传质单元高度，m；

N_{OG}——气相总传质单元数；

K_{Ya}——以 ΔX 为推动力的气相总体积传质（吸收）系数，kmol/（$m^3 \cdot s$）；

K_{Xa}——以 ΔX 为推动力的液相总体积传质（吸收）系数，kmol/（$m^3 \cdot s$）；

ΔY_m——气相对数平均推动力；

ΔX_m——液相对数平均推动力。

2.4.3.2　吸收塔操作的主要控制因素

吸收操作往往是以吸收后的尾气浓度或出塔溶液中溶质的浓度作为控制指标。当以净化气体为产品时，吸收后的尾气浓度为主要控制对象；当以吸收液作为产品时，出塔溶液的浓度为主要控制对象。

（1）操作温度

吸收塔的操作温度对吸收速率有很大影响。温度越低，气体溶解度越大，吸收率越高；反之，温度越高，吸收率下降，容易造成尾气中溶质浓度升高。同时，由于有些吸收剂容易发泡，温度越高，造成气体出口处液体夹带量增加，增大了出口气液分离负荷。

对有明显热效应的吸收过程，通常要在塔内或塔外设置中间冷却装置，及时移出热量。必要时，用加大冷却水用量的方法来降低塔温。当冷却水温度较高时，冷却效果会变差，在冷却水用量不能再增加的情况下，增加吸收剂用量也可以降低塔温。对吸收液有外循环且有冷却装置的吸收流程，采用加大吸收液循环量的方法也可以降低塔温。

（2）操作压力

提高操作压力有利于吸收操作，一方面可以增加吸收推动力，提高气体吸收率，减少吸收设备尺寸；另一方面能增加溶液的吸收能力，减少溶液的循环量。吸收塔实际操作压力主要由原料气组成、工艺要求的气体净化程度和前后工序的操作压力来决定。

对解吸操作，一方面，提高压力会降低解吸推动力，使解吸进行得不彻底，同时增加了解吸的能耗和溶液对设备的腐蚀性；另一方面，由于操作温度是操作压力的函数，压力升高，温度相应升高，又会加快被吸收溶质的解吸速度。因此为了简化流程、方便操作，通常保持解吸操作压力略高于大气压力。

（3）吸收剂用量

实际操作中，若吸收剂用量过小，填料表面润湿不充分，气液两相接触不充分，出塔溶液的浓度不会因吸收剂用量小而有明显提高，还会造成尾气中溶质浓度的增加，吸收率下降。吸收剂用量越大，塔内喷淋量越大，气液接触面积越大；由于液气比的增大，吸收推动力增大；对于一定的分离任务，增大吸收剂用量还可以降低吸收温度，使吸收速率提高，增大吸收率。当吸收液浓度已远低于平衡浓度时，继续增加吸收剂用量已不能明显提高吸收推动力，相反会造成塔内积液过多，压差变大，使得塔内操作恶化，反而使吸收推动力减小，尾气中溶质浓度增大。吸收剂用量的增加，还会加重溶剂再生的负荷。因此在调节吸收剂用量时，应根据实际操作情况具体处理。

（4）吸收剂中溶质浓度

对于吸收剂循环使用的吸收过程，入塔吸收剂中总是含有少量的溶质，吸收剂中溶质浓度越低，吸收推动力越大，在吸收剂用量足够的情况下，尾气中溶质的浓度也越低；相反，吸收剂中溶质浓度增大，吸收推动力减小，尾气中溶质的浓度增大，严重时达不到分离要求。因此，当发现入塔吸收剂中溶质浓度升高时，需要对解吸系统进行必要的调整以保证解吸后循环使用的吸收剂符合工艺要求。

（5）气流速度

气流速度会直接影响吸收过程，气流速度大使气、液膜变薄，减少了气体向液体扩散的阻力，有利于气体的吸收，也提高了单位时间内吸收塔的生产效率。但气流速度过大时，会造成液泛、雾沫夹带或气液接触不良等现象，因此，要选择一个最佳的气流速度，保证吸收操作高效稳定进行。

（6）液位

液位是吸收系统重要的控制因素，无论是吸收塔还是解吸塔，都必须保持液位稳定。液位过低，会造成气体窜到后面低压设备引起超压，或发生溶液泵抽空现象；液位过高，则会造成出口气体带液，影响后工序安全运行。

总之，在操作过程中根据原料组分的变化和生产负荷的波动，及时进行工艺调整，发现问题及时解决，是吸收操作不可缺少的工作。

2.4.3.3　强化吸收过程的措施

采用逆流吸收操作在气液两相进口组成相等及操作条件相同的情况下，逆流操作可获得较高的吸收液浓度及较大的吸收推动力。

① 提高吸收剂的流量。一般混合气入口的气体流量、气体入塔浓度一定，如果提高吸收剂的用量，则吸收的操作线上扬，吸收推动力提高，气体出口浓度下降，因而提高了吸收速率。但吸收剂流量过大会造成操作费用提高，因此吸收剂用量应适当。

② 降低吸收剂入口温度。当吸收过程其他条件不变时，吸收剂温度降低，相平衡常数将增大，吸收的操作线远离平衡线，吸收推动力增大，从而使吸收速率加快。

③ 降低吸收剂入口浓度。当吸收剂入口浓度降低时，液相入口处吸收的推动力增大，从而使全塔的吸收推动力增大。

④ 选择适宜的气体流速。经常检查出口气体的雾沫夹带情况，气速太小（低于载点气速），对传质不利。若太大，达到液泛气速，液体被气体大量带出，操作不稳定，同时大量

的雾沫夹带造成吸收塔的分离效率降低及吸收剂的损失。

⑤ 选择吸收速率较高的塔设备。根据处理物料的性质来选择吸收速率较高的塔设备，如果选用填料塔，在装填填料时应尽可能使填料分布比较均匀，否则液体通过时会出现沟流和壁流现象，使有效传质面积减小，塔的分离效率降低。填料塔使用一段时间后，应对填料进行清洗，以避免填料被液体黏结和堵塞。

⑥ 控制塔内的操作温度。低温有利于吸收，温度过高时必须移走热量或进行冷却，以维持吸收塔在低温下操作。

⑦ 提高流体流动的湍动程度。流体湍动程度越剧烈，气膜和液膜厚度越薄，传质阻力越小。通常分两种情况：一是若气相传质阻力大，提高气相的湍动程度，如加大气体的流速，可有效地降低气相吸收阻力；二是若液相传质阻力大，提高液相的湍动程度，如加大液体的流速，可有效地降低液相吸收阻力。

2.4.3.4 解吸基本原理

使溶解于液相中的气体释放出来的操作称为解吸。解吸是吸收的逆过程。在生产中，解吸过程有两个目的：①获得所需的较纯的气体溶质；②使溶剂得以再生，返回吸收塔循环使用，经济上更合理。

在工业生产中，经常采用吸收-解吸联合操作。如前面介绍的用洗油脱除煤气中的粗苯就是采用吸收-解吸联合操作。解吸是吸收质从液相转移到气相的过程。因此，进行解吸过程的必要条件及推动力恰好与吸收过程相反，即气相中溶质的分压（或浓度）必须小于液相中溶质的平衡分压，其差值即为解吸过程的推动力。

常用的解吸方法有：①加热解吸。将溶液加热升温可提高溶液中溶质的平衡分压，减小溶质的溶解度，从而有利于溶质与溶剂的分离。②减压解吸。操作压力降低可使气相中溶质的分压相应地降低，溶质从吸收液中释放出来。③从惰性气体中解吸。将溶液加热后送至解吸塔顶使之与塔底部通入的惰性气体（或水蒸气）进行逆流接触，由于入塔惰性气体中溶质的分压为零，因此溶质从液相转入气相。④采用精馏方法。将溶液通过精馏的方法使溶质与溶剂分离。

在生产中，具体采用什么方法较好，必须结合工艺特点，对具体情况做具体分析。此外，也可以将几种方法联合起来加以应用。

2.4.3.5 吸收-解吸系统设备的常见问题与处理措施

（1）塔体腐蚀

塔体腐蚀主要是吸收塔或解吸塔内壁的表面网腐蚀出现凹痕，主要产生原因如下：①塔体的制造材质选择不当：②原始开车时钝化效果不理想；③溶液中缓蚀剂浓度与吸收剂浓度不对应；④溶液偏流，塔壁四周气液分布不均匀。

一般在腐蚀发生的初始阶段，塔壁先是变得粗糙，钝化膜附着力变弱，当受到冲刷、撞击时出现局部脱落，使腐蚀范围扩大，腐蚀速率加快。对于已发生腐蚀的塔壁要立即进行修复，即对所有被腐蚀处先补焊、堆焊后再衬以耐腐蚀钢带（如不锈钢板）。在日常操作过程中应严格控制工艺指标，确保良好的钝化质量，要适当增加对吸收溶液的分析次数，及时、准确、有效地监控溶液组分的变化，并及时清除溶液中的污物，保持溶液的洁净，减少系统污染。

(2) 液体分布器和液体再分布器损坏

液体分布器和液体再分布器损坏在吸收系统中比较常见，其主要原因如下：①由于设计不合理，受到液体高流速冲刷造成腐蚀；②选择材料不当所致；③填料的摩擦作用使分布器、再分布器上的保护层被破坏产生的腐蚀；④经过多次开、停车，钝化控制不好。

当系统发现液体分布器、再分布器损坏后，应及时找出原因，并立即进行修复。同时采取相应的措施，防止事故重复发生。

(3) 填料损坏

对于填料塔，由于所选用填料的材质不同，损坏的原因也各不相同。

① 瓷质填料。由于瓷质填料耐压性能较差，受压后产生破碎，也可能由于发生腐蚀而使填料损坏，瓷质填料损坏后，设备、管道严重堵塞，系统无法继续运转。

② 塑料填料。塑料填料损坏的主要表现为变形，由于其耐热性不好，在高温下容易变形，变形后填料层高度下降，空隙率下降，阻力明显增加，使传质、传热效果变差，易引起拦液泛塔事故。

③ 普通碳钢填料。具有较好的耐热、耐压特性，其损坏的方式主要是被溶液腐蚀，被腐蚀后的填料性能变差，影响吸收或再生效果，降低溶液的吸收性能，同时由于溶液中铁离子大幅度增加，与溶液中的缓蚀剂形成沉淀，缓蚀剂的浓度快速降低，失去缓蚀作用，使其他设备的腐蚀加快。

④ 不锈钢填料。一般不太容易损坏，在条件允许的情况下最好采用不锈钢填料。

(4) 溶液循环泵的腐蚀

吸收系统溶液循环离心泵被腐蚀的主要原因是发生“汽蚀现象”。“汽蚀现象”的发生使离心泵的叶轮出现蜂窝状的蚀坑，严重时变薄甚至穿透，密封面和泵壳也会发生腐蚀。当溶液泵入口压力、温度和流量达到汽蚀的临界条件后即发生“汽蚀”，因此严格控制溶液的温度、压力和流量，避免“汽蚀现象”的发生，是防止溶液循环泵被腐蚀的关键。

(5) 塔体振动

吸收塔体振动的主要原因可能是系统气液相负荷产生了突然波动，塔体受到溶液流量突变的剧烈冲击。这种现象通常发生在再生塔，吸收塔比较少见，因为再生塔顶部溶液的流通量一般比较大，如果溶液进口分布不合理，就会出现塔体及管线振动。采取以下措施可以减轻或消除塔体振动的问题：①设置限流孔板，控制塔体两侧溶液流量，尽量保持两侧分配均匀；②在溶液总管上设减振装置，如减振弹簧等，减轻管线的振动幅度，防止塔体和管线发生共振；③调整溶液入口角度，减小旋转力对塔体的影响；④控制系统波动范围，尽量保持操作平稳。

2.4.4 干燥

2.4.4.1 （对流）干燥过程分析

干燥通常是指从湿物料中除去水分或其他湿分的单元操作。本小节主要讨论以热空气为干燥介质、湿分为水的对流干燥过程。

空气经预热器加热到适当温度后进入干燥器，在干燥器中，气流与湿物料直接接触。按循环路程，气体温度降低，湿含量增加，废气从干燥器另一端排出。对于间歇干燥过程，湿物料成批进入干燥器内，待干燥至指定的含湿要求后一次取出。对于连续干燥过程，湿物料被连续地加入与排出，湿物料与空气可以是并流、逆流或其他形式接触。

在对流干燥过程中，经过预热的不饱和热空气从湿物料的表面流过，将热量传给湿物料，使物料表面水分汽化，汽化的水分由空气带走，干燥介质既是载热体又是载湿体，它将热量传给物料的同时，又把由物料中汽化出来的水分带走。所以，干燥是传热和传质同时进行的过程，传热的方向是由气相到固相，热空气与湿物料的温差是传热的推动力；传质的方向是由固相到气相，物料表面的水汽分压与热空气中水汽分压之差是传质的推动力。传热与传质的方向相反，但密切相关，干燥速率由传热速率和传质速率共同控制。

干燥操作的必要条件是物料表面的水汽分压必须大于干燥介质（空气）中的水汽分压，在其他条件相同的情况下，两者差别越大，干燥操作进行得越快。所以，干燥介质应及时将汽化的水汽带走，以维持一定的传质推动力。如果干燥介质被水汽所饱和，即物料表面的水汽分压等于干燥介质中的水汽分压，则推动力为零，干燥操作停止。

2.4.4.2 干燥操作的分类

（1）按操作压力分类

按操作压力分为常压干燥和真空干燥两类。真空操作适于处理热敏性产品（如维生素、抗生素等）和易燃、易爆、易氧化及有毒的物料，或要求成品中含湿量低的场合。

（2）按操作方式分类

按操作方式分为间歇式和连续式操作两类。连续操作具有生产稳定、生产能力大、产品质量均匀、热效率高以及劳动条件好等优点，主要用于大型工业化生产，工业干燥多属此类。间歇操作适用于处理小批量、多品种或要求干燥时间较长的物料。

（3）按传热方式分类

① 传导干燥。即热能通过传热壁面以传导方式加热物料，所产生的蒸汽被干燥介质带走，或被真空泵抽走，因此又称间接加热干燥。传导干燥热能利用率高，但物料温度不易控制，易过热而变质。

② 对流干燥。即干燥介质直接与湿料接触，热能以对流方式传给物料，所产生的蒸汽被干燥介质带走，因此又称直接加热干燥。干燥介质的温度易于调节，物料不易过热，但干燥介质离开干燥器时，将相当大的一部分热能带走，热能利用率低。

③ 辐射干燥。即辐射器产生辐射能以电磁波形式到达物料表面，被湿物料吸收并转变为热能，从而使湿分汽化。辐射干燥比上述两种干燥方式的生产强度要大几十倍，干燥产品均匀而洁净，但能耗高，适用于表面积大而薄的物料，如塑料、布匹、木材、涂料制品等。

④ 介电加热干燥。即利用高频电场的交互作用将置于其内的物料加热并使湿分汽化。电场频率低于 300MHz 的称为高频加热；频率在 300MHz～300GHz 之间的超高频加热称为微波加热。此法加热速度快，加热均匀，热能利用率高；但投资大，操作费用较高。

2.4.5 传热

传热，即热量的传递，是自然界和工程技术领域中普遍存在的一种现象。无论在化工、医药、能源、动力、冶金等工业部门，还是在农业、环境保护等部门中都涉及许多传热问题。

在日常生活中，也存在着许多传热现象。

根据热力学第二定律可知，热量总是自发地从温度较高的物体传给温度较低的物体。因此，只要物体内部或物体之间有温度差，就必然发生传热现象。热量自高温处传给低温处是自动发生的（自发过程）。在某些情况下，热量也能从低温处传向高温处，如空调器、电冰箱等制冷设备即如此。但热量从低温处传向高温处是非自发过程，其发生是有条件的，这个条件就是需要消耗机械功。

化学工业与传热紧密相连。无论生产中的化学过程（单元反应），还是物理过程（单元操作），几乎都伴有热量的传递。归纳起来，传热在化工生产过程中的应用主要有以下方面：

① 为化学反应创造必要的条件。化学反应是化工生产的核心，化学反应都要求有一定的温度条件，例如，合成氨的操作温度为 470～520℃。为了达到要求的反应温度，必须在化学反应的同时进行加热或冷却。

② 为单元操作创造必要的条件。在某些单元操作（例如蒸发、结晶、蒸馏、解吸和干燥等）中，需要输入或输出热量，才能使这些单元操作正常地进行。例如，蒸馏操作中，塔底需用加热蒸汽加热塔釜液体，塔顶蒸汽须引入冷凝器用冷凝水将蒸汽冷凝成液体。

③ 提高热能的综合利用率。化工生产中的化学反应大都为放热反应，其放出的热量可回收利用，以降低生产的能量消耗。例如，在上例中，合成氨的反应气温度很高，有大量的余热需要回收，通常可设置余热锅炉生产蒸汽甚至发电。

④ 隔热与节能。为了减少热量（或冷量）的损失，以满足工艺要求，降低生产成本，改善劳动条件，往往需要对设备和管道进行保温，在其外表面包裹一层或几层隔热材料。

因此，传热设备在化工厂的设备投资中占有很大的比例，据统计，在一般的石油化工企业中，换热设备的费用约占总投资的 30%～40%。在提倡节能的当今社会，研究传热及传热设备具有现实意义。

2.4.5.1 传热基本方式

根据传热机理的不同，热量传递分为以下三种方式：

① 热传导。热传导又称导热。当物体内部存在温度差的情况下，热量会从温度高的一端传递到温度低的一端。热传导在固体、液体、气体中均可进行，在金属固体中，主要靠自由电子的运动进行导热；在导热性能不是很好的固体和大部分的液体中，主要靠物体内部晶格上的分子或者原子振动进行导热；气体则是靠分子不规则运动，造成分子间的相互碰撞进行导热。

② 对流传热。对流传热也称热对流，是靠流体内部质点相对位移进行的热量传递。由于引起流体内部质点移动的作用力不同，对流传热分为自然对流和强制对流两种方式。

自然对流：传热若运动是因流体内部各处温度不同引起局部密度差异所致，则称为自然对流。

强制对流：传热若由水泵、风机或其他外力作用引起流体运动，则称为强制对流。

但实际上，热对流的同时，流体各部分之间还存在着导热，而形成一种复杂的热量传递过程。由于强制对流的质点移动速度快，传热速率大，所以在实际生产和日常生活中，强制对流传热应用非常广泛。

③ 热辐射。热辐射是一种以电磁波传递热能的方式。热辐射不需要任何物质作媒介，

可以在真空中进行。任何物体只要在热力学零度以上，都能发射辐射能，但只有在高温下物体之间温度差很大时，辐射才成为主要传热方式。辐射传热的一大特点是不仅有能量的传递，还有能量形式的转换。

实际上，上述三种传热的基本方式，很少单独存在，而往往是相互伴随着同时出现的。如热交换器的传热是对流传热和热传导联合作用的结果，同时还存在着热辐射。

2.4.5.2　工业换热方法

在工业生产中，要实现两流体的热量交换，需要用到一定的设备，这种用于交换热量的设备称为热量交换器，简称为换热器。根据换热器换热方法的不同，工业换热方法通常有如下三种类型：

① 直接接触式换热。直接接触式换热是两种流体在直接接触过程中，热流体将热量传递给冷流体。例如，气体冷却塔是一种热能回收装置，在混合并流冷凝器中，某种水溶液和废热蒸汽直接接触，蒸汽将冷凝热传递给水溶液，将水溶液加热，蒸汽自身被冷凝成水与该溶液混合。

② 蓄热式换热。蓄热式换热是先将某种蓄热器（热容量比较大的容器）加热，然后通入冷流体，蓄热器再将热量传给冷流体。该换热器有两个蓄热体，冷热流体交替通过两蓄热器，从而达到连续操作的目的。

③ 间壁式换热。间壁式换热是用导热性能好的金属固体壁面将冷、热两流体隔开，热流体把热量传递给金属壁，金属壁再把热量传递给冷流体。工业上常用这种方法加热或冷却流体的设备有多种形式，如套管式换热器、列管式换热器、板式换热器等。

2.4.5.3　传热速率方程

在传热过程中，热量传递的快慢用传热速率来表示。传热速率是指单位时间内通过传热面传递的热量，用Q表示，其单位为 W。热通量是指单位传热面积、单位时间内传递的热量，用q表示，其单位为$\mathrm{W/m^2}$。与其他传递过程类似，传热速率可表示为：

$$\text{传热速率}=\frac{\text{传热推动力}}{\text{传热阻力}}=\frac{\text{温度差（}\Delta t\text{）}}{\text{热（阻}R\text{）}} \tag{2-10}$$

间壁式换热器的传热速率与换热器的传热面积、传热推动力等有关。传热速率与传热面积成正比，与传热推动力成正比，引入比例系数，写成等式，即

$$Q=KS\Delta t_{\mathrm{m}} \tag{2-11a}$$

或

$$Q=\frac{\Delta t_{\mathrm{m}}}{\dfrac{1}{KS}}=\frac{\Delta t_{\mathrm{m}}}{R} \tag{2-11b}$$

式中　Q——传热速率，W；

K——比例系数，也称作传热系数，$\mathrm{W/(m^2\cdot K)}$；

S——传热面积，$\mathrm{m^2}$；

Δt_{m}——换热器的传热推动力，或称冷、热流体的传热平均温度差，K；

R——换热器的总热阻，K/W。

式（2-11a）称为传热基本方程，又称总传热速率方程。

化工过程的传热问题可分为两类：一类是设计型问题，即根据生产要求，选定（或设计）换热器；另一类是操作型问题，即计算给定换热器的传热量、流体的流量或温度等。两者均

以传热基本方程为基础进行求解。式（2-11）变形如下：

$$K = \frac{Q}{S\Delta t_{\mathrm{m}}} \tag{2-12}$$

由式（2-12）可看出 K 的物理意义为：单位传热面积、单位传热温度差时的传热速率。所以 K 值越大，在相同的温度差条件下，所传递的热量越多。因此，在传热操作中，总是设法提高传热系数 K，以强化传热过程。

2.4.5.4　传热速率与热负荷

（1）传热速率与热负荷的关系

化工生产中，为了达到一定的生产目的，将热、冷流体在换热器内进行换热。换热器单位时间传递的热量称为换热器的热负荷。热负荷是由生产工艺条件决定的，是换热器的生产任务，与换热器结构无关。

传热速率是换热器单位时间能够传递的热量，是换热器的生产能力，主要由换热器自身的性能决定。为保证换热器完成传热任务，换热器的传热速率应大于等于其热负荷。

在换热器的选型（或设计）中，计算所需传热面积时，需要先知道传热速率，但当换热器还未选定或设计出来之前，传热速率是无法确定的，而其热负荷则可由生产任务求得。所以，在换热器的选型（或设计）中，一般按如下方式处理：先用热负荷代替传热速率，求得传热面积后，再考虑一定的安全裕量。这样选择（或设计）出来的换热器，就一定能够按要求完成传热任务。

（2）热负荷的确定

1）热量衡算

根据能量守恒定律，在两种流体之间进行稳定传热时，以单位时间为基准，换热器中热流体放出的热量（或称热流体的传热量）等于冷流体吸收的热量（或称冷流体的传热量）加上散失到空气中的热量（即热量损失，简称热损），即：

$$Q_{\mathrm{h}} = Q_{\mathrm{c}} + Q_{\mathrm{L}} \tag{2-13}$$

式中　Q_{h}——热流体放出的热量，kJ/h 或 kW；

Q_{c}——冷流体吸收的热量，kJ/h 或 kW；

Q_{L}——热损，kJ/h 或 kW。

式（2-13）称为传热过程的热量衡算方程式。热量衡算用于确定加热剂或冷却剂的用量或确定一端的温度。

2）热负荷的确定

当换热器保温性能良好，热损失可以忽略不计时，式（2-13）可变为 $Q_{\mathrm{h}} = Q_{\mathrm{c}}$。此时，热负荷取 Q_{h} 或 Q_{c} 均可。当换热器的热损不能忽略时，必定有 $Q_{\mathrm{h}} \neq Q_{\mathrm{c}}$，此时，热负荷取 Q_{h} 还是 Q_{c}，需根据具体情况而定。

以套管换热器为例，如图 2-6（a）所示，热流体走管程，冷流体走壳程，可以看出，此时经过传热面（间壁）传递的热量为热流体放出的热量，因此，热负荷应取 Q_{h}；再如图 2-6（b）所示，冷流体走管程，热流体走壳程，经过传热面传递的热量为冷流体吸收的热量，因此，热负荷应取 Q_{c}。

总之，哪种流体走管程，就应取该流体的传热量作为换热器的热负荷。

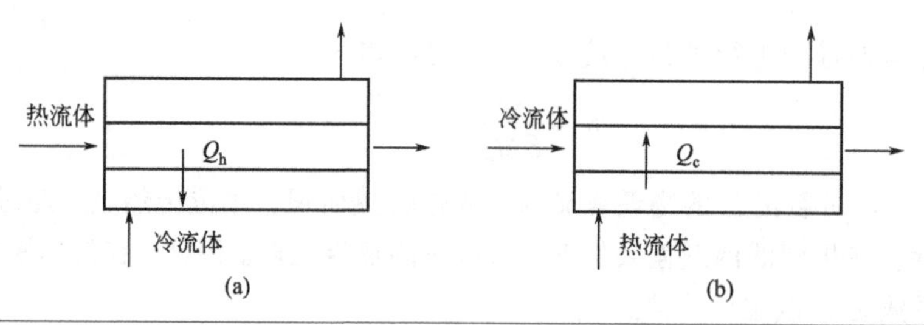

图 2-6　热负荷的确定

3）载热体传热量的计算

载热体传热量 Q_h 和 Q_c 可以根据以下三种方法，从载热体的流量、质量定压热容（比热容）、温度变化或潜热以及焓值计算，如图 2-7 所示。

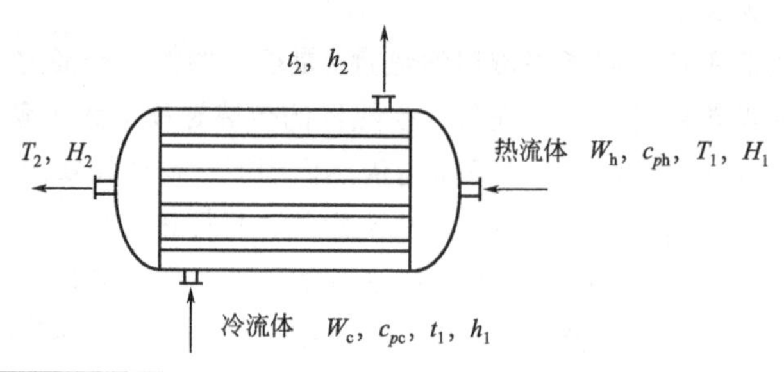

图 2-7　传热量计算示意图

① 显热法。流体在相态不变的情况下，因温度变化而放出或吸收的热量称为显热。若流体在换热过程中没有相变化，且流体的比热容可视为常数或可取流体进、出口平均温度下的比热容时，其传热量可按下式计算：

$$Q_h = W_h c_{ph}\left(T_1 - T_2\right)$$

$$Q_c = W_c c_{pc}\left(t_2 - t_1\right)$$

式中　W_h、W_c——热、冷流体的质量流量，kg/s；

c_{ph}、c_{pc}——热、冷流体的质量定压热容，kJ/（kg·K）；

T_1、T_2——热流体的进、出口温度，K；

t_1、t_2——冷流体的进、出口温度，K。

注意 c_p 的求取：一般由流体换热前后的平均温度（即流体进出换热器的平均温度）$\left(T_1 + T_2\right)/2$ 或 $\left(t_1 + t_2\right)/2$ 查得。

② 潜热法。流体在温度不变、相态发生变化的过程中吸收或放出的热量称为潜热。若流体在换热过程中仅仅发生相变化（饱和蒸汽变为饱和液体或反之），而没有温度变化，其传热量可按下式计算：

$$Q_h = W_h r_h,\quad Q_c = W_c r_c \qquad (2\text{-}14)$$

式中　r_h、r_c——热、冷流体的汽化潜热，kJ/kg。

若流体在换热过程中既有相变化又有温度变化，则可把上述两种方法联合起来求取其传热量。例如，饱和蒸汽冷凝后，冷凝液出口温度低于饱和温度（或称冷凝温度）时，其传热量可按下式计算：

$$Q_h = W_h\left[r_h + c_{ph}\left(T_s - T_2\right)\right] \tag{2-15}$$

式中 T_s——冷凝液的饱和温度，K 。

③ 焓差法。在等压过程中，物质吸收或放出的热量等于其焓变。若能够得知流体进、出状态时的焓，则不需考虑流体在换热过程中有否发生相变，其传热量均可按下式计算：

$$Q_h = W_h\left(I_{h1} - I_{h2}\right),\quad Q_c = W_c\left(I_{c2} - I_{c1}\right) \tag{2-16}$$

式中 I_{h1}、I_{h2}——热流体进、出状态时的焓，kJ /kg;

I_{c1}、I_{c2}——冷流体进、出状态时的焓，kJ /kg。

2.4.5.5 传热推动力

在传热基本方程中，Δt_m 为换热器的传热温度差，代表整个换热器的传热推动力。但大多数情况下，换热器在传热过程中各传热截面的传热温度差是不相同的，各截面温差的平均值就是整个换热器的传热推动力，此平均值称为传热平均温度差（或称传热平均推动力）。

传热平均温度差的大小及计算方法与换热器中两流体的相互流动方向及温度变化情况有关。

换热器中两流体间有不同的流动形式。若两流体的流动方向相同，称为并流；若两流体的流动方向相反，称为逆流；若一流体沿一方向流动，另一流体发生反向流动，称为折流；若两流体的流动方向垂直交叉，称为错流，如图 2-8 所示。

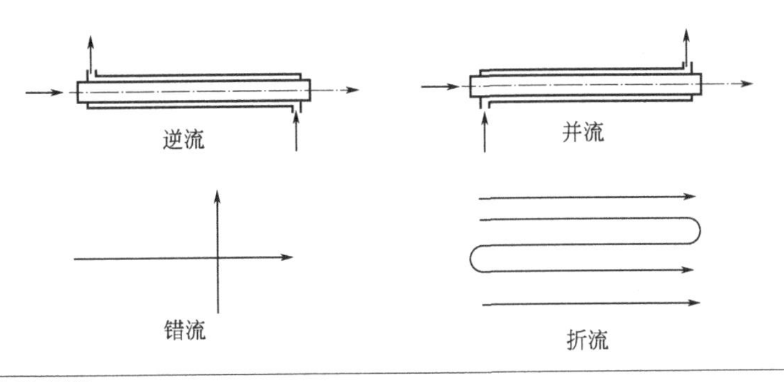

图 2-8 流体流动示意图

（1）恒温传热时的传热平均温度差

当两流体在换热过程中均只发生相变时，热流体温度 T 和冷流体温度 t 都始终保持不变，称为恒温传热。此时，各传热截面的传热温度差完全相同，并且流体的流动方向对传热温度差也没有影响。换热器的传热推动力可取任一传热截面上的温度差，即 $\Delta t_m = T - t$ 。蒸发操作中，使用饱和蒸汽作为加热剂，溶液在沸点下汽化时，其传热过程可近似认为是恒温传热。

（2）变温传热时的传热平均温度差

大多数情况下，间壁一侧或两侧的流体温度沿换热器管长而变化，热流体从 T_1 被冷却至 T_2，而冷流体则从 t_1 被加热至 t_2，此类传热被称为变温传热。变温传热时，各传热截面的传热温度差各不相同，但一般均以换热器两端温度差 Δt_1 和 Δt_2 为极值。由于两流体的流向不同，对平均温度差的影响也不相同。并、逆流时的传热平均温度差通过推导，此时的平均推动力可在 Δt_1 和 Δt_2 间，采用一种被称为对数平均值的方法进行计算，即

$$\Delta t_m = \frac{\Delta t_1 - \Delta t_2}{\ln \frac{\Delta t_1}{\Delta t_2}} \quad (2\text{-}17)$$

式中　Δt_m——换热器中热、冷流体的平均温度差，K；

Δt_1、Δt_2——换热器两端热、冷流体的温度差，K。

并流时 $\Delta t_1 = T_1 - t_1$，$\Delta t_2 = T_2 - t_2$；逆流时 $\Delta t_1 = T_1 - t_2$，$\Delta t_2 = T_2 - t_1$。

而当 $\Delta t_1 / \Delta t_2 \leqslant 2$ 时，可近似用算术平均值 $(\Delta t_1 + \Delta t_2)/2$ 代替对数平均值，其误差不超过4%。

参考文献

[1] Woodward R B, Doering W E. The total synthesis of quinine[J]. J Am Chem Soc, 2002, 66(5): 850-852.

[2] Woodward R B, Heusler K, Gosteli J, et al.The total synthesis of cephalosporin C1[J]. J Am Chem Soc, 1966, 88(4): 170-177.

[3] Nicolaou K C, Montagnon T, Vassilikogiannakis G, et al. The total synthesis of coleophomones B, C, and D. [J]. ChemInform, 2005, 36(24): 8872-88.

[4] Nicolaou K C.Total synthesis of coleophomone D[J]. Chem Commun, 2002（21）: 2478-2479.

[5] Corey E J, Bakshi R K, Shibata S, et al. A stable and easily prepared catalyst for the enantioselective reduction of ketones. Applications to multistep syntheses[J]. J Am Chem Soc, 1987.

第3章
精细化工产品生产原理

3.1 合成型精细化工产品的合成基础

合成型精细化工产品以合成具有功能基团的特定结构物质为核心，其生产原理主要根据目标功能物质结构进行合成路线设计，通过选择不同精细有机合成单元进行符合实际条件、合理、有机结合，实现目标功能物质的合成工艺的优化。生产合成型精细化工产品，在完成目标功能物质结构组成与功能基团的模块化组装后，即可发挥其功能以实现产业化与市场推广，同时根据应用的实际需要可添加一些改善、消除实际应用过程中影响因素的物质（一般含量很低），实现产品应用功能最大化。

一般情况下，合成特定组成、结构的目标化合物的基本步骤包括：在资料收集工作基础上，了解国内外的合成路线、生产工艺研究现状，结合现有原料来源、经济技术、环境政策，设计合成路线，优化工艺参数，建立生产工艺。

对于新组成、新结构的全新目标化合物，以及在自然界新发现的具有特定组成、结构的化合物，只能从分子的结构特点着手，利用“逆合成分析原理”由后往前推导，找出合成过程中需要的有机合成单元、试剂、催化剂。

目标化合物的合成，以分子复杂度逐步减小为基本遵循。所谓分子复杂度是由分子的大小、所有的元素和官能团、环的结构和数量、立体中心的数目或密度、化学活泼性与结构稳定性（即动力学和热力学稳定性）等各种因素综合组成的。一个复杂分子的成功合成就在于对其进行反合成分析时，正确的逻辑推导以逐步减少分子复杂度[1,2]。

（1）基于转化方式的理论方法与技巧

转化方式选择以高效、简化为显著标准，首先建立起始于目标物的逆向合成路线，或者分为具有多个中间目标产物的多个合成步骤。基于转化方式的理论方法与技巧关键在于合成步骤上最佳合成单元反应的选择与合理组合。

（2）基于结构目标的理论方法与技巧

基于目标化合物组成与结构，转化为中间体，逐步简化组成与结构，最终推到起始合成原料组成与结构。可以建立多条反合成路线，进行比较进而取舍。也可以进行正逆双向探索，即从目标化合物反推到某中间体，再由选用原料出发推出合成此中间体的路线。

在目标物组成与分子结构已知的前提下，可以探索是由哪些部分连接起来组成目标物的，也就是在反合成中目标物分子可拆成哪些部分使合成能有效地、简化地进行。此时，根据目标物组成与分子结构，可拆分为不变的主体结构和含有反合成子的次结构。此步探索目的在于目标结构的寻找，进一步找到合成目标化合物的起始组成与结构，即合成原料。

（3）基于拓扑学的理论方法与技巧

这里应用了数学上的名词“拓扑学”，其化学含义就是从目标化合物分子的化学键的连接类型方式出发，考虑一个或几个断键的地方，着手逆向合成的思路。

逆向合成路线断键位置规律可分成非环键和环键，环键又可分成孤立环、螺环、稠环、桥环等体系。逆向合成分析时，可保留的环作为不变的主体结构。逆向合成中，主体结构环保持不变。主体结构环直接来自原料组成与结构。

非环键逆向合成路线断键位置规律，同样首先确定可保持不变的主体结构。芳环、芳烷、烷基可属于此类结构。最大利用效率是选择的第一原则。例如，保持一个芳烷基要比保持一个芳基利用效率更高，实现合成过程较高的简化率。例如，环直接嵌入骨架中，同时离环 1～3 个碳原子处最佳，不要紧挨着环旁切断。有立体中心时，也在离该中心 1～3 个原子处切断。在两个官能团之间，也在其中 1～3 个碳原子处断开。

碳原子和杂原子的连接处也是断键的重要选择方向。例如，分子断键后，出现两个组成与结构相同的部分，使合成过程大幅简化，这种断键方式效率最高。孤立环不属于要保持的，处于分子骨架中间的单个的环可以考虑断一个或两个键。此时可考虑在杂原子旁断开，能导致产生对称结构处更应断开。环中应断开那些容易合成的键，如内酯、半缩醛、半缩酮等。

（4）基于立体化学的理论方法与技巧

具有立体结构的目标化合物，立体结构是合成方法选择的核心。首先考虑到立体的关联性，逐个地去除立体中心，建立起立体中心去除顺序。建立原则围绕立体复杂性的减小为核心，通过逆向合成逐步减小立体中心的数量和密度，将它们进行选择性、依次去除。为了实现以上理论方法与技巧，就必须考虑立体简化转化方式的选择、所需逆向合成子的建立、合成前驱体的空间环境等。这种前驱体也就是合成反应时试剂所作用的底物。

（5）基于官能团的理论方法与技巧

根据目标化合物分子所具有的各官能团的特征，以官能团组成与结构为目标选择适当的官能团变化方式。官能团按它们在合成中的作用主要包括三种类型：①在合成起最重要作用的官能团，常见的有 C═C、C═O、C═C、C—OH、$-\overset{\overset{\displaystyle O}{\|}}{C}-O-$、—$NH_2$、—$NO_2$、—CN 等；②有一些官能团在合成中，其作用要差一些，如—N═N—、—S—S—、R_3P 等，但在某些场合下仍然起较好作用；③有些官能团不处于目标化合物分子结构的核心部位，处于结构最外围，但在逆向合成中起活化或速率控制作用，因而在目标化合物分子中可能没有，而是在逆向合成过程中才出现的，如—X（卤素）、—P—、—SO_2—、Me_3Si— 以及各种硼烷等。这些外围的官能团还包括连接在基本基团上的另一些基团，如烯胺、邻二羟基、亚硝基脲、β-羟基、α,β-烯酮、胍等。

3.2 单元有机合成反应

单元有机合成反应是精细化工产品中功能物质合成的基础，精细化工产品中的各种功能物质，可以看成是基础单元有机合成反应、无机反应等化学反应产物的有机排列组合，其中基础单元有机合成反应最为常见，应用最为广泛，主要是由于合成反应的原料主要来源于石化及其衍生产业。

基础单元有机合成反应，根据官能团变化特点以及反应机理，主要分为重排结构变化、消除结构变化、加成结构变化、取代结构变化，不同结构变化主要体现在电子云偏移方向、反应路径、官能团变换位置、重排原子位置等方面。具体分类情况如图 3-1 所示。

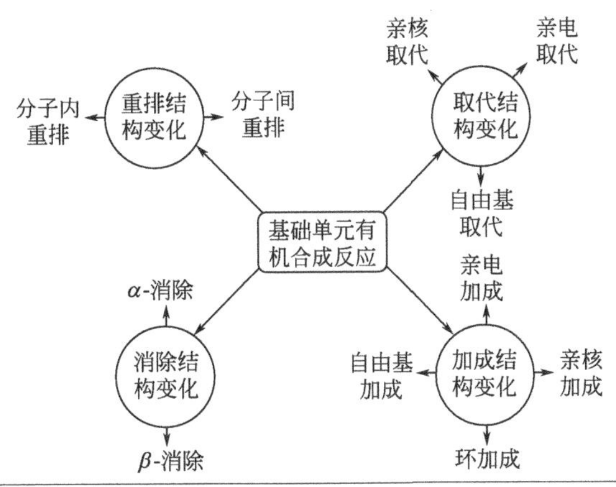

图 3-1 基础单元有机合成反应类型

精细化工产品种类繁多，同时由于合成反应步骤复杂也存在众多中间产物，从元素组成与分子结构角度分析，精细化工产品及其中间过渡产品，一般具有一定主链（链烃、环烷烃、芳环、芳环烃、杂环烃等）作为主体结构，支链取代基具有特定官能团。常见取代官能团如表 3-1 所示。在功能物质主链结构中添加相应官能团，形成新的化学键，构成新的环状结构，采用的化学反应就是基础单元有机合成反应。产业化过程中具有应用价值的基础单元有机合成反应包括：还原和加氢；重氮化和重氮基的转化；卤化；磺化；硝化；氨解和胺化；烃化；水解；迈克尔加成；酰化；氧化；酯化；酯交换。

表 3-1 常见取代官能团

名称	官能团
含硫基团	—SO_2NHR、—SO_2NH_2、—SO_3H、—SO_2Cl
含卤素基团	—F、—I、—Br、—Cl
酰化基团	—COOH、—CHO、—CN、—COCl
含氧基团	—OAc、—OR、—OH、—OAr
烃基	—$CH(CH_3)_2$、—CH_2CH_3、—CH_3
含氮基团	—NH_2OH、—$NHNH_2$、—NHAc、—NHAr、—NH_2、—NO、—NO_2

3.2.1 卤化反应

3.2.1.1 概述

卤化反应的本质是亲电取代反应。不同条件下卤化反应的历程有很大区别。例如苯环上的卤化反应，在无光照、无催化剂的条件下，卤化反应缓慢，而且反应历程仅为苯环上的自由基加成。有催化剂存在情况下，催化剂会促使卤素分子发生极化、产生卤正离子形成亲电质点，催化剂因结构不同催化历程也存在差异。实际产业化过程中具有应用价值的卤化催化

剂为 $FeCl_3$、$AlCl_3$、$ZnCl_2$，其本身结构具有空轨道可以容纳电子对，是电子对接受体。

亲电取代反应首先在亲电质点进攻下快速形成 π 络合物，然后形成 σ 络合物，最终形成亲电取代反应产物，整个反应过程如图 3-2 所示。

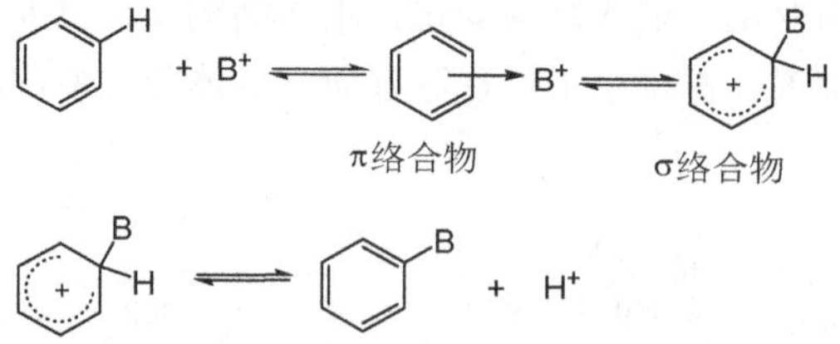

图 3-2 亲电取代整个反应过程

第一阶段：过渡络合物的产生。亲电试剂 B^+对富电子结构有强烈结合趋势，首先与苯环结构中共轭、离域、闭合 π 电子体系相作用，快速形成 π 络合物；接着亲电试剂 B^+与苯环结构的 π 电子体系中的电子结合形成共用电子对，与相应碳原子结合成 σ 键，形成 σ 络合物。

第二阶段：产物的生成。σ 络合物形成后，亲电试剂新形成的 σ 键更加稳定，有利于 H^+离去生成取代产物，整个反应过程中 σ 络合物的生成控制着整个反应的进程。

3.2.1.2 产业化工艺参数

（1）原料纯净程度

卤化反应产业化要求的原料纯净程度，不仅包括主要反应物质含量高低同时也指杂质种类的多少。在苯氯化工艺过程中，所需原料其他杂质越少越好，其中影响最大的杂质是噻吩，其在卤化反应中与催化剂结合形成沉淀，造成催化剂严重失效。再次就是水分对卤化反应的影响，卤化过程中产生的氯化氢与水结合生成盐酸，可以溶解三氯化铁并且溶解度甚至超过了反应有机溶剂对三氯化铁的溶解，严重降低催化效果，产业化过程中要求原料水分含量小于 0.04%。同时当苯中水分含量大于 0.2%时，反应没有产业化的意义，同时氯化过程中原料氯气由于生产工艺的限制会含有氢气，氢气引发爆炸的极限为 4%。

（2）卤化程度

卤化程度是指卤素在产物分子结构中所占比例。例如氯化，氯化的程度是指苯与氯气反应过程中，苯与氯气消耗的摩尔比。苯与氯气反应过程中根据产物中氯元素取代氢元素的多少，分为二氯苯、一氯苯，不同产物的多少可以由苯与氯气物质的量的多少控制。同时不同产物的混合物中各产物摩尔比不同，会使混合物密度发生变化。反应物密度较小，说明苯的含量较高，氯化程度不高。在实际产业化过程中通过控制反应混合物的密度实现对氯化程度的掌控。

（3）物料混合碰撞概率

卤化过程中要达到预期卤化程度，就需要卤化反应物在反应装置内有效的碰撞概率更大，更有利于亲电反应过程中电子的有效转移。反应过程中由于反应装置等因素的影响会出现反应物在不同停留时刻与生成物处于同一位置无法实现有效碰撞，持续提供反应推动力，即反应返混现象。在连续卤化反应过程中，引起返混的原因除了反应器选择与实际反应误差外，就是反应物应搅拌混合不均匀造成的传质效率低下。

（4）卤化温度

温度升高有利于反应速率的提升，其中常温下进行缓慢的反应一般随着温度的升高反应效率提升更加明显。例如，在氯化反应过程中，反应器一般采用塔式反应器或列管式氯化器，苯采用过量操作，用过量苯的气化吸热过程，使氯化放热过程产热更均匀、更可控，实现对氯化过程的有效控制，使产物更多停留在一氯产物阶段。

（5）卤化介质

均相介质有利于卤化反应的进行，根据卤化产物的物理状态选择合适的介质，为实现均相反应创造条件。反应物在反应温度范围处于液态，则自然就形成了均相体系，外加介质则为多余物质。如果反应物或产物为固相，则需要添加外加介质实现反应温度下均相反应环境，常见加入物质为发烟硫酸、氯磺酸、水、浓硫酸、二甲苯等。氯气制备工艺成熟，原料价格低廉、易得，因此氯气作为卤化试剂是最常见、经济的一类。

（6）催化剂

卤化催化剂的目的是实现亲电质点的形成，加速亲电历程的进行。如果反应物本身具有密度较大的电子云则供电子能力更强，有利于亲电质点进攻，尤其是反应物主体结构上有强供电子（羟基、氨基）基团，使整个卤化反应在无催化剂作用下也可形成亲电质点有效完成亲电取代反应。反应活度低的电子结构（甲苯、苯、氯苯）则需要使用催化剂，加速亲电质点的形成，促进整个亲电过程发生。

3.2.1.3　常见卤化精细化工产品

2,6-二氯苯胺是一种含卤素药物中间体，在作为原料合成目标药物时，纯度一般要求在99.5%以上。高纯度要求限制了实现产业化 2,6-二氯苯胺的合成路线。

常见合成方法：以磺胺为原料氯化，然后水解脱磺酸基，具体路线如图 3-3 所示。该路线工艺简单，合成产品目标化合物 2,6-二氯苯胺达到 100%，但其中磺胺成本较高成为最大弊端，逐步被淘汰。

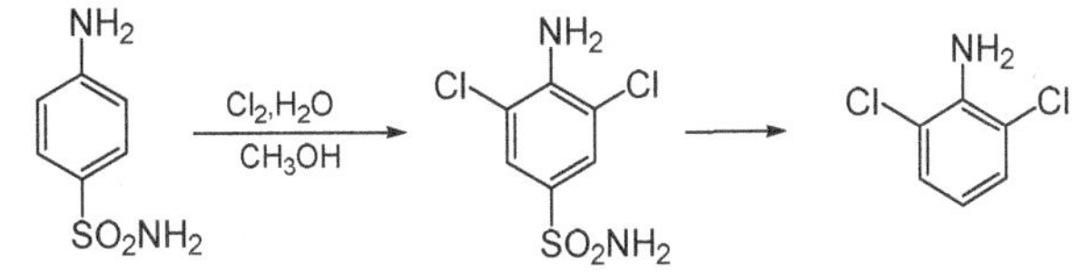

NH_2 SO_2NH_2 Cl_2,H_2O CH_3OH NH_2 Cl Cl SO_2NH_2 NH_2 Cl Cl

图 3-3　磺胺合成 2,6-二氯苯胺路线图

二苯脲法合成 2,6-二氯苯胺，以苯胺为原料，首先与尿素缩合得到二苯脲，再经过磺化、氯化、水解脱羧、水解脱磺酸基得到产物。具体合成路线如图 3-4 所示。

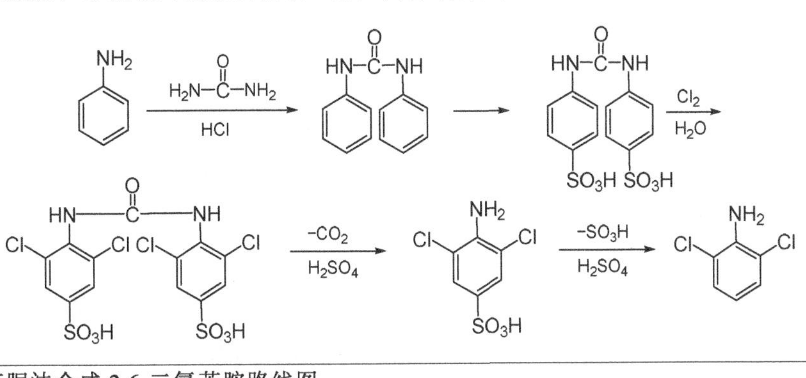

NH_2 $H_2N-C(O)-NH_2$ HCl HN-C(O)-NH HN-C(O)-NH SO_3H SO_3H Cl_2 H_2O HN-C(O)-NH Cl Cl Cl Cl SO_3H SO_3H $-CO_2$ H_2SO_4 NH_2 Cl Cl SO_3H $-SO_3H$ H_2SO_4 NH_2 Cl Cl

图 3-4　二苯脲法合成 2,6-二氯苯胺路线图

3.2.1.4 卤化产业化工艺流程工程实例

氯苯，无色液体，有挥发性，熔点-45.21℃，沸点131.5℃，是基本有机合成原料，用于生产硝基氯苯、二硝基氯苯、硝基苯酚、苯酚，可以生产染料、农药、医药等，大量用作溶剂，需求量很大。目前我国均采用苯的塔式沸腾连续氯化法（直接氯化法）生产氯苯，其生产工艺流程如图 3-5 所示。

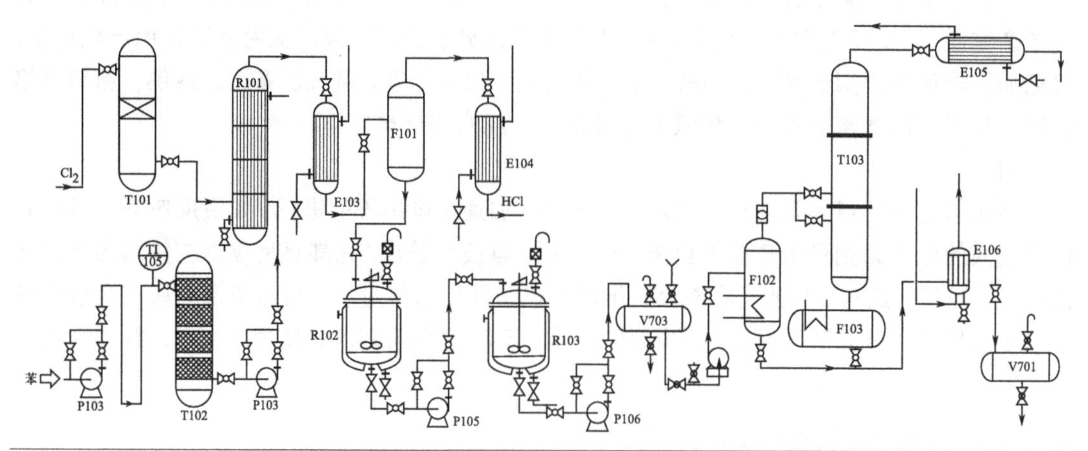

图 3-5 氯苯生产工艺流程图

E103～E106—冷凝器；F101—冷凝液接收器；F102—预热器；F103—再沸器；P103—苯计量泵；P105，P106—液体输送泵；R101—氯化沸腾炉；R102—水洗罐；R103—碱洗罐；T101—缓冲罐；T102—过滤器；T103—精馏塔；V701—残液槽；V703—碱洗产物储槽

原料苯经 T102 过滤器（滤除固体食盐等）脱水后，与经 T101 缓冲罐缓冲后的氯气按一定的摩尔比从 R101 氯化沸腾炉底部进入氯化塔，经过充满废铁管的反应区，反应后的氯化液由塔的上侧经 E103 冷凝器首先得到苯、氯苯、二氯苯混合物，再经 R102 水洗罐水洗、R103 碱洗罐碱洗中和，最后经 T103 精馏塔精馏，分别得到苯、产品氯苯和副产物混合二氯苯。同时经 E104 冷凝器冷却后，HCl 作为废气回收。

3.2.2 磺化反应

3.2.2.1 概述

将磺酸基团（$—SO_3H$）通过化学反应，引入主链分子结构的碳原子上，形成新的 σ 化学键，此类基础单元有机合成反应称为磺化。磺酸基团（$—SO_3H$）的引入可以提高化合物的亲水性、酸性、两亲性，提高化合物的反应活性；也可以作为中间过渡转化基团，最终转换为—Cl、$—NH_2$、—CN、—OH。磺化反应的主要路径包括硫酸磺化法、共沸去水磺化法、芳伯胺的烘焙磺化法、氯磺酸磺化法和三氧化硫磺化法。其中浓硫酸、发烟硫酸、氯磺酸和三氧化硫是常见的磺化试剂。

磺化反应属于亲电取代反应范畴，SO_3 分子中硫原子的电负性 2.4 比氧原子的电负性 3.5 小，所以共用电子对偏向氧原子，硫原子带有部分正电荷，因此可以作为亲电试剂使用。同时在发烟硫酸和浓硫酸中存在同样的亲电质点，亲电能力大小如下：

$$H_2SO_4(SO_3) < H_3SO_4^+(SO_3 \cdot H_3^+O) < H_2S_2O_7(SO_3 \cdot H_2SO_4) < H_2S_3O_{10}(2SO_3 \cdot H_2SO_4)$$
$$< H_2S_4O_{13}(3SO_3 \cdot H_2SO_4) < SO_3$$

硫酸浓度对磺化质点结构的影响巨大，发烟硫酸中磺化亲电质点以 SO_3 形式存在，含硫酸浓度大于 93%时磺化亲电质点为 $H_2S_2O_7$，硫酸浓度 85%左右时磺化亲电质点为 $H_3SO_4^+$，硫酸浓度小于 80%左右时磺化亲电质点为 H_2SO_4。例如 2.4%发烟硫酸磺化的反应速率比用 100%硫酸高 100 倍，在 92%～98%硫酸中其磺化反应速率与硫酸中水的浓度的平方成反比。在实际生产过程中，随着磺化反应的进行硫酸浓度逐渐下降，同时由于磺化反应开始后会产生磺化产物，同样会造成硫酸浓度的大幅度下降。为了实现产业化过程中磺化反应最后阶段，需要保持、提高温度以保证反应速率。磺化亲电过程如图 3-6 所示。

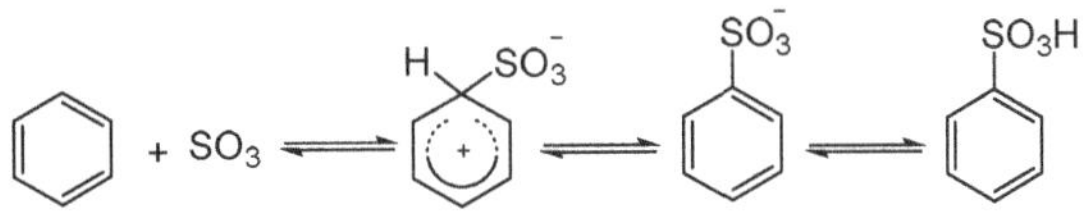

图 3-6 磺化亲电过程示意图

磺化亲电过程中 SO_3 等亲电质点首先向富电子结构芳环进行亲电进攻，形成 σ-σ 配合物，在 HSO_4^- 碱作用下，脱去 H^+ 产生芳磺酸负离子。磺化反应属于亲电取代，因此亲电质点进攻对象电子密度的大小决定了磺化反应的反应速率，吸电子基团降低了进攻对象的电子密度使磺化反应速率降低，同时供电子基团提升了进攻对象的电子密度有利于磺化速率的提升。

磺化反应中有多个亲电进攻原子，因此反应可连续进行，但是磺酸基具有钝化作用，例如磺酸基进攻芳环时，一磺化产物再发生磺化反应生成二磺化产物，则生成一磺化产物更难。

磺化反应产物同样对于磺化反应速率有一定影响，主要是磺化产物中磺酸基团的亲水性，使得磺化产物能够与水结合，减缓了磺化反应中亲电质点浓度下降趋势，从而有效减缓磺化反应速率的降低，磺化产物浓度越高这种缓解作用越明显。同时在磺化反应产业化过程中，可以添加无机盐类如 Na_2SO_4，利用 H_2SO_4 和 Na_2SO_4 作用解离出 HSO_4^-，HSO_4^- 浓度增大，降低了 HSO_4^+ 和 $H_2S_2O_7$ 等亲电质点的浓度。

另外，磺化反应过程中的非均相反应，整个反应的传质速率是磺化反应的控制阶段，为了提高传质速率，可通过提高搅拌混合效率进而提高磺化效率。

3.2.2.2 产业化工艺参数影响因素

（1）磺化对象组成与分子结构的影响

由于磺化反应属于亲电取代反应历程，磺化对象分子结构中电子云密度的大小是影响磺化反应难易程度的根本因素。分子结构中连接有供电子基团，提升了分子电子云密度，易发生磺化反应，提升磺化速率；分子结构中连接有吸电子基团，降低了分子电子云密度，不易发生磺化反应，降低磺化速率。磺化反应由于磺酸基团空间结构特殊性使得其空间体积大，存在明显的空间阻碍效应，造成磺化反应异构产物的组成比例不同。可以通过控制磺化试剂的种类、浓度和反应温度，制备一系列磺化产物，具体实例如萘环上的磺化反应，如图 3-7 所示。

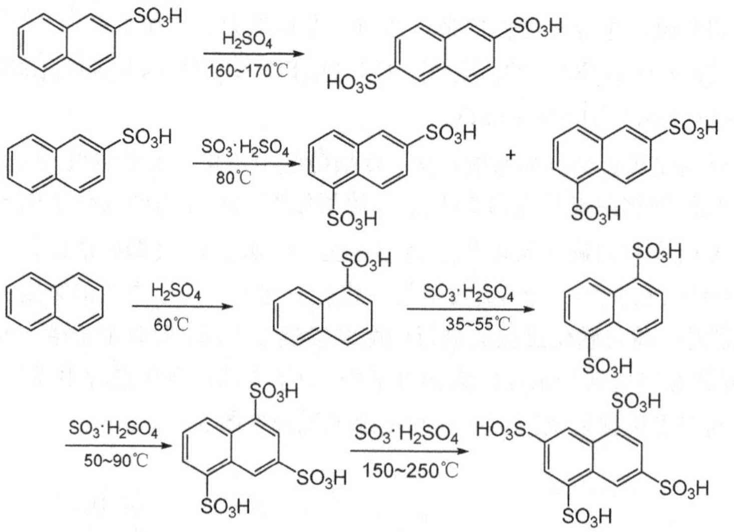

图 3-7　萘磺化过程示意图

（2）磺化试剂的影响

不同类型的磺化试剂，主要通过分子结构的变化，影响磺化试剂正电荷分布，进一步影响磺化亲电取代能力。不同磺化试剂发生磺化反应后产物的差异，给整个磺化体系带来的影响也是重要因素。用硫酸磺化与用三氧化硫（发烟硫酸）磺化的差别就在于磺化过程中副产物种类的影响。硫酸磺化反应属于可逆反应，副产物是水；三氧化硫（发烟硫酸）磺化反应不可逆，无水产生。

（3）磺化产物水解及异构化作用的影响

磺化产物的水解反应的发生，使得部分磺化试剂的磺化过程成为可逆反应。磺化产物发生水解的主要影响因素是H_3O^+的存在以及磺化温度的变化。整个磺化产物水解如图 3-8 所示。

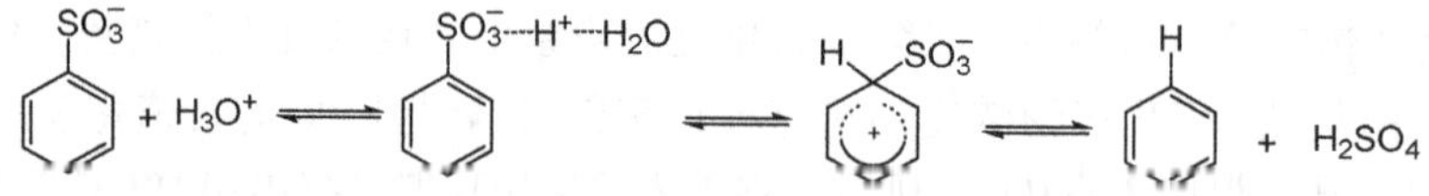

图 3-8　磺化产物水解示意图

在影响磺化产物水解的众多因素中，H_3O^+的存在浓度越大，磺化产物水解速率越快，一般磺化产物水解发生在磺化反应后期有大量水生成时。同时为了达到控制反应的目的，也可以在磺化过程中添加水促进磺化产物发生水解。

温度是影响磺化产物水解另外一个重要因素，温度升高，水解速率加快，实际产业化数据显示水解速率提升 2～3 倍，需要提升磺化反应体系温度 10℃，从磺化产物水解过程分析水解反应属于亲电过程，因此磺化产物电子结构中电子云密度低的比电子云密度高的更难发生水解反应。

（4）磺化温度的影响

温度对于磺化反应的影响主要体现在磺化反应速率、磺酸基团亲电取代位置、磺化异构产物比例构成等方面。

温度的变化对于磺化反应速率的影响是最直接的。温度高磺化速率快，温度低磺化速率缓慢。磺化温度不宜过高，高温会促使不可逆副产物的生成。不同温度会影响磺化反应过程中亲电进攻质点的进攻位置。在多磺化反应过程中，通过选择温度来控制磺酸基团取代的空间位置，温度选择包括加料阶段、磺化阶段、保温阶段，通过科学实验设计完成最优化磺化温度的确定。

（5）磺化催化剂与钝化剂的影响

磺化反应过程中催化剂的作用主要是影响磺酸基团亲电取代位置，一般磺化发生不需要催化剂存在。例如蒽醌化合物磺化过程中，添加钯、铊、铑等贵金属或汞盐催化剂，磺酸基团在 α 位发生取代，无催化剂存在条件下在 β 位发生取代，如图 3-9 所示。

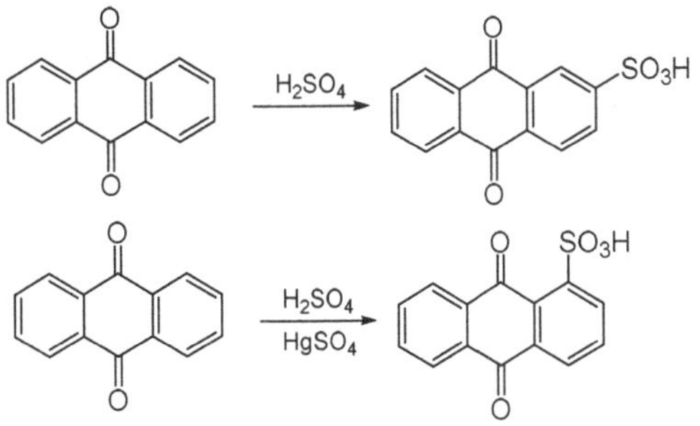

图 3-9　不同催化剂条件下磺酸基团取代示意图

3.2.2.3　磺化方法

（1）过量硫酸法

以硫酸为磺化试剂，同时又作为反应介质存在，磺化反应为液相均相反应，产业化过程中被称为液相磺化工艺。此磺化工艺过程中，依据磺化对象分子结构特点与性质以及引进磺酸基团个数差异，对磺化工艺参数进行优化、调整、确定。磺化工艺中反应物不同的添加次序也对磺化产物有重要影响。磺化对象的相态差异也是实际磺化过程中的重要因素，若磺化对象为固相，首先要将固相磺化对象加入磺化反应器，然后在低温下投入硫酸磺化试剂，缓慢升温溶解固相磺化对象变为液相后，进行均相磺化反应；若被磺化对象为液相，则需要向被磺化对象逐步引入磺化试剂，目的在于降低多磺酸基团磺化副产物的生成。如图 3-10 所示为萘磺化制备 1,3,6-萘三磺酸示意图。

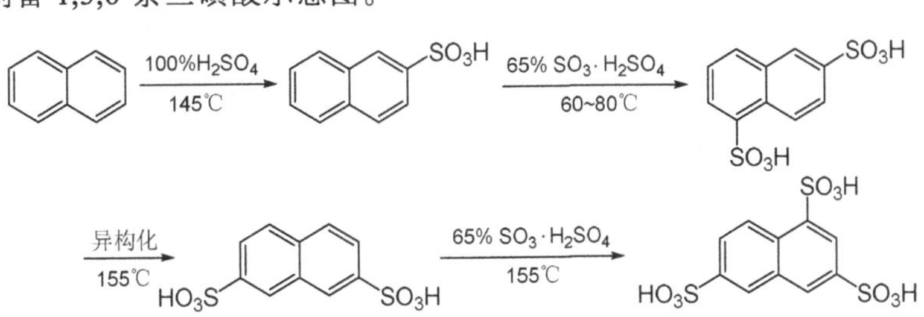

图 3-10　萘磺化制备 1,3,6-萘三磺酸示意图

（2）共沸去水法

共沸去水法是在过量硫酸法基础上，针对硫酸用量与废酸生成量过多等缺点，形成的磺化方法。在磺化过程中，将 150～175℃的苯蒸气连续通入 120℃的浓硫酸中，通过形成苯-水共沸

物，在磺化温度下被蒸发出磺化反应体系，将磺化反应过程中生成的水带出整个体系，从而保证硫酸的浓度稳定而不降低，直到硫酸磺化试剂含量降低到3%，停止向磺化体系通入苯。

（3）三氧化硫法

三氧化硫有α、β、γ、δ四种晶体结构，熔点分别为62.3℃、32.5℃、16.8℃和95℃。四种晶体结构中三氧化硫具有不同的存在形式，γ型为液态，三氧化硫以环状三聚体和单分子形态存在，α、β、δ型三氧化硫以链式多聚体形式存在。

三氧化硫磺化法，磺化取代过程中没有副产物水生成，因此就不会产生废酸（浓度过低无法磺化的硫酸）。三氧化硫亲电活泼性很高，易发生多磺化、氧化、生成砜、树脂化等副反应。三氧化硫性质活泼，磺化反应过程过于剧烈，三氧化硫气体液化产生大量的热，造成整体工艺极不稳定，精准控制难度大，一般极少利用气态三氧化硫直接磺化。成熟产业化三氧化硫磺化法主要包括液相三氧化硫磺化法、三氧化硫-空气混合磺化法和三氧化硫共溶剂磺化法。分别介绍如下：

① 液相三氧化硫磺化法。主要适用于结构稳定、性质不活泼的芳香族化合物的磺化反应，同时被磺化对象、磺化产物黏度要低。工艺后处理简单、无废酸产生、磺化产物收率高是此种磺化方法最突出的特点。同时副产物砜类化合物也多于发烟硫酸磺化法，生产规模较小时，整个生产工艺需要保温、密闭。保温主要是防止液相三氧化硫凝固而堵塞储槽、计量槽、操作管线、阀门和液面计；密闭是由于三氧化硫对环境具有较大影响，防止储槽和计量槽逸出三氧化硫气体。

② 三氧化硫-空气混合磺化法。三氧化硫-空气混合物作为一种温和的磺化试剂，三氧化硫-空气混合物是把干燥空气通入发烟硫酸中而制得。产业化过程中，将硫黄和干燥空气在炉中燃烧，先得到含 SO_2 的混合物，然后降温到 420～440℃，再经过含五氧化二钒的固体催化剂，得到含 SO_3 的混合气体。硫黄是由天然气法制得的质量纯度 99.9%的工业硫黄。所用干燥空气是由环境空气先冷却至 0～2℃脱去大部分水，再经硅胶干燥而得，露点达-60℃。图 3-11 为烷基苯磺酸钠阴离子表面活性剂生产工艺流程图。

③ 三氧化硫共溶剂磺化法。此方法是将二氯甲烷、1,2-二氯乙烷、石油醚、液体石蜡等惰性溶剂与三氧化硫混溶，形成 25%三氧化硫混合物，反应温和，温度容易控制，有利于减少副反应。

（4）烘焙磺化法

烘焙磺化法是磺化产物脱水需要在烘焙炉中进行烘焙而得名。主要适用于芳伯胺的一磺化工艺中，首先芳伯胺与等物质的量的硫酸生成酸性硫酸盐，然后在 130～300℃脱水，生成氨基芳磺酸。烘焙磺化法中硫酸只使用理论量，没有废酸产生，磺酸基团一般主要在氨基的对位进行取代，对位被其他基团占据时则仅在氨基的邻位发生取代，一般不进入其他位置。强供电子基团连接芳环时，磺酸基团则在供电子基团的邻位或对位发生亲电取代反应。

3.2.2.4 磺化产物的分离

（1）稀释析出法

稀释析出法依据磺化产物在不同浓度硫酸溶液中溶解度差异较大的特性，实现磺化产物从整个反应体系中分离出来。操作步骤一般是在磺化后体系中。加入水稀释体系中硫酸的浓度到 50%～80%范围内，磺化产物析出，再经过过滤、洗涤等步骤得到磺化产物。

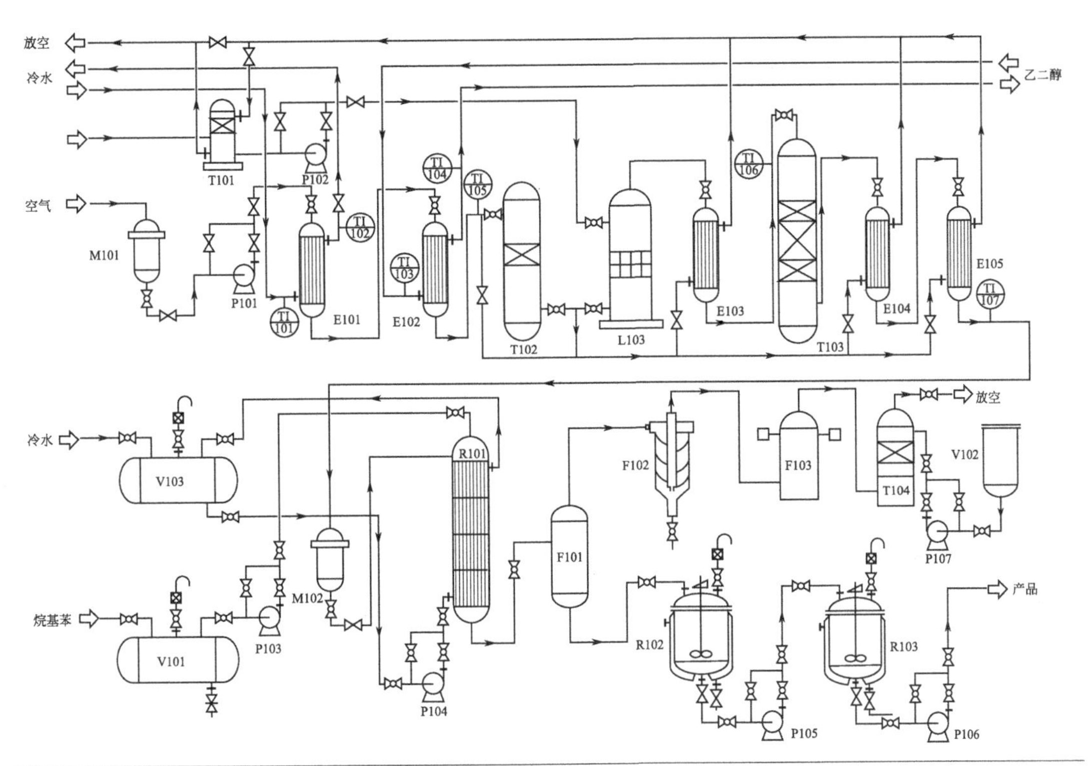

图 3-11　烷基苯磺酸钠阴离子表面活性剂生产工艺流程图

E101—水冷却器；E102—乙二醇冷却器；E103—SO_2冷却器；E104，E105—SO_3冷却器；F101—气液分离器；F102—旋风分离器；F103—静电分离器；L103—燃硫炉；M101—空气过滤器；M102—SO_2过滤器；P101—空气泵；P102—液硫计量泵；P103—烷基苯计量泵；P104—冷水循环泵；P105—输送泵；P106—产品泵；P107—输送泵；R101—降膜式磺化反应器；R102—老化釜；R103—水解釜；T101—熔硫塔；T102—硅胶干燥塔；T103—SO_2/SO_3 转化塔；T104—碱洗塔；TI101～107—温度控制器；V101—烷基苯储槽；V102—碱液储槽；V103—制冷水槽

（2）稀释盐析法

稀释盐析法是利用一些磺化产物在无机盐溶液中的溶解度差异，而实现磺化产物的分离，常见的无机盐有 NaCl、KC1、Na_2SO_3、Na_2SO_4。

（3）中和盐析法

中和盐析法是在磺化反应后向体系加入中和试剂，体系中生成硫酸钠或其他无机盐类，从而实现磺化产物析出分离。

（4）脱硫酸钙法

脱硫酸钙法，首先利用氢氧化钙的悬浮液中和硫酸为不溶性硫酸钙，同时磺化产物变为可溶性磺酸钙，经过过滤处理滤除硫酸钙，然后向磺酸钙溶液中加入碳酸钠溶液生成碳酸钙与磺化产物，过滤后得到磺化产物钠盐溶液，最后蒸发浓缩即可得到磺化产物的钠盐。

3.2.2.5　磺化产业化工艺流程工程实例

β-萘磺酸是产业化过程中制备 2-萘胺磺酸、*β*-萘酚、2-萘酚磺酸的重要中间过渡产物，外观白偏灰色结晶，合成过程主要经过如图 3-12 所示的磺化、蒸汽去萘、中和盐析等三个步骤。

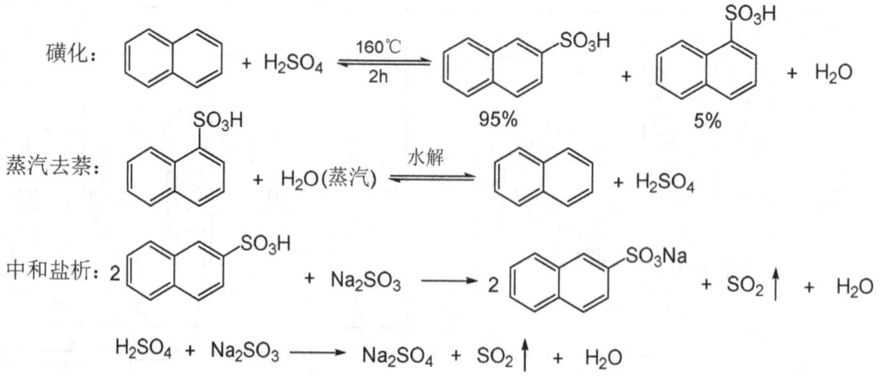

磺化：$C_{10}H_8 + H_2SO_4 \underset{2h}{\overset{160℃}{\rightleftharpoons}} \underset{95\%}{C_{10}H_7SO_3H\ (\beta)} + \underset{5\%}{C_{10}H_7SO_3H\ (\alpha)} + H_2O$

蒸汽去萘：$C_{10}H_7SO_3H\ (\alpha) + H_2O(蒸汽) \overset{水解}{\rightleftharpoons} C_{10}H_8 + H_2SO_4$

中和盐析：$2C_{10}H_7SO_3H + Na_2SO_3 \longrightarrow 2C_{10}H_7SO_3Na + SO_2\uparrow + H_2O$

$H_2SO_4 + Na_2SO_3 \longrightarrow Na_2SO_4 + SO_2\uparrow + H_2O$

图 3-12　β-萘磺酸合成步骤示意图

具体产业化工艺流程如图 3-13 所示。先将萘经 T101 熔萘炉，将萘熔融为流体，与来自 V101 液体储罐的硫酸，一起进入 R101 降膜式磺化反应器中。在 140℃下慢慢滴加 96%～98%的硫酸。由于反应放热，能自动升温至 160℃左右，保温 2h。在磺化反应临近结束，需要测定产物酸度数值是否在 25%～27%之间。

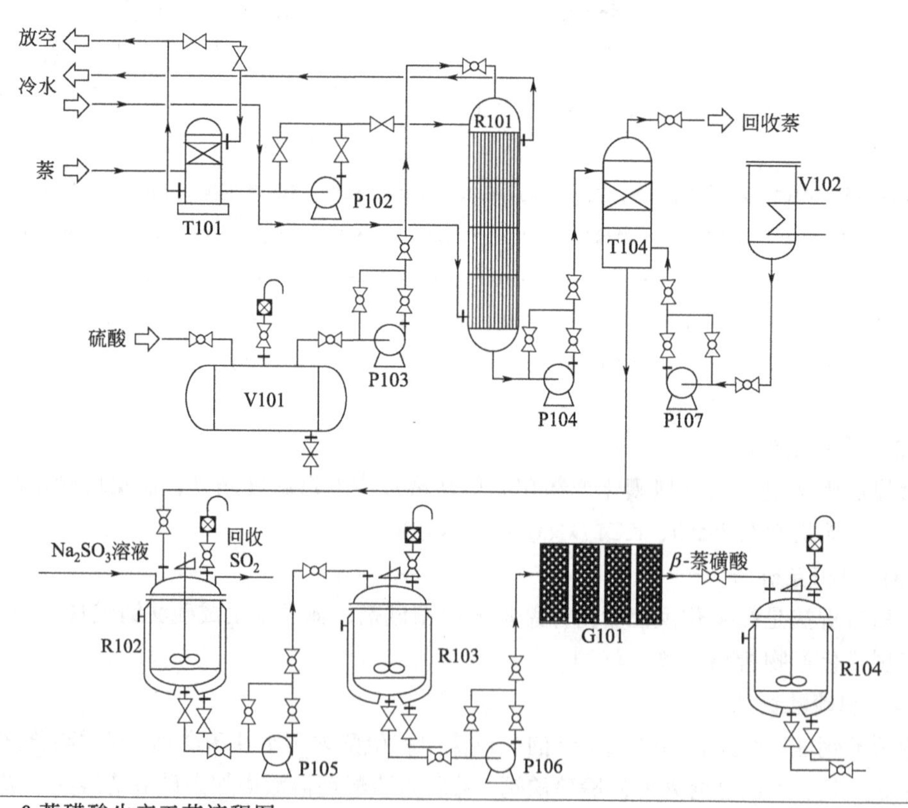

图 3-13　β-萘磺酸生产工艺流程图

G101—过滤装置；P102—液萘计量泵；P103—硫酸输送泵；P104—产物输送泵；P105—输送泵；P106—产物输送泵；P107—蒸汽输送泵；R101—降膜式反应器；R102—反应釜；R103—陈化釜；R104—产物储罐；T101—熔萘塔；T104—气液分离装置；V101—硫酸储罐；V102—蒸汽发生器

3.2.3　硝化反应

3.2.3.1　概述

将硝基（—NO_2）通过化学反应，引入主链分子结构的碳原子上，形成新 σ 化学键，此类基础单元有机合成反应称为硝化。具有反应不可逆、反应速率快、硝化温度低、反应放热量大、大多为非均相反应、空间位阻效应不明显等特点。硝基的引入可赋予精细化工产品新的性能，染料分子中引入硝基可加深染料本身呈现的颜色；硝基的引入可作为中间过渡基团，例如硝基还原用于制备胺类化合物，硝基自身吸电子结构可以活化分子结构中其他基团[3,4]。

硝化反应的进程，从 NO_2^+ 进攻被硝化体系，生成 π 络合物，经过激发态的过渡转化为 σ 络合物，然后被硝化体系脱去氢质子，完成硝化得到硝化产物，具体进程如图 3-14 所示。

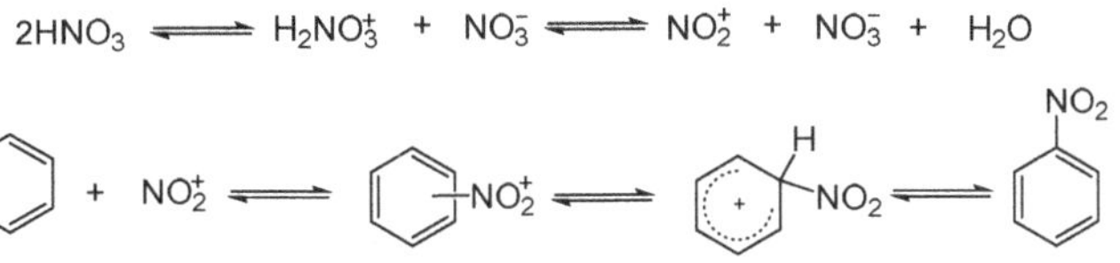

$$2HNO_3 \rightleftharpoons H_2NO_3^+ + NO_3^- \rightleftharpoons NO_2^+ + NO_3^- + H_2O$$

图 3-14　硝化反应的进程示意图

3.2.3.2　硝化反应影响因素

（1）被硝化对象结构特点

被硝化对象组成与微观电子结构是影响硝化方法、硝化反应速率、硝化产物构成的重要因素。例如，苯环的硝化反应，因硝基具有强吸电子性能，在苯环上完成第一个硝基的取代反应后，使得苯环电子云密度下降明显，通过相同条件引入第二个硝基时硝化反应速率降低为第一个硝基引入时反应速率的 10^{-7}～10^{-5}，也就是发生多硝基化反应非常困难，因此控制恰当的反应条件可以有效控制硝化反应过程中副产物的产生。但是对于多环芳烃则有些不同，当硝基接入一个苯环结构后，由于多环芳烃空间体积大，对于另外苯环的电子云密度影响较小，为硝基进攻提供了机会，因此多环芳烃硝化过程中副反应是不可避免的。

除此之外，被硝化对象连接基团的供电子、吸电子性质还影响硝化产物类型。连接有供电子基团时硝化产物以邻、对位产物为主，反应速率快；连接有吸电子基团时硝化产物以间位异构体为主，硝化速率降低。

（2）硝化试剂

不同硝化试剂具有不同的亲电进攻能力，应根据硝化对象的结构特征、硝化产物比例要求恰当选择硝化试剂。

硝化反应一般通过控制不同的混酸中硝基百分含量来控制硝化能力。一般情况下混酸内硫酸百分含量越高，混酸硝化能力越强。对于性质稳定极难硝化的物质，还可采用三氧化硫与硝酸的混合物作硝化剂，以提高硝化速率，同时在有机溶剂添加三氧化硫代替硫酸，可以减少硝化过程中废酸的大幅产生。三氧化硫代替混酸中的硫酸，对硝化产物同分异构体的比例产生影响，如图 3-15 所示。

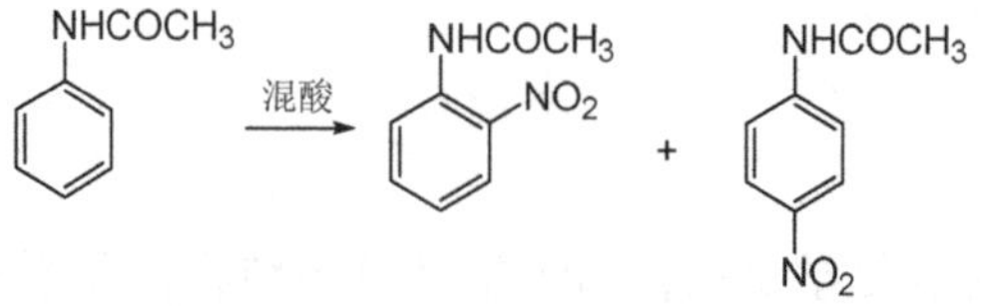

$$\text{C}_6\text{H}_5\text{NHCOCH}_3 \xrightarrow{\text{混酸}} o\text{-NO}_2\text{C}_6\text{H}_4\text{NHCOCH}_3 + p\text{-NO}_2\text{C}_6\text{H}_4\text{NHCOCH}_3$$

图 3-15 混酸（三氧化硫）硝化产物示意图

（3）硝化反应介质

硝化反应介质是指硝化反应过程中，发生在其他化合物环境中，主要通过介质自身物理性质、电子结构等特点对硝化试剂、被硝化对象电子结构等性质产生影响，最终对硝化产物同分异构体的比例产生影响。在非质子型硝化反应介质（即不给出或也不接受质子的硝化反应介质，常见的有乙腈、二甲基甲酰胺、环丁砜等）中硝化时，硝化产物以邻位异构体为主；在质子型硝化反应介质中硝化，硝化产物以对位异构体为主。除了电子构成的影响外，空间位阻效应也是影响硝化产物比例的因素，在质子型硝化反应介质中电子云密度高的原子（氧）容易通过氢键发生溶剂化效应，扩大取代基体积在分子邻位产生较大空间位阻效应。

（4）硝化反应体系温度

硝化反应温度对体系黏度、传质系数、体系物质溶解性能、硝化速率常数、体系界面张力有影响，一般情况下温度升高体系黏度降低、传质系数增大、体系物质溶解性能提升、体系界面张力变小，只有硝化速率常数随温度的变化没有一定的规律。

硝化反应本身为放热反应，放热程度剧烈，硝化反应快速。同时随着硝化反应的进行，有水产生对消化试剂中的硫酸有稀释作用放出热量。由于大量的热产生迅速，会给整个硝化过程带来基团的置换、氧化、多硝化、断键等副反应发生的机会。另外还会造成硝酸的分解生成大量二氧化氮，引发中毒、爆炸等安全事故，因此在工艺控制、设备设计等方面要对硝化过程的热量交换控制及时而迅速，保证硝化温度控制在工艺条件范围内。

（5）硝化体系混合程度

产业化过程中硝化体系各反应物的混合程度是保证整个硝化体系反应迅速、高效传热与传质的前提。混合程度的实现一般用恰当的搅拌装置与高效换热装置。非均相硝化过程中，通过提高搅拌转速达到较好混合效果，一般有一个较好的转速范围，超出这个较优范围硝化效率则没有明显变化，例如甲苯的非均相硝化过程，较优转速范围为 300～1100r/min，对于间歇非均相硝化反应，搅拌突然停止会造成酸相中短时间内聚集大量活化硝化试剂，再次搅拌硝化会反应异常剧烈，造成热量交换失控，发生事故，因此应该在设备设计、应急措施等方面有所准备。

（6）硝化反应物的质量比

由于硝化反应过程中，硝化试剂一般采用混酸，因此在产业化过程中一般用混酸与被硝化对象的质量比来表示反应物之间的关系。混酸与被硝化物的质量比固定，而被硝化物在混酸中的溶解度是固定的，因此不利于反应速率的提高。增大质量比，不仅会提高被硝化物质溶解量，有利于硝化速率的提升；而且还有利于硝化体系热量与物质的传递，使硝化产物量增加，提升产业化设备的产出能力。质量比不宜过大。产业化过程中会将硝化废酸作为增加质量比的物质连续使用。

（7）硝化副反应

硝化过程中副反应的发生会影响硝化产物的收率以及产物纯净度，不利于硝化产物性能的发挥与经济效益的提升。常见的硝化副反应有氧化、去烃基、置换、脱羧、开环、聚合等，副反应的发生与反应工艺参数控制、被硝化物结构、硝化试剂性能有密切关系。避免副反应的发生一般要选择恰当的硝化试剂、严格控制反应条件（温度）、设计合适反应工艺与设备、创新硝化设备结构等。

3.2.3.3　硝化方法

（1）混酸硝化

混酸硝化是工业上经常采用的方法，混酸硝化具有硝化能力强、反应速率快、生产能力高、硝化废酸可回收、反应进行平稳、硝化设备不需要特殊材质（普通碳钢、不锈钢或铸铁设备）的特点。

硝化反应快慢一般用硝化能力来表征。混酸硝化工艺过程中用脱水值、废酸浓度来表示硝化能力。

脱水值（DVS）是指硝化反应完成时废酸中硫酸和水的质量比。硝酸与被硝化物的摩尔比为 1。

$$\mathrm{DVS}=\frac{w(\mathrm{H_2SO_4})}{1-w(\mathrm{H_2SO_4})-w(\mathrm{HNO_3})+\frac{2}{7}w(\mathrm{HNO_3})}$$

废酸浓度（FNA）是指硝化反应结束时废酸中硫酸的质量分数。

$$\mathrm{FNA}=\frac{w(\mathrm{H_2SO_4})}{1-\frac{5}{7}w(\mathrm{HNO_3})}$$

产业化过程中混酸硝化工艺如图 3-16 所示。

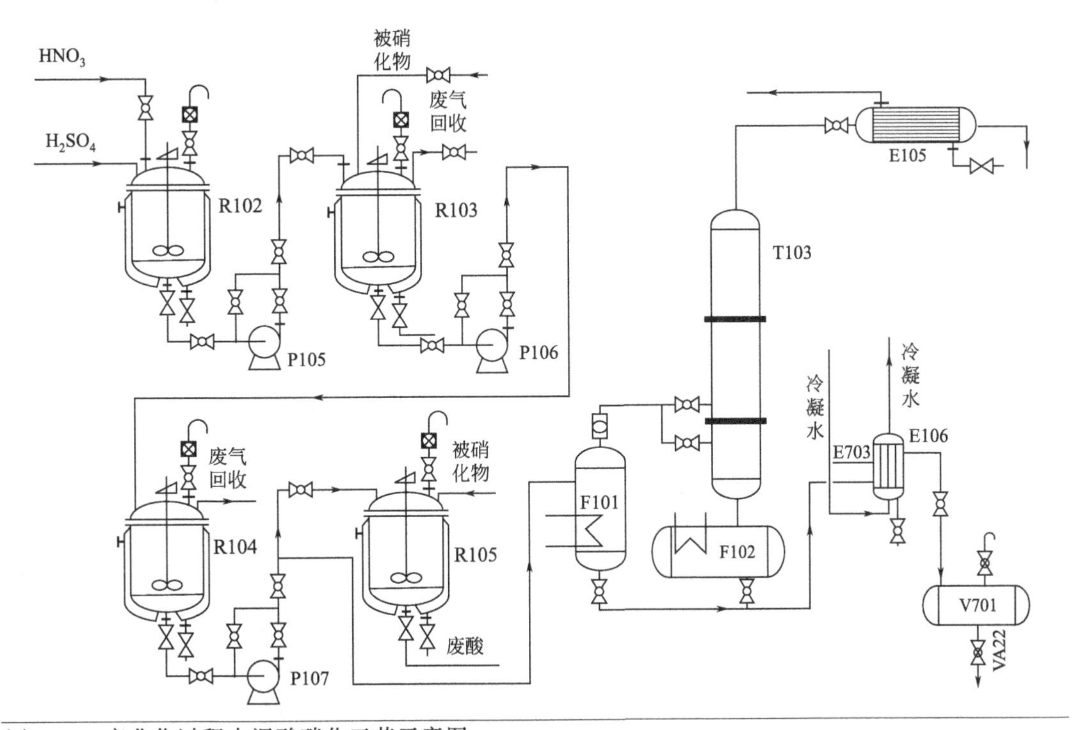

图 3-16　产业化过程中混酸硝化工艺示意图

E105，E106—冷凝器；F101—预热器；F102—再沸器；P105～P107—液体输送泵；R102—混酸釜；R103—硝化反应釜；R104—分离罐；R105—萃取罐；T103—精馏塔；V701—残液储罐

（2）密闭绝热硝化法

密闭绝热硝化法是将硝化过程中产生的热量充分回收与利用，用于原料的加热气化及废酸的闪蒸，将硝化反应器设计成密闭绝热装置，实现整个过程能量平衡。密闭绝热硝化法具有硝化速率快、副产物少、混酸浓度低、安全性好、回收反应热浓缩废酸并循环利用、设备密封原料消耗少、废水和污染少等优点。

密闭绝热硝化法工艺参数：混酸（HNO_3 5%～8%，H_2SO_4 58%～68%，H_2O >25%），被硝化物是混酸的 1.1 倍，硝化温度 132～136℃。

3.2.3.4 硝化产业化工艺流程工程实例

硝基苯是一种用于制备苯胺和聚氨酯泡沫塑料的精细化工产品，常温下是无色透明油状液体，具有苦杏仁的特殊味道，熔点 5.7℃，沸点 210.9℃。产业化过程中，常见的生产工艺有多锅串联连续硝化工艺、绝热密闭连续硝化工艺，具体工艺与流程图如图 3-17 所示。

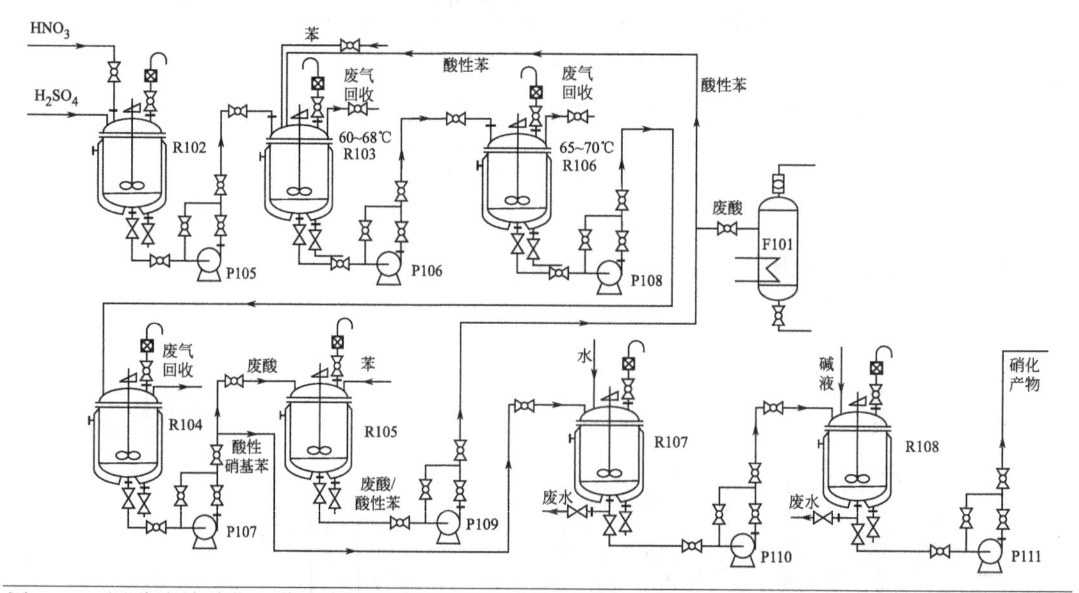

图 3-17 混酸连续硝化工艺流程示意图

F101—废酸浓缩装置；P105～P111—液体输送泵；R102—混酸釜；R103—1 号硝化反应釜；R104—分离罐；R105—萃取罐；R106—2 号硝化反应釜；R107—水洗罐；R108—碱洗罐

（1）混酸连续硝化工艺流程

混酸连续硝化工艺，首先通过 R102 混酸釜制备好一定比例混酸，按照实验优化的苯与混酸比例向 1 号硝化反应釜进料，硝化温度控制在 60～68℃反应一定时间，进入 2 号硝化反应釜继续硝化，硝化温度控制在 65～70℃。经过 2 号硝化反应釜硝化后，进入 R104 分离器，将硝化混合物先后分离成废酸与酸性硝基苯，分别进入 R105 萃取罐与 R107 水洗罐，在 R105 萃取罐中加入纯净苯试剂萃取，萃取后将废酸进行浓缩，酸性苯回收进入 1 号硝化反应釜循环利用。酸性硝基苯经 R107 水洗罐与 R108 碱洗罐去除酸与酚类化合物，使硝基苯转化为中性得到最终产品。

（2）绝热密闭硝化工艺流程

首先将混酸（硫酸与硝酸质量比为 1）预热到 90℃，苯经过热交换器换热后，进入 R103 第一个绝热硝化釜，硝酸转化率达 60%，温度升至 115℃；进入第二个绝热硝化釜 R104，硝酸转化率升至 90%，温度升至 125℃；进入第三个绝热硝化釜 R105，硝酸转化率升至约 100%，温度升至 135℃，硝化反应基本完成，工艺流程图如图 3-18 所示。

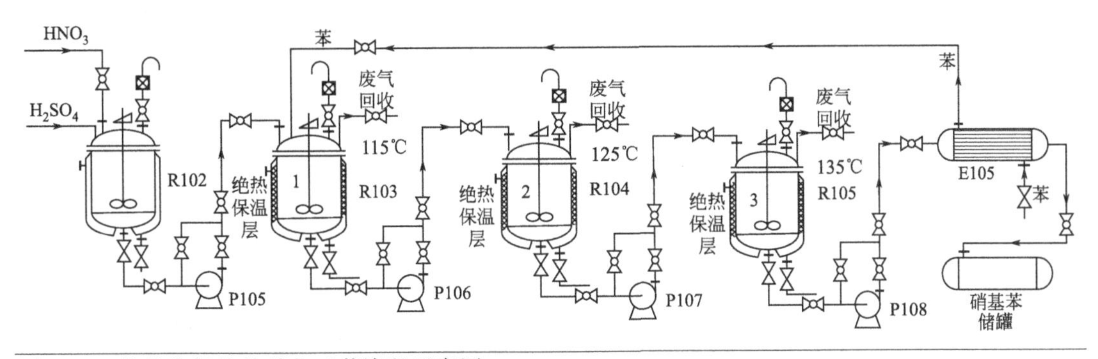

图 3-18　绝热密闭连续硝化工艺流程示意图

E105—热交换器；P105～P108—泵；R102—混酸釜；R103～R105—绝热硝化釜

3.2.4　烃化反应

3.2.4.1　概述

将烃基（—R）通过化学反应，引入主链分子结构的氮、磷、氧、硫、碳、硅原子上，形成新的 σ 化学键，此类基础单元有机合成反应称为烃化反应。有产业化意义的重要的烃化反应有 *C*—烃化、*N*—烃化、*O*—烃化，有烃化意义的烃基常见的有烷烃基、烯烃基、炔烃基或芳烃基，另外还有部分原子被取代的烃基例如氰乙基、羧甲基、羟乙基等。产业化过程中，用于提供烃基的烃化试剂主要包括羰基化合物、醇类化合物、卤代烷烃、烯烃、炔烃、酯类化合物、醚类化合物、环氧基化合物、醛类化合物、酮类化合物等。不同类型烃基化试剂具有不同的反应过程有取代烃化（卤代烷烃、醇类化合物、酯类化合物）、加成烃化（烯烃、炔烃、环氧基化合物）、脱水缩合烃化（醛类化合物和酮类化合物）。

（1）加成烃化

加成烃化过程中，不饱和烃化试剂在催化剂（提供质子）作用下，首先质子化生成烷基阳离子，烷基阳离子与被烃化化合物进行亲电取代反应，从而引入烷基，完成烃化，图 3-19 是多烃基烯烃加成烃化的整个历程。对于多烃基烯烃，质子进攻双键中含氢较多的碳原子。

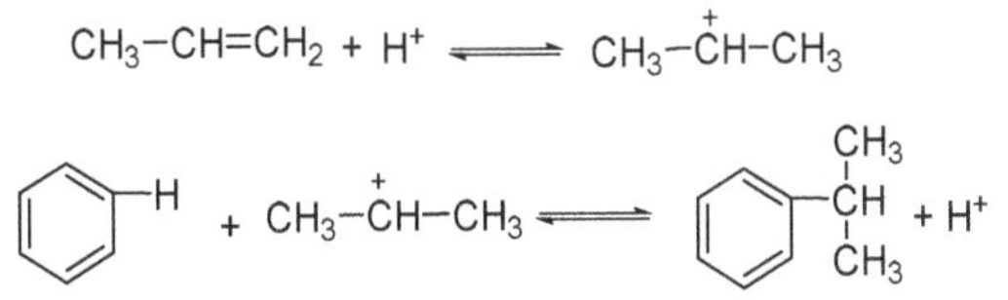

$$CH_3{-}CH{=}CH_2 + H^+ \rightleftharpoons CH_3{-}\overset{+}{C}H{-}CH_3$$

$$C_6H_5{-}H + CH_3{-}\overset{+}{C}H{-}CH_3 \rightleftharpoons C_6H_5{-}CH(CH_3)_2 + H^+$$

图 3-19　多烃基烯烃加成烃化历程示意图

（2）取代烃化

取代烃化（卤代烷烃、醇类化合物、酯类化合物）过程中，催化剂选择 Lewis 酸，其中

最常见的是 $AlCl_3$，取代烃化的过程如图 3-20 所示芳香烃类化合物烃化，催化剂与卤代烷烃依次形成分子络合物、离子对、烷基阳离子、离子络合物，亲电质点与芳环生成 σ 络合物，σ 络合物最后脱去质子，实现芳香烃类化合物烃化。

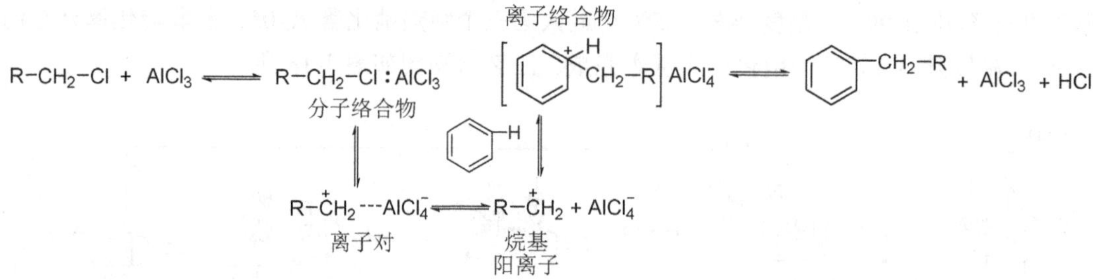

图 3-20　芳香烃类化合物取代烃化

图 3-20 反应过程就是傅氏烷基化反应的历程，芳香烃类化合物通过 Lewis 酸催化，与卤代烷烃、醇类化合物、酯类化合物等反应形成新的碳-碳 σ 键。影响取代烃化的主要因素：催化剂的催化活性、被烃化物结构中电子云密度大小、烃化试剂形成正离子活性。催化剂在取代烃化过程中种类多样（质子酸、Lewis 酸、酸性氧化物、烷基铝），活性顺序如下所示：

$$AlCl_3 > FeCl_3 > SbCl_5 > SnCl_4 > TiCl_4 > ZnCl_2$$

$$HF > H_2SO_4 > P_2O_5 > H_3PO_4$$

最常见碳原子烃化过程具有连续性、多次烃化、可逆性的特点。例如芳香烃烃化过程，在引入一个烷烃基后，烷烃基使芳香环活化，接着进行第二个烷烃基的烃化，反应速率比第一个烷烃基烃化提高 3 倍，因此在一烃基化过程中，需要通过控制烃化程度调整芳香烃活性，以达到减低副产物多烃基芳香化合物产量的目的。一般会降低烃化试剂的量，降低烃化程度，烃化后反应体系的过量苯需要在工艺中回收再利用。

碳原子烃化过程具有可逆性根源在于生成的烷基芳香烃化合物中，芳香环中与烷烃基直接相连的碳原子上的电子云密度，因为烷烃基供电子效应比其他碳原子密度增大程度大，氢质子、氯化氢、三氯化铝在烃化反应过程中，也具有和芳香烃与烷基直接连接的碳原子相互作用重新生成被烃化物最初的 σ 络合物，并进一步深入发生脱烷烃基反应，重生生成被烃化物质。利用这种可逆性，在实际产业化工艺中将生成的烷基化产物从反应体系移出，从而增强烃基化反应正向进行程度，减弱逆向反应程度，提高总体烃基化产物总产率。

3.2.4.2　常见烃化反应实例合成路线

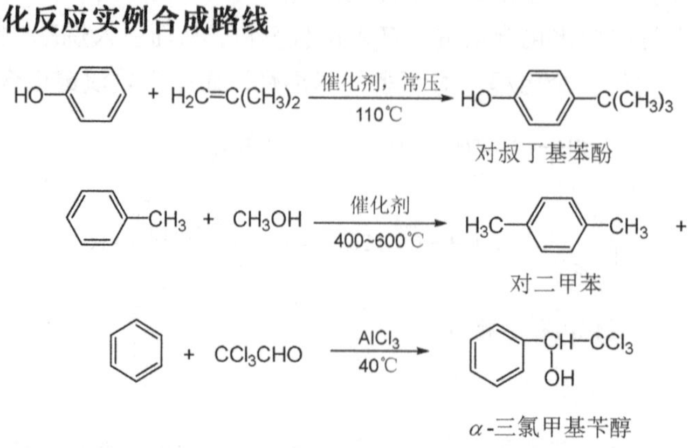

对叔丁基苯酚

对二甲苯

α-三氯甲基苄醇

$$2\,C_6H_5OH + CH_3COCH_3 \xrightarrow[45℃,\,1h]{阳离子交换树脂} HO-C_6H_4-C(CH_3)_2-C_6H_4-OH + H_2O$$

双酚A

$$m\text{-}CH_3C_6H_4OH + CH_3OH \xrightarrow{硅酸铝} m\text{-}CH_3C_6H_4OCH_3 + H_2O$$

$$C_6H_5OH + ClCH_2COOH + 2NaOH \xrightarrow{催化剂} C_6H_5O-CH_2COONa + 2H_2O + NaCl$$

$$2\,(HO)_3C_6H_2COOH + 3(CH_3)_2SO_4 \xrightarrow{NaOH} (H_3CO)_3C_6H_2COOH$$

$$C_6H_5-CH_2Cl + C_6H_6 \xrightarrow{催化剂，高压釜} C_6H_5-CH_2-C_6H_5 + HCl$$

二苯甲烷

$$C_{10}H_8 + ClCH_2COOH \xrightarrow[15h]{铝粉，185\sim218℃} C_{10}H_7-CH_2COOH$$

萘乙酸

$$C_6H_5OH + 2H_2C=CH_2 \xrightarrow{催化剂，高压釜} 2,6\text{-}(C_2H_5)_2C_6H_3OH$$

2,6-二乙基苯酚

3.2.4.3 烃化产业化工艺流程工程实例

异丙苯是一种具有芳香气味的液态有机化合物。一般作为溶剂，燃点低，属于易爆精细化工产品。异丙苯在产业化作为丙酮、苯酚、过氧化二异丙苯、过氧化氢异丙苯的合成原料，同时也作为石油成品油添加剂以提高燃油辛烷值，目前产业化过程中主要作为大宗产品苯酚和丙酮的原料，合成工艺过程中主要包括氧化、酸解等基础单元有机合成反应。以异丙苯为原料，三氧化铝和固体磷酸为催化剂，通过苯的烷基化合成苯酚，同时联产制备丙酮，成为异丙苯整个产业的现代化体系。

$$C_6H_6 + C_3H_6 \underset{}{\overset{AlCl_3}{\rightleftharpoons}} C_6H_5-CH(CH_3)_2$$

目前现代化产业化过程中，异丙苯产业链条中芳香烃的烷烃化常用液相和气相两种方法。工艺中一般会加入丙烯作为惰性溶剂提高反应体系反应物的溶解性，提高烷基化的效果，其中对于原料中杂质要求非常严格，例如芳香烃类化合物的水分含量，把对催化剂的催化效果的影响降到最低。

（1）芳香烃液相烃化。

首先由无水 $AlCl_3$、芳香烃（苯）、氯丙烷在络合反应釜中制备三氯化铝催化络合物，络合温度要严格控制在 80～100℃，消除催化络合物树脂化变性的发生。络合反应釜为了保证工艺指标的要求，在设计上需要有加热夹套和搅拌器装置。然后根据实际烃化反应需求，由络合反应釜间歇性向烃化塔输送催化络合物，在烃化塔中与反应物苯和丙烯发生反应。烃化塔顶冷凝器回收的芳香烃（苯）可作为反应物重新进入烃化塔参与烃化反应。同时烃化塔底流出的混合物经换热器后，得到的大部分催化络合物回收利用；剩余的烃化混合物经水洗塔、碱洗塔，最终经过精馏塔分离得到 95%的产品异丙苯，具体工艺流程图如图 3-21 所示。

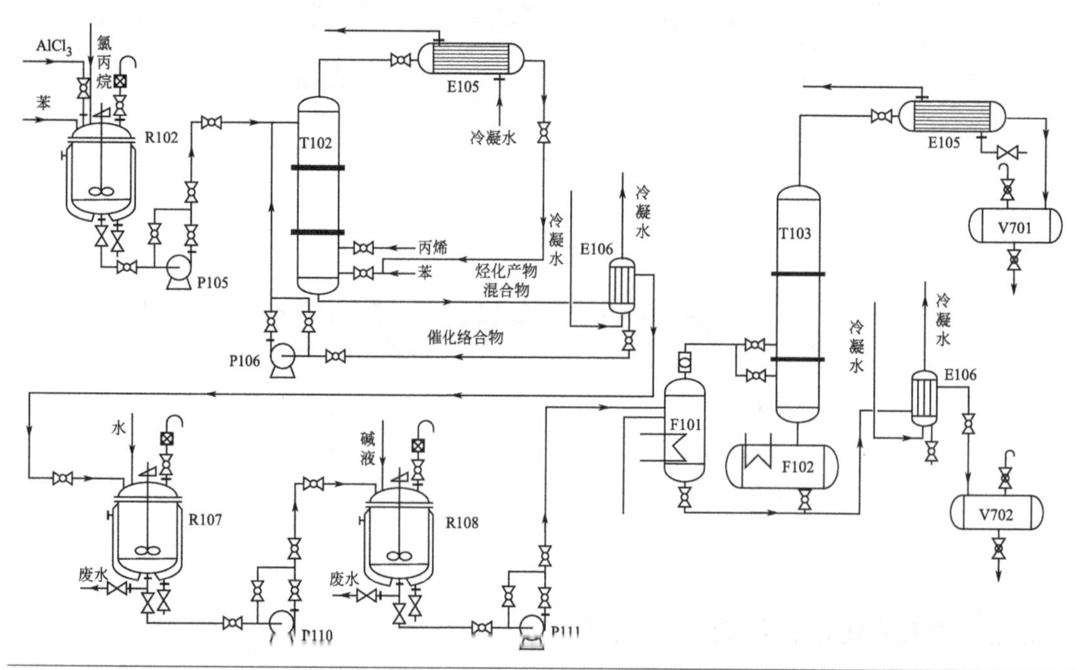

图 3-21　芳香烃液相烃化工艺流程图

E105，E106—冷凝器；F101—预热器；F102—再沸器；P105，P106，P110，P111—液体输送泵；R102—络合反应釜；R107—水洗罐；R108—碱洗罐；T102—烃化塔；T103—精馏塔；V701—异丙苯储罐；V702—产品储罐

（2）芳香烃气相烃化

芳香烃气相烃化工艺选用磷酸-硅藻土为催化剂，烃化塔为固定床式反应器，芳香烃（苯）、丙烯、丙烷经 F701 预热器预热后，进入固定床烃化塔，控制温度在 240～260℃、压力 2.2～2.4MPa，同时通入水蒸气，整个烃化过程利用丙烷含量的多少调节温度，烃化后混合物由塔底排出，未反应完的烷烃、芳香烃经过脱烷烃塔和脱芳香烃（苯）塔，被回收再利用重新参与烃化过程，纯化后的异丙苯粗产物经精馏塔精馏后得到异丙苯纯化物。芳香烃气相烃化工艺流程图如图 2-23 所示。

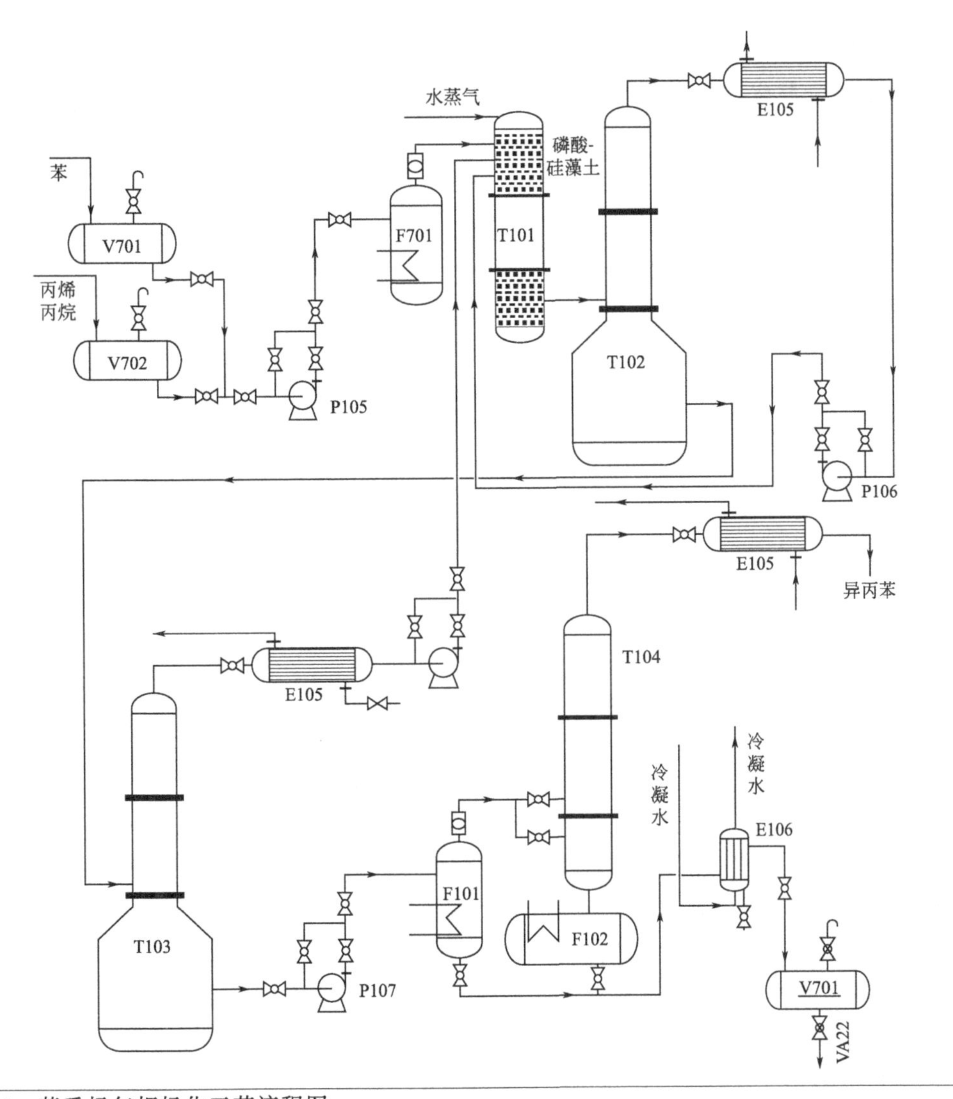

图 3-22　芳香烃气相烃化工艺流程图

E105，E106—冷凝器；F101—预热器；F102—再沸器；F701—预热器；P105～P107—液体输送泵；T101—烃化塔；T102—脱烷烃塔；T103—脱苯塔；T104—精馏塔；V701—原料储槽；V702—产品储罐；V702—原料储槽

3.2.5　酰化反应

3.2.5.1　概述

将酰基（$\mathrm{R{-}\overset{\overset{\displaystyle O}{\|}}{C}{-}}$）通过化学反应，引入主链分子结构中，取代有机化合物中与 C、O、N、S 原子直接连接的 H 原子形成新的 σ 化学键，此类基础单元有机合成反应称为酰化反应。含有氧原子的无机酸、有机酸分子中去掉（一个或多个）羟基基团后，剩余原子组成的基团被称为酰基。酰化试剂分为酰氯类化合物（如乙酰氯、苯甲酰氯、苯磺酰氯、三聚氯氰）、酸酐类化合物（如乙酐、顺丁烯二酸酐、邻苯二甲酸酐）、羧酸类化合物（如乙酸、草酸）、羧酸酯类化合物（如乙酰乙酸乙酯）、酰胺类化合物、其他化合物（如二硫化碳与双乙烯酮）等。

不同的酰化试剂酰化过程具有不同的反应路径，总体酰化反应属于傅氏亲电取代反应。

（1）酰氯作酰化剂酰化进程

$$R-\overset{O}{\overset{\|}{C}}-Cl + AlCl_3 \rightleftharpoons R-\overset{O}{\overset{\|}{C}}-Cl\cdot AlCl_3 \rightleftharpoons R-\overset{O:AlCl_3}{\overset{\|}{C}}-Cl \rightleftharpoons R-\overset{O}{\overset{\|}{C}}{}^{+} + AlCl_4^-$$

$$R-\overset{O:AlCl_3}{\overset{\|}{C}}-Cl + C_6H_6 \rightleftharpoons [\text{H, } R\overset{O:AlCl_3}{C}\cdot Cl^- \text{ 取代苯正离子}] \xrightarrow{-HCl} C_6H_5-C(R)=O:AlCl_3$$

$$R-\overset{O}{\overset{\|}{C}}{}^{+} + AlCl_4^- + C_6H_6 \rightleftharpoons [\text{H, } RC=O \text{ 取代苯正离子}]\cdot AlCl_4^- \xrightarrow{-HCl} C_6H_5-C(R)=O:AlCl_3$$

$$C_6H_5-C(R)=O:AlCl_3 \xrightarrow{H_2O} C_6H_5-C(R)=O + AlCl_3$$

（2）酸酐作酰化剂酰化进程

$$(RCO)_2O + AlCl_3 \rightleftharpoons (RCO)_2O:AlCl_3 \longrightarrow R-\overset{O}{\overset{\|}{C}}-Cl + R-\overset{O}{\overset{\|}{C}}-OAlCl_2$$

$$R-\overset{O}{\overset{\|}{C}}-OAlCl_2 \xrightarrow{AlCl_3} R-\overset{O}{\overset{\|}{C}}-Cl + \overset{O}{\overset{\|}{Al}}-Cl$$

影响酰化反应进程的主要因素包括被酰化化合物的分子结构（电子云分布）、酰化试剂、酰化催化剂、酰化体系反应介质。被酰化化合物分子结构（电子云分布）对酰化反应的影响在于自身组成基团整个分子体系电子云密度的影响，基团（$—CH_3$、—OH、—OR、$—NR_2$、—NHAc）具有强大的供电子效应，使分子体系某个原子电子云密度增大，有利于酰化反应发生，基团本身具有吸电子效应（—Cl、$—NO_2$、$—SO_3H$、—COR），使分子体系电子云密度降低不利于酰化反应的发生，由于酰化基团本身分子空间体积的立体位阻较大，因此酰化反应容易在供电子取代基团对位发生。

酰化反应本质上是亲电取代反应，因此酰化试剂首先要形成亲电质点，再参与反应。电子云偏离酰基碳原子程度越大，所带正电荷越多，亲电能力越强，越容易发生酰化反应。常见酰化试剂酰氯、酸酐、羧酸的酰化能力依次降低。

酰化反应中选择的催化剂，用以增加酰化试剂化合物中碳原子所带正电荷的数量，从而提升被酰化化合物的亲核能力，工业化过程中最常用的催化剂有无水氯化锌、多聚磷酸、三氯化铝。酰化反应过程中，催化剂与被酰化物、中间络合物等呈现固体或黏稠的液体状态，不利于分子间的有效碰撞，为了提升体系流通性为酰化反应提供充分空间，需要选择恰当有机溶剂介质改善流动性。酰化体系溶剂介质选择的要求：低沸点被酰化对象作酰化溶剂介质，过量的酰化试剂作酰化溶剂介质，选择酰化体系外物质作为酰化溶剂介质。石油醚、硝基苯、二氯甲烷、四氯化碳产业化工程中出现概率很高。

3.2.5.2 常见酰化制备精细化工产品合成路线

常见酰化制备精细化工产品合成路线见图 3-23～图 3-26。

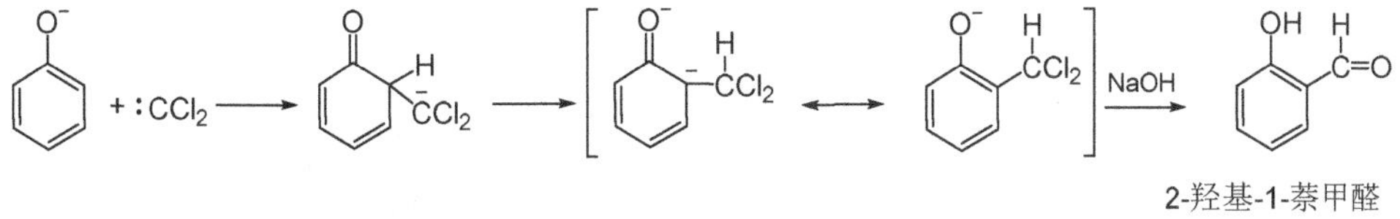

2-羟基-1-萘甲醛

图 3-23　Reimer-Tiemann 反应制备 2-羟基-1-萘甲醛

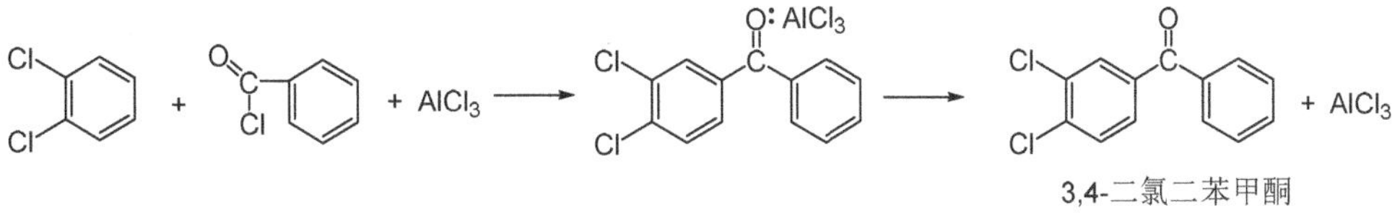

3,4-二氯二苯甲酮

图 3-24　三氯化铝-无溶剂制备 3,4-二氯二苯甲酮

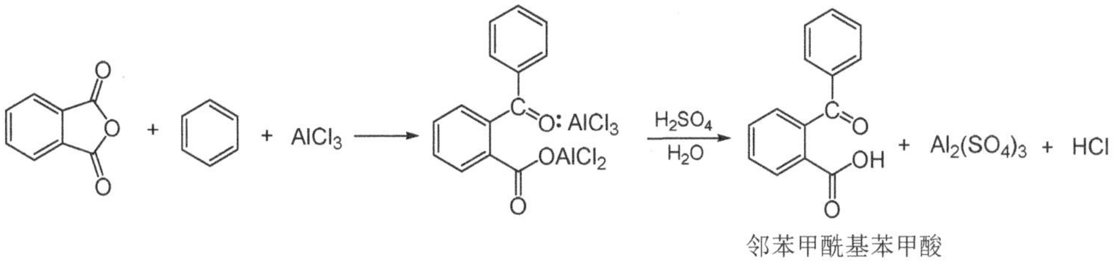

邻苯甲酰基苯甲酸

图 3-25　三氯化铝制备邻苯甲酰基苯甲酸

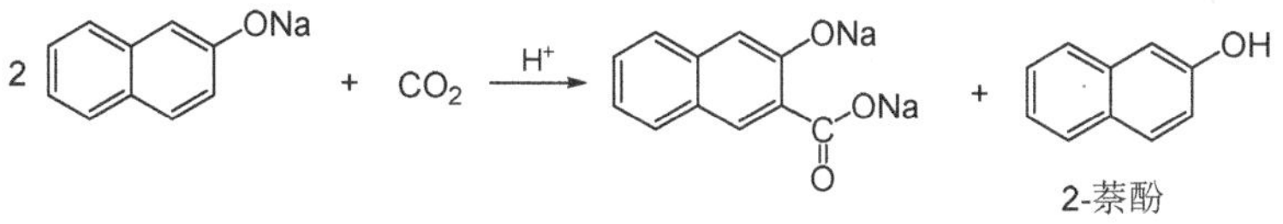

2-萘酚

图 3-26　二氧化碳制备 2-萘酚

3.2.5.3　产业化生产蒽醌工艺流程工程实例

蒽醌是一种浅黄色结晶，熔点 286℃，沸点 376.8℃，是人工合成的天然染料。产业化过程中以蒽醌为原料通过磺化、卤化、硝化制备一系列精细化工产品，其中以生产蒸煮助剂、还原染料为重点。蒽醌产业化合成制备路线如图 3-27 所示。

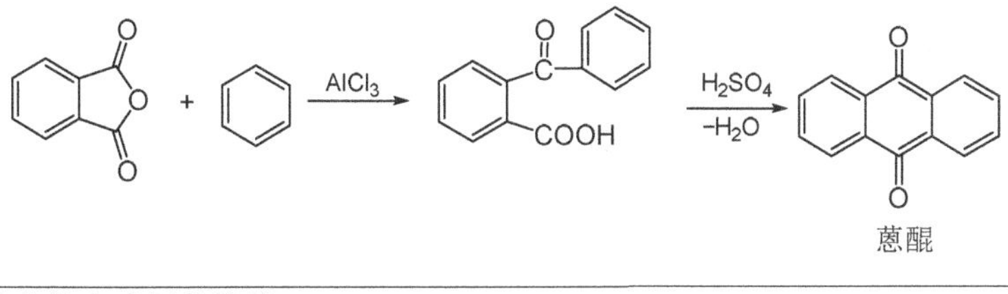

蒽醌

图 3-27　蒽醌产业化合成制备路线

蒽醌球磨法生产工艺中，首先苯、无水三氯化铝、苯酐在具有热量交换的球磨混合器中，充分混合然后进入水解釜 R103，然后通过压滤、干燥设备处理后，进入闭环反应釜与加入的硫酸发生闭环反应，再经中和、水洗最终得到蒽醌，流程图如图 3-28 所示。

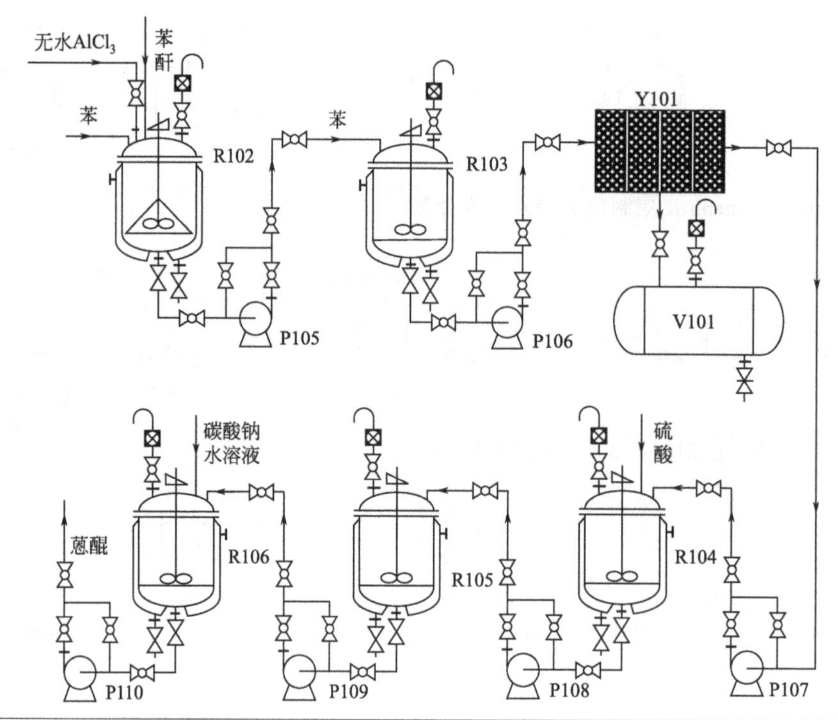

图 3-28　蒽醌生产工艺流程示意图

P105～P110—物料输送泵；R102—球磨混合器；R103—水解釜；R104—闭环反应釜；R105—稀释釜；R106—中和水洗；V101—废液储罐；Y101—压滤干燥设备

3.2.6　偶合反应

3.2.6.1　概述

重氮盐与芳环、杂环、含活泼亚甲基基团化合物反应，生成偶氮化合物的基础单元有机合成反应称为偶合反应（又称偶联反应）。偶合反应是制备染料工艺的关键单元反应，制备工艺中以芳胺重氮盐为亲电试剂，对酚类或胺类的芳环进行亲电取代生成偶氮化合物。偶氮化合物中重氮盐为重氮组分，亲电进攻的酚类或胺类为偶合组分，如图 3-29 所示。产业化过程中常见各组分中偶合组分包括酚类化合物（如苯酚、萘酚及其衍生物）、芳胺化合物（如苯胺、萘胺及其衍生物）、氨基萘酚磺酸类化合物（如 H 酸、J 酸、γ 酸）、含活泼亚甲基的化合物（如乙酰乙酰基芳胺、吡唑啉酮、吡啶酮衍生物）[5,6]。

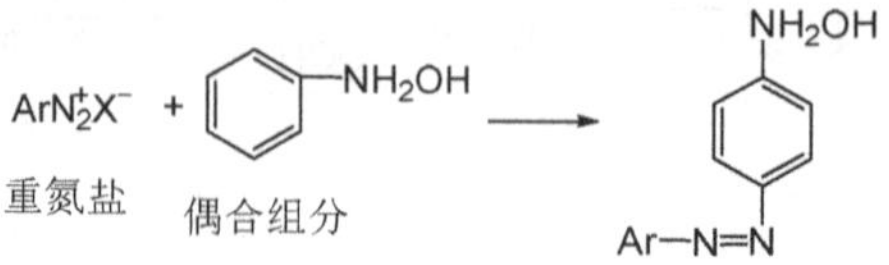

$ArN_2^+X^-$ + C_6H_5—NH_2OH ⟶ Ar—N=N—C_6H_4—NH_2OH

重氮盐　　偶合组分

图 3-29　偶合反应原理示意图

偶合反应中重氮盐阳离子首先进攻偶合组分中电子云密度最高的原子，形成可逆中间体化合物，中间体化合物迅速失去一个质子，不可逆地转变为偶氮化合物，完成亲电取代反应历程生成偶氮化合物，如图 3-30 所示。

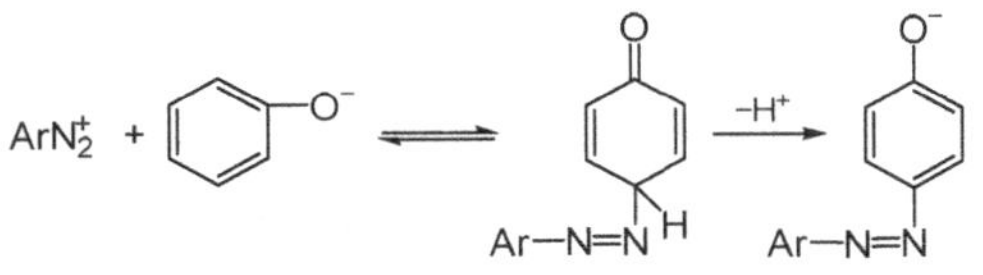

图 3-30　偶合反应亲电取代反应历程

偶合反应中影响反应进程的因素有多个，其中主要因素包括偶合组分、重氮组分、偶合体系 pH 值。

（1）重氮组分

重氮组分的影响主要来源于取代基对于重氮组分芳环中氮原子正电荷性能影响。具有吸电子基团，使重氮组分正电荷性能增强，有利于偶氮反应发生；具有给电子基团，使重氮组分正电荷性能减弱，不利于偶氮反应发生。

（2）偶合组分

偶合组分的影响主要来源于偶合组分分子结构中取代基对电子的吸引与给出能力，取代基团具有强的给电子效应，提升偶合反应能力，其中羟基、氨基对偶合反应反应活性提高程度非常高，可以使偶合组分进行多次偶合。取代基团具有强的吸引电子能力，使分子体系电子云密度降低，反应活性急速下降，无法发生偶合反应，吸电子基团主要包括羧酸基团、硝基、氰基、磺酸基团。

（3）偶合体系 pH 值

偶合体系 pH 值对于偶合反应的影响主要是偶合定位和偶合反应速率两个方面。偶合组分为胺类化合物，偶合体系 pH 值为 4～7；偶合组分为酚类化合物，偶合体系 pH 值为 7～10。例如氨基萘酚磺酸作为偶合组分，介质体系呈现碱性，偶合反应在羟基邻位发生；介质体系呈现酸性，偶合反应在氨基邻位发生。

偶合介质体系 pH 值不仅影响偶合定位，对偶合反应速率也有明显影响，偶合反应质点的浓度随体系 pH 值变化明显。例如酚类作为偶合组分，偶合介质体系 pH 值逐步增大时，参与偶合反应的酚盐阴离子浓度增大，可提升偶合速率。

3.2.6.2　产业化过程中偶合工艺流程工程实例

$C_{16}H_{13}N_4NaO_4S$（酸性嫩黄 G）是一种用于羊毛、蚕丝及其织物染色和直接印花的染料，染色均匀，具有很好的拔染性，同时也被广泛用于锦纶、纸张、皮革、涂料、医药、化妆品等行业精细化工产品的着色。合成路线如图 3-33 所示。

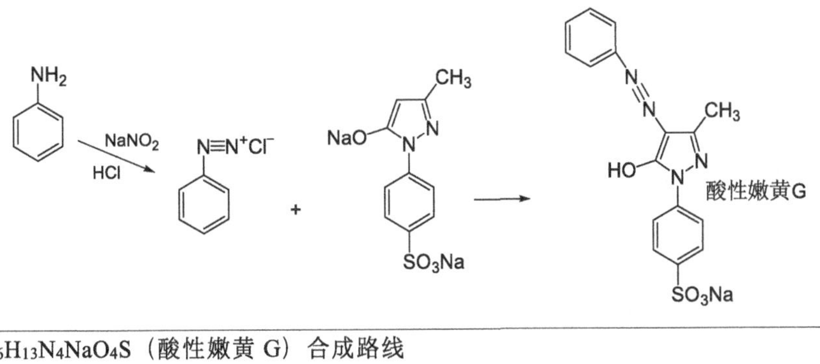

图 3-31　$C_{16}H_{13}N_4NaO_4S$（酸性嫩黄 G）合成路线

如图 3-32 所示，首先配制 15%对氨基苯磺酸钠溶液与 35%亚硝酸钠溶液，分别由各自储槽输送至 R103 混合釜充分搅拌均匀。同时在 R104 重氮釜充分混合条件下，依次加入 30%盐酸、15%对氨基苯磺酸钠溶液与 35%亚硝酸钠溶液混合物、苯胺，然后重氮釜在 10～15℃条件下搅拌 0.5h，得到重氮盐悬浮液混合物。接着向 R105 偶氮釜加入 1-(对磺酸基苯基)-3-甲基-5-吡唑酮、30%碱液，体系温度控制在 46℃左右充分溶解后，降温至 8℃，此时将 R104 重氮釜内重氮化合物分两次均匀加入，整体耗时 1h，再通过压滤、干燥设备得到干燥滤饼，最终制备 $C_{16}H_{13}N_4NaO_4S$（酸性嫩黄 G）。

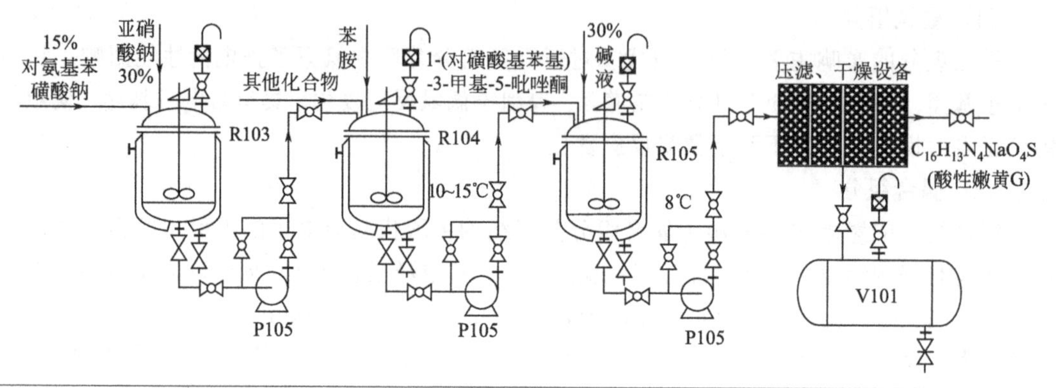

图 3-32　$C_{16}H_{13}N_4NaO_4S$（酸性嫩黄 G）合成工艺流程图

P105—涡轮泵；R103—混合釜；R104—重氮釜；R105—偶氮釜；V101—废液储罐

3.2.7　氧化、还原反应

精细化工产品合成过程中，在氧化剂作用下，分子结构（有机化合物）中发生氧原子数量增加或者氢原子数量减少的反应称为氧化反应；在还原剂作用下，分子结构（有机化合物）中发生氧原子数量减少或者氢原子数量增加的反应称为还原反应。

氧化反应和还原反应的关键在于氧化剂与还原剂的选择。在氧化反应中，空气（含氧气 21%左右）是产业化生产精细化工产品最经济、实用的氧化剂。除此之外，还有高锰酸钾、六价铬化合物及其衍生物、高价金属氧化物、硝酸、双氧水和有机过氧化物，主要用于小批量精细化工产品的生产过程中。近年来，电化学氧化制备有关精细化工产品是新发展趋势。

在还原反应中，氢气是最常见的还原剂，为了提高还原效果经常会根据合成路线、原料等选用适当的催化剂。除此之外，还有无机还原剂（如 Fe、Zn、Na、Zn-Hg、Na-Hg、Na_2S、NaS_x、$FeCl_2$、$SnCl_2$）和有机还原剂（如烷基铝、甲醛、葡萄糖）。

3.2.7.1　空气液相氧化

以空气为氧化剂，对液相有机化合物进行的催化氧化反应，就是把纯化、干燥含氧空气通过相关设备均匀通入反应体系，与液相反应物形成均相体系完成氧化反应，反应主要在微观气液两相界面发生。产业化过程中，空气通入设备主要采用可控鼓泡型设备。空气液相氧化可直接制备醇、酮、羧酸、有机过氧化氢物，间接制备酚类和环氧化合物等精细化工产品。

（1）概述

以空气为氧化剂进行的液相氧化反应，是由自由基引发的反应过程。为了提高氧化速率，一般采取提高反应温度、加入引发剂或催化剂等措施。空气液相氧化反应历程如图 3-33 所示。

Ⅰ. 链引发阶段：

$$R{-}H \xrightarrow{\text{热、光、辐射}} R\cdot + H\cdot$$

$$R{-}H + Co^{3+} \longrightarrow R\cdot + H^{+} + Co^{2+}$$

$$R{-}H + X\cdot \longrightarrow R\cdot + HX$$

Ⅱ. 链传递阶段：

$$R\cdot + O_2 \longrightarrow R{-}O{-}O\cdot$$

$$R{-}O{-}O\cdot + R{-}H \longrightarrow R{-}O{-}O{-}H + R\cdot$$

Ⅲ. 链终止阶段：

$$R\cdot + R\cdot \longrightarrow R{-}R$$

$$R{-}O{-}O\cdot + R\cdot \longrightarrow R{-}O{-}O{-}R$$

图 3-33　空气液相氧化反应历程

（2）空气液相氧化反应的影响因素

① 引发剂。空气液相氧化反应中加入引发剂，是为了加速第Ⅰ阶段过程中自由基的产生，缩短反应准备周期。产业化过程中常用的引发剂是可变价金属的盐类物质，其中金属 Co 的盐类物质用量最多，其次是 Mn、Cu、V 等金属盐类物质。可变价金属盐类引发剂在引发阶段引发产生自由基后，变为低价金属离子，低价金属离子又可以被氧气氧化成高价金属离子，形成动态平衡，最终质量没有变化，因此引发剂有时也被称为催化剂。

② 被氧化对象分子结构。空气液相氧化反应过程中，分子中的 σ 化学键均裂形成相应自由基的难易程度，与被氧化对象分子结构有直接关系。分子结构中被氧化质点中连接越多的供电子取代基越容易均裂，C—H σ 化学键均裂难易程度如下所示：

$$\text{均裂难易顺序}\quad R{-}CH_2{-}H < R_2CH{-}H < R_3C{-}H$$

$$CH_3C_6H_4{-}C(CH_3)_3 \xrightarrow{\text{引发}} CH_3C_6H_4{-}\dot{C}(CH_3)_2 \xrightarrow[O_2]{\text{氧化}} CH_3C_6H_4{-}C(CH_3)_2{-}O{-}O\cdot$$

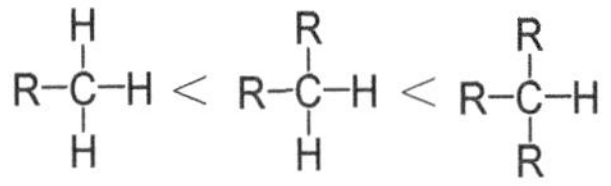

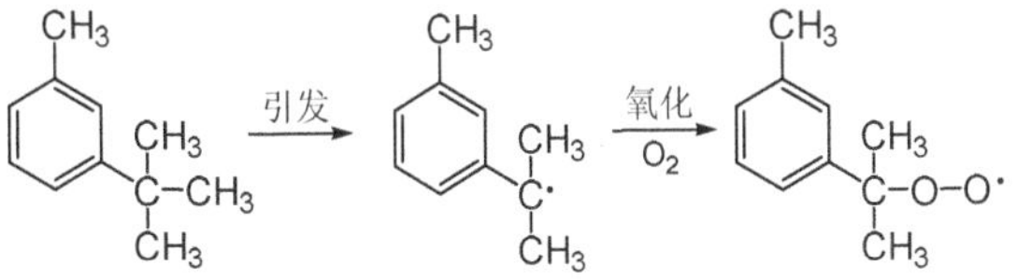

③ 钝化剂。钝化剂是指比被氧化物质结合自由基能力更强的化合物，进而终止链式反应，降低自动氧化的反应速率，在反应后期调整反应产物构成可适当添加。但是，氧化反应的原料应不含反应钝化剂（酚类、胺类、醌类、烯烃）。

④ 不同氧化产物路径。原料氧化转化率与目标最终产物产率并不成正比，因为氧化过程中存在平行、连串等一系列副反应，同时副反应生成的副产物会减少自由基数量，阻止氧化反应过程。另外，随着原料转化率的提高，还会加快目标氧化产物的分解过程，提升过度氧化等副反应数量，使反应选择性大幅度降低。大量副产物的产生还会增加后续分离工艺的负荷和成本。因此，为了保持较高的反应速率和收率，工业上常采用控制适宜的单程转化率（氧化深度）进行反应，再将未反应完的原料经分离后以循环使用的方式来进行实际生产。例如，在异丙苯空气氧化制异丙苯过氧化氢物时，一般控制氧化反应的单程转化率为 20%～25%，再循环使用未反应原料。

（3）氧化反应合成对苯二甲酸工程实例

对苯二甲酸是聚酯纤维、聚酯薄膜及多种塑料制品的原料，同时也可以作为中间体制备染料，是重要的精细化工产品。对二甲苯氧化反应合成对苯二甲酸是产业化中成熟的制备路线，反应历程如图 3-34 所示。

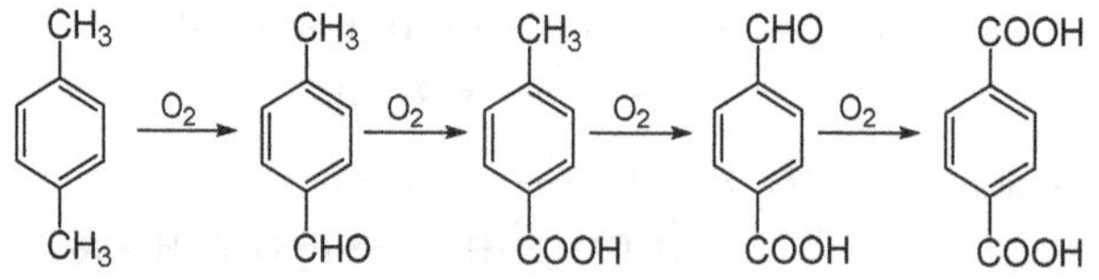

$$CH_3C_6H_4CH_3 \xrightarrow{O_2} CH_3C_6H_4CHO \xrightarrow{O_2} CH_3C_6H_4COOH \xrightarrow{O_2} OHCC_6H_4COOH \xrightarrow{O_2} HOOCC_6H_4COOH$$

图 3-34　对二甲苯制备对二苯甲酸反应历程

低温氧化法制备对二苯甲酸工艺流程如图 3-35 所示。将对二甲苯、催化剂（乙酸钴）、乙酸加入 R103 混合釜充分混合，将除杂、干燥的空气经压缩机压缩后通入进入氧化塔（鼓泡型），氧化塔内温度控制在 130～140℃、压力 3.0MPa。在氧化最后阶段，经混合釜单独通入乙酸对对二苯甲酸混合物进行洗涤，塔内温度控制在 100℃，再经过压滤、干燥设备得到产品。氧化过程中塔顶反应尾气经冷凝器冷凝，冷凝产物乙酸回收利用再次通入氧化塔，冷凝尾气经水吸收处理后经压缩机压缩后循环利用。

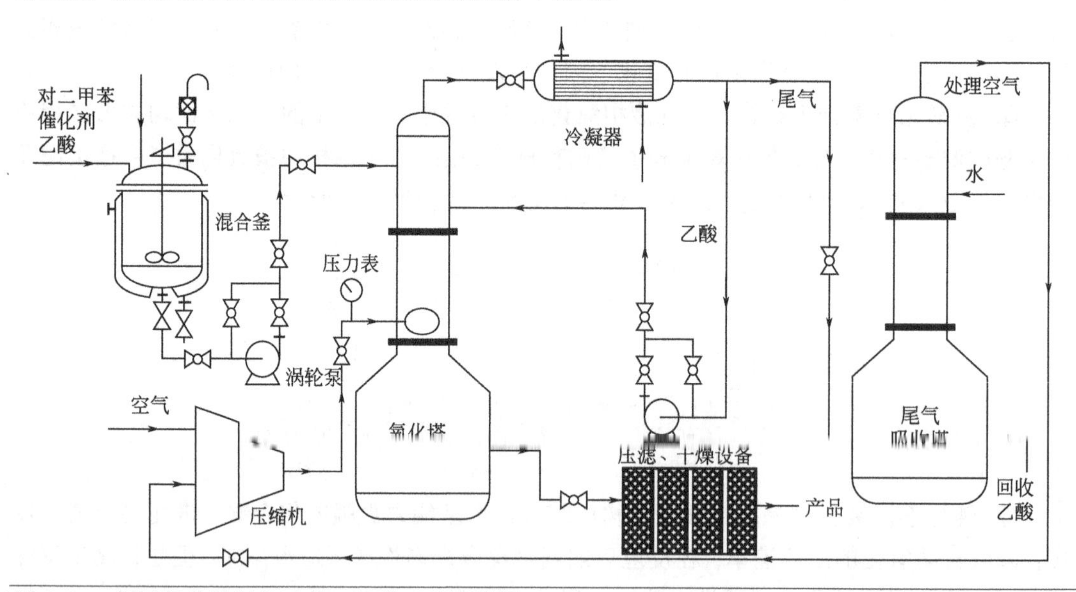

图 3-35　低温氧化法制备对苯二甲酸工艺流程图

3.2.7.2　空气固相氧化

空气固相氧化过程中，首先将被氧化有机化合物蒸气化与空气形成混合物，在高温（300～500℃）工艺条件下通过固相催化剂，有机化合物被可控氧化。

（1）概述

空气固相氧化是典型的非均相气-固相接触反应，活性中心理论和活化配合物理论对空气固相氧化过程进行了全面、完善、系统的解释，整个固相氧化过程包括扩散、吸附、表面反应、脱附和扩散五个阶段。不同催化剂具有各自结构特点的活性中心，因此只针对和催化剂结构相适应的氧化反应有催化作用，体现出高效的选择性。主要从催化剂的组成、制备方法、氧化工艺条件、产业化生产实际、环境与经济政策等方面综合考量来确定最优化催化剂。由于空气固相氧化反应温度高、反应放热剧烈、副反应多等因素，因此要通过精准控制工艺条件，来保证空气固相氧化的高度、精准选择性。

空气固相氧化是醛类、羧酸、酸酐、醌类和腈类等精细化工产品产业化生产过程中成熟、常用的工艺，操作方式以连续工艺为主。影响空气固相氧化的主要因素有氧化剂、被氧化物气化程度、反应物与产物热稳定性、催化剂的选择性。

（2）空气固相氧化制备邻苯二甲酸酐的工程实例

邻苯二甲酸酐是一种用于生产增塑剂、醇醛树脂、聚酯纤维、染料、医药、农药等精细化工产品的精细化工中间体产品，白色固体，熔点 130℃，沸点 284℃，不易溶于水。目前邻苯二甲酸酐产业化工艺路线中主要步骤和副反应如图 3-36 和图 3-37 所示。产业化生产路线以萘为原料、多孔 V_2O_5-K_2SO_4-SiO_2 为催化剂，经过气-固接触氧化法生产工艺制备邻苯二甲酸酐。具体工艺流程如图 3-38 所示，原料萘首先在汽化塔内汽化然后与一定量处理后（除杂、干燥）的空气形成萘-空气混合原料气。萘-空气原料气从溶盐控温氧化塔上部进入，氧化温度控制在 360℃，接触时间在 6～7s。经氧化炉氧化后邻苯二甲酸酐混合气体经冷凝器 E105 冷凝，温度控制在邻苯二甲酸酐熔点以上，得到液态邻苯二甲酸酐混合物。再经过减压精馏塔得到精制邻苯二甲酸酐，进入 V402 产品储槽。整体工艺要求保温隔热，确保产品的液相流动性，最后对于液相精制邻苯二甲酸酐，经热交换器换热，得到精制常温固态邻苯二甲酸酐。

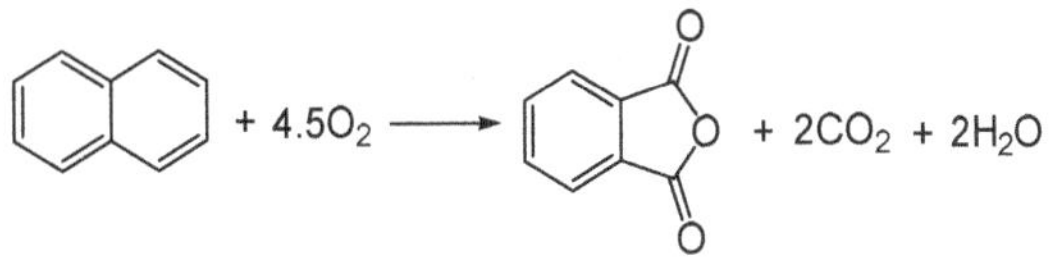

$$\text{萘} + 4.5O_2 \longrightarrow \text{邻苯二甲酸酐} + 2CO_2 + 2H_2O$$

图 3-36　邻苯二甲酸酐合成路线

$$\text{萘} \longrightarrow \text{1,4-萘醌} \longrightarrow CO_2 + H_2O$$

$$\text{萘} \longrightarrow \text{丁二酸酐} \longrightarrow CO_2 + H_2O$$

$$\text{萘} \longrightarrow CO_2 + H_2O$$

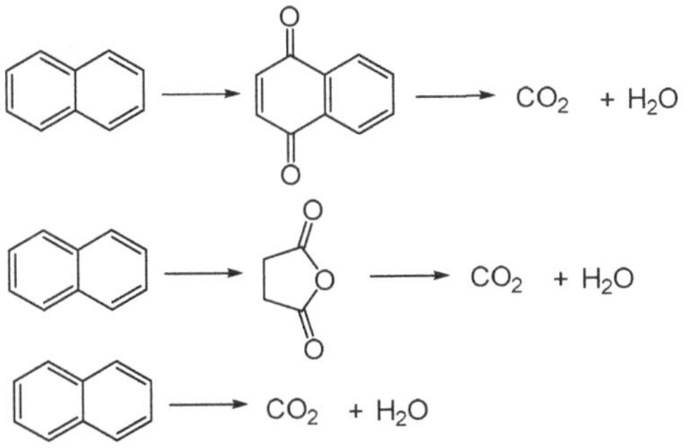

图 3-37　邻苯二甲酸酐合成路线中的副反应

3.2.7.3　其他氧化

（1）概述

其他氧化是对于利用空气与纯氧以外物质作为氧化剂发生的氧化反应的总称。其他氧化反应选用的氧化剂主要包括高价金属化合物（如 $KMnO_4$、MnO_2、$Mn_2(SO_4)_3$、CrO_3、$K_2Cl_2O_7$、

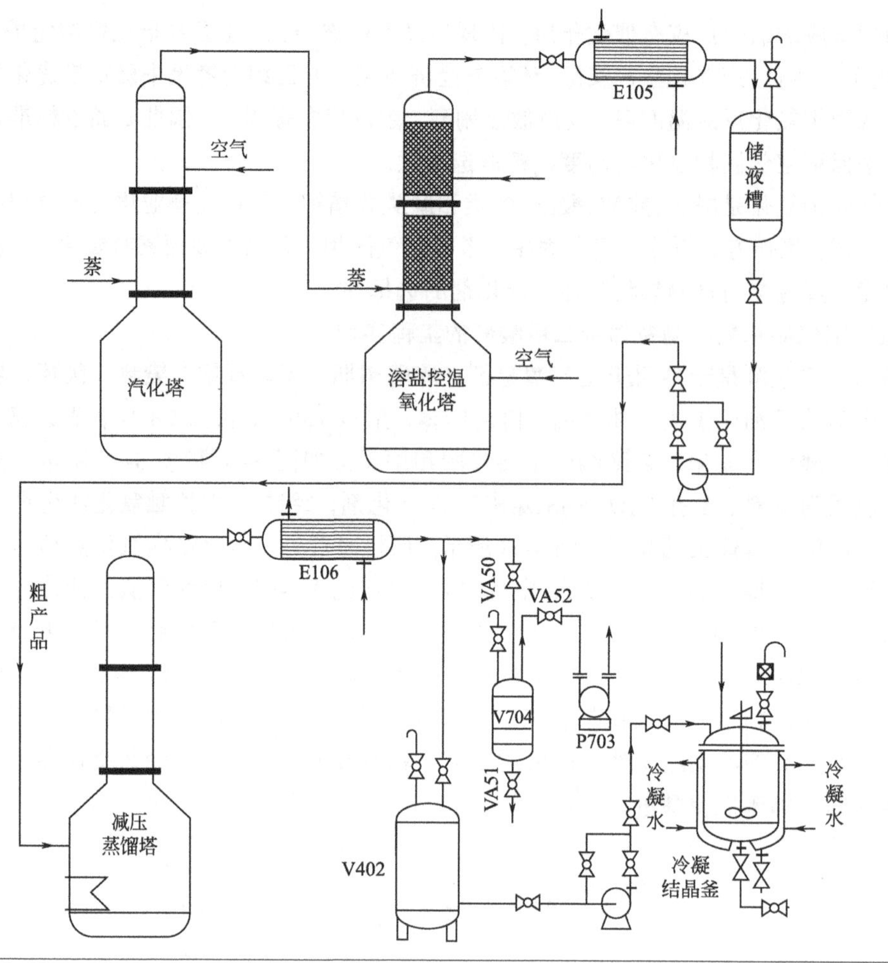

图 3-38 邻苯二甲酸酐工艺流程示意图

E105，E106—冷凝器；P703—真空泵；V402—产品储槽；V704—冷凝液储罐；VA50～VA52—球阀

$SnCl_4$、$FeCl_3$ 和 $CuCl_2$）、高价非金属化合物（如 HNO_3、$NaNO_3$、N_2O_4、$NaNO_2$、SO_3）、高氧化合物（如 O_3、H_2O_2、Na_2O_2）、富氧化合物（如卤素、硫黄）。以上类型氧化剂主要用于制备羧酸和醌类有机化合物，另外在一般条件下还可以合成醛和酮，还是直接将羟基引入芳环的一条路径。

（2）己二酸氧化合成工艺流程工程化实例

己二酸是一种重要的二元酸，易升华，熔点 152℃，沸点 330.5℃，常温常压下为白色结晶体，晶型为单斜晶体。己二酸分子中具有两个羧基，主要发生成盐、酯化、酰胺化等反应，作为生产增塑剂、润滑剂、医药中间体、香料香精控制剂、新型单晶材料、涂料、杀虫剂、食品和饮料的酸化剂、黏合剂以及染料等精细化工产品的原料。主要合成路线如图 3-39 所示。

己二酸生产工艺流程如图 3-40 所示。以环己酮、环己醇混合物为原料，采用固相催化工艺，铜、钒作为催化剂，选用 70%的硝酸作为氧化剂，反应温度 70～90℃，常压条件下，反应过程中产生的气体经水吸收后进入硝酸浓缩塔回收利用，反应得到的己二酸混合物首先经 R103 结晶釜第一次分离，分离后的氧化剂与催化剂回收，最后经 R104 结晶釜二次分离后得到己二酸固体，最后经过气流干燥设备得到干燥己二酸。

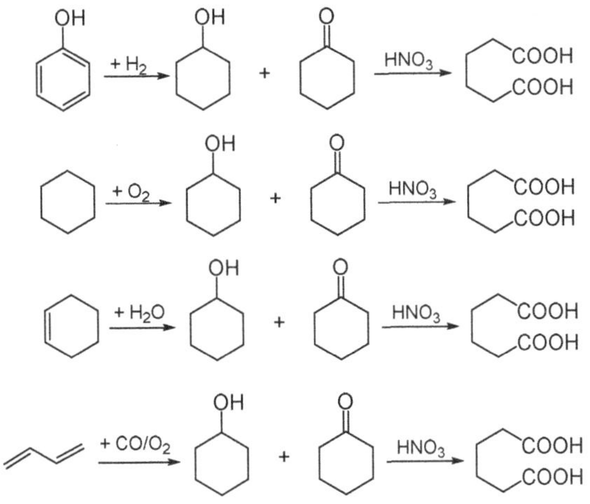

$$\text{OH(苯环)} \xrightarrow{+H_2} \text{OH(环己基)} + \text{O(环己酮)} \xrightarrow{HNO_3} \text{COOH/COOH}$$

$$\text{(环己烷)} \xrightarrow{+O_2} \text{OH} + \text{O} \xrightarrow{HNO_3} \text{COOH/COOH}$$

$$\text{(环己烯)} \xrightarrow{+H_2O} \text{OH} + \text{O} \xrightarrow{HNO_3} \text{COOH/COOH}$$

$$\text{(丁二烯)} \xrightarrow{+CO/O_2} \text{OH} + \text{O} \xrightarrow{HNO_3} \text{COOH/COOH}$$

图 3-39　己二酸主要合成路线

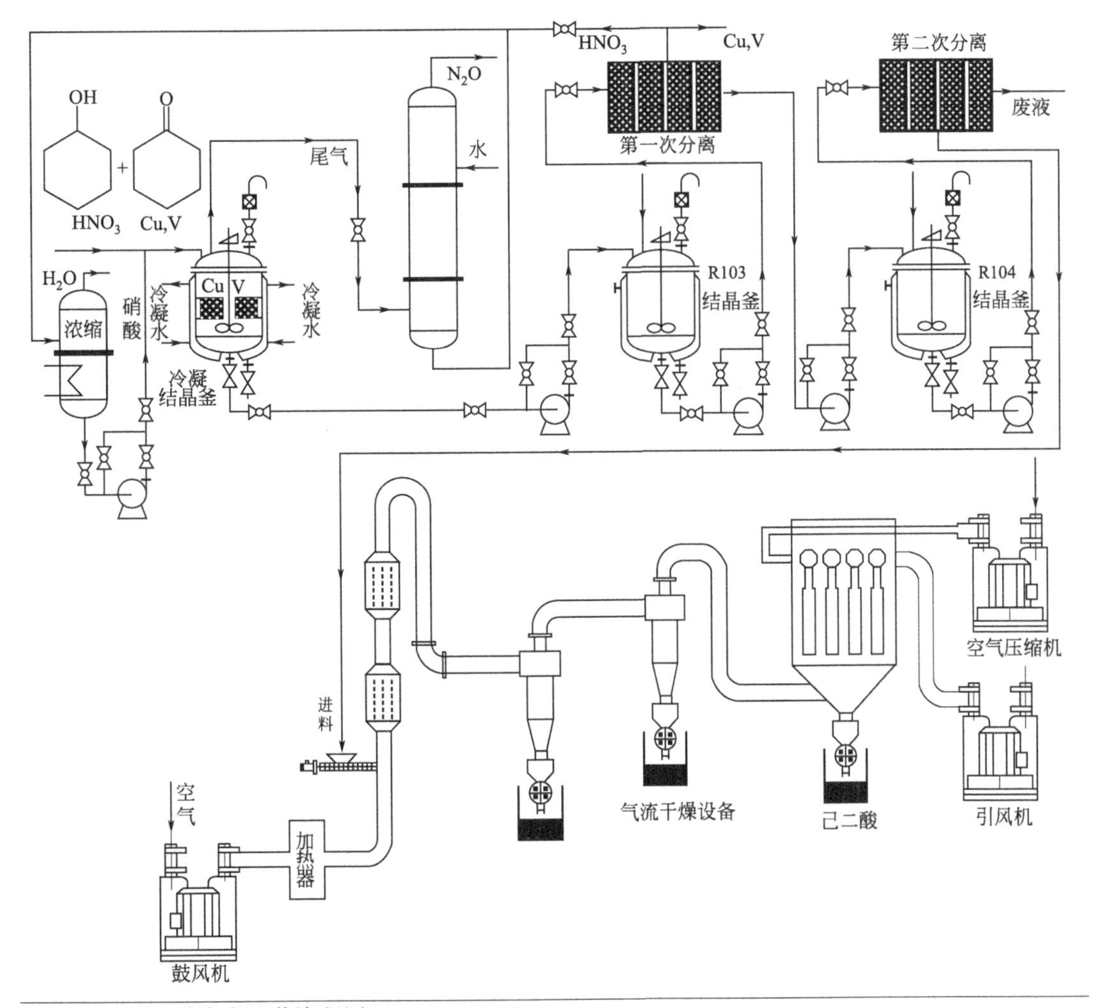

图 3-40　己二酸生产工艺流程图

3.2.7.4 金属还原

（1）概述

很多活泼金属（如铁、锡、锂、锌等）在供质子剂存在下，可以将芳香族硝基化合物还原成相应的胺，其中以铁粉还原最为常见。在酸性介质环境下，铁还原性更强，可以将芳香族硝基、脂肪族硝基或其他含氮的基团（亚硝基、羟胺基）还原成相应的氨基。铁屑价格低廉、工艺简单、适用范围广、副反应少、对反应设备要求低，因此目前有不少硝基物还原成胺仍采用这种方法。此方法的缺点在于有大量的含胺铁泥和含胺废水产生，必须对其进行处理，否则将严重污染环境。

① 反应历程。电子转移是金属还原剂（Fe、Zn）进行还原反应的本质，金属是电子给予质点，被还原物质的特定原子与金属接触接收电子产生负离子自由基，被还原物质从质子给予体中得到质子生成还原产物，具体还原过程如图 3-41 所示。

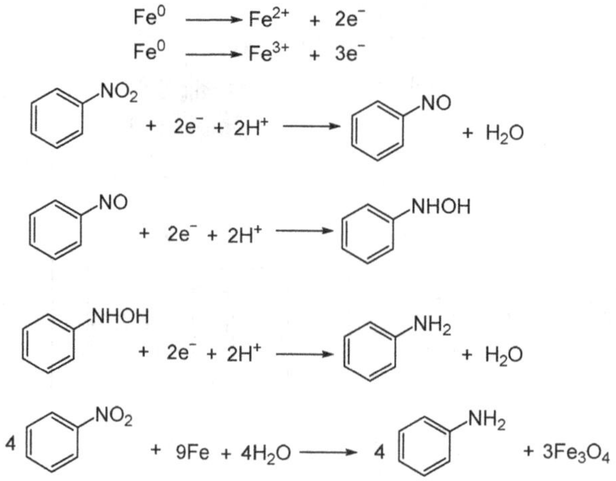

$$Fe^0 \longrightarrow Fe^{2+} + 2e^-$$

$$Fe^0 \longrightarrow Fe^{3+} + 3e^-$$

$$C_6H_5NO_2 + 2e^- + 2H^+ \longrightarrow C_6H_5NO + H_2O$$

$$C_6H_5NO + 2e^- + 2H^+ \longrightarrow C_6H_5NHOH$$

$$C_6H_5NHOH + 2e^- + 2H^+ \longrightarrow C_6H_5NH_2 + H_2O$$

$$4C_6H_5NO_2 + 9Fe + 4H_2O \longrightarrow 4C_6H_5NH_2 + 3Fe_3O_4$$

图 3-41 金属还原有机化合物示意图

② 影响因素。金属催化剂本身的构成对还原反应影响最大，金属和一些非金属元素（碳、硅、硫、磷等）在还原电解质介质中可以构成多种原电池（非金属碳为正极，金属为负极），加速金属腐蚀给出电子，促进还原反应进行。例如金属 Fe 作为还原剂，一般选用洁净、质软的铸铁粉，铁粉粒径一般选择 80～100 目，用量需要比理论金属催化剂用量多一些，一般多 70%左右。

反应介质是影响金属还原的另外一个因素，一般反应介质需要外加同时保持 pH 值在 3～5 范围内，起到增加水溶液的导电性，加速金属还原剂的电化学腐蚀等作用。通常是先在水中放入适量的铁粉和稀盐酸（或稀硫酸、乙酸），加热一定时间进行铁的预蚀，除去覆盖在金属表面的氧化膜，并生成金属离子作为电解质。电解质的具体选择需要在实验室经过试验确定。另外，也可以加入适量的氯化铵或氯化钙等电解质。

金属还原反应温度控制在结晶液相体系的沸点附近，温度的控制精准度成为金属还原的关键。一般还原反应为强放热反应，产生热量不能得到及时交换会引起爆沸溢釜。由于金属还原剂本身密度较大，容易沉淀，尤其是选用直接添加金属还原剂。现在将金属催化剂做成颗粒，形成固定催化剂模块，反应釜一般选择不锈钢材质。

（2）铁粉还原法制备 3,4-二氨基苯酚工艺流程工程实例

3,4-二氨基苯酚是一种重要的精细化工产品，同时也是合成 6-羟基喹喔啉等精细化工产品的中间体。合成路线如图 3-42 所示。

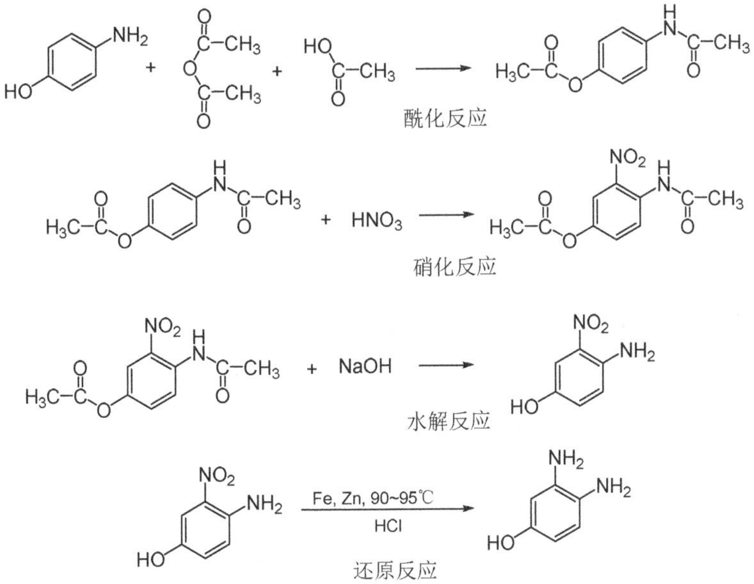

酰化反应

硝化反应

水解反应

Fe, Zn, 90~95℃ HCl

还原反应

图 3-42 3,4-二氨基苯酚合成路线示意图

3,4-二氨基苯酚工艺流程如图 3-43 所示，铁粉（锌粉）还原法制备 3,4-二氨基苯酚主要包括酰化、硝化、水解、还原等单元反应。酰化反应过程中，向 R103 酰化釜终加入对氨基苯酚、乙酸酐、无水乙酸搅拌充分溶解，提升温度冷凝回流，生成对乙酯基苯基乙酰胺。硝化反应过程中，向经酰化反应得到的乙酯基苯基乙酰胺溶液中，控制加入硝酸，充分混合搅拌，经过第一次分离，得到 3-硝基-4-乙酰氨基苯酚乙酯固体。水解反应过程中，将 3-硝基-4-乙酰氨基苯酚乙酯固体加入 R105 水解釜，然后加入氢氧化钠溶液，充分反应后，经过第二次分离得到 4-氨基-3-硝基苯酚固体。还原反应过程中，向加入 4-氨基-3-硝基苯酚固体的 R106 还原釜中加入盐酸，控制 pH 值在 1～2，采用铁粉（锌粉）固定还原的方法，温度在 90～95℃下充分回流反应，最终得到目标产物 3,4-二氨基苯酚。

3.2.7.5 催化氢化

（1）概述

在催化剂存在环境下，化合物与氢气发生还原反应，被称为催化氢化。根据参与化学反应化学键类型的不同，催化氢化分为氢化与氢解两种类型。氢化是一类分子内 π 键断裂与氢加成的反应，π 键转化为饱和键，例如氢分子加成到烯基、炔基、羰基、氰基、芳环类等不饱和基团的反应。氢解是一类分子内 σ 键断裂，两部分分别与氢结合的反应，生成两种加氢化合物。

催化氢化反应过程既有主反应，同时也包括一些副反应，如图 3-44 所示。

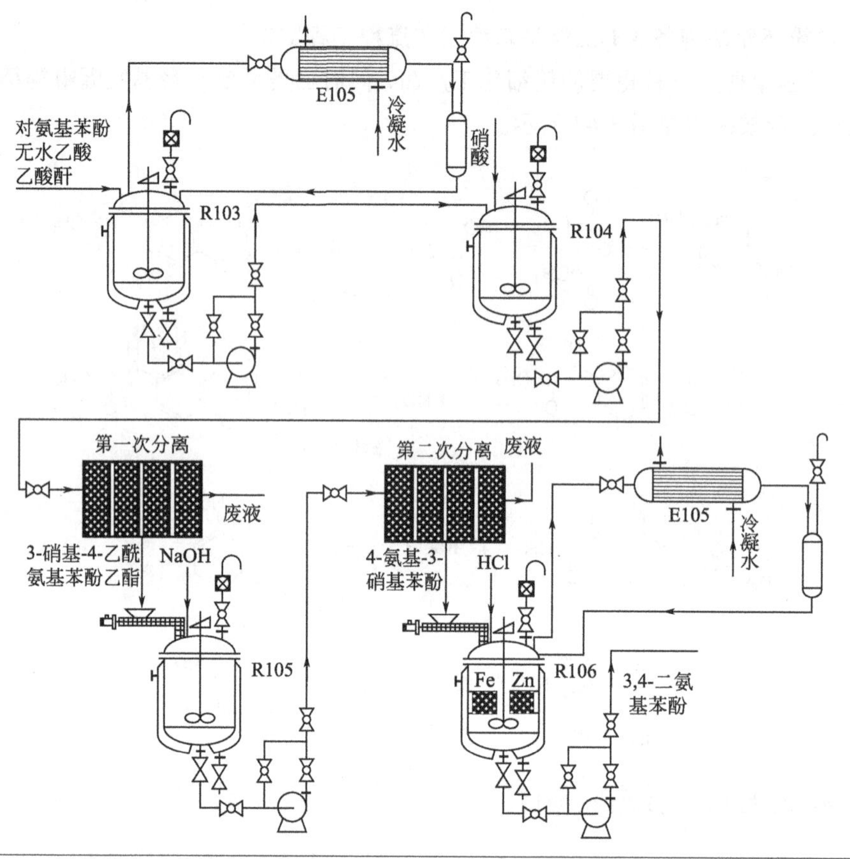

图 3-43　3,4-二氨基苯酚工艺流程示意图

E105—冷凝器；R103—酰化釜；R104—硝化釜；R105—水解釜；R106—还原釜

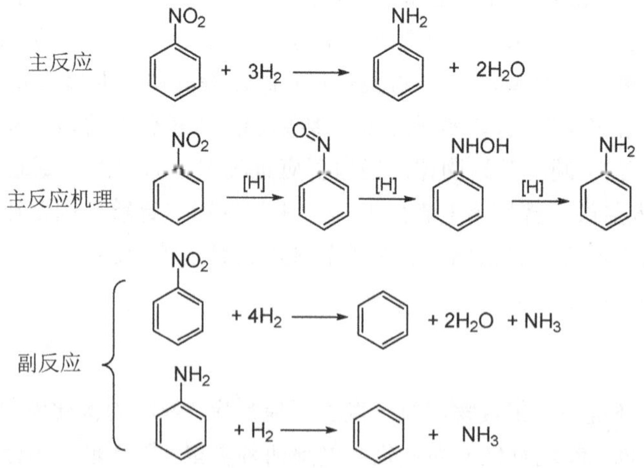

主反应

$$C_6H_5NO_2 + 3H_2 \longrightarrow C_6H_5NH_2 + 2H_2O$$

主反应机理

$$C_6H_5NO_2 \xrightarrow{[H]} C_6H_5NO \xrightarrow{[H]} C_6H_5NHOH \xrightarrow{[H]} C_6H_5NH_2$$

副反应

$$C_6H_5NO_2 + 4H_2 \longrightarrow C_6H_6 + 2H_2O + NH_3$$

$$C_6H_5NH_2 + H_2 \longrightarrow C_6H_6 + NH_3$$

图 3-44　催化氢化反应主副反应

催化氢化反应中关键是催化剂的选择。常见的催化剂有以二氧化硅为载体的铜类催化剂（CuO/SiO_2），另外还有多组分改进型混合催化剂（$Cr\text{-}Mo\text{-}CuO/SiO_2$），这一类催化剂价格低廉、催化选择性高，同时也容易与硫化物作用使催化剂中毒。另外一类，以氧化铝、活

性炭等多孔物质为载体的贵金属催化剂（Pt/Al_2O_3、Pd/Al_2O_3、Rh/Al_2O_3），成本高昂、活性精准、使用周长成为这一类催化剂的显著特点。

影响催化氢化的因素包括：催化氢化反应体系类型、被氢化对象结构、催化剂类型与用量、反应介质、体系反应条件（温度、压力、pH 值）、反应装置特点。

① 催化氢化反应体系类型。催化氢化反应体系类型主要是指气-固非均相反应体系、气-液-固非均相反应体系。反应物不同状态以及催化剂状态都会影响彼此之间的接触机会，进而影响催化氢化收率。为了使反应尽可能在均相体系内进行，可将液相气化以减少反应体系不同相的种类，提升转化效率与原料利用率。

② 被还原对象结构。催化氢化过程中，被催化氢化对象向催化剂活性中心扩散的难易程度成为决定催化氢化反应的控制步骤，扩散的主要影响因素是扩散空间的结构位阻，使得被催化氢化对象无法与活性中心靠近，反应很难进行。对于空间位阻，可通过对催化氢化反应工艺参数的强化来消除，一般是提高反应温度和反应压力，使催化氢化反应效率提升。

氢化反应的控制不在于分子内 σ 键断裂与氢自由基的形成，主要取决于被氢化对象自身化学键的键能，因此氢化条件相对稳定。

③ 催化剂类型与用量。催化剂的多少主要由被氢化对象结构、催化剂组成、催化活性大小、反应条件等影响因素决定。催化剂的多少与催化剂选择性存在相互关联，催化剂用量（理论用量）较低，催化过程中的选择性提升，催化剂用量提高，各种反应（主反应、副反应）速率同时提升，副反应产物增多，过程工艺难以控制的风险增加。实际产业化工艺中，催化剂实际具体用量要依据科学的实验室数据、产业化中试数据综合考虑确定。催化剂类型的确定，首要考虑的是催化氢化的效果，其次是环境政策、原料安全、成本优化，同时要考虑工艺条件要求（设备材质与类型、工艺自动化程度、产量与品质要求）。

④ 反应介质。反应介质是除去反应物、催化剂、产物之外，用于提高体系传质与传热效率、提升催化剂活性、延长催化剂使用寿命外加入的均相体系，一般为液相化合物。对于催化氢化反应，选择的液相反应介质按照活性大小排列如下：乙酸>甲醇>水>乙醇>丙酮>乙酸乙酯、乙醚>甲苯>苯>环己烷>石油醚。对于氢解反应过程，选择的液相反应介质具有良好的质子传递性能，一般使用的反应介质包括乙醇、甲醇、乙二醇单甲醚或水。

⑤ 体系反应条件（温度、压力、pH 值）。催化氢化反应温度与反应本质过程、催化体系的构成与性能有关，同时反应体系温度还影响催化体系的活性与寿命。温度的合理选择与调节要综合考量反应的选择性、副反应以及反应物和产物的热稳定性，一般在满足相关工艺、环境、产品条件下，温度越低越好。催化氢化反应体系压力增大氢化速度加快，空间位阻影响降低。压力提升要有一定限度，压力过高反应体系选择性无法精准控制，副反应同时增多，反应过于剧烈。另外，反应体系压力的升高还增加设备、工艺流程的造价。

反应体系的 pH 值对于催化剂表面对氢的吸附作用产生较大影响，进一步对氢化反应速率和反应的选择性产生影响。中性条件是目前产业化过程中现有催化剂体系选择最多的条件。反应体系的 pH 值还会对反应体系化学反应的方向产生影响，实现目标产物合成。

⑥ 反应装置特点。一般氢化反应体系多为非均相体系，反应装置中的搅拌效果是实现非均相体系反应效果的最重要的保障。反应装置中的搅拌主要从体系分布状态、传质面积等方面影响催化剂催化进程与反应速率。同时搅拌效果有利于提升传热的效果，降低催化氢化过程中剧烈放热的风险与局部热量过高的现象，从而减少副反应的产生，保证催化氢化的选

择性。

（2）苯胺催化合成工艺流程工程实例

苯胺一种广泛应用在染料、医药、农药、橡胶助剂等领域的精细化工产品，同时可作为MDI（二苯甲烷二异氰酸酯）等有机合成的基础化工原料。苯胺呈现无色油状液体，熔点-6.3℃，沸点184℃。

铁粉还原法是苯胺产业化中最初用的方法，存在设备复杂、三废难处理、催化剂（Fe粉）消耗多、设备严重腐蚀等弊端，逐步发展为利用催化氢化法生产苯胺。如图3-45固定床硝基苯催化氢化合成苯胺工艺流程所示，首先硝基苯经汽化塔T101汽化，再经过填充CuO/SiO_2负载型固定床催化剂的催化汽化塔T102，氢化温度控制在260～270℃，氢化压力控制在0.06～0.08MPa，催化氢化塔具有良好的换热与高压冷却装置（与催化剂复合分布），在催化氢化塔顶端设有布袋过滤器F502与旋风分离器F501，防止固体催化剂的损失，同时尾气中H_2循环使用。粗苯胺经粗蒸塔初次分离，气体经水洗塔处理，液体经精馏塔分离得到产品苯胺。

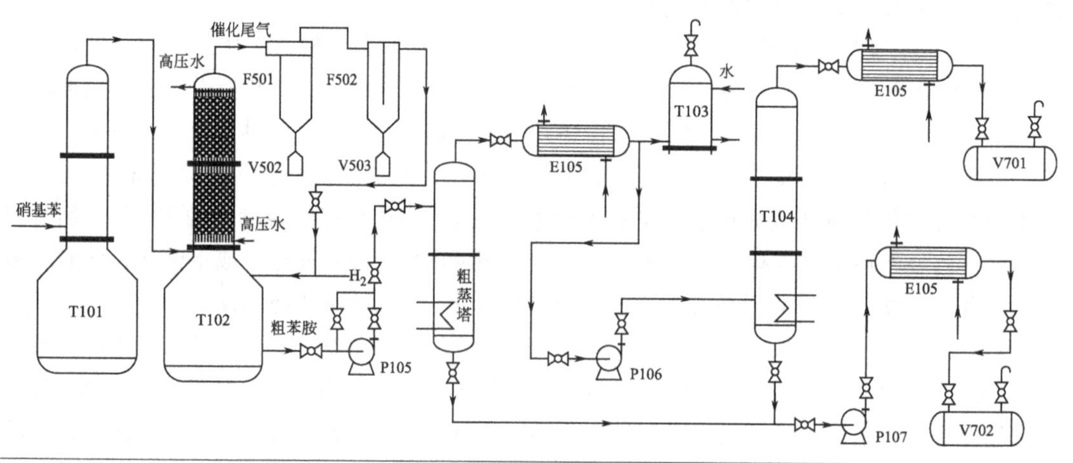

图3-45 固定床硝基苯催化氢化合成苯胺工艺流程

E105—冷凝器；F501—旋风分离器；F502—布袋过滤器；P105～P107—液体输送泵；T101—汽化塔；T102—催化加氢化塔；T103—水洗塔；T104—精馏塔；V502，V503—物料收集器；V701—苯胺储罐；V702—残液罐

3.2.8 氨基化反应

化合物与氨生成胺类化合物的化学反应被称为氨基化反应。氨基化反应主要包括氨解与胺化，氨解是指化合物与氨经复分解反应得到伯胺的过程。胺化则是指氨经过加成反应得到胺类化合物的反应过程。氨基化试剂主要有液氨、氨水、氨气、尿素、碳酸氢铵、羟胺等物质。

（1）醇类化合物氨基化

醇类化合物氨基化过程分三个步骤，第一个步骤生成伯胺，接下来进一步氨基化作用生成仲胺，最后再生成叔胺，醇类化合物氨基化过程得到的产物是伯、仲、叔三种胺类的混合物。

$$NH_3 \underset{-H_2O}{\overset{ROH}{\rightleftharpoons}} RNH_2 \underset{-H_2O}{\overset{ROH}{\rightleftharpoons}} R_2NH \underset{-H_2O}{\overset{ROH}{\rightleftharpoons}} R_3N$$

由于醇类化合物自身结构的影响使得醇羟基的氨基化活性较低，整个过程为了提升反应活性，需要较高的工艺条件（高温、高压），同时也提升了生成炭、焦油、腈等副产物的概率。醇类化合物氨基化的产业化过程中主要有三种方法：液相氨解法、气-固相催化脱水氨解法、气-固相氢接触催化胺化氢化法。反应实例如图 3-46 所示。

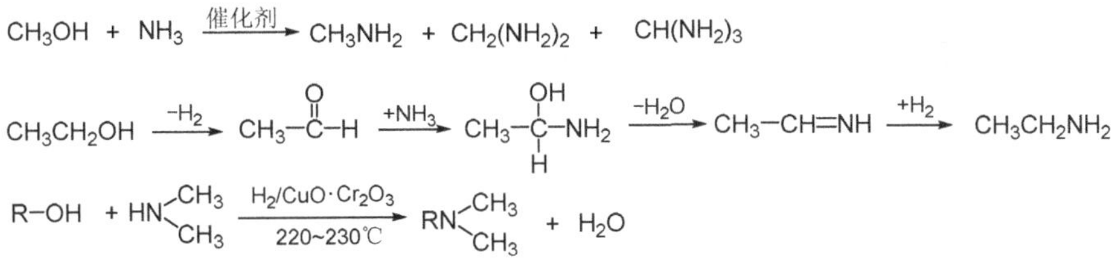

$$CH_3OH + NH_3 \xrightarrow{催化剂} CH_3NH_2 + CH_2(NH_2)_2 + CH(NH_2)_3$$

$$CH_3CH_2OH \xrightarrow{-H_2} CH_3-\overset{O}{\overset{\|}{C}}-H \xrightarrow{+NH_3} CH_3-\underset{H}{\overset{OH}{C}}-NH_2 \xrightarrow{-H_2O} CH_3-CH{=}NH \xrightarrow{+H_2} CH_3CH_2NH_2$$

$$R-OH + HN(CH_3)_2 \xrightarrow[220\sim230℃]{H_2/CuO\cdot Cr_2O_3} RN(CH_3)_2 + H_2O$$

图 3-46　氨基化反应实例

（2）羰基化合物还原氨基化

羰基化合物还原氨基化，是在氢气与催化剂存在条件下，反应得到脂肪胺类化合物，反应体系可以是液相与气相。选用的催化剂需要具有氢化、脱水、胺化等复合功能，常见催化剂以镍、钴、铜、铁等多种金属类型最多。其中，Al_2O_3、硅胶为载体的镍骨架催化剂的催化活性最为突出，具体反应实例如图 3-47 所示。

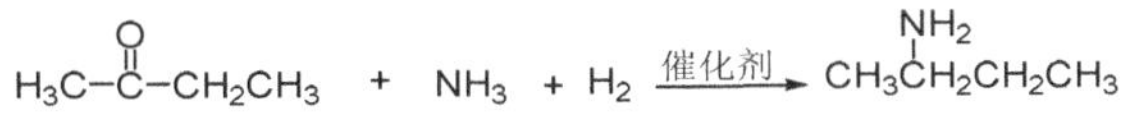

$$H_3C-\overset{O}{\overset{\|}{C}}-CH_2CH_3 + NH_3 + H_2 \xrightarrow{催化剂} CH_3\overset{NH_2}{\overset{|}{C}}H_2CH_2CH_3$$

图 3-47　羰基化合物还原氨基化反应实例

（3）加成氨基化

加成氨基化是指具有环状结构的化合物与氨作用生成胺类化合物的反应。其中尤以环氧乙烷胺化最具代表性。反应的本质是亲核反应，为了提高反应速率，一般在反应过程中添加离子交换树脂催化剂，产业化生产工艺包括釜式串联连续法、管式恒温连续法、循环塔式连续法、绝热柱塞管式连续法。具体反应实例如图 3-48 所示。

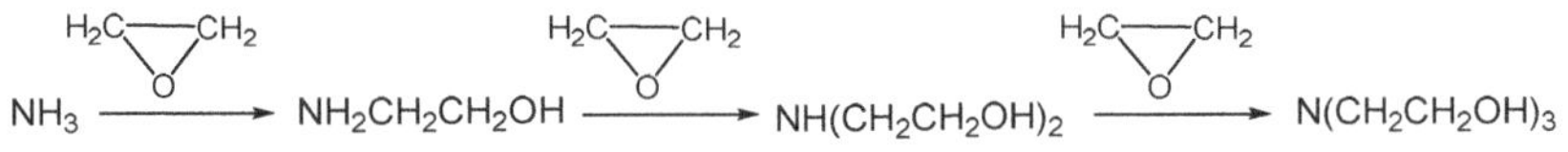

$$NH_3 \xrightarrow{H_2C\overset{O}{—}CH_2} NH_2CH_2CH_2OH \xrightarrow{H_2C\overset{O}{—}CH_2} NH(CH_2CH_2OH)_2 \xrightarrow{H_2C\overset{O}{—}CH_2} N(CH_2CH_2OH)_3$$

图 3-48　加成氨基化反应实例示意图

（4）卤代烃氨基化

卤代烃烃基种类不同，具有不同的反应过程与差异的反应本质。反应过程中选择 Cu 催化剂。其中，氯化亚铜为一价铜，催化活性高，成本高昂。实际产业化过程中，为减少一价铜因氧化减少的弊端，采用 Cu^+/Fe^{2+}、Cu^+/Sn^{2+}复合催化剂。硫酸铜为二价铜，应用于芳香族化合物氨基化反应，可以阻止芳香环上其他取代基被还原，提高选择性。

（5）以苯酚、氨为原料经氨基化制备苯胺产业化工艺流程实例

苯酚、氨为原料经氨基化制备苯胺产业化工艺流程如图 3-49 所示。苯酚与液氨经过汽化塔汽化、混合、预热，然后进入固定床氨解塔进行氨解反应，氨解塔内部装备良好的换热、冷却装置，同时经过加压分离塔得到的液氨回收再次利用，得到的粗苯胺先经过干燥塔干燥除去水分，再经过精馏塔得到符合质量要求的合格产品。

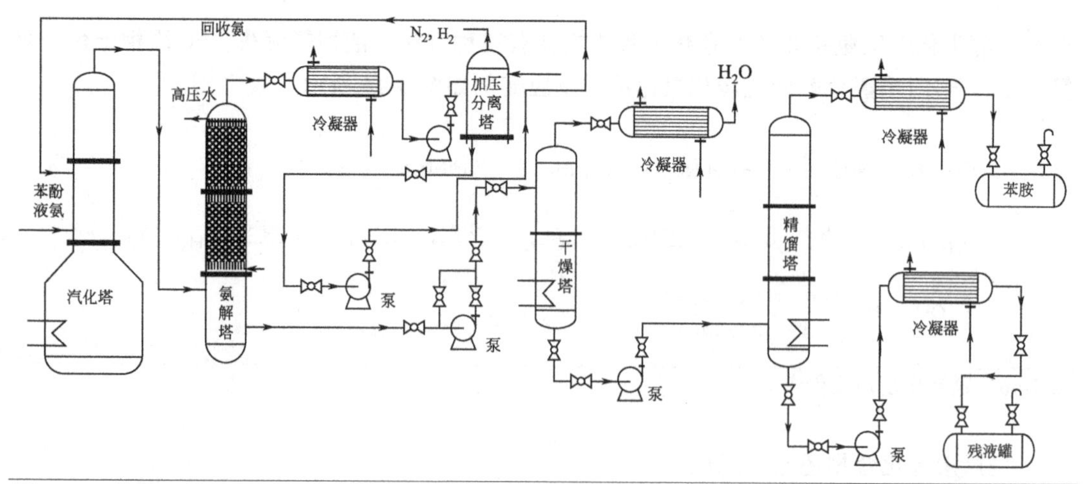

图 3-49　苯酚、氨为原料经氨基化制备苯胺产业化工艺流程

3.2.9　重氮化反应

（1）概述

酸性介质中伯胺在低温环境下，与亚硝酸作用生成重氮盐的反应称为重氮化反应，反应整体过程如下所示：

$$RNH_2 + 2HX + NaNO_2 \longrightarrow RN_2^+X^- + NaX + 2H_2O$$

稳定性难于控制是重氮盐的特点，分解为氮气进一步转化成碳正离子，为发生消除、取代、重排、异构化等副反应提供了反应质点，使得产物中富含众多结构复杂的化合物，重氮化反应失去了产业应用价值。

重氮化反应是染料、颜料及相关产品中间体经典品种的重要合成路径，除此之外在分析检测领域也具有广泛的应用，主要集中体现在超分子合成修饰、显色反应、氨基官能团定量分析等。

重氮化反应过程中对于无机酸（HCl、H_2SO_4）添加要保持在过量程度，以消除生成重氮氨基化合物副反应发生的可能性，添加过程要迅速。另外酸量减少会导致反应物（伯胺等）溶解度下降，从而引起重氮化反应速率降低，也增大了重氮产物与反应物反应的概率。重氮化反应整体需要低温（0～15℃）作为反应的保障，但是反应本身是剧烈放热的，因此需要在产业化工艺设备设计中设计良好的热量交换装置，包括反应釜换热夹套、反应体系内换热盘管等。重氮化反应过程如下所示：

$$R-\ddot{N}H_2 + ON^+ \longrightarrow R-\overset{+}{N}H_2NO \xrightarrow{-H_2O} R-N{=}N$$

（2）重氮化反应影响因素

① 反应体系 pH 值。反应体系中 pH 值越低，胺类化合物不易与无机酸成盐，胺类化合物碱性越强，重氮化反应速率越快。当体系中 pH 值较高时，胺类化合物首先与无机酸化合物成盐，然后再水解发生重氮化反应，此时胺类化合物碱性越弱，发生重氮化反应速率越快。

② 无机酸类型。不同类型无机酸的混合物对于重氮化反应有积极的正向影响，常见的无机酸及其混合物有浓硫酸，硫酸和磷酸的混合物，硫酸和乙酸混合物；盐酸介质体系。对重氮化反应影响规律，各种无机酸摩尔浓度越高，重氮化质点数量越多。

③ 重氮化体系温度控制。重氮化体系温度控制唯一目的是保障重氮化反应顺利完成，

减少重氮化产物的分解。产业化过程中，低温有利于提升重氮化产物稳定性，同时重氮化反应放热剧烈，给反应体系换热效率提出了更高的要求，需要更精准、高效地进行设备结构设计，一般产业化过程中温度控制在 0～15℃范围内。

（3）重氮化反应制备间硝基苯酚产业化工艺流程实例

重氮化反应制备间硝基苯酚产业化工艺流程实例如图 3-50 所示。苯、硫酸、硝酸加入 R102 硝化釜进行硝化反应得到间二硝基苯，利用非金属还原剂 Na_2S_2 进行部分还原得到间硝基苯胺，接着在 R104 重氮釜硫酸介质环境下发生重氮化反应，温度精准控制在 0～15℃范围内，得到重氮化合物。通过 R105 水解釜在 120℃条件下水解，然后再经过过滤、洗涤得到粗产物，最后经过减压精馏塔得到高纯度间硝基苯酚。

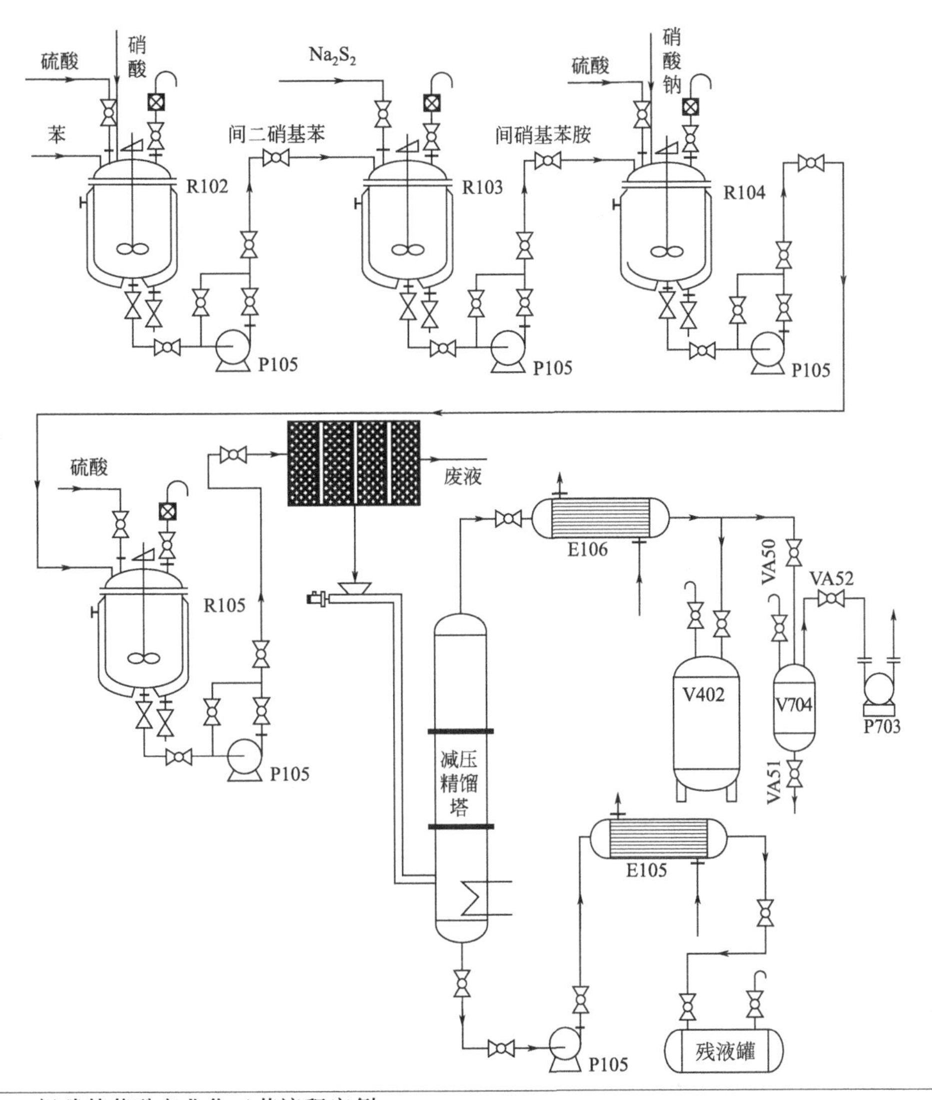

图 3-50 间硝基苯酚产业化工艺流程实例

E105—冷凝器；E106—冷凝器；P105—泵；P105—涡轮泵；P703—真空泵；R102—硝化釜；R103—还原釜；R104—重氧釜；R105—水解釜；V402—产品储槽；V704—冷凝液储罐；VA51—球阀；VA52—球阀

3.2.10 酯化反应

（1）概述

含羟基氢原子的有机化合物（醇或酚等）与酸类（无机酸、有机酸等）发生分子间脱水反应生成酯类化合物，这一类基础有机单元合成反应称为酯化反应。

酯化反应是双分子亲核取代历程，其中亲核质点为醇羟基中氧原子，亲电质点为羧酸羰基碳原子（sp^2 杂化）。酯化反应过程中，亲电试剂与亲核试剂作用过程中，转化为正四面中间体，然后通过电荷转移，分子脱除水分子而生成酯。酯化反应的整个反应历程如图 3-51 所示。

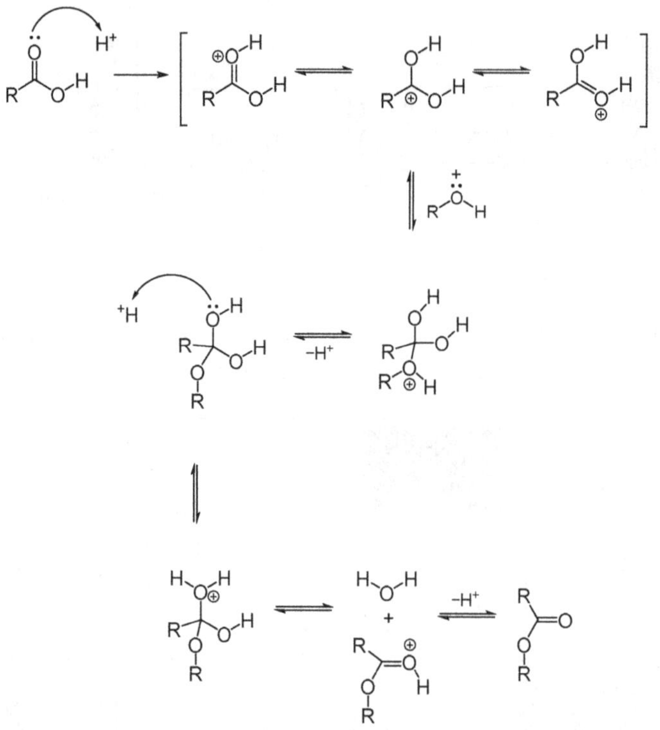

图 3-51 酯化反应总体历程示意图

（2）典型不同类型酯化反应

典型不同类型酯化反应如图 3-52～图 3-56 所示。

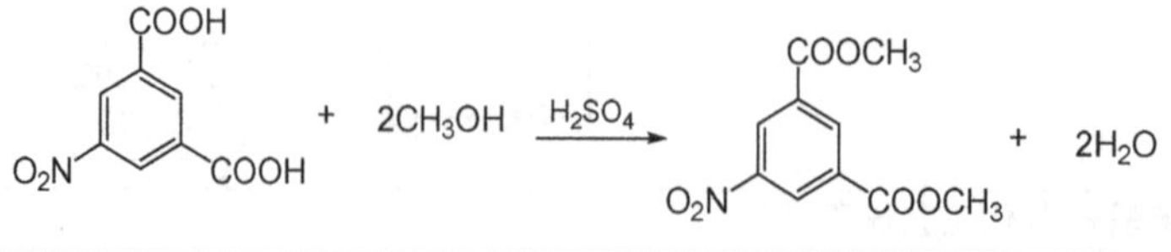

图 3-52 醇与羧酸的酯化反应

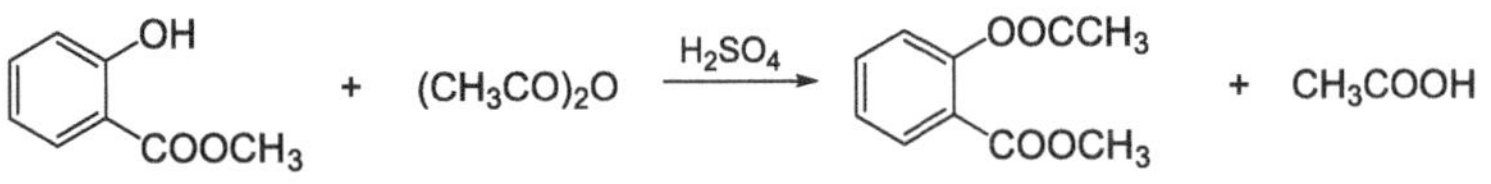

图 3-53　酸酐与醇的酯化反应

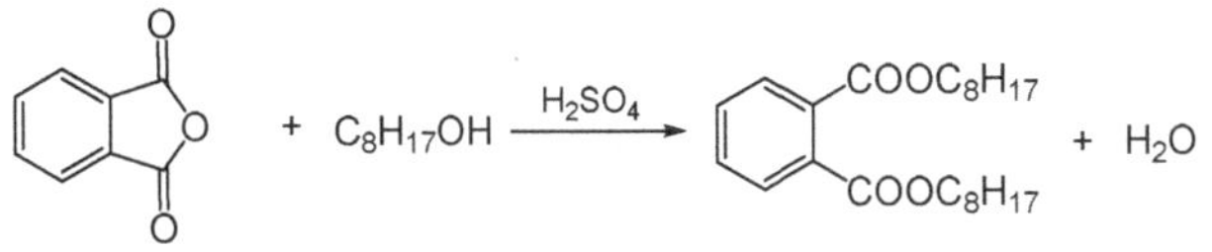

图 3-54　酸酐与醇的双酯化反应

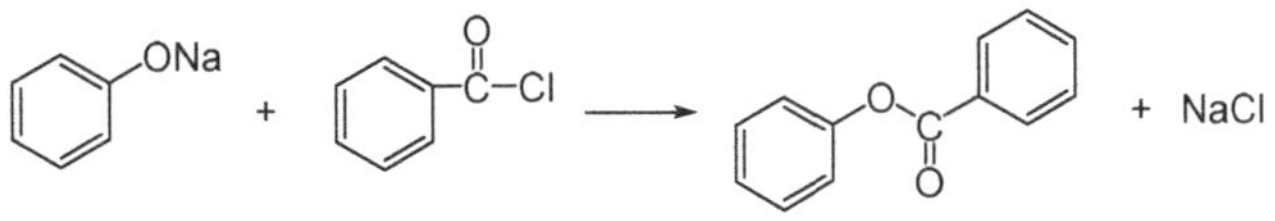

图 3-55　芳香族酰氯的酯化反应

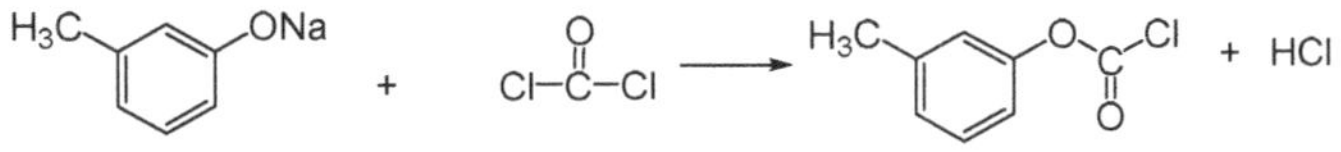

图 3-56　酚钠与无机酰氯反应

（3）酯化反应制备对苯二甲酸二甲酯产业化工艺流程实例

对苯二甲酸二甲酯（DMT）是一种重要的聚酯单体，是合成薄膜、聚酯纤维、聚酯漆、树脂、工程塑料的重要原料。是一种白色晶体，熔点 140.63℃，沸点 288℃，合成路线如图 3-57 所示。

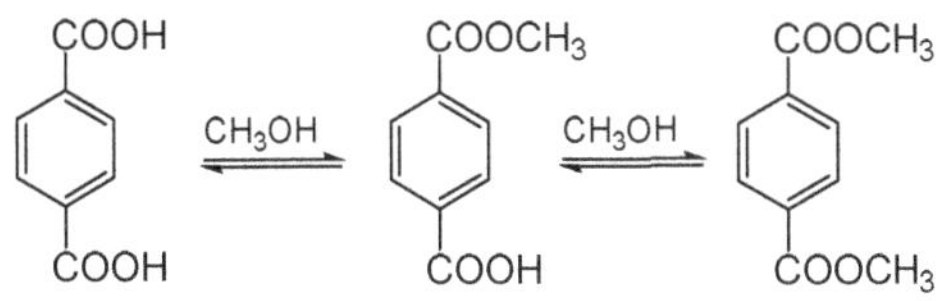

图 3-57　对苯二甲酸二甲酯合成路线

如图 3-58 对苯二甲酸二甲酯合成工艺流程示意图所示，对苯二甲酸二甲酯合成主要包括酯化、蒸馏、精馏、产品回收、脱水、甲醇回收等工艺步骤。工艺流程总体分为三个合成步骤。第一步骤甲醇与对苯二甲酸首先经过 R102 预热釜预热，进入 R103 第一酯化釜酯化，对苯二甲酸 100%参与酯化反应，其中 70%转化为对苯二甲酸二甲酯，30%转化为对苯二甲酸单甲酯中间体。经过第一酯化釜得到的混合物经泵 P105 输送进入 R104 第二酯化釜与甲醇蒸气进一步酯化，使得对苯二甲酸单甲酯中间体进一步转化为对苯二甲酸二甲酯，最终还有 3%对苯二甲酸单甲酯中间体，经过浓缩后进入 R105 第三酯化釜进行三次酯化，最终有 99.8%的对苯二甲酸转化为对苯二甲酸二甲酯。不同阶段得到的中间混合物、副产物水等要经过蒸馏、精馏等方法将甲醇回收再利用，同时及时将副产物水移出反应体系，保证酯化速率与产物质量。

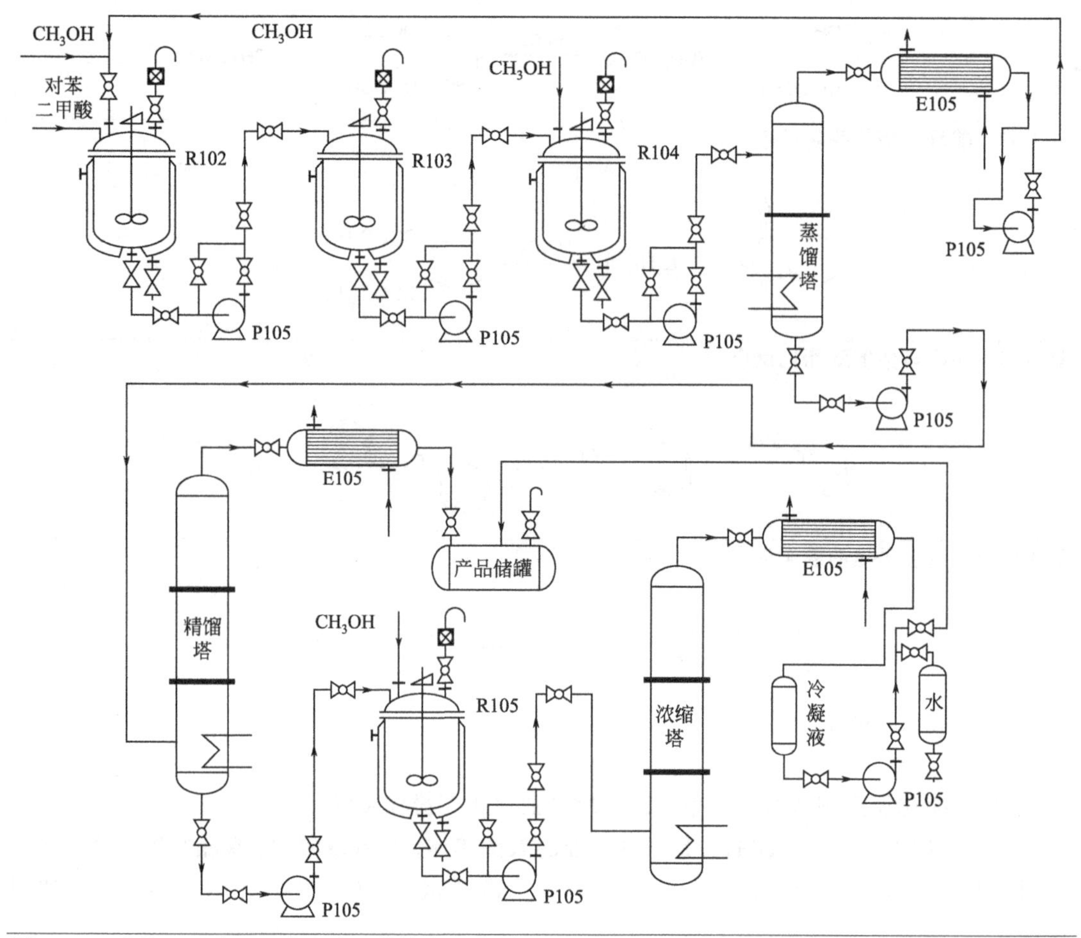

图 3-58 对苯二甲酸二甲酯合成工艺流程示意图

E105—冷凝器；P105—泵；R102—预热釜；R103—第一酯化釜；R104—第二酯化釜；R105—第三酯化釜

3.3 复配型精细化工产品

复配型精细化工产品，是指根据复配增效原理，以目标产品性能要求为标准，选取具有相应功能的物质作为主要成分，主要成分在总体构成中占据大部分比例；同时考虑各组分功能发挥所需条件、产业化要求、目标产品使用环境、市场化需求、产品使用对象消费需求，添加相应物质辅助提升目标产品性能，便于产业化，高效提高商品化水平。

（1）配方设计原理

复配型精细化工产品配方中，能够实现各种功能的物质及其所占比例（质量分数）构成了配方主体。复配型精细化工产品与合成型精细化工产品、石油化工产品、基本有机化工产品相比有较明显的差异与特点：为了满足各方面要求，需要使复配型精细化工产品具备相应性能，需要添加相应功能的物质作为复配型精细化工产品组分；定性选择好适合需求组分后，要依据理论分析与计算、文献、产业化经验等定量确定各组分初始百分比，根据相关性能指标测试与科学多指标实验设计对配方中确定组分进行优化；对优化后配方比例进行实际性能测定，根据产业化实际进行调整，最终确定组分间的比例，依据一定工艺流程制备相关产品。

复配型精细化工产品新产品开发，就是要进行组分的选择、各组分用量的优化、生产工艺单元操作的合理组合，经科学实验设计（单因素优选法、正交设计、响应面、多指标模糊数学优化方法）及实验验证后，确定新产品的配方。

（2）协同效应

协同效应是指复配型精细化工产品各组分在微观分子结构方面具有良好稳定性，并且彼此间相互作用能够最大限度有利于各自性能的发挥。协同效应本质是具有物理化学属性，多组分经过相关单元操作形成均一稳定体系，体系某性能高于单独组分体现出的性能指标。

（3）配伍性

“配伍”一词源于中医中药。复配型精细化工产品经过配方优化，参考协同效应选择确定各种原料，经过相关工艺手段制备出不同剂型的均一稳定产品。例如为了提升染料染色均匀程度，根据所染纤维结构特点、性能要求，在染料主成分中添加匀染剂辅助成分，使染色更加均匀，工艺更加高效。

（4）配方设计原则

复配型精细化工产品配方设计、研究的目的就是寻求各组分之间的最佳组合与配比，从而使产品性能、产品成本、生产工艺可行性三方面取得最优的综合平衡。一种新产品的开发，在配方设计之前，必须对构成产品的原材料、产品要求达到的功能、生产工艺的现实性等有充分的了解和掌握，这样才能使产品的性能、成本达到最优的平衡。

① 配方的安全性。一些复配型精细化工产品中的组分、助剂，对人体或动物存在着直接的或潜在的毒性，以及会对环境产生污染。洗涤剂在给人们的生活带来诸多方便的同时，也带来了环境污染和影响人体健康等问题。由欧洲、北美和日本等地区和国家主导，要求改善环境质量的呼声日益高涨，“绿色运动”要求各种产品对人体无毒、对环境无害。公众同时也期望各种洗涤类化学品在生产和使用过程中节省资源和能源，减少“三废”的排放，减少对人类生态环境的负影响。因此，洗涤剂工业不仅要考虑产品的性能、经济效益，更需要符合环境质量要求。

除此之外，安全性还表现在配方要符合各个国家和地区的法规，确保产品的基本性能。如磷酸盐引起的水体富营养化是造成水葫芦、赤潮多发和鱼、虾、贝类等水生动物大批灭亡的主要原因，因此有的国家及地区限制或禁止洗涤剂中磷酸盐的使用；有的国家和地区禁止使用次氨基三乙酸盐作螯合剂；有的规定餐具洗涤剂中不能含有荧光增白剂等。此外，一般国家对洗涤剂中的活性物含量具有最低限量的要求。如果不懂这些，就有可能触犯当地的法律、法规。

在配方设计时应重视洗涤剂对人体、动物和环境的安全问题，在配方设计、研究中以环境保护和对人体安全无害为标准，选用“绿色”原料，开发出更加优质的产品。

② 配方的适用性。配方设计要求有明确的产品功能要求和质量目标，配方中各组分间配伍性和协同性要好，不能使其主要组分或高成本原料的性能减弱。

配方应符合系统工程的思想，应适应产品的统一功能、质量目标，从而使各组分间达到最佳组合，使产品综合性能最佳。实用性设计的原则为：主功能优化，其他功能满足要求。

③ 配方生产工艺的可行性。任何一个配方的设计，首先应考虑其生产工艺的可行性，在工艺上要力求简单、可行、高效、节能、稳定，又能满足工艺的最优化。

④ 配方的经济性。任何一种产品要在市场上生存，具备市场竞争力，受到客户青睐，

一方面应具有优质的产品性能和可靠性，另一方面应具有合理的价格定位。所以，配方开发应在保证质量和性能的前提下，遵循低量高效的原则。

另外，要满足配方实用性和功能性，首先要了解原材料的作用与性质，原材料之间的近似性、相容性、协同增效作用，原材料的来源、质量及其检验方法，原材料的用量与产品性能间的联系，原材料的价格与市场信息等。在原料选用上，有国产的最好不用进口的，有便宜的不用昂贵的，有易得的不用稀有的。

在配方设计时，除应考虑上述原则外，还要考虑使用对象与使用条件，其中包括污染程度、洗涤方式、水质温度等。例如，北方地区的水硬度大，洗涤剂在设计时应加大螯合剂的用量，而且所用的表面活性剂应该具有较好的抗硬水性能。应根据城乡的区别、不同地区的区别，采用不同的活性组分含量。应明确洗涤对象及所要达到的要求：如不同的荧光增白剂对亲水的棉织品和疏水的化纤织物有不同的适应性；不同的金属清洗剂要求不同类型的缓蚀剂；手洗餐具洗涤剂要求对皮肤无刺激性，而机洗则不然；等等。还要了解消费者的心理、喜好及消费水平，特别是民用洗涤剂。洗涤剂作为商品就要迎合不同消费者的喜好。

（5）配方设计步骤

精细化学品开发设计的流程大致为：资料收集、变量拟定、配方优化、小试验证、中试考核。

① 收集相应的配方资料，包括原料和助剂的性能、作用、使用情况，国内外的配方专利和实例，现有产品存在的问题，配方结构，生产工艺等信息。

② 拟定与工艺相适应的产品基本配方和相应的各组分变量范围。

③ 对基本配方的主要组分进行配方优化，进行变量实验，采用优选法和正交实验法等科学实验手段，结合产品的最终性能检测结果，进行配方组分和用量的调整。

④ 确定小试配方。经过对基本配方调整和系列变量因素，找出最佳配方组成，然后确定一个或几个符合产品性能要求、工艺简单、经济合理的小试配方，进行重复实验验证，做进一步的评价。

⑤ 中试考核、小批生产、固定配方，向大批量生产推广。

（6）配方研究方法

研究方法分为两个方面。一是在理论方面，研究构成洗涤剂各组分的表面性能，如表面张力、临界胶束浓度、对固体表面的吸附行为、润湿性能；对特定油类的增溶、乳化性能；表面活性剂的 Krafft 温度或浊点，对钙、镁离子的敏感性；相行为；其他物质存在时对上述性质的影响等。这些研究结果对实际配方具有一定的指导意义，但是由于具体洗涤对象的复杂性，包括基质与污垢间相互作用的复杂性，简单综合上述这些研究结果不可能获得满意的配方。

二是在实践方面，针对具体去污对象来筛选合适的配方。为了筛选配方，首先必须充分了解去污对象的基质结构及污垢的组成。国外曾分析各种场所中的灰尘组成及衣服污垢的组成，借以建立尽量接近洗涤对象但又容易重复的标准模型。对于多用型洗涤剂，特别是普通洗衣粉，它要洗涤棉布、混纺织物和各种化纤织物，所遇到的污垢除了灰尘、人体分泌物外，还会遇上各种食物残渍、矿物油等。所以必须建立多种模型（人工污布）进行去污比较，以筛选出对各种污垢的去污效果都比较满意的配方。当然，最终得到的配方对某一特定污垢的效果并不一定是最佳的。

（7）常用的配方筛选方法

① 单因子试验。在经验、基本原理及文献资料的基础上可以大概构思出所需要配方的主要成分，分别对各主要成分进行性能评价。这对筛选主要组分、了解各组分的作用提供了依据。在此基础上，可以固定其他组分的量，改变一种组分的量来考察各组分对配方性能的影响，最后筛选出较合理的配方。

② 双因子试验。此筛选方法可使配方中的两个组分任意变化，测定随意两组分变化所导致的性能变化，如去污力、泡沫、流变性等。其表达方式以 X、Y 轴表示此两组分的变化，Z 轴表示某种性能函数，可画出直观的立体图。

③ 三角图形法。此法以三角坐标表示三组分（A、B、C）体系的百分比组成。三角形的顶点 A、B、C 分别代表纯组分 A、B、C 的单组分体系。体系还可以含有其他的组分，但含量必须固定；要变化的 A、B、C 三组分的变化范围不一定都相同，但三者之和在配方中所占比例必须是一常数。

为了全面了解 A、B、C 三组分在其变化范围内对去污性能的影响，应均衡地在三角坐标图中取点，分别测定各点配方的去污力（或其他性能，如发泡力、黏度等）；将测得的去污力数据填在相应的配方组成的三角坐标上，得到去污力的分配图。

④ 正交设计法。以上介绍的都是较少因子的配方筛选方法。对于有一定经验的配方工作者，用这些方法来改进配方，即修改其中少数组分的配比来改进配方性能，基本可以达到目的。但洗涤剂配方绝大部分都是多组分的，有些可多至几十种组分，这些组分间的相互影响又极其复杂。要使配方最优化，将这些因子及其变量排列组合，则试验次数多得惊人。为了减少试验次数，又可了解配方各组分在配方中的效应大小及相互影响，不少配方工作者尝试采用正交设计法来安排试验。由此试验结果来计算出各组分的效应大小及相互影响作用大小，进而对这些数据进行回归分析，得出各因子对性能函数影响的方程式，最后对这些方程进行线性组合可获得在各种条件下（如去污力要大于某值、活性物总和要达到某值，而成本最低）的最佳配方。

⑤ 评价方法。实验室的配方研究，其去污对象是一种人工模型，与实际对象总存在着差异。特别是民用洗衣粉，实际对象可以说是无法模拟的，所以必须将实验室筛选所得的较好配方在实际洗涤条件下进行实物洗涤，加之消费者的直接评价，才能最终确定其性能的好坏及可否投产。

参考文献

[1] 冯树波，韩桂强，褚利康，等. 高自由酸油脂甲酯化反应动力学与相分离模拟[J]. 化学工程，2022, 50(2): 57-62.

[2] 李亚科，宋香琳，李栋，等. 蓖麻油酸二乙醇酰胺硼酸酯合成工艺及摩擦性能[J]. 精细化工，2022, 39(5): 1063-1071.

[3] 于妍，刘宁，廖祖刚，等. 铁型反硝化脱氮技术研究进展[J]. 中国环境科学，2022,42(1): 83-91.

[4] 张英迪，刘华杰，田瑶，等. 甲苯绿色硝化反应的实验与理论研究[J]. 化学工程，2022,50(1): 56-60.

[5] 袁鑫，许家喜. 重氮化合物的合成方法[J]. 化学试剂，2022,44(2): 161-168.

[6] 王犇，王超，尹进华. 微反应器内邻氨基苯甲酸甲酯的连续重氮化工艺[J]. 化工进展，2021,40(10): 5678-5691.

第4章 洗涤剂生产工艺原理与流程

4.1 简介

洗涤剂是指洗涤物体时,能改变水的表面活性,提高去污效果的一类物质。通常意义上,洗涤剂泛指用于清洗各种物体和人体等的制剂，如洗衣剂、餐具洗涤剂、厨卫清洗剂和洗发香波等，最常见的是香皂、肥皂、洗衣粉和液体洗衣剂。根据国际表面活性剂和洗涤剂会议定义，所谓洗涤剂，是以易去污为目的而设计配合的制品，由必需的活性成分和辅助成分构成。作为活性成分的是表面活性剂，作为辅助成分的有助剂、抗沉淀剂、酶、填充剂等，其作用是增强和提高洗涤剂的各种效果。

一般情况下，洗涤剂包括肥皂和复配洗涤剂两大类。

（1）肥皂

肥皂是至少含有8个碳原子的脂肪酸或混合脂肪酸的碱性盐类(无机的或有机的)的总称。

从广义上讲，肥皂是油脂、蜡、松香或脂肪酸与有机或无机碱进行皂化或中和所得的产物。油脂、蜡、松香与碱的作用，实质上是脂肪酸酯或脂肪酸与碱发生反应，因此肥皂是脂肪酸盐，结构简式为RCOOM。式中，R为烃基；M为金属离子或有机碱类。只有碳原子数在8～22的脂肪酸碱金属盐才有具有洗涤效果。8个碳原子数以下的脂肪酸及其碱金属盐在水中溶解度太大，且表面活性差，而大于22个碳原子数的脂肪酸盐类难溶于水，两者均不适宜制作肥皂。

肥皂的分类一般可以按照肥皂的用途和组成的金属离子来分，也可以按照形态和制造方法来分。根据肥皂阳离子的不同，可进行如图4-1所示的分类。

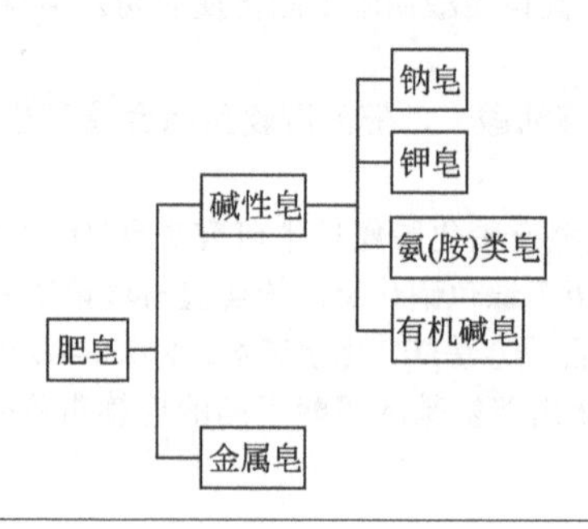

图4-1 肥皂的分类

实际上，用于洗涤的块状肥皂是碳原子数为 12～18 的脂肪酸钠盐，又称为钠皂；也有一些肥皂是脂肪酸钾盐，称为钾皂。由于钾皂比钠皂软，习惯称钠皂为硬皂，钾皂为软皂。

氨（胺）类，如氨、单乙醇胺、二乙醇胺、三乙醇胺等也可与脂肪酸作用，制成铵皂或有机碱皂，这类肥皂一般用于制造干洗皂、液洗皂、纺织用皂、化妆品、家用洗涤剂及擦亮剂等。

脂肪酸的碱土金属及重金属盐均不溶于水，也没有洗涤作用，称为金属皂。金属皂主要用于制造擦亮剂、油墨、油漆、织物防水剂、润滑油增稠剂、塑料稳定剂、化妆品粉剂、橡胶添加剂等。

肥皂根据用途可以分为家用皂和工业用皂两类，家用皂又可以分为香皂、洗衣皂、特种皂等；工业用皂则主要指纤维用皂。

① 香皂，如一般香皂、儿童香皂、富脂皂、美容皂、药物香皂及液体香皂等。

② 洗衣皂，包括不同规格的洗衣皂，抗硬水皂、增白皂、皂粉及液体洗衣皂等。

③ 特种皂，如工业用皂、药皂、软皂等。

此外，也可以按照肥皂的制造方法、油脂原料、脂肪酸原料、产品形状等分类。按制造方法分类，有热皂法、半热皂法、冷皂法；按形态分类，有块皂、液体皂、皂粉、皂片、半纹皂、透明皂、半透明皂等；按活性物的组成分类，有一般肥皂、复合皂等。

（2）复配洗涤剂

复配洗涤剂是近代化学工业发展的产物，起源于表面活性剂的开发，是指以合成表面活性剂、天然表面活性物质、绿色天然合成表面活性剂等为活性组分和各种助剂、辅助剂复配配制而成的一种洗涤剂。

绿色天然合成表面活性剂是以天然表面活性物质结构为基础，经过基团化学修饰得到的高效可生物降解的新型绿色表面活性剂。以绿色天然合成表面活性剂、天然表面活性物质为主要活性成分，同时添加其他功能辅助成分，经过特定工艺生产的洗涤剂被称作绿色洗涤剂。

复配洗涤剂主要按产品的外观形态和用途分类。按产品外观形态洗涤剂可分为固体洗涤剂和液体洗涤剂。固体洗涤剂产量最大，习惯上称为洗衣粉，包括细粉状、颗粒状和空心颗粒状等，也有制成块状的；液体洗涤剂近年发展较快；还有介于二者之间的膏状洗涤剂，也称洗衣膏。按产品用途洗涤剂可分为民用和工业用洗涤剂。民用洗涤剂是指家庭日常生活中所用的洗涤剂，如洗涤衣物、盥洗人体及厨房用洗涤剂等；工业用洗涤剂则主要是指工业生产中所用的洗涤剂，如纺织工业用的洗涤剂和机械工业用的清洗剂等。此外，还可按表面活性剂被微生物降解程度分为硬性洗涤剂和软性洗涤剂；按泡沫高低分为高泡型、抑泡型、低泡型和无泡型洗涤剂；按表面活性剂种类多少分为单一型和复配型洗涤剂。

除将肥皂及合成洗涤剂分为民用及工业用外，也可将洗涤剂分为个人护理用品、家庭护理用品、工业级公共设施用品等。个人护理用品主要有洗发香波、沐浴液、香皂、药皂、洗手液、洗面奶等。家庭护理用品主要包括洗衣粉、洗衣皂、洗衣膏、液体织物洗涤剂、织物调理剂等各种织物专用洗涤剂，以及厨房、卫生间、居室等各种清洗剂。工业及公共设施洗涤剂主要有交通运输设备、工农业生产过程和装置及场所的专用清洗剂，包括工艺用洗涤剂和非工艺用洗涤剂（工业洗涤剂）；以及宾馆、医院、洗衣房、剧场、办公楼和公共场所用具的专用清洗剂（即公共设施洗涤剂）。公共设施洗涤剂是适应人类生活社会化，从家用洗涤剂分化出来的一类洗涤剂，用于公共设施及社会化清洁服务，洗涤过程一般由专职人员来承担。

按产品配方组成及洗涤对象不同，合成洗涤剂又可分为重役型洗涤剂和轻役型洗涤剂两种。重役型（又称重垢型）洗涤剂是指产品配方中活性物质含量高，或含有大量多种助剂，用于除去较难洗涤污垢的洗涤剂，如棉或纤维质地污染较重的衣料。轻役型（又称轻垢型）洗涤剂含较少助剂或不加助剂。

按产品状态，合成洗涤剂又分为粉状洗涤剂、液体洗涤剂、块状洗涤剂、粒状洗涤剂、膏状洗涤剂及气溶胶洗涤剂等。

从其历史发展阶段来看，洗涤剂经历了几个大的飞越：

① 从有记载的人类文明开始至合成化学工业的出现是天然洗涤剂阶段；

② 随着化学工业的发展，合成洗涤剂展示了优良的性能，易生产且价格便宜，在众多洗涤剂中一跃成为主流；

③ 随着人们对环境保护和个人自身保护意识增强，对洗涤用品提出了无刺激、无毒，生物降解迅速、彻底，配伍性能优良的要求，能满足上述要求的由天然表面活性剂配制成的新型洗涤剂更受市场欢迎，表现出广阔的应用前景。

4.2 洗涤剂洗涤过程机理

洗涤剂洗涤过程机理是围绕被洗涤对象表面或内部附着、黏附、浸染的其他物质，即通常所说的污垢，从被洗涤对象脱落进行研究的。因此，为了解洗涤剂的去污原理，必须了解污垢的种类和性质。一般认为污垢就是黏附在不同织物或不同固体上的油脂及其黏附物。污垢的种类很多，其成分也很复杂，大致可分为固体污垢和油质（液体）污垢两大类。

4.2.1 污垢的范畴

（1）固体污垢

固体污垢可分为不溶性和可溶性两种。不溶性固体污垢有烟灰、炭黑、皮屑、皮肤分泌物（包括油脂、脂肪酸、蛋白质等）、浆汁、血渍、油墨、茶叶、圆珠笔油、墨水、棉短绒、金属粉末等。可溶性污垢有空气中散落的灰尘、泥土、果汁、尿、糖、盐、淀粉、有机酸等，其中有些可溶性的污垢能与织物起化学反应，形成“色斑”“色渍”而变成难溶性污垢。

可溶性污垢多数可溶于水，一般经洗涤及机械作用后便可溶于水中而被洗去。不溶性污垢溶于水后需通过洗涤剂和机械作用才能除去，个别的还要通过特殊方法（如溶剂溶解、氧化漂白、还原漂白等）才能除去。

（2）油质污垢

油质污垢多数为动植物油脂、矿物油脂、脂肪酸、脂肪醇、胆固醇及其氧化物等，这类污垢绝大多数是油溶性的，有些污垢还黏附各种固体污垢及液体、半固体和膏状污垢。这些污垢中，动、植物油脂可以被皂化，而脂肪醇、胆固醇及矿物油脂则不能被皂化。因为它们的表面张力较小，与被沾污物的黏附牢度较好，但可以溶于醚类、醇类及烃类等有机溶剂中，也可被洗涤剂的水溶液乳化和分散。

4.2.2 污垢与附着表面的相互作用

上述污垢有单独存在，也有相互黏结成为一种复合体而共存的，这种共存的污垢则较难处理。复合体污垢长期暴露在空气中，受外界条件的影响还会氧化分解，或受微生物作用而被破坏，产生更为复杂的化合物。

污垢在衣物表面上的沾污有内因和外因两方面因素：内因是人体的分泌物，如汗渍、皮屑、油脂、蛋白质等；外因是周围环境所分散或飞扬的尘土、泥土、有机酸雾等，如油漆工人工作服上会沾污各种油漆和有机溶剂，食堂工作人员的工作服上会沾污各种油脂、菜汁等。金属材料上的污垢，主要是锈渍及金属加工处理时使用的各种切屑、防锈油脂，以及飘浮在空气中的各种粉尘、金属粉末等。

污垢的黏附也有几种情况。一种是机械性沾污，主要指同体污垢。当固体污垢散落在空气中时，由于空气流动而将固体污垢散落在固体物体表面，如织物表面或纤维之间。微细的污垢与织物直接摩擦，机械性地黏附在织物的孔隙中。这种污垢用振荡或搓洗等机械方法便可去除，但颗粒小于 0.1nm 的细小粒子在纤维的孔道中就难以去除，只能依靠洗涤剂的润湿作用，将污垢从纤维孔道中顶出来。另一种黏附是通过范德华力作用，使污垢附着在织物表面，特别是纤维织物与污垢所带电荷不同时，黏附更为剧烈。因此，液体污垢、固体污垢在固体表面或织物上的黏附主要是范德华力作用的结果，其次是静电间的引力。例如，棉纤维在中性或碱性溶液中一般带负电荷，常见的污垢在水中也带负电荷，而有些污垢带正电荷（炭黑、氧化铁等）。在水中含有钙、镁、铁、铝等盐类时，带电荷的纤维能够通过这些金属离子的桥梁作用，强烈吸附带电荷的污垢，所以在有钙盐、镁盐存在时，污垢在织物上的黏附特别牢固。

果汁、墨水、单宁、血迹、铁锈等都能在织物上黏附并生成稳定的“色斑”“色渍”，称为化学结合，这些污垢一般需要用特殊的方法或特殊洗涤剂方能去除。脂肪酸、蛋白质、极性黏土等，能够与面纤维的羟基形成氢键结合，称为化学吸附。化学吸附的污垢比化学结合的污垢容易去除。

除以上几种污垢的沾污情况外，沾污还与固体污垢的状态、织物的种类、织物的组织状况等因素有关，它们将影响污垢的黏附程度和清洗的难易。例如，在棉织物中，由于构成棉织物的葡萄糖苷键，葡萄糖环上有羟基，能吸水，有毛细管效应并能在水中膨化，对极性污垢的吸附力较强，而对非极性污垢的吸附力较弱。由于羊毛纤维表面有一层鳞片覆盖，可以防止污垢渗入纤维，所以羊毛织物对污垢的吸附性较差，但如果羊毛织物在被处理时受浓碱、温度和机械作用的影响而使鳞片受到破坏，则羊毛较容易沾污，而且不易清洗。羊毛的吸水性较强，羊毛纤维的分子间引力也比棉纤维大，吸附的污垢比棉纤维多。化学纤维中的黏胶纤维，其性质与棉纤维相似，虽吸水性强，但它的纤维表面光滑，不易沾污，沾污后也较棉纤维容易洗净。化学纤维中的合成纤维，如涤纶、腈纶、尼龙、维纶、氨纶、氯纶等，都是以石油化工产品为原料制得的，其中除维纶的吸湿性较大外，其余的吸湿性没有棉纤维大，而且纤维表面较光滑，所以不容易沾污，但一旦沾污，污垢进入纤维内部，清洗也就较为困难了。

总之，各种污垢与固体表面发生的界面作用是不相同的。因此，污垢的去除机理也不相同。对于洗涤剂来说，也很难以一种完整的综合性理论来解释不同污垢的去除作用。

4.3 污垢的去除原理

4.3.1 固体污垢的去除原理

液体污垢的去除主要依靠表面活性剂对固体表面的润湿。固体污垢的去除原理则与此有些不同，主要是由于固体污垢在固体表面的黏附性质不同。固体污垢在固体表面的黏附不同于液体污垢那样铺展，往往仅在较少的一点与固体表面接触、黏附。固体污垢的黏附主要依靠范德华力，静电作用力较弱。固体污垢的微粒在固体表面的黏附程度一般随时间的增长而增强，潮湿空气中较干燥空气中的黏附强度高，水中的黏附强度又较空气中低。在洗涤过程中，首先是洗涤剂溶液对污垢微粒和固体表面的润湿，在水介质中，在固-液界面上形成扩散双电层，由于固体污垢和固体表面所带电荷的电性一般相同，两者之间产生排斥作用，使黏附强度减弱。在液体中固体污垢微粒在固体表面的黏附功计算如下：

$$W_f = \gamma_1 + \gamma_2 - \gamma_3$$

式中 W_f——污垢与固体界面之间作用力；

γ_1——固体与溶液界面自由能；

γ_2——污垢与溶液界面自由能；

γ_3——污垢与固体界面之间自由能。

若溶液中的表面活性剂在固体和微粒的固-液界面上吸附，那么 $\gamma 1$ 和 $\gamma 2$ 势必降低，于是 W_f变小。可见，由于表面活性剂的吸附，微粒在固体表面的黏附功降低，固体微粒易于从固体表面去除。其原因在于表面活性剂在固液表面吸附，形成双电层，而大多数污垢是矿物质，它们在水中带有负电荷，固体表面也都呈现负电性，由于静电排斥作用，污垢和固体表面之间的黏附功减小，甚至完全消失，导致污垢易于被去除。另外，水还能使固体污垢膨胀，进一步降低污垢微粒与固体表面的相互作用，从而有利于污垢的去除。若在洗涤时施加外力，使其在强大的机械运动和液体冲击下，则更有利于使污垢微粒从固体表面去除。

洗涤剂的去污能力与洗涤剂中活性物的成分和外界条件（如温度、酸碱度、浓度以及机械作用的强弱）等因素有关，这些因素又因不同的固体物质而异。

4.3.2 液体污垢的去除原理

污垢和洗涤剂的组成复杂，固体界面的性质和结构又多种多样，因此洗涤过程相当复杂。可以认为，洗涤作用是污垢、物体与溶剂之间发生一系列界面现象的结果。

大多数洗涤过程是在水溶液中进行的。首先，洗涤液需要能润湿固体表面（洗涤液的表面张力较小，绝大多数固体表面能被润湿），若固体表面已吸附油污，即使完全被油污覆盖，其界面表面张力一般也不会低于 30mN/m，因此表面活性剂溶液能很好地润湿固体表面。污垢之所以牢固地附着在固体与纤维之间，主要是依靠它们之间的相互结合力。洗涤剂的去污，就是要破坏污垢与固体之间的结合，降低或削弱它们之间的引力，使污垢与固体表面分离[1]。

洗涤剂活性物分子有良好的表面活性，疏水基团一端能吸附在污垢的表面，或渗透入污垢微粒的内部，同时又能吸附在织物纤维分子上，并将细孔中的空气顶替出来，液体污垢由于表面张力的作用形成油滴，最终被冲洗或因机械作用力而离开固体表面。

克令（Kling）和兰吉（Lange）研究了油滴卷缩和脱落过程。固体表面与油膜接触形成接触角 θ，水-油、固体-水和固体-油的界面张力分别用 γ_{WO}、γ_{SW}、γ_{SO} 表示，在水溶液中加入表面活性剂后，由于表面活性物容易吸附于固体-水（S-W）界面和水-油（W-O）界面，于是 γ_{SW}、γ_{WO} 值降低。为了位置平衡，$\cos\theta$ 值越负，即 θ 变大，当 θ 接近 180°时，表面活性剂水溶液完全润湿固体表面，油膜变为油珠而离开固体表面。液体污垢如图 4-2 所示在洗涤剂溶液中脱落。

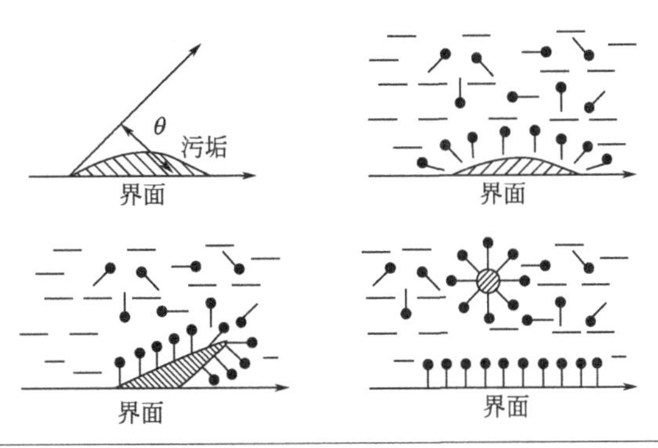

图 4-2　液体污垢在洗涤剂溶液中脱落示意图

由此可见，当液体污垢与固体表面接触角 θ=180°时，两者完全不润湿，油污便可离开固体表面。若 90°<θ<180°，液体污垢与固体表面润湿，油污没有完全脱落，在机械作用或流动水冲击下，仍有部分油污残留在固体表面。为彻底去除残留油污，有时需要提高洗涤剂的浓度或增加机械功。

液体污垢的去除，除主要依靠洗涤剂活性成分的润湿作用外，还有增溶和乳化作用机理。增溶作用机理认为：液体污垢在表面活性剂胶束中增溶是去除油污的重要机制。当洗涤剂的浓度达到临界胶束浓度（critical micelle concentration，CMC）以上时，从固体表面除去油污的作用才明显；低于 CMC 时，增溶发生在细小的珠状胶束中，也就是说此时只有少量的油污被增溶。只有当洗涤剂的浓度高于 CMC 时，能形成大量的胶束。同时，洗涤剂中有无机盐存在时，也可降低表面活性剂形成 CMC 的浓度，增加形成胶束的表面活性剂的量，增强洗涤剂的去污效果。

乳化作用与许多表面活性剂的洗涤似乎无多大直接关系，但通常洗涤剂都有不同程度的乳化性质，油污在表面活性剂的作用下，一旦形成油污液滴，将加速增溶或油污液珠吸附更多的表面活性剂而乳化。

4.4　洗涤剂核心构成成分功能与效应

洗涤剂表面活性物质主要是各种类型的表面活性剂，是洗涤剂的核心构成成分。表面活性剂分子由憎水的非极性基团和亲水的极性基团所构成。当溶于水中时，它们能吸附于相界面，使界面性质发生变化，界面张力显著下降。表面活性剂的这种“双亲”结构决定其具有润湿、分散、乳化、增溶、发泡等作用。

4.4.1 表面活性剂结构特性（胶束）分析

表面活性剂分子溶于水中时，其亲水基团被水分子吸引指向水，疏水基团被水分子排斥指向空气。当浓度较低时，表面活性剂以单个分子形式存在，这些分子聚集在水的表面上，使空气和水的接触面积减小，引起水的表面张力显著降低。随水溶液中表面活性剂浓度的增大，不但表面上聚集的表面活性剂增多而形成定向排列的单分子层，而且溶液体相中的表面活性剂分子也以憎水基团向里相互靠拢，亲水基团以朝外指向水的形式聚集在一起开始形成胶束。根据表面活性剂性质的不同，胶束可以呈球形、棒状或层状。形成胶束的最低浓度称为临界胶束浓度（CMC）。超过 CMC 后，继续增加表面活性剂的量，溶液中形成表面活性剂胶束。表面活性剂在溶液中的定向吸附和聚集见图 4-3。

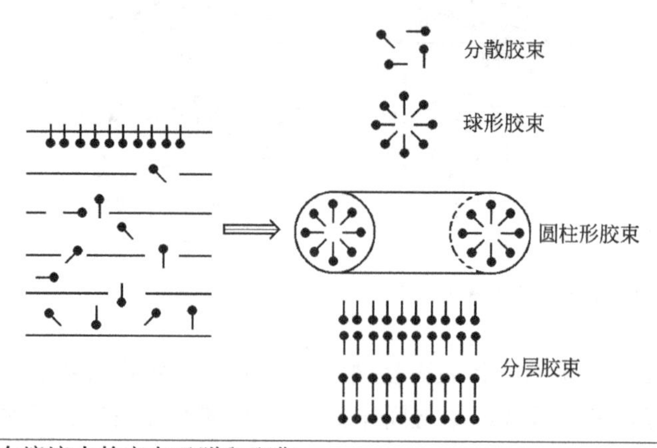

图 4-3　表面活性剂在溶液中的定向吸附和聚集

胶束的形成对洗涤液的性能包括表面活性、导电性、溶解性、乳化性等都有重要意义。一般洗涤剂的应用浓度在临界胶束浓度时，其去污效果最佳。不同表面活性剂具有不同的 CMC 值。一般情况下，表面活性剂的疏水基越长，其疏水作用越强，CMC 值越小。表面活性剂的亲水基团越多，亲水性越好，CMC 值越大。在表面活性剂中加入电解质，则发生聚集，CMC 值下降。表面活性剂的 CMC 值一般在 0.001～0.020mol/L 或 0.02%～0.40%。

对离子型表面活性剂而言，不同的亲水基种类，其聚集数在 50～60。非离子表面活性剂由于亲水基之间没有离子电荷排斥作用，其 CMC 很小，聚集数很大，但非离子表面活性剂随聚氧乙烯链增长，胶束聚集数逐渐减小。

温度对离子型表面活性剂胶束的聚集数影响不大，而非离子表面活性剂的胶束聚集数随温度升高而增大。

4.4.2 增溶效应机理

表面活性剂在水溶液中形成胶束，具有能使不溶或微溶于水的有机化合物的溶解度显著增大的能力，且溶液呈透明状，这种作用称为增溶作用。例如，煤油等油类物质是不溶于水的，但是加入了表面活性剂后，油类就会“溶解”，这种“溶解”与通常所讲的溶解或者乳化作用是不同的，它们只有在溶液表面活性物达到临界胶束浓度时才能溶解，这时活性物胶束把油溶解在自己的疏水部分之中。因此，凡是能促进生成胶束及增大胶束的因素都有利于增溶。

实践证明，表面活性剂的浓度在临界胶束浓度前，被增溶物的溶解度几乎不变；当浓度达到临界胶束浓度后则溶解度明显增高，这表明起增溶作用的是胶束。如果在已增溶的溶液中继续加入被增溶物，当达到一定量后，溶液呈乳白色，即为乳液，在白色乳液中再加入表面活性剂，溶液又变得透明无色。这种乳化和增溶是连续的，但其本质上是有差别的。

增溶作用是洗涤剂活性物的特有性质，对去除油脂污垢有十分重要的意义。许多不溶于水的物质，不论是液体还是固体都可以不同程度地溶解在洗涤剂溶液的胶束中。

增溶有以下三种方式：①油脂、矿物油等非极性物质，它们溶解在活性物分子胶束烃链之间，嵌在两层疏水基之间；②像表面活性剂活性物结构一样具有极性和非极性两种基团的物质，它们与活性物分子一同定向排列在一起；③亲水性物质，吸附在活性物胶束的极性基表面上。

影响增溶作用的主要因素有：

① 增溶剂的分子结构和性质。在同系表面活性剂中，碳氢链越长，胶束行为出现的浓度越小。这是因为碳氢链增长，分子的疏水性增大，因而表面活性剂聚集成胶束的趋势增高，即 CMC 降低，胶束数目增多，在较小的浓度下即能发生增溶作用，增溶能力增大。

② 被增溶物的分子结构和性质。被增溶物无论以何种方式增溶，其增溶量均与分子结构和性质（如碳氢链长、支链、取代基、极性、电性、摩尔体积及被增溶物的物理状态等）有关。

③ 电解质的加入。在表面活性剂溶液中加入无机盐可增加烃类的增溶量，减小极性有机物的增溶量。加入无机盐可使表面活性剂的 CMC 下降，胶束数量增多，所以增溶能力增大。加入盐的种类不同，对增溶能力的影响也不同，钠盐的影响比钾盐大。非离子表面活性剂中加入无机盐，其浊点降低，增溶量增大。

④ 有机添加剂。在表面活性剂溶液中加入非极性有机化合物（烃类），会使胶束增大，有利于极性化合物插入胶束的“栅栏”间，使极性被增溶物的增溶量增大。

⑤ 温度的影响。温度变化可导致胶束本身的性质发生变化，可使被增溶物在胶束中的溶解情况发生变化，其原因可能与热运动使胶束中能发生增溶的空间增大有关。

同样，合成洗涤剂增溶作用的大小因洗涤剂的种类不同而异，随被增溶对象的性质以及有无外来的添加物而变化。从表面活性剂结构来说，对油类的增溶，长链疏水基应比短链强，不饱和烃链应比饱和烃链差些，另外，非离子型洗涤剂的增溶作用一般都较显著。从被增溶物来说，被增溶物的分子量越大，增溶性就越小。分子结构中有极性基或双键时，增溶性就增大。

4.4.3 润湿效应机理

固体表面被液体覆盖的现象称为润湿或浸润。当固体被液体润湿后，固液体系的自由能降低，自由能降低越多，则润湿越好。润湿与不润湿是由润湿液体的化学组成与被润湿固体的表面化学组成结构共同决定的。棉纤维本身是亲水性的，但由于纤维表面存在油脂、杂质，因而润湿能力降低或不能润湿。衣服上黏附的油污及皮肤中分泌的油脂也就不易被水润湿。如果在油污上擦上肥皂或合成洗涤剂，或滴上几滴酒精或煤油，水就很快散开，这是由于油污是拒水性的，而肥皂、合成洗涤剂、煤油和酒精等能吸附在油垢的表面而降低表面张力。

同样被油脂弄脏的衣服，用纯净的水不容易润湿，但在水中加入合成洗涤剂就会很快润湿。这是因为被弄脏的衣服上有疏水性的油脂，水的表面张力比较大，使得水滴在油脂表面力图保持球形（球形在各种几何形状中表面积最小），因此水滴不能在衣服表面上扩展开来，也无法润湿织物。但是，在水中加入洗涤剂后，洗涤剂分子吸附在水的表面上，使水的表面张力大大降低，水就容易吸附、扩展在衣服表面上，甚至还能渗透到纤维的微细孔道中。图 4-4 为润湿的几种状态。

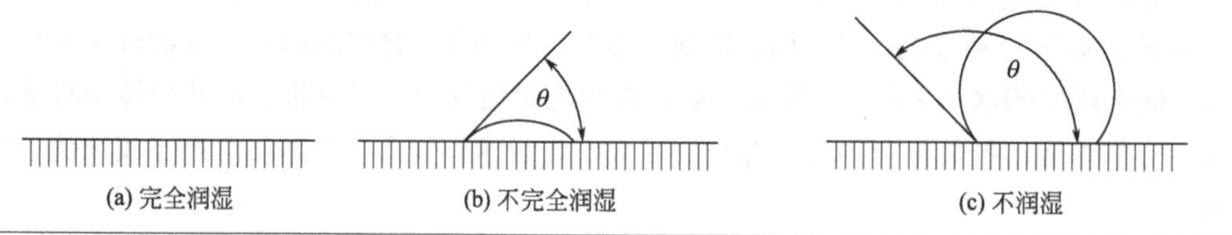

图 4-4　润湿的几种状态

由图 4-4 可知，润湿的大小取决于接触角的大小。当液体在固体表面完全润湿时，接触角 θ 为零；$\theta<90°$，液体能部分润湿固体；$90°\leqslant\theta\leqslant180°$，液体不能润湿固体表面。

润湿作用对洗涤剂而言是一项重要指标，它并不起去污作用，但对织物的去污力极为重要。优良的洗涤剂都有良好的润湿性能，除了表面张力外，影响润湿性能的其他因素有以下几种：

① 表面活性剂的结构。分子结构中疏水基烃链如有几个短支链，润湿性应比仅有一个长烃链的强；亲水基位于烃链中央应比位于末端的强；表面活性剂疏水基烃链的碳原子在 C_8～C_{12} 时润湿性好；非离子表面活性剂中，加成环氧乙烷个数（EO）=10～12 时润湿性好。

② 温度。一般情况下温度升高有利于润湿，但也有例外。

③ 浓度。一般情况下，表面活性剂的浓度增加，润湿性提高，但有一定限度，即浓度范围大于 CMC。

④ pH 值。一般认为在中性至碱性溶液中，阴离子表面活性剂润湿性较好；中性至酸性溶液中，非离子表面活性剂润湿性较好。

其他如固体表面的结构和粗糙程度、液体的黏度、电解质的加入等因素也都能影响表面活性剂的润湿性能。

4.4.4 发泡与消泡效应机理

泡沫是空气分散在液体中的一种现象。在肥皂或洗涤剂溶液中，通过搅拌等作用，空气进入溶液中，表面活性剂分子能定向吸附于空气与溶液的界面上，亲水基被水化（被水分子包围），在界面上形成由表面活性剂形成的薄膜，即泡沫。

当气泡表面吸附的定向排列的表面活性剂分子达到一定浓度时，气泡壁就形成一层不易破裂也不易合并的坚韧膜，由于气泡的相对密度小于水的密度，当气泡上升到液面，又把液面上的一层活性物分子吸附上去。因此，逸出液面的气泡有表面活性剂双层膜，逸出液面的气泡的双层表面活性剂分子的疏水基都是朝向空气的，如图 4-5 所示。气泡 A 是溶液中的气泡，气泡 B 是即将逸出液面的气泡，气泡 C 是逸出液面的气泡。

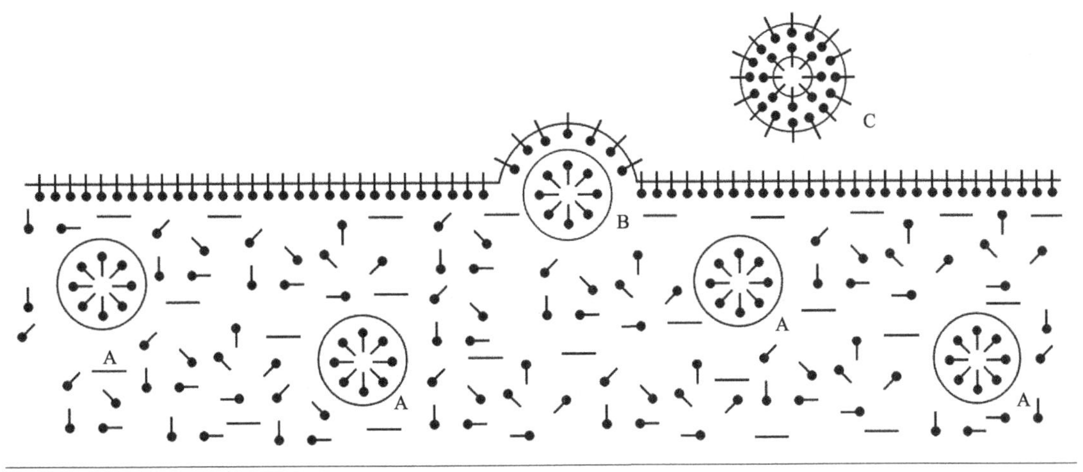

图 4-5 泡沫形成示意图

泡沫的形成主要是洗涤剂中表面活性剂的定向吸附作用，是气体-溶液两相界面的张力所致。泡沫的产生对洗涤剂的洗涤效果一般影响不大，但是一部分污垢质点可以被泡沫膜黏附，随同泡沫漂浮到溶液的表面，因此泡沫对洗涤剂的携污作用还是有帮助的。例如，有一种泡沫去污法，就是利用固体吸附于气泡的原理，可以有效地抹去汽车内饰、羽绒服表面的污粒而不会擦伤物品。虽然泡沫对织物的去污有一定帮助，但是泡沫过多或泡沫经久不消，对洗涤各种器具是不利的。尤其是机洗过程中较多的泡沫是不受欢迎的，近年来普遍生产的低泡或无泡洗涤剂对降低或减轻环境污染是有利的。

表面活性剂的类型是决定起泡性的主要因素。通常，阴离子表面活性剂的起泡力最大，其中以十二醇硫酸钠、烷基苯磺酸钠的泡沫最为丰富，非离子表面活性剂次之，其中脂肪酸酯型非离子表面活性剂起泡力最小。影响起泡力的因素还有温度、水的硬度、溶液的 pH 值和添加剂等。

要使洗涤剂活性物的发泡性降低，同时又不影响去污能力，可以加入消泡剂。Ross 理论认为，消泡剂是在溶液表面易于铺展的液体，其在溶液表面铺展时会带走邻近表面的一层溶液，使液膜变薄，直至达到临界液膜厚度以下，导致液膜破裂，泡沫破灭。常用消泡剂有脂肪酸、脂肪酸盐、脂肪酸酯、聚醚、矿物油、有机硅、低级醇类等。表 4-1 为有机极性化合物消泡剂的消泡效果。

表 4-1 有机极性化合物消泡剂的消泡效果

添加量/（g/L）	十二烷基苯磺酸钠溶液泡沫体积/mL		壬基酚聚氧乙烯醚溶液泡沫体积/mL	
	0min	5min	0min	5min
0	175	160	170	140
0.1	160	100	130	15
0.3	150	60	80	9
0.5	150	50	20	2
1.0	100	20	10	0

4.4.5 乳化效应机理

乳化是在一定条件下，两种不混溶的液体形成具有一定稳定性的液体分散体系的过程。在分散体系中，被分散的液体（分散相）以小液珠的形式分散于连续的另一种液体中（分散介质或连续相）中，此体系称为乳液。形成乳液的两种液体，一般有一相为水或水溶液（水相），另一相为与水不相溶的有机相（油相）。乳液有两种类型：一种是水为连续相，有机相为分散相，称为水包油型或油/水乳液，以 O/W 表示；反之为油包水型或水／油乳液，以 W/O 表示。在一定条件下，两者可以相互转化，称为转相[2]。

油和水接触时，两者分层，不能互溶。如果加以搅拌或振动，虽然油能变成液滴分散在水中，但不互溶的两者形成乳液极大地增加了单位体积的界面面积，表面能增大，从能量最低的原理来看，是一种很不稳定的体系，分层的倾向很大，一旦静置，便立即分层。如果在油、水中加入一定量的表面活性剂，即乳化剂，再加以振荡或搅拌，乳化剂在油-水界面以亲水基伸向水、亲油基伸向油的方式定向吸附于油-水界面，形成具有一定机械强度的吸附膜，把两相联系起来，使体系的界面能下降。当油滴碰撞时，吸附膜能阻止油滴的聚集。

乳化剂正是通过在界面上的良好吸附来改变界面性质从而稳定体系，是乳化作用得以进行的最重要因素，其主要作用机理是：①降低液-液表面张力，减小因乳化而引起的界面面积增加带来的体系的热力学不稳定性；②在分散相液滴表面形成一层表面活性剂膜，其亲油基团指向油相，亲水基团指向水相。

若采用离子型乳化剂，则分散相液滴表面会带有正／负电荷，由于静电排斥，液滴之间难以碰撞结合。因此形成机械的、电性的或空间的障碍，减小分散相液滴的碰撞速度。吸附层的机械和空间障碍使液滴相互碰撞不易聚集，而空间和电性障碍可以避免液滴相互靠拢。这两种作用力中有时前者更为重要，如有些高分子表面活性剂不带电荷，无显著降低界面张力的作用，但可形成稳定的、强度好的界面膜，在乳化作用中占有重要地位。

如果选用非离子型乳化剂，还会在油-水界面上形成双电层和水化层，都可防止油滴的相互聚集，从而使乳液稳定。

4.4.6 去污效应机理

洗涤过程中，在表面活性剂和机械搅拌揉搓力的作用下，任何破坏污垢与底物之间作用力的作用，都可以使污垢从底物表面脱落，然后进入水溶液，达到去除污垢的目的。一般而言，洗涤过程主要涉及两个步骤：①从底物上去除污垢；②将污垢悬浮在清洁液中，防止其再沉积。第二个步骤与第一个步骤同样重要，因它阻止了污垢在底物的其他部位再次沉积。

在表面活性剂水溶液中，表面活性剂分子会同时在污垢表面和底物表面吸附，表面活性剂分子的疏水基一端会吸附在污垢表面以及底物表面，亲水基一端伸入水中，在污垢和底物表面覆盖一层表面活性剂分子。由于吸附层中的表面活性剂亲水基向外伸向水中，所以污垢表面和底物表面都有了亲水性。水分子容易与之靠近，使得污垢表面和底物表面很快被水润湿。表面活性剂分子在污垢和底物表面的渗入会产生溶胀作用，削弱污垢与底物之间的作用力，然后在机械搅拌或揉搓力的作用下，在污垢和底物接触的边沿处，污垢会逐渐卷起，在卷起过程中形成的新表面且立即会有表面活性剂分子吸附上去，产生新的润湿和溶胀作用，最终污垢会从底物表面彻底卷起，从基质表面脱落，进入水中。如果污垢是油类物质，就会呈乳液状分散于水中。如果是同态污垢，则会呈悬浮状分散于水中。

对于油类污垢，还会吸附更多的表面活性剂，油污被众多表面活性剂分子包裹形成胶束，胶束与油污因为相似相溶而发生增溶作用。各胶束粒子表面都被表面活性剂分子的亲水基覆盖，带有相同符号的电荷，同时吸附有一定厚度的水合膜，所以胶束之间会产生排斥作用，相互不易靠近，能够在水中稳定存在。底物表面也吸附了一层表面活性剂，亲水基向外伸向水中，所带电荷与胶束表面相同，也形成一层水化层，所以胶束与底物表面之间也有排斥作用，不易靠近，胶束也不易重新附着在底物上，这样污垢就能够从底物上脱离并稳定存在于水中。因此，表面活性剂去除污垢的机理是卷缩、增溶与乳化。

如果从表面张力的角度来分析洗涤过程，那么洗涤作用与表面活性剂能降低表面张力密切相关。表面活性剂可大大降低水的表面张力，如果水的表面张力降到比油污和底物的润湿临界表面张力还小，水溶液就可以在油污和底物表面铺展，这时油污和底物被水润湿。表面活性剂还会在水与油污之间的界面上吸附，同时也在水与织物之间的固体表面上吸附。

污垢在洗涤液中的悬浮和防止再沉积也是通过不同的机理实现的，其机理取决于污垢的性质。电位和空间障碍的形成可能是固体污垢悬浮在洗涤剂中并防止其再次沉积到底物的最重要的机理。洗涤液中带相同电荷（几乎总是负电荷）的表面活性剂或无机粒子在已经被剥离的污垢颗粒上的吸附，增加了这些颗粒的电势，导致它们相互排斥，防止团聚。洗涤剂中的其他组分也会以类似的方式吸附到底物或污垢颗粒上，产生电性和空间位阻障碍，防止污垢颗粒靠近底物，从而抑制或阻止污垢颗粒的再沉积。为达到这一目的常常加入一些特殊的组分，称其为污垢释放剂或抗再沉积剂，它们通常是高分子物质，如羧甲基纤维素钠、聚丙烯酸酯、聚对苯二甲酸酯-POE 等。

4.4.7　表面活性剂的协同效应

当两种以上不同类型的表面活性剂混合后，体系的表面活性通常会显著增加，这种现象称为混合表面活性剂的协同效应（或复配增效）。在表面活性剂工业中具有重要用途的协同效应来自表面活性剂分子间相互作用导致的体系能量的变化，该作用通常包括分子间的静电力、范德华力和氢键力，但由于混合表面活性剂溶液间的相互作用非常复杂，给定量研究带来了一定的难度，导致相关的理论研究报道并不多。迄今为止，在生产实践中应用得比较广泛的是用表面活性剂分子间的相互作用参数 β 描述协同效应。该理论方法是 Rosen 和 Rubbing 在用相分离模型和正规溶液理论处理表面活性剂溶液表面相和胶束相的基础上提出来的。表面活性剂的协同效应一般有以下四种情况：

① 表面活性剂配合使用，相互作用极其强烈，形成一种配合物，其表面活性比各自单独使用优越很多。阴离子／阳离子配合或阴离子／两性配合使用属于这种情况。

传统理论认为，阴离子和阳离子表面活性剂复配时，在水溶液中阳离子和阴离子会相互作用产生沉淀，从而失去表面活性。近年来，许多研究报告认为，当配比适当时，阴离子／阳离子表面活性剂混在一起必然产生强烈的电性相互作用，使表面活性得到极大提高。阴离子／阳离子混合溶液的表面吸附层有其特殊性，反映在发泡、乳化及洗涤作用中均有极大提高。烷基链较短的辛基三甲基氯化铵与辛基硫酸钠混合，相互之间作用十分强烈，具有很好的表面活性，表面膜强度极高，发泡性很好，渗透性大大提高。烷基链较长的十二烷基苯磺酸钠与双十八烷基氯化铵以摩尔比 1:1 混合，产生大量沉淀，对浑浊液及其滤出清液测定的相关性能表明，其去污力下降，柔软性、抗静电性有所提高。当表面活性剂憎水基较短，特别是憎水基的极性头较大时，可以形成具有很好的表面活性的透明均相胶束溶液。例如，烷基硫酸钠与阳离子表面活性剂不易发生沉淀。双十八烷基二甲基氯化铵用非离子表面活性剂乳化制成的稳定分散液对织物的柔软和抗静电效果比单独使用好。在脂肪醇硫酸钠中加入少量十二烷基吡啶氧化物将大大增加其表面活性和去污力。

阴/阳离子表面活性剂的配合使用，两者配用比例非常重要，阴／阳离子表面活性剂不同比例的混合溶液（其中一种只占总量的 1%）仍有很高的表面活性。一种表面活性剂过量较多的混合物的溶液较 1∶1 混合物溶解度大得多，溶液不浑浊。这样可以采用价格较低的阴离子表面活性剂为主，配以少量的阳离子表面活性剂得到表面活性高的混合表面活性剂。国外有关报道指出以阴离子表面活性剂为主时，阴/阳离子的摩尔比一般在 4～50 之间；以阳离子为主时，阴/阳离子的摩尔比可以在 0.2 左右，阴/阳离子混合表面活性剂具有最大吸附量是阴/阳离子的摩尔比为 0.7～0.9。

② 表面活性剂配合使用，相互作用稍弱，但混合物的表面活性有较大提高，有时也形成络合物，阴离子/非离子配用属于这种情况。阴离子表面活性剂中如果有少量非离子表面活性剂存在，非离子与阴离子在溶液中形成混合胶束，非离子表面活性剂分子“插入”胶束中，使原来的阴离子表面活性剂的“离子头”之间的静电排斥减弱。再加上两种表面活性剂分子碳链间的疏水作用较易形成胶束，所以混合溶液的 CMC 下降。非离子表面活性剂在应用中往往因为浊点偏低而受到限制，若加入适量的阴离子表面活性剂，使非离子表面活性剂的胶束间产生静电排斥，可阻止生成凝聚相，使浊点升高。壬基酚聚氧乙烯醚中加入 2%的烷基苯磺酸钠，即可使溶液的浊点提高 20℃左右。某些阴离子表面活性剂与非离子表面活性剂配合使用也能形成较弱的络合物。在肥皂中加入非离子表面活性剂也能起到钙皂分散剂的作用。烷基苯磺酸钠与醇醚型非离子表面活性剂配合使用所形成的液晶相能提高洗涤时的去污能力[3]。

③ 表面活性剂配合使用，彼此相互补充发挥作用，同一种离子型表面活性剂与非离子表面活性剂的配合使用，阳离子/非离子配合使用属于这种情况。

④ 两种表面活性剂配合使用，相互之间不起作用，基本上是各自发挥作用，某些阴离子/阴离子表面活性剂、非离子/非离子表面活性剂配合使用属于这种情况。直链烷基苯磺酸钠（LAS）和十二醇聚氧乙烯醚硫酸钠（AES）的混合液在降低水/橄榄油表面张力效能方面表现出协同效应[4,5]，但当十二烷基硫酸钠和 LAS 混合时则没有观察到协同效应。

4.5 皂类洗涤剂生产工艺与设备

肥皂是迄今为止人类使用最广泛的洗涤剂之一，是油脂与碱反应得到的化合物或多种化合物的混合物。除用作日常的洗涤用品外，肥皂在印染、纺织、冶金、化工和建筑等工业中也得到了广泛的应用，可以说肥皂工业的发展与整个国家经济的发展有着密切的联系。肥皂的制备过程包括油脂的精炼、皂基的制造和肥皂的制造。

4.5.1 油脂的精炼

制皂用的动植物油脂，由于原料本身及加工、包装、储藏等过程中氧化、分解，因此油脂中含有油料壳屑、铁质、泥沙等机械杂质，磷脂、蛋白质及其分解物、胶质，棉酚、类胡萝卜素等色素和游离脂肪酸等。如果其中的杂质不除去，将影响肥皂的外观色泽和质量以及毛废液的颜色和精甘油的颜色，因此制皂用动植物油脂必须经过精炼。

油脂精炼的方法根据炼油时的操作特点、所用材料和杂质不同分为以下三种方法：①机械方法，包括沉降、过滤等，主要用以分离悬浮在油脂中的机械杂质；②化学方法，主要包括酸炼、碱炼、氧化等，酸炼用以除去胶溶性杂质，碱炼用以去除脂肪酸，氧化主要用于脱色；③物理化学方法，主要包括水化、吸附、水蒸气蒸馏等，水化用以除去磷脂、胶质，吸附用以去除色素，水蒸气蒸馏用以除去臭味物质和游离脂肪酸。

制皂厂的油脂精炼过程主要包括熔油、水化、酸炼、碱炼、脱色、脱臭等工艺，以下将对其作用原理及工艺过程进行简述。

（1）熔油

将油脂按配方熔化为混合的液体，并将油中的机械杂质去除，然后升温澄清。如油脂有乳化状，可采用升温或加入油量 1%的工业盐或 10%的饱和食盐水进行盐析澄清。经升温或盐析澄清后的油脂应清晰透明，无杂质和水分。

（2）水化

水化是脱除油脂中胶质的方法之一。毛油中的胶质主要是磷脂，其存在不仅降低了油脂的使用价值、储藏稳定性，也使成品油质量下降，胶质还会在碱炼时产生过度的乳化作用，使油皂不好分离，从而引起一系列问题。油脂依次经水化、酸炼后，可以有效地脱除胶质。

磷脂分子中既有酸性基团，也有碱性基团，所以其能够以游离羟基或内盐形式存在。当油中含有很少水时，油脂以内盐形式存在，极性很弱，能够溶解于油中。若油中有一定量的水分，水分子会与成盐基团结合，以游离羟基形式存在 [如式（4-1）所示]。磷脂既具有亲油的长碳烃链，又具有亲水的磷脂结构，因此当水滴入油脂中时，磷脂在油水界面形成定向排列。此外，在水的作用下，磷脂还能形成胶粒聚集体。水化时，在水、热、搅拌等联合作用下，磷脂胶粒逐渐合并、长大，并最终成长凝聚为大胶团。大胶团的密度较油脂大，故可以利用重力使油和磷脂分离开来。水化的质量受水化温度、加水量、混合强度、水化时间、电解质的影响。

$$\begin{array}{l} CH_2OOCR^1 \\ | \\ CHOOCR^2\ \ O^- \\ | \qquad\qquad | \\ CH_2O{-}P{=}O \\ \qquad\quad | \qquad\qquad + \\ \qquad OCH_2CH_2N(CH_3)_3 \end{array} \xrightarrow{H_2O} \begin{array}{l} CH_2OOCR^1 \\ | \\ CHOOCR^2 \\ | \qquad\quad O^- \\ CH_2O{-}P{=}O \qquad\quad OH \\ \qquad\quad | \qquad\qquad\quad | \\ \qquad OCH_2CH_2N(CH_3)_3 \end{array} \tag{4-1}$$

一般情况下，水化的具体操作为：将油脂加入水化锅中，静置沉淀 0.5h，放去下层废水，进行计量；开启搅拌，将蒸汽升温至规定温度，喷入规定量热水或稀盐水；慢速搅拌，油中有细小胶粒析出，分离良好时，停止搅拌，静置沉淀 1.5h，放去剩余水，进行计量。

（3）酸炼

用酸处理油脂，脱除其中胶溶性杂质的操作过程称为酸炼。水化脱胶除掉的大都是容易水化的磷脂。酸炼能使磷脂、蛋白质、黏液质及其类似的杂质焦化、沉淀。浓硫酸具有强烈的脱水性，能使油脂中的胶质炭化，使胶质与油分开，同时浓硫酸也是一种强氧化剂，也使部分色素氧化破坏。稀硫酸是强电解质，电离出的负离子能中和胶体质点间的电荷，使之聚集成大颗粒沉降下来，稀硫酸还有催化水解作用，促使磷脂等胶质水解。酸炼常用的酸是硫酸、磷酸等，制皂厂酸炼一般都采用硫酸处理。常用的硫酸脱胶法有浓硫酸酸炼法和稀硫酸酸炼法。酸炼化学反应如式（4-2）所示：

$$\begin{array}{l}CH_2OOCR\quad OH\\ CHO\text{—}P{=}O\qquad\quad OH\\ CH_2OOCR\quad OCH_2CH_2N(CH_3)_3\end{array} + 3H_2O \xrightarrow{H^+} \begin{array}{l}CH_2OH\quad OH\\ CHO\text{—}P{=}O\\ CH_2OH\quad OH\end{array} + HOCH_2CH_2\underset{OH}{N}(CH_3)_3 + 2RCOOH \qquad (4\text{-}2)$$

① 浓硫酸酸炼法。将冷油放在锅中，在搅拌器和压缩空气的强烈搅拌下，将工业硫酸（66°Bé）缓慢均匀加入，加入速度应使温度不超过 25℃，硫酸的用量一般为油脂质量的 0.5%～1.5%。加酸时，油脂从原来的棕黄色变为黄绿色，胶溶性杂质凝聚成褐色或黑色絮状物，油脂颜色逐渐变深，絮状物沉淀后，油脂变成淡黄色。搅拌结束后，加入油脂质量 3%～4%的热水，稀释未反应的硫酸，使之停止反应。静置 2～3h，将上层油转移到另外的设备内，用热水洗涤 2～3 次（每次用水量为油脂质量的 15%～20%），从油中洗净浓硫酸后脱水。该法必须注意酸炼的温度和酸量要适当，以免发生磺化反应。

② 稀硫酸酸炼法。将油用蒸汽直接加热到 100℃，然后在搅拌下将 50～60°Bé的硫酸均匀加入油中，加入量为油脂质量的 1%左右，这时硫酸被油内的冷却水稀释（蒸汽加热后油中会含有油脂质量 8%～9%的水），稀硫酸与油内杂质作用。加酸完毕，搅拌片刻，然后静置沉降，其余过程与浓硫酸脱胶法相同。

酸炼时使用的炼油锅必须有耐酸衬里，搅拌器、加热管需由耐酸材质制成，底部还需装有吹入压缩空气或蒸汽的环形管，管上有直径 1.5～2mm、开口朝下的小孔。

（4）碱炼

碱炼是油蜡精制常用的方法。油脂在储藏过程中，部分油脂分解成游离脂肪酸和甘油，高度不饱和的甘油酯还会氧化生成醛、酮和低分子脂肪酸等，并放出恶臭，此即为油脂的酸败。碱炼不仅可以除去油脂酸败所产生的游离脂肪酸，还可以作用于其他酸性物质，如带有羟基、酚基的物质。通过碱炼，油脂中的酸性物质和烧碱反应，生成不溶于油脂的肥皂，由于肥皂的吸附作用，蛋白质、黏液质、色素等被吸附带入沉淀内，机械杂质也被肥皂夹带下来。因此，碱炼具有脱酸、脱杂质、脱色、脱机械杂质等多种作用。例如，碱炼对棉籽油中棉酚色素的脱除具有显著的效果。

碱炼一般用烧碱溶液，也可以使用一部分纯碱。烧碱有中和游离脂肪酸的作用，同时还有较好的脱色作用，但它也能使部分中性油脂皂化。纯碱可与游离脂肪酸发生复分解反应，生成肥皂、二氧化碳和水，由于其碱性较弱，故不易与中性油脂发生皂化，对提高精炼效率大有好处，但其脱色能力很差，而且产生大量的 CO_2 气体，易造成皂脚松软而成絮状，浮在油中不易下沉，使分离皂脚困难。因此，一般碱炼多用烧碱，很少使用纯碱。

碱炼的主反应是碱与油脂的中和反应，副反应为碱与中性油脂的皂化反应和磷脂化反应。影响碱炼的因素有用碱量、碱液浓度、碱炼程度、搅拌速度、杂质以及盐的作用。用碱量由中和油脂中游离酸所需的理论碱量和损耗的超量碱组成，制皂厂的超量碱一般为理论碱量的 10%～100%，高级香皂所用的椰子油、牛羊油的超量碱量达 50%～100%。碱液浓度由酸值和毛油色泽来决定，颜色深或酸值高一般用较浓的碱。碱炼温度根据油脂熔点而定，以油脂保持液态为宜，稀碱宜用高温，浓碱宜用低温。碱炼时加入盐则能降低皂脚的含油率，减少损耗。

油脂的碱炼一般有间歇碱炼法和连续碱炼法，目前肥皂厂大多用间歇碱炼法。

间歇碱炼法（图 4-6）是先将含杂质 0.2%以下的毛油搅拌均匀，并调整初温至 20～40℃。

加入预先配制好的碱液，快速搅拌，直至油、皂呈分离状态，加热使油温升至 60～65℃继续搅拌 15min，升温过程搅拌速度降至低于 30r/min，待皂脚开始与油分离时，停止搅拌，保温静置 6～8h。将上层清油转入水洗锅中，升温至 85℃左右，用油质量分数 10%～15%的水洗涤 1～3 次。洗涤后的油 105～110℃常压脱水或于 90℃、8kPa 条件下真空脱水。

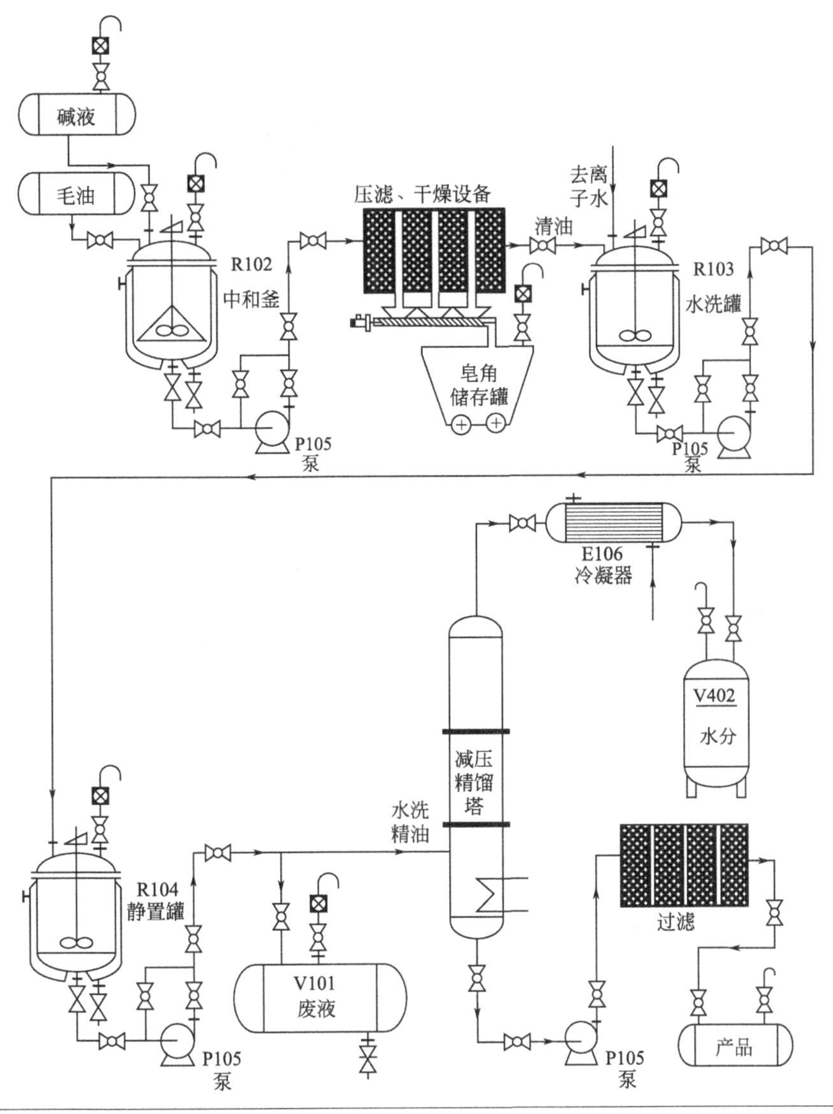

图 4-6　间歇碱炼法工艺流程

连续式长混碱炼工艺流程如图 4-7 所示。在一般情况下，该过程包括毛油与一定浓度和流量的氢氧化钠溶液连续混合，在 65～90℃下，使皂凝聚、乳状液破坏，在离心机中水相（皂脚）和油相（精炼油）分离。当离心分离不完善时，精炼油仍含有皂和其他微量的杂质。用热水洗油，并再次离心分离，产生的油干燥和脱色。在美国，将长混过程称为标准过程，常用来加工高质量低游离脂肪酸的毛油。这个过程碱与油在 20～40℃下有 3～10min 的混合时间，接着迅速升高温度至大约 65℃，以达到分离前皂的絮凝。

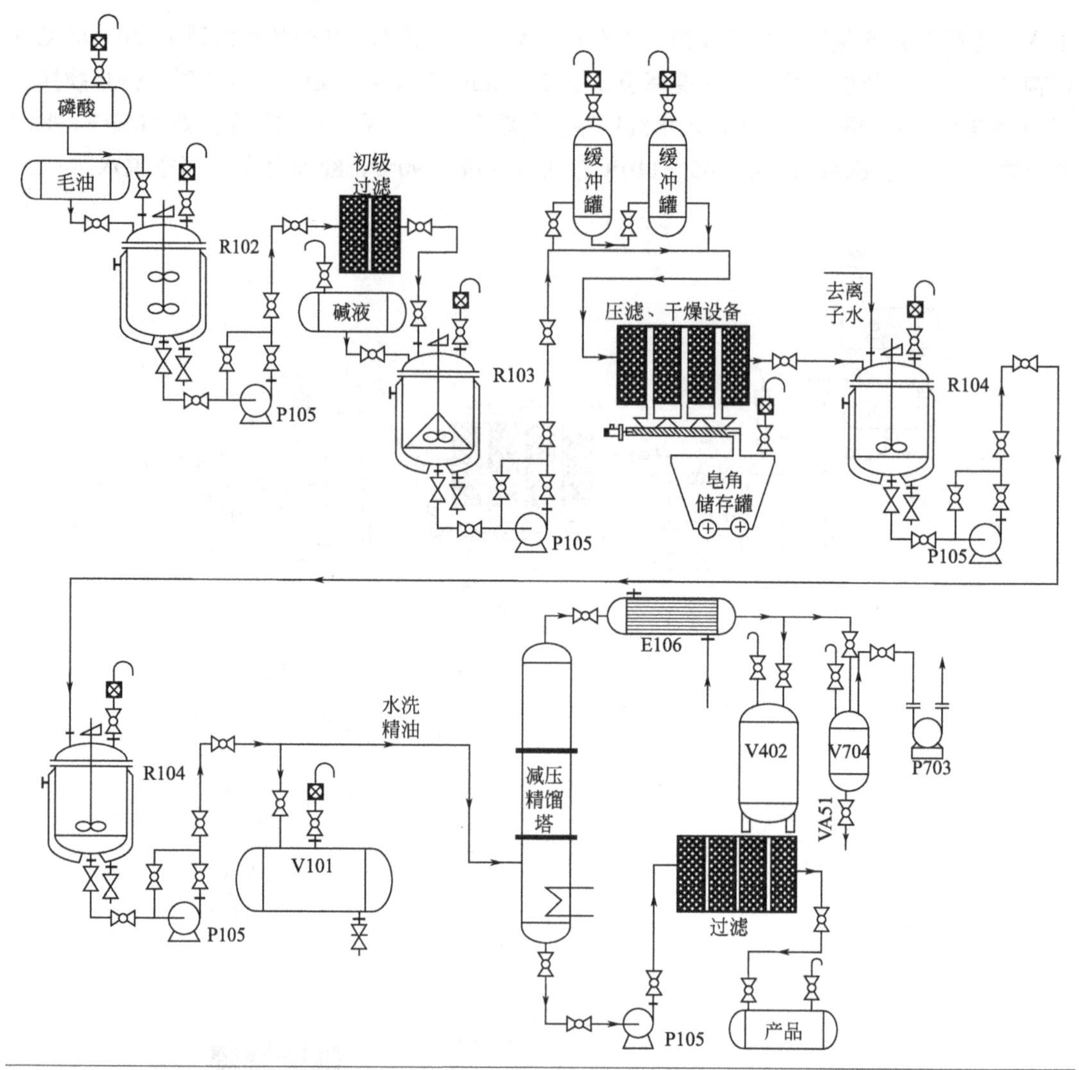

图 4-7 连续式长混碱炼工艺流程

E—冷凝器；P105—涡轮泵；P703—真空泵；R102—混合釜；R103—中和釜；R104—水洗罐；R105—静置罐；V101—废液罐；V402—冷凝液储罐；V704—缓冲罐；VA51—球阀

连续碱炼工艺具有精炼率高、处理量大、精炼费用低、环境卫生好、精炼油质量稳定及占地面积小等优点，是先进的碱炼工艺。

（5）脱色

一般天然植物油脂内带有胡萝卜素、叶黄素、叶绿素、棉酚等有色物质，动物油脂本身无色，但油脂中含有的不饱和甘油酯、糖类及蛋白质等分解都会使油脂着色，因此为制取浅色香皂，尤其是白色香皂，对油脂脱色有严格的要求。根据油脂特性的不同，可采用吸附脱色、还原脱色、氧化脱色的方法。

① 吸附脱色。吸附脱色是利用某些对色素具有强选择性吸附作用的物质——吸附剂，吸附除去油脂内色素及其他杂质的方法。吸附剂必须对油脂内的色素具有强烈的吸附作用，并且化学性质稳定，不与油脂发生反应。目前，常用的油脂脱色剂主要有天然漂土、活性白土、活性

炭、凹凸棒土、沸石五种吸附剂，海泡石、硅藻土、硅胶、活性氧化铝也可以用作吸附剂。吸附脱色有间歇式和连续式两种工艺。间歇式脱色工艺将中性油和脱色剂分批加入脱色锅中，油脂与脱色剂的混合、加热、脱色及冷却在同一设备中进行。目前，国内大都采用间歇脱色工艺。采用间歇法吸附脱色时，先将待脱色油从储罐真空吸入脱色锅中，8kPa 以下 80℃加热脱水，当水分降至 0.1%以下时，真空吸入脱色剂（吸附剂为活性白土时，用量为油脂量的 1%～5%），升温至 90℃，充分搅拌 20min 后冷却，滤去脱色剂，得到脱色油。工艺流程见图 4-8。

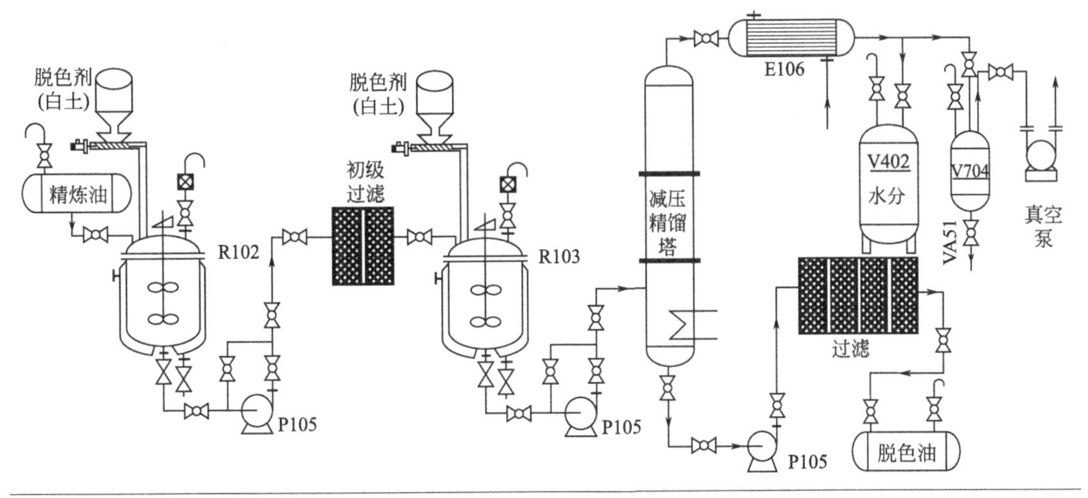

图 4-8　间歇脱色工艺流程

R102—第一脱色釜；R103—第二脱色釜；E106—冷凝器；P105—涡轮泵；V402—冷凝液储罐；V704—缓冲罐；VA51—球阀

② 还原脱色。还原脱色是采用还原剂，使油中的色素被还原而脱色，国内采用还原脱色的不多。用于制皂的米糠带有灰绿色，常采用硫酸加锌粉的方法对糠油进行还原脱色。

③ 氧化脱色。氧化脱色是利用空气中的氧或氧化剂使油脂中的色素被氧化或氧化后分解而脱色。目前，国内制皂厂采用的氧化脱色的典型例子是棕榈油的空气氧化脱色、漆蜡的次氯酸氧化脱色。氧化脱色中控制好氧化温度和氧化终点非常重要，一旦掌握不好，反而使油色深暗，不稳定。一般氧化脱色只能用于洗衣皂，不宜用于香皂油脂的脱色。

（6）脱臭

天然油脂都带有一定的气味，这是因为油内的易挥发物（醛、酮等）或多量的不饱和甘油酯易氧化分解，产生挥发性的有机物。除去引起这些气味的物质的过程，称为脱臭。洗衣皂、香皂等洗涤用品应有良好的气味，故一般香皂油脂经脱色后，还需进行脱臭处理。脱臭的方法有加氢法、聚合法、蒸汽吹入法及惰性气体吹入法等几种。其中，应用最广的是蒸汽吹入脱臭法。蒸汽脱臭是利用热蒸汽通入油中，在减压下用蒸汽蒸馏的原理，将挥发性较高的醛、酮等有机物随水蒸气带出。脱臭效果的好坏与真空度、温度、直接蒸汽量及其分布情况有关。一般脱臭工艺操作条件为：绝对压强 0.13～0.8kPa，温度 219～274℃，直接蒸汽量 1%～5%，脱臭时间 15min。

4.5.2　皂基的制造

皂基的制造是肥皂生产中的重要操作。一般皂基中含有 65%的肥皂、35%的水分，并含有微量甘油、盐等物质。皂基经过干燥、添加各种非肥皂成分及机械加工，可制成不同的皂块、皂片、皂粒和皂粉等。因此，皂基制备的好坏对肥皂成品的质量有很大的影响。

皂基制备的基本原理非常简单，可用化学反应式表示如下：

$$\begin{array}{l} CH_2OOCR^1 \\ | \\ CHOOCR^2 \\ | \\ CH_2OOCR^3 \end{array} + 3NaOH \longrightarrow \begin{array}{l} CH_2OH \\ | \\ CHOH \\ | \\ CH_2OH \end{array} + \begin{array}{c} R^1COONa \\ + \\ R^2COONa \\ + \\ R^3COONa \end{array}$$

$$\begin{array}{l} CH_2OOCR^1 \\ | \\ CHOOCR^2 \\ | \\ CH_2OOCR^3 \end{array} \xrightarrow[\text{催化剂}]{\text{高温水解}} \begin{array}{l} CH_2OH \\ | \\ CHOH \\ | \\ CH_2OH \end{array} + \begin{array}{c} R^1COOH \\ + \\ R^2COOH \\ + \\ R^3COOH \end{array} \xrightarrow[\text{精制}]{3NaOH} \begin{array}{c} R^1COONa \\ + \\ R^2COONa \\ + \\ R^3COONa \end{array}$$

皂基制备的方法很多，有老式的冷制皂法和半沸制皂法、间歇式沸煮皂法及现代的连续皂化法和连续脂肪酸中和法。以下以间歇式沸煮皂法中的半逆流洗涤煮皂工艺（图 4-9）为例对制皂的工艺进行介绍。

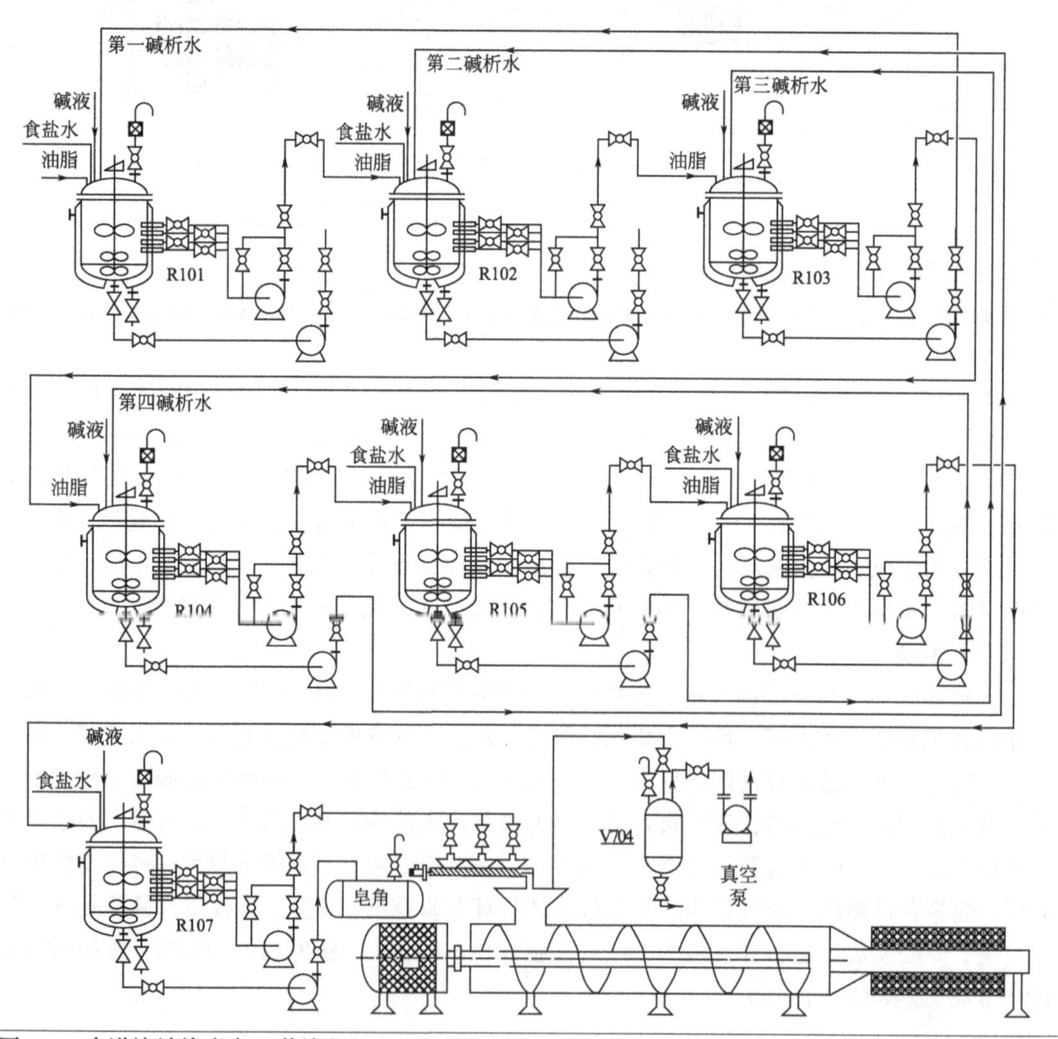

图 4-9　半逆流洗涤煮皂工艺流程

R101—第一皂化盐析；R102—第二皂化盐析；R103—第一碱析；R104—第二碱析；R105—第三碱析；R106—第四碱析；R107—皂基整理；V704—缓冲罐

煮皂法煮皂是在具有锥形底的大型圆柱形或方形锅中进行，锅由普通碳钢制成，国内往往镀一层镍或其他抗腐蚀材料。锅中装有直接蒸汽管，有的还装有蒸汽盘管，锅的上方装有进油管、水管、碱液管、盐水管、皂脚管。锅中装有能上下移动的摇头管，可以从上部操作，放置在任何液位抽出锅内皂粒。锅底装有一根放料管，用来排出剩下的残液。半逆流洗涤煮皂法一般由两次皂化盐析、四次碱析和两次整理工艺组成。

皂化：皂化过程是将油脂与碱液在皂化锅中用蒸汽加热使之充分发生皂化反应。开始时先在空锅中加入配方中易皂化的油脂(如椰子油)，首先被皂化的油脂可起到乳化剂的作用，使油、水两相充分接触而加速整个皂化过程。

盐析：皂化后的产品中除了肥皂外，还有大量的水分和甘油，以及色素、磷脂等原来油脂中的杂质。为此需在皂胶中加入电解质，使肥皂与水、甘油、杂质分离，这个过程就是盐析。盐析一般用 NaCl，NaCl 的同离子作用使肥皂（脂肪酸钠）溶解度降低而析出。

碱析：也称补充皂化，是加入过量碱液进一步皂化处理盐析皂的过程。将盐析皂加水煮沸后，再加入过量氢氧化钠碱液处理，使第一次皂化反应后剩下的少量油脂完全皂化，同时进一步除去色素及杂质。静置分层后，上层送去整理工序，下层称为碱析水。碱析水含碱量高，可以用于下一锅的油脂皂化。碱析脱色的效果比盐析强，并能降低皂胶中 NaCl 的含量。

整理：整理工序是对皂基进行最后一步净化的过程，即调整皂基中肥皂、水和电解质三者之间的比例，使之达到最佳比例。整理工序的操作也在大锅中进行。根据需要向锅中补充食盐溶液、碱液或水。整理之后的产品称为皂基（soapbase），是指含水量约为 35%的纯质熔融皂，又称净皂（good soap）。它是制造肥皂的半成品，制皂工艺先将油脂制成皂基，然后再加工成肥皂成品。

与间歇法相似的还有连续皂化法，由皂化、洗涤、整理三部分装置联合组成，是比较先进的皂化工艺。油脂及 NaOH 溶液分别经过过滤器和加热器加热到预定温度后，输入皂化塔进行水解反应。在洗涤阶段用盐水洗去肥皂中的甘油，然后进入整理塔进行整理。连续皂化法所获得的皂基皂化程度高，甘油的回收率也较高。

不管是间歇法还是连续皂化法制备皂基都属于油脂皂化法，除此之外还有脂肪酸中和法。中和法制备皂基比油脂皂化法简单，它是先将油脂水解为脂肪酸和甘油，然后再用碱将脂肪酸中和成肥皂，包括油脂脱胶、油脂水解、脂肪酸蒸馏及脂肪酸中和四个工序。

目前，我国皂基的制备主要采用大锅皂化法。大锅皂化法经过不断的发展，工艺得到了改进，采用半逆流洗涤操作法，又称为双线逆流洗涤煮皂操作法。

4.5.3　肥皂的制造

从皂基经过一步加工即可生产洗衣皂，制造流程如图 4-10 所示。

目前，国内普遍采用的生产工艺有传统的冷板工艺和较为先进的真空出条工艺。冷板工艺即采用冷板冷却成型制皂，其优点是设备简单，生产容易控制；缺点是劳动强度大，生产效率低。20 世纪 60 年代开发成功的真空冷却成型工艺使洗衣皂的生产实现了连续化流水作业，不仅降低了劳动强度，而且洗衣皂产品组织细腻均一、质地坚硬、外观光洁、泡沫丰富，是今后肥皂工业发展的方向。我国大多数制造厂已推广采用。

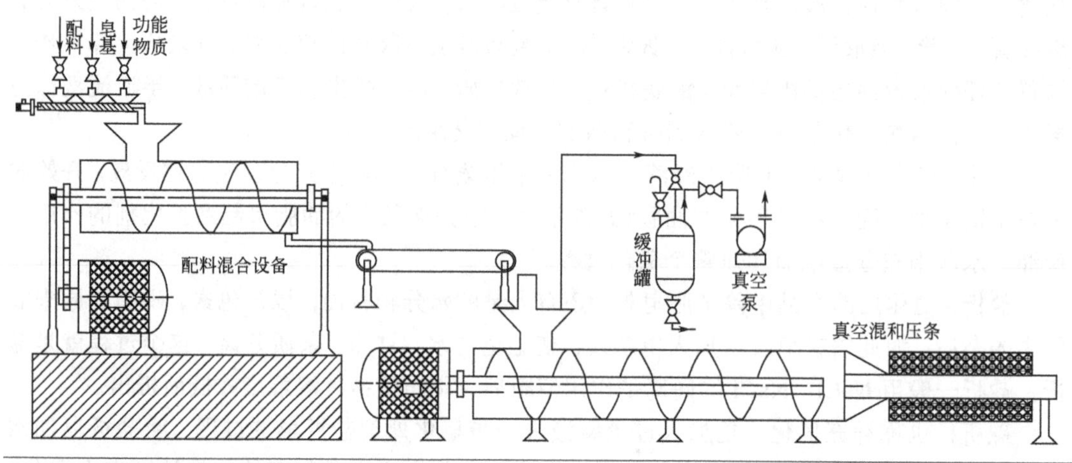

图 4-10 肥皂制造流程

香皂是由皂基进行干燥，再添加香料、抗氧剂等添加物，经过拌料、研磨、压条等工艺过程制成的。现在国内外生产香皂的工艺均采用上述研压工艺，即干燥、拌料混合、研磨、压条、打印、冷却和包装。其制造流程如图 4-11 所示。

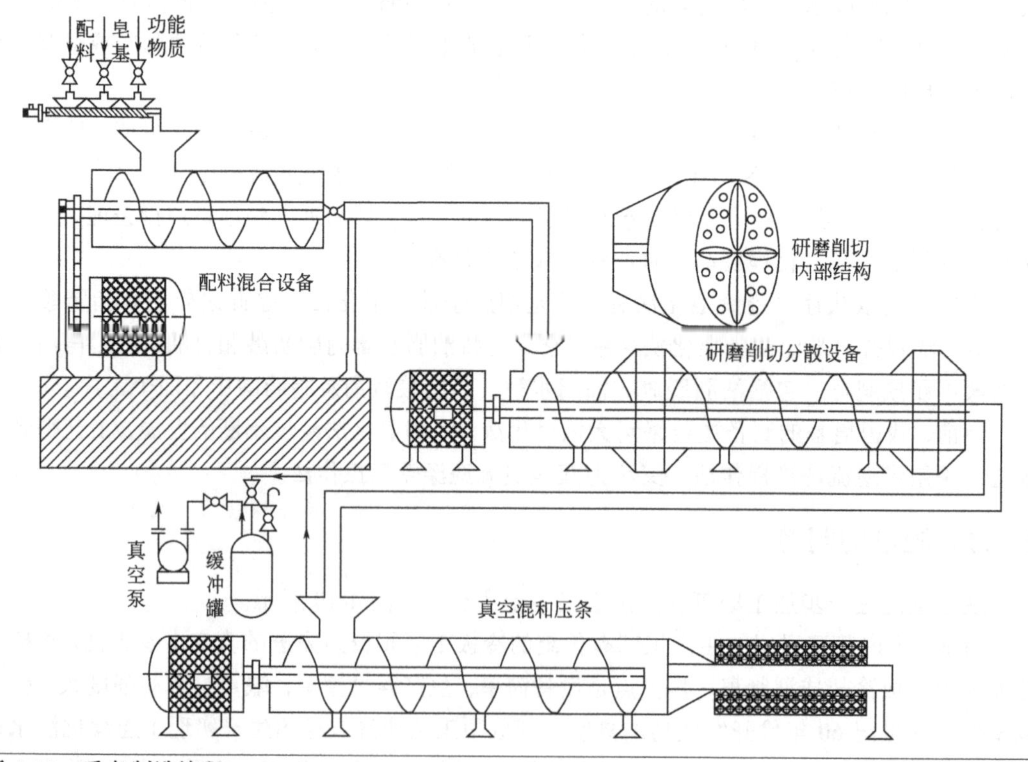

图 4-11 香皂制造流程

4.6 颗粒状洗涤剂生产工艺与设备

粉状洗涤剂的生产方法随着市场上对产品质量、品种、外观的发展要求而不断变化，从最初的盘式烘干法到喷雾干燥技术，从箱式喷粉到高塔喷粉法，生产工艺在不断进步。高塔喷雾成型法所得产品呈空心颗粒状态，具有易溶解但不易吸潮、不飞扬等优点，得到了广泛的应用和长足的发展。近年来，由于消费者对浓缩、超浓缩、无磷、低磷洗衣粉等产品的需求，新兴的无塔附聚成型方法备受欢迎，干混法、附聚成型、喷雾干燥、气胀法也在不断发展中。

4.6.1 高塔喷雾干燥成型原理

高塔喷雾干燥法是先将活性物单体和助剂调制成一定黏度的浆液，用高压泵和喷射器喷成细小的雾状液体，与 200～300℃的热空气进行传热，使雾状液滴在短时间内迅速干燥成洗衣粉颗粒。干燥后的洗衣粉经过塔底冷风冷却、风送、老化、筛分得到成品。塔顶出来的尾气经过旋风分离器回收细粉，除尘后尾气排入大气。在全球洗涤剂市场，高塔喷雾干燥法是当前生产空心颗粒合成洗衣粉使用最普遍的方法。

高塔喷雾干燥法的主要工艺流程有浆料的配制、喷雾干燥、干燥介质的调控、成品的分离和包装等工序，其工艺流程见图 4-12。

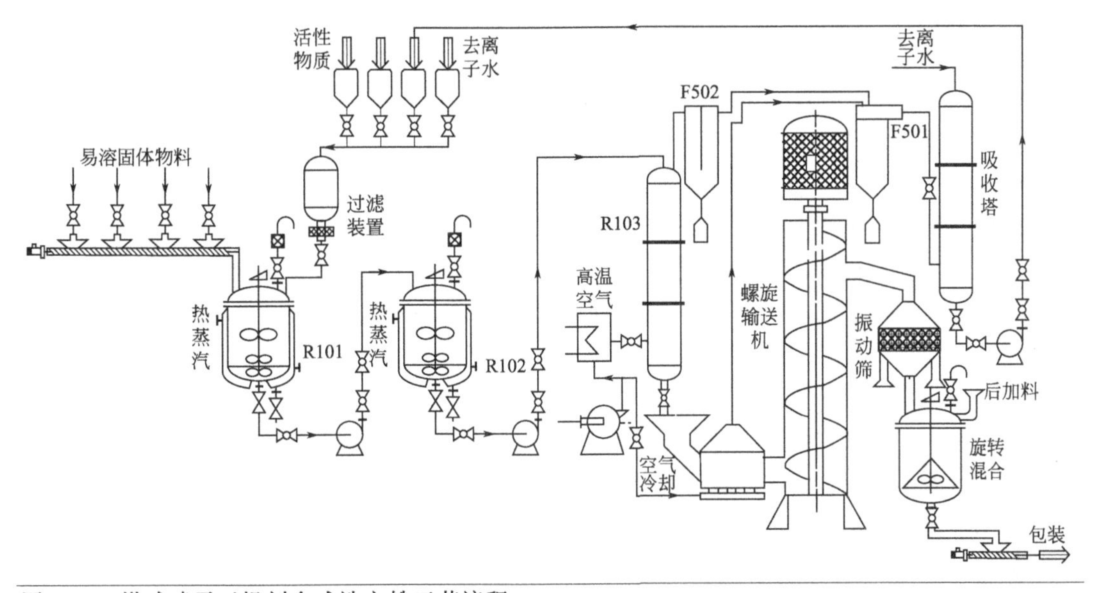

图 4-12 塔式喷雾干燥剂合成洗衣粉工艺流程

R101—混合罐；R102—静置罐；R103—喷雾高塔；F501—旋风分离器；F502—布袋过滤器

(1) 料浆的配制

料浆的配制要求均匀，有较好的流动性、合适的料浆含固量。一般当料浆固体含量在 60%～65%、温度在 60～70℃时，料浆的黏度最低，流动性最好。料浆温度过高，黏度反而会增高、变稠；温度过低，助剂溶解不完全，料浆黏度大，流动性差。因此要对料浆的配制温度进行调节。

间歇式配料时，选择好正确的加料顺序，有利于获得质量好的料浆。一般情况是先加有机原料，不易溶解的原料，密度轻、数量少的原料，后加无机原料及易溶解的原料。在生产含 4A 沸石的低磷或无磷洗衣粉时，由于 4A 沸石虽不溶于水，但它能吸附大量水分使料浆变稠，故一般在最后加入，混匀后立即过滤。料浆中总固体含量的高低对喷粉的产量、能耗有很大的影响，在保证料浆有一定流动性的条件下，浆料中总固体含量越高越好，但浆料中总固体含量必须保持相对稳定，以保证洗衣粉视密度的稳定。此外，浆料在配制完成后需有一定的老化时间。这是由于浆料的总固体含量一般在 60%左右，因为溶解度的限制，有 40%原料以悬浮的固体状态存在于料浆中，而有一部分固体原料（如硫酸钠、纯碱、三聚磷酸钠等）是无结晶水的，在配料温度下，会吸收水分，从而转变为结晶体。理论研究认为，三聚磷酸钠必须经老化转为六水结晶体，才能获得含水分含量高又可自由流动的洗衣粉，故生产有磷粉时，料浆必须有一段适当的老化时间。据国外资料介绍，经充分老化，洗衣粉中每 1%的三聚磷酸钠可使喷雾干燥粉含水 0.24%。

（2）喷雾干燥

料浆经高压泵从喷嘴以雾状喷入塔内，与高温热空气相遇，进行热交换。料浆的雾化是实现高塔喷雾干燥效率的关键环节。料浆雾化后雾滴的状态取决于料浆原来的性状；高压泵的压力，喷枪的位置、数量，喷嘴的形式、结构、尺寸都会对雾化产生影响。

喷粉塔应有足够的高度，以保证液滴有足够的时间在下降过程中充分干燥，并成为空心粒状。目前，我国的逆流喷雾塔有效高度一般大于 20m。小于 20m 的塔，空心颗粒形成不好，影响产品质量。塔径小于 5m，不易操作，容易粘壁；塔径过大，热量利用不经济。一般直径 6m、高 20m 的喷粉塔年产在 15000～18000t 之间。

（3）干燥介质的调控

热风的布置有三种情况，即逆流、顺流及混流。洗衣粉喷雾干燥采用热风与物料逆向流动的逆流布置，其热效率高，适合大颗粒、视密度较高产品的生产。

热风在塔内的风速设计值一般取 0.2～0.4mL/s，热风一般分多个进风口进入喷粉塔，要求每一个进风口的风量均一致。为了防止粉尘逸出塔外，有利于生产操作和使冷空气从塔底顺利进入，塔顶一般应控制一定的负压。

（4）成品的分离和包装

干燥后的产品颗粒降落到塔的锥形底部。为保持产品空心颗粒形态不受损坏，产品的传输多采用风力输送装置，在运输的同时也能起到降温、老化，使产品颗粒保持一定强度和水分，流动性好的作用。不完整的颗粒和细粉可在送风过程中进行分离。

根据市场需求，一些洗衣粉中还需加入香精、漂白剂、柔软剂、酶制剂等。这些助剂多属于热敏性物质，因此在洗衣粉冷却分离后方可加入。酶制剂采用颗粒酶混合法或酶直接黏结法加入。一些漂白剂如过硼酸盐、过碳酸盐等只能在喷粉后用机械混合法加入洗衣粉成品中。

以上经过加香或加酶后的成品即可送去包装。目前，我国洗衣粉分为大袋和小袋两种包装。大袋每袋 10～20kg，采用人造革或厚塑料袋包装；小装为一般零售商品，分 200g、300g、500g、1kg、3kg 等，采用复合型塑料袋。装袋时的温度越低越好，以不超过室温为宜，否则容易返潮、变质和结块。

4.6.2　附聚成型原理

附聚成型是干物料和液体黏结混合形成颗粒的过程，形成的颗粒成为附聚物。洗衣粉的附聚成型是用硅酸盐等液体组分与固体组分混合成均匀颗粒的一种物理化学混合过程。喷成雾状的硅酸钠在附聚设备中与碳酸钠等能水合的盐类接触，失水后干燥成一种干的硅酸盐黏结剂。然后通过粒子间的桥接，形成近似球状的附聚物。

附聚成型主要由原料输送设备、固/液体原料计量控制系统、预混合系统及附聚系统组成。固体原料通过斗式提升机送至固体料仓中，由固体流量计计量后进入预混合器进行预混，然后与经计量泵计量后喷成雾状的液体物料在附聚造粒机中进行造粒。其中，一方面由磺酸与纯碱、泡花碱进行中和反应；另一方面完成附聚造粒过程。整个造粒过程仅需几秒钟，造粒后的物料由斗式提升机送至成品仓库，再进行包装。附聚成型工艺流程见图 4-13。

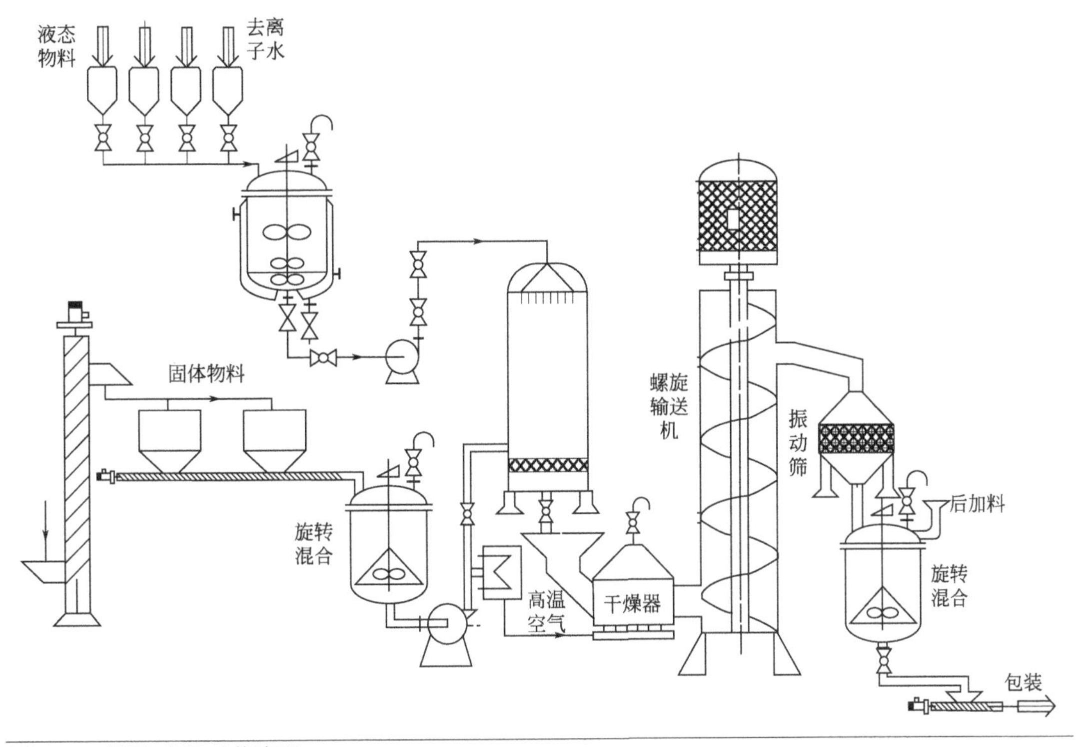

图 4-13　附聚成型工艺流程

4.6.3　流化床成型原理

流化床成型法由英国玛昌公司（Marchan）与丹麦油皂公司（The DanishOil Mill＆Soap Factories Ltd）合作研究开发，其工艺流程见图 4-14。各种粉体、助剂经风管送至料仓，再经过连续出料及计量装置，经料仓下面的传送带送至流化床成型室。活性剂液体及其他液体组分需要中和，可在此处与浓碱接触反应，液体组分由喷嘴连续喷入流化床的粉体中。流化床布满进气孔，各种物料被压缩空气翻腾混合，流化床上有气罩，可以回收被风吹出的细粉。由于成型过程是在低温下进行，所以三聚磷酸钠、过硼酸盐等很少被分解。成品视密度 0.36～0.4，含水 10%～12%，颗粒比高塔喷雾略大，粉体流动性好。

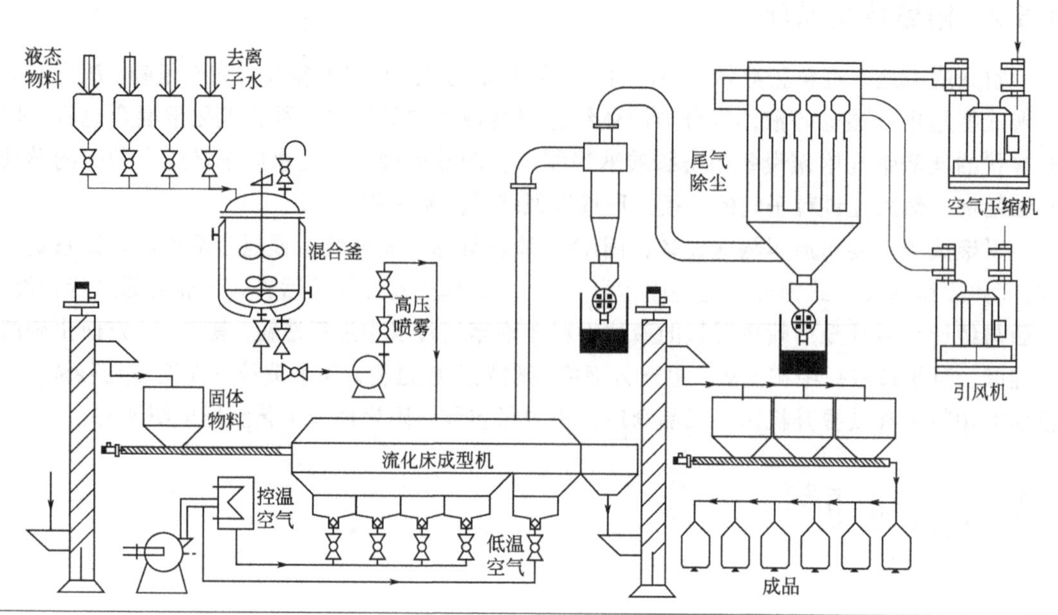

图 4-14 流化床干燥成型工艺流程

4.6.4 干混法成型原理

对不需进行复杂加工的配料，干混是生产各种工业产品的最经济和最简单的方法。它的基本工艺原理是，在常温下把配方组分中的固体原料和液体原料按一定比例在成型设备中混合均匀，经适当调节后获得自由流动的多孔性均匀颗粒成品。其工艺流程如图 4-15 所示。

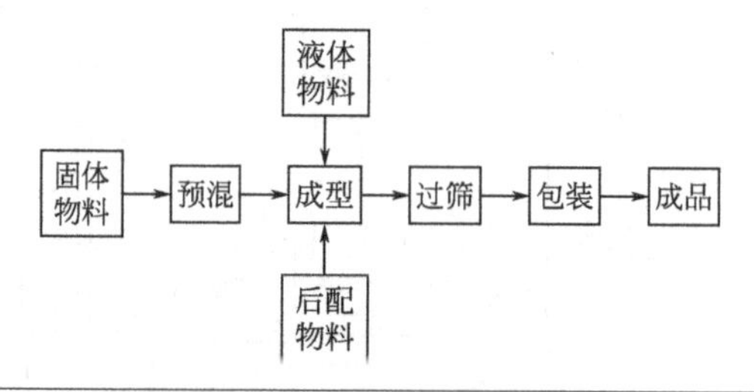

图 4-15 干混法成型洗衣粉工艺流程简图

4.6.5 喷雾干燥与附聚成型组合工艺原理

喷雾干燥、附聚成型组合法（Combex 工艺）是生产高活性物、高堆密度洗衣粉的一种行之有效的工艺过程。其对产品特性的益处是动态流动性变好、溶解性与分散性增大、堆密度增大、粒度分布变窄、平均粒径增大；对生产操作的益处有生产时粉尘减少、产能增大、操作弹性变大。

4.6.6 成型工艺的选择原则

选择采用何种成型技术受多种因素制约，如原料的级别和种类、产品的种类、产品的特殊性能（所需要的堆密度、预期产品粒度等）、单位生产能力和生产品种变更的频率、工作环境现场及地方环境法规等。成型工艺对产品指标和经济指标的影响如表 4-2 所示。

表 4-2　成型工艺对产品指标和经济指标的影响

指标	常见生产工艺														
	干混			附聚成型			组合型			流化床			喷雾干燥		
	优	良	差	优	良	差	优	良	差	优	良	差	优	良	差
去污范围		√		√			√				√			√	
活性物质比例			√		√		√					√	√		
密度		√		√				√			√			√	
粒径范围			√		√			√			√		√		
配方组成		√		√			√					√	√		
成本			√		√		√				√		√		
能耗			√		√			√			√		√		
配套场所		√			√		√				√		√		
配套设备			√		√			√				√		√	
辅助材料	√					√			√	√					√
实际操作			√		√		√					√	√		
环境保护			√		√		√					√	√		

4.7　液体洗涤剂生产工艺与设备

液体洗涤剂的生产工艺较简单，产品种类繁多，因此一般采用间歇式批量化生产工艺，而不采用管道化连续生产工艺。液体洗涤剂生产所涉及的化工单元操作和设备主要有：带搅拌、加热或冷却的混合或乳化釜，高效的乳化或均质设备，物料输送泵和真空泵，物料储罐，加热和冷却设备，过滤设备，包装和灌装设备。这些设备通过管道连接在一起，配以适当的能源动力即可组成液体洗涤剂的生产工艺设备。

控制产品质量的主要手段是在生产过程中控制物料质量检验、加料和计量、搅拌、加热、降温、过滤与包装。

液体洗涤剂的生产流程如图 4-16 所示。核心设备乳化罐（釜）实体与剖面图如图 4-17 所示。

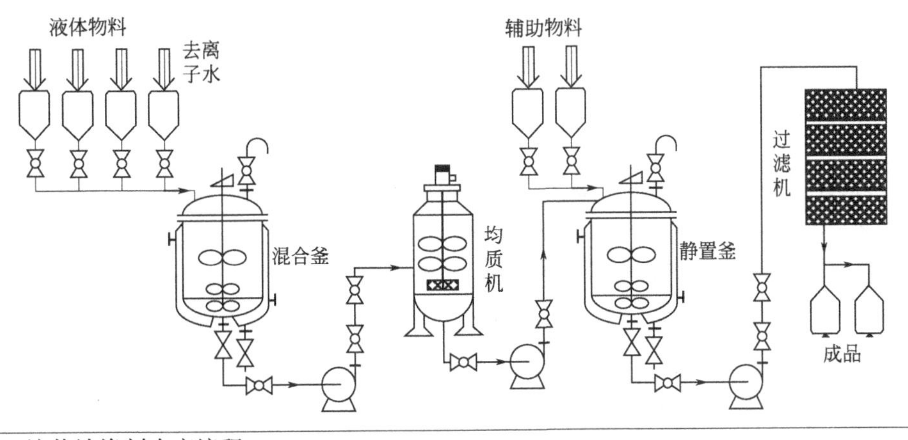

图 4-16　液体洗涤剂生产流程

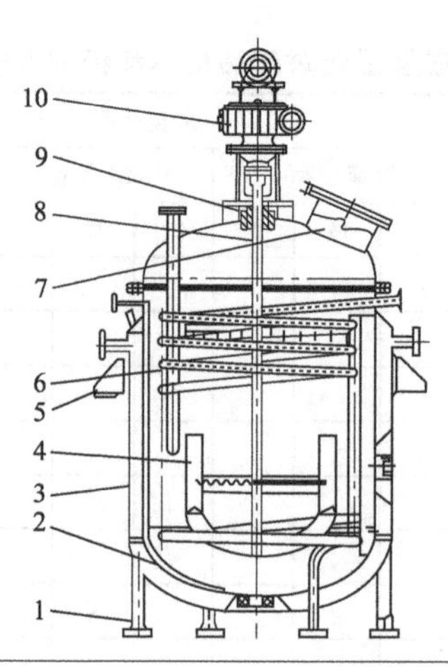

图 4-17　乳化罐（釜）实体与剖面图

1—电热棒插管；2—罐体；3—夹套；4—搅拌桨；5—支座；6—盘管；7—物料进口；8—搅拌轴；9—轴封；10—传动装置（电机和减速器）

4.7.1　原材料准备

液体洗涤剂原料种类多，形态不一。使用时，有的原料需预先熔化，有的需要溶解，有的需要预混。用量较多的易流动液体原料多采用高位计量槽，或用计量泵输送计量。有些原料需滤去机械杂质，水需进行去离子化处理。

4.7.2　复配

对于一般透明或乳状液洗涤剂，可采用带搅拌、加热或冷却且可调速的反应釜进行混合或乳化。

大部分液体洗涤剂是均相的活性物透明溶液或乳状液，其制备过程都离不开搅拌釜。一般液体洗涤剂的生产设备仅需带有加热或冷却夹套、可调速搅拌的反应釜。对于较高档的产品，如香波、浴液等，则可采用乳化机配制，与普通乳化机相比，真空乳化机制得的产品气泡少，膏体细腻，稳定性好。

洗涤剂的配制过程涉及混合或乳化。

（1）混合

液体洗涤剂的配制过程以混合为主，根据不同类型液体洗涤剂的特点，可用冷混法或热混法。

① 冷混法。首先将去离子水加入搅拌釜中，然后将表面活性剂溶解，再加入其他助洗剂，待形成均匀溶液后，加入其他辅助性成分如香料、色素、防腐剂、络合剂等。最后用柠檬酸或其他酸类调节所需的pH值，用无机盐（氯化钠或氯化铵）调整黏度。香料等若不能完全溶解，可先将其溶于少量助洗剂中或用香料增溶剂来解决。冷混法不适用于含蜡状固体或难溶物质的配方。

② 热混法。当配方中含有蜡状固体或难溶物质时，如珠光粉或乳浊制品，一般采用热混法。采用热混法时首先将表面活性剂溶于热水或冷水中，在不断搅拌下加热到 70℃，然

后加入要溶解的固体原料，继续搅拌，直到溶液呈透明为止。当温度下降至 25℃时，加色素、香料和防腐剂等。pH 值和黏度的调节一般都应在较低的温度下进行。采用热混法，温度不宜过高（一般不超过 70℃），以免配方中的某些成分遭到破坏。

在各种液体洗涤剂制备过程中，除一般工艺外，还应注意以下问题。如高浓度表面活性剂（如 AES 等）的溶解，必须把这类物质慢慢加入水中，而不是把水加入表面活性剂中，否则会形成黏度极大的团状物，导致溶解困难。溶解时适当加热可加速溶解过程。水溶性高分子物质如调理剂 JR-400、阳离子瓜尔胶等大都是固体粉末或颗粒，它们虽然溶于水，但溶解速度很慢，传统的制备工艺是长期或加热浸泡，其间天然制品还会出现变质等问题。将水溶性高分子中加入适量溶剂如甘油，能快速渗透使粉料溶解，在甘油存在下，特高分子物质加入水相，室温搅拌 15min，即可彻底溶解，在加热条件下可以溶解得更快。

（2）乳化

民用液体洗涤剂中希望加入一些不溶性添加剂以增强产品的功能，或是制成彩色乳液以博得客户喜欢。部分工业用液体洗涤剂则必须制成乳液才能使其功能性成分均匀分散。因此，部分液体洗涤剂只有通过乳化工艺才能生产出合格产品。乳化工艺除与乳化剂有关外，还包括适宜的乳化方法、温度、乳化速度等。常用的乳化方法有:

① 转相乳化法（PTI）。在一较大容器中制备好内相（如若要制取 O/W 型乳状液，内相为油相），将另一相（外相，即水相）在搅拌下按细流形式加入或一份一份地加入。先形成 W//O 型乳状液，随水相增加，乳状液逐渐增稠，但在水相加至一定量时，发生相反转，乳状液突然变稀，并转变成 O/W 型乳状液，然后继续将余下的水相加入，最终得到 O/W 型乳状液，此种方法称为转相乳化法。

该法得到的乳状液颗粒分散很细且均匀。该法在转相前应给予乳化体系充分的搅拌，一定要保证乳化体系的均匀，特别是转相前的临界点一定要特别注意。一旦完成相转移过程，再强烈的搅拌也不会使乳液粒子的粒径发生变化。

② 自然乳化法。将乳化剂加入油相中，混匀，使用时将其一次性、分批成细流加入水中，通过搅拌即能将油很好地分散于水中。矿物油、石蜡之类易于流动的液体常采用这种方法进行乳化，黏度较高的油可在较高温度下进行乳化。自然乳化是水的微滴进入油中并形成通道，然后将油分散开来。因此使用多元醇乳化剂不容易实现自然乳化。

③ 机械强制乳化法。均质器和胶体磨都是用于强制乳化的机械，这类机器用相当大的剪切力将被乳化物撕成很细微的均匀粒子，形成稳定的乳液。所以用转相乳化法和自然乳化法不能制备的乳液，可以尝试采用机械强制乳化法进行乳化。

在各种液体洗涤制备工艺中，除上述已经介绍的工艺和设备外，还涉及对产品特性的调整，如加香、加色、调黏度、调透明度、调 pH 值等，一般这些特性的调整均通过添加相应的助剂实现。

4.7.3　后处理

① 过滤。从配制设备中制得的洗涤剂在包装前需滤去机械杂质。一般可选用滤布（多用 200 目）来实现。

② 均质老化。乳化工艺所制得的乳液，其稳定性往往较差，如果用均质器或胶体磨进行均质，使乳液中的分散相颗粒更加细小，更加均匀，则产品更加稳定。经均质或搅拌混合

的制品，放在储罐中静置老化几小时，待其性能稳定后再进行包装。

③ 脱气。由于混合或乳化过程中的搅拌和表面活性剂共同作用，液体洗涤剂中常常混有气泡。气泡自然排出的时间较长，且能使产品的稳定性和储存性变差，并能使包装计量不准确，特别是黏度较大的液体洗涤剂尤为突出。在生产中可采用真空乳化工艺或乳化后采用真空低速搅拌一段时间的方法，使产品中的气泡排出。

4.7.4 灌装

产品的灌装质量与内在质量同等重要。因此，在生产过程的最后一道工序，灌装质量的好坏将在很大程度上影响产品的销售。对于塑料瓶包装，正规生产应使用灌装机包装流水线进行灌装，小批量生产可采用高位槽手工灌装。灌装过程应严格控制灌装量，做好封盖、贴标签、装箱、记载批号和合格证等。袋装产品通常使用灌装机灌装封口。灌装机从对物料的包装角度可分为液体灌装机、膏体灌装机、粉剂灌装机、颗粒灌装机；从生产的自动化程度可分为半自动灌装机和全自动灌装生产线。

4.7.5 浆状洗涤剂生产工艺与设备

浆状洗涤剂的生产关键要使成品稳定而均匀，呈黏稠的胶态分散体，不致因长期储存和气温变化而产生分层、结块、结晶或变为流体等现象。生产设备除反应釜外，还要增加三辊研磨机，通过研磨增加胶体的稳定性。

生产是将活性单体用泵打入反应釜，加水，用蒸汽夹套加热至规定温度，搅拌，依次投入助剂如尿素、硫酸钠、羧甲基纤维素、三聚磷酸钠、碳酸钠等，搅拌均匀，冷却，出料，再通过研磨机研磨，即得成品。

浆状洗涤剂的配方中应严格控制无机盐的含量，如硫酸钠、碳酸钠等的加入量，防止结晶析出。添加尿素对无机盐可产生络合作用，可增进成品在低温下的流动性，加入酒精防止产品在低温下裂开。浆状洗涤剂中的活性物最好以脂肪醇硫酸盐或非离子活性剂为主，也可加入烷基苯磺酸钠，但手感粗糙。

4.8 洗涤剂存在的问题与发展趋势

4.8.1 洗涤剂存在的问题

经济的发展、技术的创新、环境保护要求的提高和人口的增长都促使着洗涤剂的发展。而这些集中表现为一个巨大的驱动力——消费者的需求。全球洗涤剂的发展特点：一是迅速，二是不均衡。在西班牙，73%的消费者认为有许多污垢不能在常规条件下洗掉；在美国，有90%的消费者认为在洗涤中遇到困难。另外，在延长和增加纤维和被洗涤表面，使洗涤过程更简易、轻松方面，还有很大的改进空间。总的来说，虽然洗涤剂发展迅速，但其还存在如下问题。

① 产品结构不尽合理，产品质量趋于低档化。我国浓缩洗衣粉目前只占洗衣粉总量的4%左右，绝大多数仍以普通洗衣粉为主，含有较多的非有效化学成分，既浪费资源又增加消耗，影响产品性能；原料价格波动对肥皂影响很大；产品区域低档化，过分依赖价格竞争

和规模扩张，产品附加值不高；符合低碳经济的浓缩型洗涤剂，特别是浓缩型液体洗涤剂占整个洗涤用品总量的比例很小。

② 低价竞争造成企业发展困难。经过反复的价格大战，洗涤剂行业终端产品的价格已经基本降至底线，整个行业进入了微利时代。低价竞争导致企业在新产品及技术开发、市场调研、产品推广等方面的投入不足。长此以往，洗涤剂用品行业以及企业的发展必然会受到限制，破坏产业的价值链，不利于行业健康持续发展。

③ 技术创新能力有待进一步提升。虽然国内规模较大的企业逐渐开始重视科技创新的投入，加大新技术、新产品的研发力度，但投入仍然不足，新成果的产业化率低；新产品产值占总产值比重低，市场上一些特殊功能的原料还主要依赖跨国公司的产品。创新能力不足限制了我国洗涤用品行业持续发展的能力。

④ 产能过剩，低水平重复建设严重。据行业调查，目前我国是洗涤用品消费大国，2021 年洗涤用品销量达到了 1137.67 万吨。其中洗衣粉是我国洗涤用品行业占比最大的产品。以 2020 年的数据为例，洗衣粉占整个洗涤用品市场 32.96%的市场份额。

⑤ 功能型表面活性剂短缺。我国化学工业经过数十年发展，已经实现了大宗表面活性剂的国产化，能够满足行业的基本需求，但仍缺少技术含量高、产品质量高、性价比高以及具有特殊功能的表面活性剂新品种，我国可生产的表面活性剂品种不到世界已有品种的 40%。如欧美市场的液体洗涤剂配方中常用的脂肪酸甲酯乙氧基化合物（FMEE）及其磺化盐（FMES）等，国内仍然无法产业化生产，因此“十五五”期间要实现我国洗涤剂的发展，必须加大功能性表面活性剂的研究与开发力度。

⑥ 节能减排任务艰巨。洗涤用品的节能减排压力体现在两方面：一是产品结构的不尽合理，洗涤产品以普通粉状产品为主，产品有效物含量低，直接导致生产过程、流通以及消费环节中的无效能耗和物耗，而产品结构的调整又受到生产工艺和装备的技术水平以及原料品种的制约。二是表面活性剂中间体和产品工艺技术和工程化水平不高，如大多数生产工艺均为间歇式操作，反应的动力及热能消耗相对较高。表面活性剂生产领域的生态循环与经济发展矛盾依然突出，对清洁生产工艺开发不足，资源利用效率及合理性有待于进一步改善，节能降耗减排尚不充分。

4.8.2　洗涤剂的发展趋势

（1）浓缩化

浓缩化是当今洗涤剂研究和市场开发的重要趋势之一。浓缩产品的显著优点是高的活性物含量，与此同时，也具有节省能源、节省包装材料、降低运输成本，以及减少仓储空间的优点。近年来，市场上的浓缩洗衣粉、超浓缩液洗剂、浓缩餐具洗涤剂、浓缩织物柔软剂不断涌现，而且发展较快，随着对环境问题的日益关注，消费者也逐渐认识到浓缩产品的原料、包装材料用量少（节约包装材料 40%～50%），对环境污染小，有利于环境保护。因而，也有越来越多的消费者开始接受浓缩产品。目前，美国的浓缩液体洗涤剂已占到洗涤剂总量的 80%；日本的浓缩洗衣粉已经占到洗衣粉总量的 95%以上；欧洲的浓缩洗衣粉占有率达到 40%。

为推进中国浓缩洗涤剂发展，2019 年 9 月 10 日，“中国洗涤用品行业洗涤剂浓缩化绿色发展峰会”在北京举行，中国洗协浓缩洗涤剂标志 2009 年首批认标产品 15 种，全部为浓缩洗衣粉产品；2012 年第二次认标产品 22 种，推广效果仍不理想，原因有三点：一是消费者已习惯于目前随意投放的洗涤方式，使用浓缩产品难以把握精准投放量，使用浓缩洗涤剂未达到减少使用量、降低费用的预期效果；二是由于浓缩洗涤剂本身附加值高，单价也偏高，而消费者对传统低价大包装产品的认知度高，使浓缩产品推广受到影响；三是国家对限制塑料包装用量的相关政策法规没有出台，从生产源头无法对企业进行制约，从市场管理角度，对消费者购买节能、环保标志产品缺少鼓励措施，从消费环节，对消费者宣传引导和使用指导也欠缺。

针对这些问题，中国洗涤用品工业协会建议，一是加大洗涤剂浓缩化的科普宣传教育推广工作力度；二是配合各有关部门积极研究提出削减洗涤剂产品使用塑料包装的政策措施，制定相关法律法规，倒逼生产、销售、使用环节加快洗涤剂浓缩化进程；三是行业协会组织生产企业和研究机构开展相关专题研讨、技术培训、新技术新材料推广等相关活动，推进行业绿色化、浓缩化发展。

（2）安全化

洗涤剂的安全涉及对人体的安全和对环境的安全。洗涤剂的基本成分是表面活性剂和助剂。由于洗涤剂使用广泛，因此其残留有可能直接或间接地对人体健康产生影响。洗涤剂中表面活性物质及添加剂含量各不相同，洗涤剂使用主要是溶于水，在污水中洗涤剂的生物学效应更为复杂，除组成洗涤剂各种化学物质本身的固有毒性外，还有经生物降解或代谢后的产物对生物的毒害效应。此外，各化学物质之间还有增强作用、协同作用和拮抗作用。因此，洗涤剂对人体的刺激性与安全性是洗涤剂需要控制的重要指标，每个新产品必须经过毒性和皮肤刺激性试验。为取得温和效果，各生产厂商都采用了低刺激、对人体温和的表面活性剂来降低洗涤剂对皮肤的刺激性，降低配方的酸碱性来提高产品的安令性，天然成分、草药成分的使用也满足了消费者对产品安全性的需求。如近年来关于液体洗涤剂中联苯乙烯类荧光增白剂、洗发水中微量烷烃对人体健康影响的大范围讨论，美国食品药品监督管理局（FDA）将禁售含有三氯生、三氯卡班、苯酚等 19 种活性成分的香皂。可见，洗涤剂对人体安全性的要求将不断提高，可以预见，以后的洗涤剂新产品将越来越重视原料与配方对人体的安全。

随着对环境保护的重视，各国越来越关注洗涤剂对环境的影响，并制定法律法规来限制洗涤剂对生态环境的最终影响。由国家相关部门牵头，洗涤用品行业已制定出行业的清洁生产标准，并逐步推广。表面活性剂是洗涤剂中最重要的组分，其生物降解性及降解产物的安全性直接关系到洗涤剂的生态环境，不易降解的表面活性剂受到了严格限制。例如，双长链烷基二甲基季铵盐虽然有很好的杀菌功能、柔软功能，但其生物降解性差。20 世纪 90 年代以来，随着双长链烷基二甲基季铵盐缺点的暴露，以及美国、欧洲等国家和地区对这种阳离子表面活性剂的使用实施禁令，新一代环境友好的酯基季铵盐，特别是双烷基酯基季铵盐取得了长足的发展。在欧洲市场，酯基季铵盐已经取代了原来稳定的双长链烷基二甲基季铵盐，该事件被认为是继直链 ABS（LAS）代替支链 ABS 之后的表面活性剂历史上第二大事件[6]。近年来，我国酯基季铵盐的用量也在快速增长，一大批新兴的以酯基表面活性剂为主产品的公司正在快速成长。

（3）高效化

筛选更加高效的表面活性剂，并对洗涤剂配方进行优化，开发出高效的洗涤剂是洗涤剂发展的方向之一。因为，高效的洗涤剂可使洗涤剂的用量减少，从而直接减少洗涤剂生产所消耗的资源与能量，更少的表面活性剂对环境产生的富营养化、降解过程的生态压力也随之减少。如基于天然原料开发的α-磺基脂肪酸甲酯钠（MES），性能温和、毒性低、配伍性强，达到相同的去污力所使用的 MES 量仅为烷基苯磺酸钠（LAS）的 30%，在硬水和无磷的条件下，MES 的去污能力远高于 LAS。因此，在相同的配方中，使用 MES 的量更小，其对环境产生的压力也更小。

（4）功能化

目前，虽然市场上通用型产品越来越少，但一剂多功能的产品还是受到广泛的关注。这主要是在保证产品原有功能的基础上，附加其他的辅助功能，以加强产品的应用性。最常见的是在净洗基础上增加柔软性，使洗后织物具有体感柔软、抗静电性的功能。这类产品有纺织柔软洗涤剂、地毯柔软洗涤剂以及二合一香波等。另一个常见的功能是漂白作用，漂白能提高洗涤剂去污力，并具有消毒作用。这类产品有漂白洗涤剂、消毒洗涤剂等。

（5）专业化

虽然全功能清洁剂可用于各种清洁用途，但通用型产品，由于考虑到清洁工作及清洗对象的共性，其清洗作用反而变差，故将洗涤剂发展成为对某一物体具有更好洗净力的专一性产品，是洗涤剂发展到一定阶段的必然要求，也符合洗涤剂市场的需求。据统计，美国洗涤剂商品牌号达 5 万多个。

家用洗涤剂的发展最能体现产品的专业化。织物洗涤剂最早只有洗衣粉，现在不仅有轻、重垢洗衣粉，洗衣液，还发展了衣领去污剂、漂白剂、柔软剂、干洗剂、消毒杀菌剂等专用洗涤或养护产品。针对衣物质地的不同，也出现了丝绸、羊毛衫、棉麻专用洗涤剂等专业化产品。针对婴儿、儿童、妇女等不同人群，开发出具有针对性的洗涤剂。居室清洁剂以前很鲜见，但现在出现了各种地毯清洁剂、玻璃清洁剂、家具上光剂、空气清新剂、马桶清洁剂、浴室清洁剂、地面清洁剂、壁纸清洁剂等。厨房清洁剂则从手用餐具洗涤剂发展到机用餐具洗涤剂、抽油烟机清洁剂、下水道疏通剂、玻璃杯清洁剂、除垢剂等，在今后一段时间，洗涤剂还将继续朝着更专业化的方向发展，出现更多新的产品。

（6）绿色化

随着对环境保护的重视，各国越来越关注洗涤剂对环境的影响，并制定法律法规来限制洗涤剂对生态的最终影响。洗涤剂的绿色化趋势有以下三点：

① 无磷化。磷可使江、河、湖水体富营养化，导致水草滋生，并可造成鱼虾死亡、赤潮等。各国从 20 世纪 60 年代开始就给予了极大的关注。我国从 1997 年开始，逐步在北京密云水库、滇池、太湖地区、浙江实施了限制措施，禁止使用含磷洗涤剂。1999 年以来，大连、厦门、三峡库区、广东等地区也相继出台了禁用含磷洗涤剂的法规。禁磷、限磷是一个大的趋势，如何解决磷的代用品问题则是一个实施的关键步骤。

过去的 10 年里，三聚磷酸钠（STPP）或其他磷酸盐仍是很多家用清洗剂的主要配方成分。磷酸盐对表面活性剂去除油污和其他污垢具有非常重要的作用，但它们本身很难从废水中脱除，从而流向湖泊和河流，引起水质的富营养化，导致水藻疯长。仅用沸石替代三聚磷酸钠的方法已被证实并不是十分有效，但是科学家在配方中加入一定量的柠檬酸钠和硅酸钠后，可以使无磷洗涤剂配方的去污力基本接近含磷洗涤剂的配方。然而，并非所有洗涤领域的磷酸盐均可被替代。磷酸盐在自动洗碗机专用洗涤剂中的含量虽然很少，但其是真正能够提高洗涤效率的关键组分，而目前洗涤剂厂商尚未找到有效替代品。这导致 2010 年 7 月美国在自动洗碗机洗涤剂中禁用磷酸盐后，自动洗碗机用洗涤剂的销量锐减。可见，洗涤剂中磷酸盐的替代仍是一个急需解决的技术难题。

② 表面活性剂生物降解。表面活性剂是洗涤剂中最重要的组分，其生物降解性及降解产物的安全性，直接关系到洗涤剂的生态影响。不易降解的支链烷基苯磺酸已基本完成了历史使命，烷基酚聚氧乙烯醚的使用也受到了严格限制。在西欧，卤化双十八烷基二甲基铵也受到了限制。开发和使用性能优越、生态友好的表面活性剂成了表面活性剂和洗涤剂生产商的生态责任。从现有市场看，使用可再生动植物资源，生产可降解表面活性剂将是表面活性剂的发展趋势。

③ 以氧代氯。含氯漂白消毒剂是良好的辅助剂，价格也便宜，但氯漂白剂对水体动植物有较大的影响，同时使用上也较为严格。使用性能更加温和、生态更加安全的氧漂剂过碳酸钠、过硼酸钠等替代含氯漂白剂是洗涤辅助剂的一个发展趋势。

参考文献

[1] 刘云. 洗涤剂——原理·原料·工艺·配方[M]. 北京：化学工业出版社, 2013.

[2] 李东光. 实用洗涤剂配方与制备 200 例[M]. 北京：化学工业出版社, 2022.

[3] 胡学一，冯鹏，方云，等. 延展型表面活性剂中 PEO 与 PPO 的协同效应[J]. 精细化工, 2021, 38(9): 1819-1823.

[4] 裴渊超，牛亚娟，张婉军，等. 离子液体微乳液研究进展[J]. 中国科学：化学, 2020, 50(2): 211-222.

[5] 王英雄，邓曼丽，唐永强，等. 含有酰胺基或酯基的可降解阳离子 Gemini 表面活性剂在水溶液中的聚集行为[J]. 物理化学学报, 2020, 36(10): 105-117.

[6] 王军，张高勇. 表面活性剂/洗涤剂的世界趋势和国内发展探讨[J].日用化学工, 1997(1): 32-36.

第 5 章 化妆品生产工艺原理与流程

化妆品涉及生命科学、天然产物化学、皮肤科学、应用化学、精细化工等多个学科，是面向终端消费者的一门交叉学科。人类使用化妆品的历史源远流长，关于化妆品的使用可以追溯到公元前的中国、古希腊、古埃及。在中国，化妆品的历史记载非常丰富，《汉书》中就有关于女性画眉、点唇的记载，《齐民要术》中介绍了有丁香香味的香粉，后唐《中华古今注》也有关于胭脂的记载。

进入 20 世纪后，随着现代生物科技、医学、精细化学工艺等领域科技的不断进步，学科交叉的不断深入，新科技的不断植入，化妆品的科技内涵得到了不断的提升，我国化妆品工业也得到了长久的发展。化妆品工业是我国国民经济的重要组成部分。

5.1 化妆品简介

人类使用化妆品最初的目的是保护身体，使得裸露的身体能够抵御大自然中温度的变化、紫外线或强光的照射、虫蚁等带来的伤害。现代科学技术的发展推动化妆品的内涵发生了根本的变化，化妆品的作用转化为清洁、美容、保护、防止老化等。

《化妆品分类》（GB/T 18670—2017）将化妆品定义为：“化妆品是指以涂抹、喷洒或者其他类似方法，施用于（皮肤、毛发、指甲、口唇等人体表面），以清洁、芳香、保护、美化、修饰为目的的日用化学工业产品。”

《化妆品分类》（GB/T 18670—2017）按照功能将化妆品分为清洁类化妆品、护理类化妆品、美容/修饰类化妆品三大类，每一种功能的化妆品又可以按照使用部位分为皮肤用化妆品、毛发用化妆品、指（趾）甲用化妆品、口唇用化妆品，其中包含了多个品种。

国际上则将化妆品分为两大类：①护肤、护发用品，属于基础化妆品，产品有雪花膏、冷霜、润肤霜、蜜类、花露水、生发水、洗发香波、护发素等；②美容化妆品，如香粉、粉饼、粉底霜、面膜、指甲油、眼影粉、眉笔、染发剂、头发固定剂等。

化妆品按照主要作用可分类为：清洁作用、保护作用、营养作用、美容作用、预防治疗作用化妆品。

中华人民共和国《化妆品监督管理条例》规定：“用于染发、烫发、祛斑美白、防晒、防脱发的化妆品以及宣称新功效的化妆品为特殊化妆品。”

近年来随着化妆品市场份额的不断加大，消费者对特殊功能化妆品的需求不断提高，在化妆品抽检过程中发现了一些药品添加的现象，严重危害了消费者的利益。如 2005 年卫生部通报的对 9 个省市 189 种“宣称祛痘、除螨及去皱”等功能化妆品的抽检情况显示：126 种祛痘类产品中 17 种产品被检出甲硝唑；9 种产品被检出氯零素；6 种产品同时被检出甲硝唑和氯霉素；63 种祛皱功能的护肤类化妆品中部分检出含有可的松、地塞米松、雌激素等物质。

事实上特殊用途化妆品的范畴应该是药物与化妆品结合的一类化妆品，是医药学和精细化学之间的交叉产业。

5.2 化妆品原料

原料决定化妆品的特性和品质，是化妆品产业化的核心内容，化妆品原料按性质和用途分为基质原料、辅助原料和添加剂。

5.2.1 基质原料

基质原料是根据化妆品类别和形态要求，赋予产品剂型特征的组分，是化妆品配制必不可少的原料。基质原料主要有油性原料、粉质原料、胶质原料、溶剂原料、表面活性剂等。

（1）油性原料

油性原料是化妆品的主要基质原料，主要有油脂类、蜡类、高级脂肪酸类、高级脂肪醇类和酯类等。

① 油脂类和蜡类。油脂类和蜡类是组成膏霜、唇膏、乳液类等化妆品的油性基质原料，主要是动植物油脂、矿物油脂、合成油脂、动植物蜡类、矿物蜡类、合成蜡类等。

动植物油脂和动植物蜡类是化妆品中最为常用的一类安全性较高的油性原料，常见的有橄榄油、茶籽油、椰子油、蛇油、马油、巴西棕榈蜡、蜂蜡等。其中，橄榄油是较为常用的植物油脂，是发油、防晒油、唇膏和 W/O 型霜膏的重要原料；巴西棕榈蜡是化妆品原料中硬度最高的一种蜡类原料，主要用于增加制品的硬度、耐热性、韧性和光泽度，在唇膏、睫毛膏等化妆品中较为常见；蜂蜡又称蜜蜡，是构成蜂巢的主要成分，配伍性好，是乳液类化妆品中的油相组分，也起助乳化作用，在唇膏、发蜡、油性膏霜等制品中常见使用。

矿物油脂和矿物蜡类是指以石油、煤为原料精制得到的蜡性组分，该类原料性质稳定，价格较低，常用的有液状石蜡（白油）、凡士林等。

合成油脂和合成蜡类通常是通过各种油脂或原料，改性得到的油脂和蜡类，常用的有羊毛脂衍生物、硅油衍生物等。

② 高级脂肪酸类、高级脂肪醇类和酯类。高级脂肪酸、脂肪醇是动植物油脂和蜡类的水解产物，脂肪酸酯类则是高级脂肪酸人工酯化后的产物。其中，高级脂肪酸和脂肪醇是各种乳液和膏霜的重要原料，脂肪酸酯则常用于代替天然油脂，赋予乳化制品特殊功能，也是脂溶性色素和香精的溶剂。部分脂肪酸酯还具有优良的表面活性。

（2）粉质原料

粉质原料是爽身粉、香粉、粉饼、胭脂、眼影等化妆品的基质原料，主要起遮盖、滑爽、附着、摩擦等作用。此外，它在芳香制品中也用作香料的载体，在防晒化妆品中用作紫外线屏蔽剂。

常见的粉类原料有滑石粉、高岭土、钛白粉、云母粉等。滑石粉的延展性为粉体类中最佳，但吸油性及吸附性稍差，多用在香粉、爽身粉等中；高岭土对皮肤黏附性好，具有抑制皮脂及吸收汗液的性能，在化妆品中与滑石粉配合使用，能起到缓和及消除滑石粉光泽的作用，是制造香粉、粉饼、水粉、胭脂、粉条及眼影等制品的常用原料；钛白粉的遮盖力是粉末中最强的，且着色力也是白色颜料中最好的，又因为对紫外线透过率最小，常用于防晒化妆品，也可作香粉、粉饼、水粉饼、粉条、粉乳等产品中重要的遮盖剂。

（3）胶质原料

胶质原料主要是水溶性高分子化合物，又称水溶性聚合物或水溶性树脂。化妆品所用的天然胶质原料有淀粉、植物树胶、动物明胶等，这类天然化合物易受气候、地理环境的影响而质量不稳定。近年来，大量的合成高分子化合物被大量使用，如聚乙烯醇等。

（4）溶剂原料

溶剂是液状、浆状、膏状化妆品（如香水、花露水、洗面奶、冷露、雪花膏及指甲油）等多种制品配方中不可或缺的主要成分，主要起溶解作用，使制品具有一定的物理性能和剂型。化妆品中溶剂原料主要包括水，醇、酮、醚、酯类及芳香族有机化合物等。

（5）表面活性剂

表面活性剂是化妆品的重要组分之一，对化妆品的形成、理化特性、外观和用途都有着重要作用。它的主要作用有乳化作用、增溶作用、分散作用、起泡作用、去污作用、润滑作用和柔软作用等。

5.2.2 辅助原料

辅助原料及添加剂对化妆品的成型、色、香和某些特性起作用，一般用量较少，但也有重要作用，主要有色素、香精、防腐剂、抗氧化剂和各种添加剂等。

① 色素。色素也称着色剂，是彩妆类化妆品的主要成分，主要有有机合成色素、无机颜料、天然色素和珠光颜料四类。

② 香精。香精由香料调配而成，赋予化妆品舒适的气味。香精的选择不仅影响制品的气味，还可能会造成刺激性、致敏性等问题，并有可能影响产品的稳定性，因此在配制时需要考虑香精的物理、化学和毒理性质。

③ 防腐剂。在化妆品中添加防腐剂，其作用是使化妆品免受微生物的污染，延长化妆品的寿命，确保其支全性。2022 版《化妆品安全技术规范》对化妆品组分中限用防腐剂的最大允许浓度及限用范围和必要条件都有明确的规定。

此外，化妆品中还需要一些添加剂来实现保湿、营养、抗衰老、防晒等作用，该部分的原料和应用将在后面各章具体分析与研究。

5.3 化妆品设计与生产原理

5.3.1 保湿化妆品

5.3.1.1 皮肤的生理结构

人体皮肤如同人体的屏障，保护着体内各组织和器官免受外界的机械性、物理性、化学性或生物性侵袭或刺激，同时具有天然的保湿性能。皮肤分表皮、真皮和皮下组织三部分，每个部分对皮肤的保湿性能起到各自的生理作用。

皮肤表皮层是直接与外界接触的部分，其中从外向内与保持水分关系最为密切的是角质层、透明层和颗粒层。颗粒层是表皮内层细胞向表层角质层过渡的细胞层，可防止水分渗透，对储存水分有重要的作用。透明层含有角质蛋白和磷脂类物质，可防止水分及电解质等透过皮肤。角质层是表皮的最外层部分，由角质形成细胞不断分化演变而来，重叠形成坚韧富有弹性的板层结构。角质层细胞内充满了角蛋白纤维，属于非水溶性硬蛋白，对酸、碱和有机溶剂具有抵抗力，可抵抗摩擦，阻止体液的外渗以及化学物质的内渗。角蛋白吸水能力强，角质层不仅能防止体内水分的散发，还能从外界环境中获得一定的水分。健康的角质层细胞一般脂肪含量为7%，水分含量为15%～25%，如水分含量降至10%以下，皮肤就会干燥发皱，产生肉眼可见的裂纹甚至鳞片即为皱纹。

真皮在表皮之下，主要由蛋白纤维结缔组织和含有糖胺聚糖的基质组成。真皮结缔组织中主要成分为胶原纤维、网状纤维和弹力纤维，这些纤维的存在对维持正常皮肤的韧性、弹性和充盈饱满程度具有关键作用。真皮中含水量的下降可影响弹力纤维的弹性和胶原纤维的韧性。纤维间基质主要是多种糖胺聚糖和蛋白质复合体，它们在皮肤中分布广泛，可以结合大量水分，是真皮组织保持水分的重要物质基础。例如透明质酸（HA）就是真皮中含量最多的糖胺聚糖。真皮基质中HA减少，糖胺聚糖类变性，真皮上层的血管伸缩性和血管壁通透性减弱，都将导致真皮内含水量下降，影响皮肤光泽度、弹性和饱满度，并出现皮肤老化的现象。

皮下组织内含较多的血管、淋巴管、神经、毛囊、皮脂腺、汗腺等。其中，皮脂腺分布于全身皮肤，内部为皮脂细胞，是皮肤中分泌油性物质——皮脂的腺体。皮脂形成油脂膜，使皮肤平滑、光泽，并可防止皮肤水分的蒸发，起润滑皮肤的作用。小汗腺是分泌汗液的腺体，它借助肌上皮细胞的收缩将汗液输送到皮肤表面，平时分泌量较少，以肉眼看不见的蒸汽形式发散，分泌量增加时在皮肤表面形成水滴状。汗液不断分泌起保湿作用，防止皮肤干燥，并有助于调节体温和排出体内的部分代谢产物。此外，部分水在尚未到达表皮时，已经汽化为蒸汽，从皮肤溢出，造成皮肤失水，这一过程目前被认为与表皮的角质化程度和速度有关系。

5.3.1.2　皮肤的渗透和吸收作用

皮肤是人体的天然屏障和净化器，皮肤对机体起到保护作用，并且具有一定的渗透能力和吸收能力，有些物质可以通过表皮渗透入真皮，被真皮吸收，影响全身。一般情况下，多数水和水溶性物质不可直接被皮肤吸收，而油和油溶性物质可经皮肤吸收。其中，动物油脂较植物油脂更易被皮肤吸收，矿物油、水和固体物质不易被皮肤吸收。

物质一般通过角质层最先被吸收，角质层在皮肤表面形成一个完整的半通透膜，在一定条件下水分可以自由通过，进入细胞膜到达细胞内。外界物质对皮肤的渗透是皮肤吸收小分子物质的主要渠道，物质进入皮肤的可能途径有：a. 角质层是影响皮肤渗透吸收最重要的部位，软化的皮肤可以增加渗透吸收，软化角质层后，物质经角质层细胞膜渗透进入角质层细胞，继而可能再透过表皮进入真皮层；b. 少量大分子和不易透过的水溶性物质，可通过皮肤毛囊，经皮脂腺和毛囊管壁进入皮肤深层的真皮内，再由真皮层进一步扩散；c. 一些超细物质也可经过角质层细胞间隙渗透进入真皮。

皮肤的渗透和吸收作用受以下因素影响：a. 皮肤表皮角质层的完整性直接影响皮肤的渗透性和吸收性能；b. 皮肤的水合作用是影响皮肤吸收速度和程度的主要因素，可影响渗透物质在角质层内的分配和浓度梯度；c. 表皮被水软化后的吸收能力增强；d. 表皮的脂质组成也是影响皮肤渗透性的重要因素。

此外，化妆品中采用的一些组分，如渗透剂、透皮促进剂、脂质体等，也能影响皮肤的渗透和吸收作用。

5.3.1.3　天然保湿因子

1976 年，Jacobi 发现在皮肤角质层中有许多吸附性的水溶性物质参与了角质层中水分的保持，并将这类物质命名为天然保湿因子（NMF）。NMF 形成于表皮细胞的角化过程，具有稳定皮肤角质层中水分含量的作用，还具备从空气中吸附水分的能力。

NMF 中的氨基酸、吡咯烷酮羧酸、乳酸、尿酸及其盐类等物质多为亲水性物质（表 5-1）。这些物质都具有极性基团，易与水分子以化学键、氢键、范德华力等形式形成分子间缔合，使得水分挥发能力下降，从而起到皮肤保湿的作用。另外，这些亲水性物质能镶嵌于细胞脂质和皮脂等结构中，或被脂质形成的双分子层包围，起到防止亲水性物质流失和控制水分挥发的作用。

表 5-1　NMF 的化学组成

成分	含量/%	成分	含量/%	成分	含量/%
氨基酸类	40	钠	5	氯化物	6
吡咯烷酮羧酸	12	钾	4	柠檬酸盐	0.5
乳酸盐	12	钙	1.5	糖、有机酸、肽等	8.5
尿素	7	镁	1.5		
氨、尿酸、氨基葡萄糖、肌酸	1.5	磷酸盐	0.5		

NMF 的这些成分一般存在于角质细胞中。如果皮肤角质层的完整性受到破坏，NMF 将会受到影响，皮肤的保湿作用下降。皮肤角质层中的 NMF 是皮肤保湿的重要内部因素。

5.3.2　祛斑美白化妆品

5.3.2.1　皮肤的颜色

人体肤色根据人种不同而有白、黄、棕、黑之分，同一人种存在个体差异。即使同一个人在同一个时期，不同部位的颜色也不尽相同。人类的肤色受很多因素影响，如皮肤表面的反射系数，表皮和真皮的吸收系数，皮肤各层的厚度，吸收紫外线和可见光的物质含量等。皮肤颜色变化的影响因素主要有以下三类：

① 皮肤内各种色素的含量与分布状况。皮肤的色素物质主要包括黑色素、胡萝卜素，其中黑色素是决定皮肤颜色的主要因素。黑色素由黑素细胞产生，不同种族的人群，因产生黑色素的量的差异，色素沉积的程度也存在差异。黄色人种其皮肤的颜色与皮肤内含有的胡萝卜素有关，胡萝卜素呈黄色，多存在于真皮和皮下组织内。

② 皮肤血液内氧合血红蛋白与还原血红蛋白的含量。血红蛋白呈粉红色，氧合血红蛋白呈鲜红色，还原血红蛋白呈暗红色，各种血红蛋白含量和比例发生变化会导致皮肤的颜色也随之改变。

③ 皮肤的厚度及光线在皮肤表面的散射现象。肤色还受皮肤表皮角质层、表皮透明层及颗粒层厚度的影响。若角质层较厚，则皮肤偏黄色；颗粒层和透明层较厚，皮肤偏白色。此外，光线在皮肤表面的散射现象也会影响皮肤的颜色。在皮肤较薄处，因光线的透光率较大，可以折射出血管内血红蛋白透出的红色，皮肤呈红色；在皮肤较厚的部位，光线透过率较差，只能看到皮肤角质层内的黄色胡萝卜素，因此皮肤呈黄色。老年人的皮肤，则由于真皮的弹力纤维变性断裂，弹性下降，加之皮肤血运较差而呈黄色。

除色素的形成、皮肤的厚薄外，皮肤中血管数目、皮肤血管是否充血、血液循环快慢等，都可直接影响皮肤的颜色。此外，体内的代谢物质像脂色素、含铁血黄素和胆色素等也会影响皮肤的色素改变，进而改变人体肤色。此外，肤色改变还可由药物（如氯苯酚嗪、磺胺）、金属（如金、银、铋、铊）、异物及其代谢产物（如胆色素）的沉着而引起，或由皮肤本身病理改变如皮肤异常增厚、变薄、水肿、发炎、浸渍、坏死等变化引起。

5.3.2.2 黑色素的产生

黑色素为高分子生物色素，主要由两种醌型的聚合物组成，分别是真黑素和褐黑素。其中真黑素是皮肤中色素的最为重要的组成成分。皮肤中黑色素的形成过程包括黑色素细胞的迁移、分裂、成熟、黑素小体的形成、黑色素颗粒的转运以及黑色素的排泄等一系列生化过程。

黑色素细胞中黑色素的合成过程主要通过以下过程实现（图 5-1）：a. 在酪氨酸酶的催化作用及氧化物质的参与下，酪氨酸被氧化为多巴醌；b. 多巴醌进一步氧化为多巴和多巴色素，多巴是酪氨酸酶底物，它被催化重新生成多巴醌；c. 多巴色素在互变酶的催化下转变为 5,6-二羟基吲哚（DHI）和 5,6-二羟基吲哚羧酸（DHICA），并在各自的氧化酶作用下氧化生成真黑素；d. 在此过程中，多巴醌与半胱氨酸或谷胱甘肽反应，生成半胱氨酰多巴，进而转变为黑色素的另外一种组成——褐黑素，目前关于褐黑素在皮肤中的功能尚无文献报道。

从生物化学的角度来看，黑色素的形成必须有基本原料酪氨酸，以及“三酶”“一素”“一基”共同完成。“三酶”主要是酪氨酸酶、多巴色素互变酶、DHICA 氧化酶。酪氨酸酶属于氧化还原酶，是黑色素形成的主要限速酶，因此其活性大小决定了黑色素形成的数量多少。多巴色素互变酶又称酪氨酸酶相关蛋白，主要调节 DHICA 的生成速率，主要影响黑色素分子的大小、结构和种类。DHICA 氧化酶是酪氨酸酶同源的糖蛋白，除了参与黑色素的代谢，还影响黑色素细胞的生长和死亡。“一素”指内皮素，又称血管收缩肽，存在于血管内壁，受雌激素和紫外线的影响。“一基”指氧自由基，广义上包括带有未配对电子的原子、离子或功能基。在正常生物代谢过程中，机体会不断产生氧自由基。氧自由基可被细胞内防御系统快速清除，因此无细胞损害。当机体暴露于电离子辐射、环境污染、放射性物质等外部诱导因素下，细胞内氧自由基大量生成，并分布于细胞膜和线粒体内。由于其具有高度活泼性，氧自由基可以与细胞内的各种物质发生反应，影响细胞的正常状态。在皮肤结构中，氧自由基可与结缔组织中的胶原蛋白作用，导致其韧性降低引起皱纹，并参与黑色素形成的氧化过程，造成色素沉积。

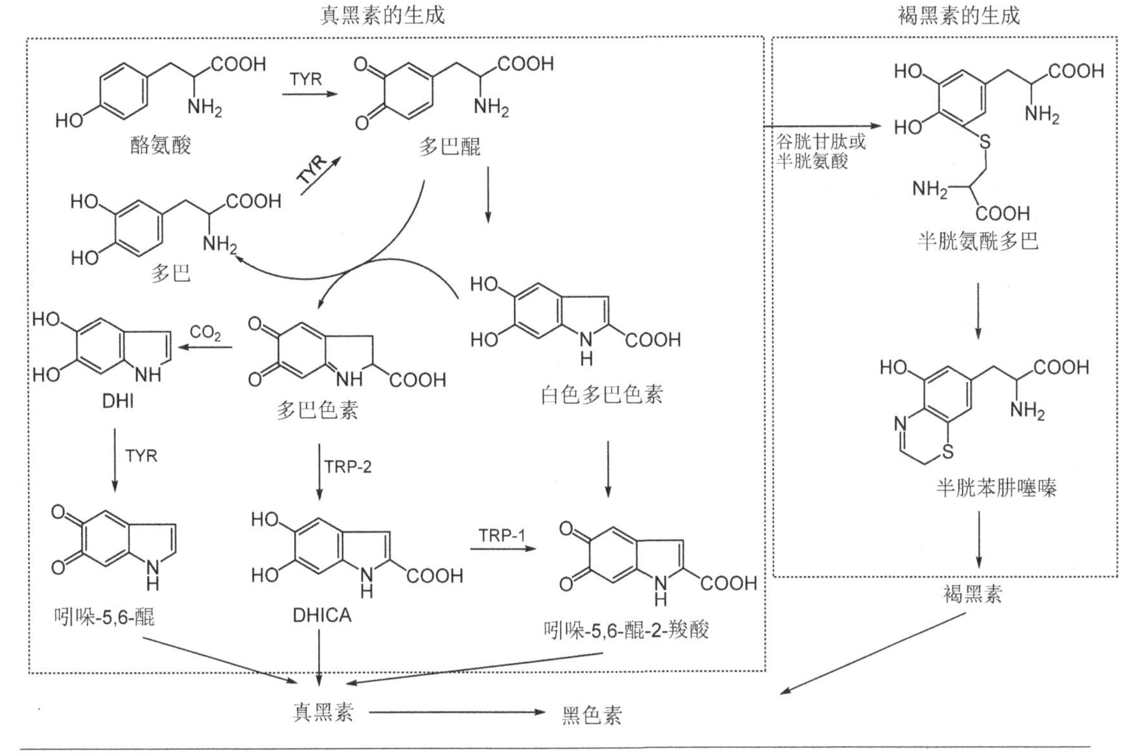

图 5-1　黑色素的生成

5.3.2.3　色斑的分类与形成的原因

色斑，也称面部皮肤色素代谢障碍性疾病，是由皮肤黑色素分布不均匀造成的皮肤斑点、斑块或斑片。

色斑的分类：

皮肤色斑是由于皮肤内色素增多而出现的褐色、黄褐色、黑色等小斑点，如黄褐斑、雀斑、黑斑、老年斑等。黄褐斑，是一种发生于面部的色素代谢异常、沉着性皮肤状况，多见于中年妇女，其主要表现为面部出现大小、形状不一的黄褐色或灰黑色斑，常对称分布于额、面、颊、鼻和上唇等部位，不高出皮肤，边界清楚，长期存在，日晒后往往加重。雀斑，一般分布于脸部容易受日光照射的区域。黑斑，又称蝴蝶斑，集中于两颊，形似展开的蝴蝶。老年斑，一种老年性皮肤病变，在医学上叫作脂漏性角化症晒斑。

色斑的形成原因：

① 内部因素

a. 遗传基因。遗传是决定肤色和色斑的最为关键的因素。

b. 精神因素。紧张、劳累、长期受压引发肾上腺素分泌，破坏人体正常的新陈代谢平衡，导致皮肤所需营养供给缓慢，促使黑色素细胞变得活跃，进而导致色素沉积。

c. 激素分泌失调。女性在孕期或服用避孕药的过程中出现激素分泌失调是导致育龄女性产生皮肤色斑的重要原因。怀孕中因女性雌激素的增加，在怀孕 4～5 个月时容易产生色斑，大部分随着产后激素水平的回落会逐步消失。个别产妇由于新陈代谢异常、强烈紫外线辐照、精神等因素的干扰，也会出现色斑加深的现象。避孕药里所含的雌激素，也会刺激黑色素的大量合成。

d. 疾病和新陈代谢缓慢。肝的新陈代谢功能不正常、卵巢功能减退、甲状腺功能亢进都将导致色斑的生成。

e. 皮肤的自愈过程。皮肤过敏、外伤、暗疮、粉刺等在治疗的过程中受过量紫外线照射，皮肤为了抵御紫外线损伤，在炎症部位聚集黑色素，造成色素沉着。

② 外部因素

a. 紫外线。在紫外线照射下，人体为了保护皮肤，会在基底层产生黑色素，因此长期的紫外线照射可引起皮肤色素沉着，或加深皮肤色斑。

b. 不良的清洁习惯。不正确的清洁习惯使皮肤变得敏感，也能引起黑色素细胞分泌黑色素。

5.3.2.4 皮肤美白祛斑的基本原理

根据皮肤色斑形成基本原理可知，要使肤色均匀、白皙，就需要减少皮肤中黑色素的累积，主要途径有两种:

（1）抑制黑色素的生成

① 抑制酪氨酸酶的生成和活性。在黑色素合成的“三酶一素一基”理论中，酶的催化活性决定了黑色素合成的整个环节，而在三酶中，酪氨酸酶在黑色素的生物合成中扮演了关键角色，因此抑制酪氨酸酶的活性或者数量是皮肤美白剂的重要发展方向，且在化妆品的生产上，酪氨酸酶抑制剂是应用最为广泛的皮肤美白剂。

酪氨酸酶抑制剂的作用机制可总结为：减少多巴醌的生成，如维生素C，它能够减少多巴醌向多巴的还原，进而减少多巴色素和最终的黑色素的生成；清除多巴醌，常见的有含硫化合物，这类化合物能够与多巴醌结合生成无色物质，减少黑色素的合成原料；竞争型酪氨酸酶抑制剂，该类物质能够作为新的底物与酪氨酸酶结合，与酪氨酸发生竞争关系，这类物质多为与酪氨酸或多巴结构类似的化合物，如苯酚或儿茶酚衍生物；非特异性的酶灭活剂，通过非特异性的酶蛋白变性实现酶活性的抑制；特异性的酪氨酸酶灭活剂或抑制剂，通过化学键的形式可逆或不可逆地结合酪氨酸酶，使得催化剂的结构发生变化而发生暂时或永久的失活。

② 清除氧自由基。酪氨酸酶是一种含铜需氧酶，在酪氨酸转化为多巴的反应过程中，必须有氧自由基参加。在此过程中，氧自由基既是引发剂又是反应物，酪氨酸酶的催化氧化过程，其实也是人体内清除自由基的过程。氧自由基的清除可以阻断酪氨酸酶的催化反应，从而使酪氨酸氧化反应的强度减弱。美白化妆品配方设计时常加入自由基清除剂以实现美白的效果，如维生素E、超氧化物歧化酶（SOD）、维生素C等。

③ 防止紫外线的刺激。紫外线照射是诱导黑色素生成的最为常见的外部因素，任何形式的色斑沉积均会由于紫外线的刺激而出现加深的现象，因此防止紫外线照射是防止黑色素生成的重要的人为可控的方式。

（2）促使黑色素的快速排泄

黑色素排泄主要有两条途径：一是黑色素在皮肤内被分解、溶解和吸收后穿透基底膜，被真皮层的嗜黑色素细胞吞噬后，通过淋巴液带到淋巴结再经血液循环从肾脏排出体外；二是黑色素通过黑色素细胞树枝状突起，向角朊细胞转移，然后随表皮细胞上行至角质层，随老化的角质细胞脱落而排出体外。黑色素细胞形成黑色素的合成率，与其被摄取、转运后的清除率，在体内通过一系列反馈、影响机制而保持同步，处于动态平衡，从而维系着人类肤色的相对稳定。色斑的形成从生物学角度而言，是由于黑色素排泄速率低于生成速率，因此加速黑色素的排出是皮肤美白的有效手段。加速黑色素排泄的方式通常是通过在化妆品的配方中加入细胞新陈代谢促进剂，如果酸、维生素等。

5.3.3　洁肤化妆品

皮肤是人体的最大器官，具有调温、分泌、吸收、代谢、感觉等功能，是机体的天然屏障，更是人体健康美丽的主要体现载体。

人体每天暴露在自然环境中，紫外线、粉尘、细菌以及皮脂及汗液的分泌无时无刻不在侵害着皮肤。这些表面污垢如不及时清除，易堵塞毛孔、皮脂腺、汗腺通道，将会影响皮肤的正常新陈代谢和其他生理活动，并为细菌的生长繁殖创造条件，最终加速皮肤衰老并引发各种皮肤疾病。因此，清洁皮肤是保持皮肤卫生、健康不可缺少的过程，是皮肤护理的基础。

洁肤化妆品是指那些能够去除污垢、洁净皮肤而又不会刺激皮肤的化妆品。与传统的洗涤、清洗品不同，必须考虑人体皮肤的生理作用，需在保障皮肤正常生理作用的前提下有效地清除皮肤污物，实现温和、安全和效率并重。不同类型的清洁类化妆品作用机制有所区别。如肥皂、泡沫清洁类化妆品主要是利用表面活性剂来降低皮肤污垢的表面张力，通过乳化、增溶和溶解等方式来去除皮脂；清洁霜、卸妆油等主要通过油相成分和水相成分来溶解残留于皮肤的污垢；面膜类和去死皮类产品则通过去除老化的角质层来去除皮肤深层污垢。

洁肤化妆品设计需考虑人体皮肤的渗透和吸收作用（可参考 5.3.1.2 节）皮肤的分泌和排泄作用。

皮肤具有分泌和排泄功能，主要通过汗腺和皮脂腺进行。汗液是皮肤的排泄物，皮脂是皮肤的分泌物。

汗腺分为小汗腺（或外分泌腺）和大汗腺（或顶泌腺）两种，它们各自有不同的生理活动，但都具有分泌和排泄汗液的能力。

汗液主要由小汗腺分泌，全身分布有 200 万个小汗腺。汗液中含有 99.0%～99.5%的水，以及 0.5%～1.0%的无机盐和有机物质。无机盐主要为氯化钠，有机成分有尿素、肌酸、氨基酸、肌酸酐、葡萄糖、乳酸和丙酮酸等。影响小汗腺分泌的因素主要有温度、精神、药物、饮食等。大汗腺主要分布在腋窝、乳睾、脐周、会阴和肛门等部位。皮肤中的大汗腺分泌物由细胞破碎物组成，是一种带有荧光的奶状蛋白液体。其中含有脂褐素，具有黄色、褐色和棕色沉积，被细菌作用后产生汗臭味。

皮脂通过皮脂腺分泌。皮脂腺遍布全身，其中，头面部、躯干中部、外阴部分布多且体积大，被称为皮脂溢出部位。皮脂覆盖于皮肤和头皮等皮脂溢出部位，其中包含多种脂类物质，包括角鲨烯（12%～14%）、胆固醇（2%）、蜡脂（26%）、甾醇酯（10%）、甘油三酯（50%～60%）等。皮脂排泄随年龄、性别、人种、温度、湿度、部位等有所差异。

皮脂具有参与形成皮表脂质膜、润滑毛发及皮肤、防止皮肤干燥皲裂等作用，其中的脂肪酸对真菌和细菌的生长有轻度抑制作用。

5.3.4 抗衰老和抗皱化妆品

老化又称衰老，指生物发育成熟后，在正常状况下机体随着年龄增加，出现机能减退、内环境稳定能力下降、结构组分逐渐退行性改变并趋向死亡的不可逆自然现象。皮肤衰老是老化的一个表现，皮肤的衰老不仅影响美观，而且也增加了皮肤疾病的发生率，如脂溢性角化、日光性角化、基底细胞癌、鳞状细胞癌等。

皮肤的成长期一般结束于25岁左右，被称为“皮肤弯角期”，该阶段皮肤的生长与老化到达基本平衡的状态，皮肤弹力纤维开始逐渐变粗；40～50岁为初老期，皮肤的老化逐渐明显。皮肤衰老主要表现为：

① 皮肤组织衰退。皮肤的厚度随着年龄的增加而改变。正常情况下，20岁左右表皮细胞层最厚，随着年龄增长将逐渐变薄，到老年期颗粒层逐渐萎缩至消失，棘细胞生存期缩短。表皮细胞核分裂增加，黑色素增多，故老年人肤色多呈现棕黑色。此外，未脱落的老化细胞附着于角质层，使皮肤表面变硬无光泽。30岁左右，真皮层逐渐变薄萎缩，皮下脂肪减少，弹力纤维、胶原纤维的流失和结构变化使得皮肤弹性和张力变差，导致皮肤松弛[1]。

② 生理功能衰退。皮肤的老化还表现在皮脂腺、汗腺功能衰退，汗液与皮脂分泌减少，因此造成皮肤保持水分的潜力下降，使得皮肤干燥、无光泽；血液循环功能的减退则使皮肤的营养补给能力下降，造成皮肤损伤愈合能力减弱。

5.3.4.1 皮肤老化的机理

现代研究认为皮肤衰老是内源性和外源性因素协同作用的必然结果。内源性衰老是根本，主要由遗传背景和年龄因素决定。外源性衰老则主要取决于外界的环境因素，如紫外线照射、吸烟、环境污染、生活习惯、精神因素、饮食习惯、内分泌紊乱、慢性消耗性疾病等，外源性衰老可延缓或加速内源性衰老。现代研究关于内源性衰老机制有很多，如非酶糖基化、神经内分泌失调、自由基、线粒体损伤、生物钟、免疫、营养等多种原因。

① 基因水平的改善是抗衰老的有效手段。遗传基因是决定皮肤衰老最为关键的内源性因素。皮肤衰老的实质是细胞分裂增殖速度与老化速度之间的失衡，因此从细胞水平而言，抗衰老应从促进细胞分裂、增殖的角度出发来平衡细胞的增殖和老化。近年来研究结果显示，基因水平的抗衰老可通过对细胞的生长周期、分裂次数的调控来实现，最为有效的手段是延长细胞的生长周期或增加细胞分裂的次数。例如，有研究利用生物技术把活性DNA导入衰老细胞中，弥补衰老细胞遗传基因的不足，可修复皮肤的遗传衰老；许多草药也具有DNA修复的功能，如枸杞子、人参、三七、刺五加、五味子等，因此在抗衰老化妆品中草药的使用越来越广泛。此外，有研究通过调控皮肤细胞内某些基因的表达，使对应受体增加，来提高细胞对某些生长因子的敏感性或提高细胞内一些活性因子的生成，进而促进胶原蛋白等抗衰老成分的分泌。

② 抗紫外线、抗氧化是消除外源性衰老的重要方法。随着年龄增加和紫外线照射，皮肤弹力纤维逐渐变性、增厚，胶原蛋白含量逐渐减少。紫外线诱导产生自由基，过量的自由基增加了细胞膜内磷脂的过氧化作用，并产生弹性酶，使弹性纤维性质发生改变。此外，过量的自由基可直接损伤血管，诱导炎症，释放胶原酶，进一步加速真皮结缔组织破坏，同时血管炎症使血管壁通透性降低，造成血液循环障碍，导致代谢产物堆积。因此，抗紫外线和

抗氧化是皮肤抗衰老的重要方法。

目前常用的具有抗氧化作用的活性原料主要有 3 类:

a. 生物制剂类。如 SOD、谷胱甘肽过氧化酶（GSH-Px）、过氧化氢酶（CAT），金属硫蛋白（MT）、木瓜巯基酶、辅酶 Q10 等。研究发现皮肤衰老与皮肤内辅酶 Q10 减少直接有关，实验证明辅酶 Q10 可渗透并通过表皮活性层，局部应用可提高表皮的抗氧化能力，因此辅酶 Q10 是化妆品中较为常用的抗衰老有效成分。

b. 天然草药制剂类。如人参、丹参、当归、银杏叶、甘草、灵芝、绞股蓝、五味子、枸杞、红景天等草药的提取液，都具有不同程度的抗衰老抗氧化能力。因此，具有抗氧化能力的天然有效成分在化妆品中的应用最为广泛。

c. 化学合成、半合成制剂类。人工合成的各种抗氧化酶、抗氧化剂及其衍生物在抗衰老化妆品中也得到了充分的应用，如维生素 E、维生素 A、维生素 C、胡萝卜素、尿囊素、2-巯基乙胺（2-MEA）、丁羟甲苯（BHT）、硒代蛋氨酸、抗交联的各种配位剂、螯合剂及清除脂褐质的甲氯芬酯、氯丙嗪、姜黄素、乳清酸镁等。此外，一些氨基酸，如甘氨酸、丝氨酸与水杨醛缩合产物，也能抑制脂质过氧化，预防皮肤衰老。

③ 抗糖化是最容易忽视的抗老化手段。细胞糖化是皮肤衰老的最容易忽视的诱因。人通过分解食物中的碳水化合物获得糖分并提供能量。当摄入糖分过多时，初期糖化产物无法在体内正常转化与代谢，则通过人体内自带的淀粉酶（FNSK）进行逆转。如未能顺利逆转，则会与体内蛋白质结合产生糖化终产物（AGEs）。AGEs 是一种劣质蛋白质，形成后不易分解，在体内长时间堆积会引发糖尿病、心血管疾病、阿尔茨海默病等慢性疾病，是破坏皮肤中胶原蛋白的大敌。

糖化现象主要存在于皮肤真皮层的成纤维细胞上，该部分的细胞主要负责产生弹力蛋白和胶原蛋白。真皮层自然留存下来的糖类会附着在纤维细胞上，形成约束物质 AGEs，导致纤维细胞间产生胶着并使得网状结构涣散，失去对皮肤表面的支撑力，造成皮肤纹理变粗、产生皱纹。

同时，糖化也使皮肤颜色灰暗，其主要原因是：AGEs 本身是褐色；糖化的胶原蛋白硬化凝集，导致深入皮肤透光性下降，使皮肤失去透明感，显现暗黄；表皮细胞内的角蛋白发生糖化后，导致新陈代谢和皮肤滋润度降低，也造成皮肤暗淡无光。

5.3.4.2　皱纹形成的原因

皱纹是指皮肤受到外界环境影响，形成游离自由基，破坏正常细胞膜组织内的胶原蛋白、活性物质，氧化细胞而形成的不规则的纹理。皱纹出现的顺序一般是前额、上下眼睑、眼外眦、耳前区、颊、颈部、下颌、口周。面部皱纹分为萎缩皱纹和肥大皱纹两种类型。萎缩皱纹是指出现在稀薄、易折裂和干燥皮肤上的皱纹，如眼部周围细小皱纹；肥大皱纹是指出现在油性皮肤上的皱纹，数量不多，纹理密而深，如前额、唇、下颌处的皱纹。

皱纹形成的原因有以下几方面：

① 胶原蛋白和脂肪含量的改变。随着年龄的增长，皮肤真皮网状弹力纤维发生结构变化，真皮成纤维细胞寿命缩短，分裂能力下降，弹性蛋白的基因表达骤降，使功能性弹性纤维合成减少，引起皮肤弹性和韧性下降；皮下组织中脂肪组织的萎缩及功能改变，引起皮肤饱满度下降，这些是皱纹形成的关键因素。

② 皮肤保水功能的减退。随着年龄的增长，表皮与真皮连接处变平，表皮变薄、表面积增大，使皮肤水分挥发加快；角质层 NMF 含量减少致使皮肤水合能力下降；皮肤组织中的汗腺数量减少，功能萎缩，油脂分泌功能下降，使得皮肤角质层中的水脂乳化物含量较少，皮肤表皮保水能力下降。

③ 皮肤新陈代谢水平下降。年龄的增长导致表皮细胞的代谢能力减弱，更新速度减慢，新生细胞生成减少，角朊细胞增大。部分角朊细胞出现角化不全、表面轮廓不清等现象，角质层屏障功能减弱；新陈代谢水平的下降导致毒素积累，加快了皮肤组织和细胞的损伤，导致真皮结构蛋白、结缔组织和酸性糖胺聚糖的降解，促使皮肤进一步老化和皱纹加重加深。

④ 抗光老化能力的改变。年龄的增长导致活化的黑色素细胞的数目减少，储备能力下降，使其光老化作用加强，导致真皮弹性纤维变性增速。

5.3.5 防晒化妆品

防晒化妆品是一类用于防止或减弱紫外线对皮肤伤害的化妆品，其配方中添加有一定量的防晒剂。

从生理学和心理学角度看，阳光中的紫外线对人体健康是有益的。适度的阳光照射不仅可以加快血液循环，帮助合成维生素 D 以促进钙离子的吸收，而且能使人心情平静。此外，紫外线还可以用于皮肤病的治疗。但是，过度的紫外线辐射也会引起多种皮肤损害，如日晒伤、皮肤黑化、皮肤光老化、皮肤光敏感甚至引起皮肤癌等病变。

5.3.5.1 紫外线对皮肤的生物损伤

紫外线通常用 UV 表示，指太阳光线中波长为 100～400nm 的射线，是太阳光中波长最短的一部分。根据不同的生物学效应，紫外线可分为三个波段：长波紫外线（UVA），波长为 320～400nm；中波紫外线（UVB），波长为 280～320nm；短波紫外线（UVC），波长为 100～280nm。其中，UVC 具有较强的生物破坏作用，可用于环境消毒，但阳光中的 UVC 被臭氧层吸收，不会对皮肤造成损伤，因此能辐射到地面的只有 UVA 和 UVB。

UVA 位于可见光蓝紫色区以外，渗透力极强，可穿透真皮层，使皮肤晒黑，导致脂质和胶原蛋白受损，引起皮肤光老化甚至皮肤癌，其作用缓慢持久，具有不可逆的累积性，且不受窗户、遮阳伞等的阻挡，又称“黑光区”；UVB 对皮肤作用能力最强，可到达真皮层，使皮肤晒伤，会引起脱皮、红斑、晒黑等现象，但可被玻璃、遮阳伞、衣服等阻隔，又称“红斑区”。简言之，UVA 主要引起长期、慢性的皮肤损伤；UVB 则引起即时、严重的皮肤损伤。因此，UVB 是造成紫外线晒伤的主要波段，也是防晒化妆品主要需要抵御的紫外线波段。

紫外线对皮肤的生物损伤主要表现在日晒红斑和日晒黑化两方面。

（1）皮肤日晒红斑

皮肤日晒红斑即日晒伤，又称日光灼伤、紫外线红斑等，是紫外线照射后在局部引起的一种急性光毒性反应。临床上表现为肉眼可见、边界清晰的斑疹，颜色可为淡红色、鲜红色或深红色，有程度不一的水肿，严重者出现水疱。

目前研究认为红斑的发生机制有：体液因素，紫外辐射可在皮肤黏膜引起一系列的光化学和光生物学效应，使组织细胞出现功能障碍或造成其结构损伤；神经因素，紫外线红斑反应也受神经因素的多重调节。

紫外线红斑的影响因素总结如下：

① 紫外线照射剂量。在特定条件下，人体皮肤接受紫外线照射后出现肉眼可辨的最弱红斑需要一定的照射剂量或照射时间，即皮肤红斑阈值，通常称为最小红斑量（MED）。

② 紫外线波长。人体皮肤被各种波长的紫外线照射可出现不同程度的红斑效应。波长为 297nm 的 UVB 红斑效应最强，通常将 UVB 称为红斑光谱。

③ 皮肤的光生物学类型。皮肤对紫外线照射的反应性。

④ 不同照射部位。人体不同部位皮肤对紫外线照射的敏感性存在着差异。一般而言，躯干皮肤敏感性高于四肢，上肢皮肤敏感性高于下肢，肢体屈侧皮肤敏感性则高于伸侧，头面颈部及手足部位对紫外线最不敏感。

⑤ 肤色深浅。一般来说，肤色深者对紫外线的敏感性较低。肤色加深是一种对紫外线照射的防御性反应，经常日晒不仅可使肤色变黑以吸收紫外线，也可以形成对紫外辐射的耐受性，使皮肤对紫外线的敏感性降低。

⑥ 生理和病理因素。众多的生理和病理因素可影响皮肤对紫外辐射的敏感性，从而影响紫外线红斑的形成，如年龄、性别等。此外，多种系统性疾病和皮肤病变可明显影响皮肤对紫外线照射的敏感性。

（2）皮肤日晒黑化

皮肤日晒黑化又称日晒黑，指紫外线照射后引起的皮肤黑化作用。经紫外线照射，皮肤或黏膜出现黑化或色素沉着，是人体皮肤对紫外线辐射的反应。

皮肤日晒黑化根据反应的时间差异分为即时性黑化、持续性黑化和延迟性黑化。即时性黑化指照射后立即发生或照射过程中发生的一种色素沉着。通常表现为灰黑色，限于照射部位，色素消退快，一般可持续数分钟至数小时不等。持续性黑化指随着紫外线照射剂量的增加，色素沉着可持续数小时至数天，可与延迟性红斑反应重叠发生，一般表现为暂时性灰黑色或深棕色。延迟性黑化指照射后数天内发生，色素可持续数天至数月不等。延迟性黑化常伴发于皮肤经紫外辐射后出现的延迟性红斑。

皮肤日晒黑化的反应机制：即时性黑化的发生机制是紫外线辐射引起黑色素前体氧化的结果。持续性黑化或延迟性黑化则涉及黑色素细胞增殖、合成黑素体功能变化以及黑素体在角质形成细胞内的重新分布等一系列复杂的光生物学过程。

皮肤日晒黑化的影响因素总结如下：

① 照射强度和剂量。在特定条件下，人体皮肤接受紫外线照射后出现肉眼可辨的最弱黑化或色素沉着需要一定的照射剂量或照射时间，即皮肤黑化阈值，又称为最小黑化量（MPD）。

② 紫外线波长。UVC 中 254nm 波段致色素沉着效应最强，UVB 中 297nm 波段黑化效应最强，而 UVA 中 320～340nm 的黑化效应较强。

③ 皮肤的光生物学类型。UVA 诱导皮肤发生黑化的过程表现出更大的个体差异。

5.3.5.2　防晒化妆品的种类

目前，防晒化妆品种类主要有防晒霜、防晒乳、防晒喷雾和防晒粉底等。涉及的剂型主要是乳液、膏霜、油、水剂等。

① 防晒油。防晒油是最早的防晒制品剂型。许多植物油对皮肤有保护作用，而有些防晒剂又是油溶性的，将防晒剂溶解于植物油中制成防晒油。其优点是制备工艺简单，防水性较好，易涂展；缺点是造成皮肤油腻感，易粘灰，不透气，油膜较薄且不连续，难以达到较高的防晒效果。

② 防晒液。为了避免防晒油在皮肤上的油腻感，通常用酒精溶解防晒剂制成防晒液。这类产品中加有甘油、山梨醇等保湿剂，可在皮肤表面形成保护膜，但防晒液易被冲洗。

③ 膏霜和乳液。防晒乳液和防晒霜能保持一定油润性，使用方便，是比较受欢迎的防晒制品，通常有 O/W 型和 W/O 型。目前市场上的防晒制品以防晒乳液为主，在奶液、雪花膏、香脂的基础上加入防晒剂即可，为了取得显著效果，可采用两种或两种以上的防晒剂复配使用。其优点是防晒剂的配伍性强，可得到更高防晒指数（SPF）的产品，易于涂展且不油腻，具有防水效果。其缺点是乳液基质适于微生物的生长，易变质。

5.3.5.3 防晒效果的标识

国际上通常用防晒指数（SPF）来评价防晒制品防护 UVB 的效率，用 UVA 防护指标（PFA）评价防护 UVA 的效率。

SPF 指在涂有防晒剂防护的皮肤上产生最小红斑所需能量与未加防护的皮肤上产生相同程度红斑所需能量之比。SPF 的高低从客观上反映了防晒产品紫外线防护能力的大小。美国 FDA 规定：最低防晒品的 SPF 值为 2～6，中等防晒品的 SPF 值为 6～8，高度防晒品的 SPF 值为 8～12，SPF 值在 12～20 之间的产品为高强度防晒产品，超高强度防晒品的 SPF 值为 20～30。皮肤病专家认为，一般情况下，使用 SPF 值为 15 的防晒制品就足够了。

防晒效果是防晒化妆品必须标识的参数，最新的《防晒化妆品防晒效果标识管理要求》规定了防晒标识可以分为以下两种：

（1）SPF 标识

SPF 的标识应当以产品实际测定的 SPF 值为依据。当产品的实测 SPF 值小于 2 时，不得标识防晒效果；当产品的实测 SPF 值在 2～50（包括 2 和 50）时，应当标识实测 SPF 值；当产品的实测 SPF 值大于 50 时，应当标识为 SPF50+。

防晒化妆品未经防水性能测定，或产品防水性能测定结果显示洗浴后 SPF 值减少超过 50%的，不得宣称具有防水效果。宣称具有防水效果的防晒化妆品，可同时标注洗浴前及洗浴后 SPF 值，或只标注洗浴后的 SPF 值，不得只标注洗浴前的 SPF 值。

（2）UVA 防护效果标识

当防晒化妆品临界波长（CW）大于等于 370nm 时，可标识广谱防晒效果。UVA 防护效果的标识应当以 PFA 值的实际测定结果为依据，在产品标签上标识 UVA 防护等级 PA。

当 PFA 值小于 2 时，不得标识 UVA 防护效果；当 PFA 值为 2～3 时，标识为 PA+；当 PFA 值为 4～7 时，标识为 PA++；当 PFA 值为 8～15 时，标识为 PA+++；当 PFA 值大于等于 16 时，标识为 PA++++。

5.3.5.4 防晒剂作用机制

化妆品中的防晒剂是能够保护皮肤免受紫外线伤害的物质，按其作用机制差异分为化学防晒剂、物理防晒剂、生物防晒剂三大类。

① 化学性防晒剂。化学防晒剂又称紫外线吸收剂。这类物质能够吸收紫外线的能量，并以热能或无害的可见光效应释放，从而保护人体皮肤免受紫外线的伤害。化学防晒剂的结构中多具有酚羟基或邻位羰基，这两种基团之间可以氢键的形式形成环状结构。当吸收紫外线后，分子会发生热振动，氢键断裂开环，形成不稳定的离子型高能状态。高能状态向稳定的初始状态跃迁，释放能量，氢键再次形成，恢复初始结构。此外，羰基被激发后可发生互变异构生成烯醇式结构，也可消耗一部分能量。

② 物理性防晒剂。物理性防晒剂不具备紫外线吸收效应，主要是通过反射和散射作用减少紫外线与皮肤的接触，从而防止紫外线对皮肤的侵害，因此又被称为紫外线散射剂。

物理性防晒剂主要是无机粒子，其典型代表有二氧化钛、氧化锌。二氧化钛和氧化锌的紫外线屏蔽机理可用固体能带理论解释，属于宽禁带半导体。金红石型 T102 的禁带宽度为 310 eV，ZnO 的禁带宽度为 312 eV，分别对应屏蔽 413 nm 和 388nm 的紫外线。当受到高能紫外线的照射时，价带上的电子可吸收紫外线而被激发到导带上，同时产生空穴-电子对，所以它们具有屏蔽紫外线的功能。另外它们还有很强的散射紫外线的能力，当紫外线照射到纳米级别的 TiO_2 和 ZnO 粒子上，由于它们的粒径小于紫外线的波长，粒子中的电子被迫振动，形成二次波源，向各个方向发射电磁波，从而达到散射紫外线的作用。

③ 生物防晒剂。紫外辐射是一种氧化应激过程，通过产生氧自由基来造成一系列组织损伤，生物防晒剂通过清除或减少氧活性基团中间产物阻断或减缓组织损伤或促进晒后修复。因此，生物防晒剂其本身不具备对紫外线的吸收能力，主要起间接防晒效果。

我国 2015 年《化妆品安全技术规范》中规定，化妆品中准用的防晒剂有 27 种，其中化学防晒剂为 25 种，物理防晒剂为 2 种，未对生物防晒剂进行专门的限定。

5.3.6 发用化妆品

发用化妆品是一类用于清洁、护理、美化头发的日用化学品，主要有洗发用品、护发用品、美发用品、育发用品和剃须用品。

毛发生长于筒状的毛囊中，露出皮面以上的部分称为毛干，毛囊内的部分称为毛根，毛根下端与毛囊下部相连的部分称为毛球，毛球下端内凹入部分称为毛乳头。毛乳头中有结缔组织、神经末梢及毛细血管等，对毛发的生长起着至关重要的作用。毛囊的上方连接皮脂腺，所分泌的皮脂对头发和头皮起到滋养作用。

毛干可分为三层：表皮层、皮质层、髓质层。表皮层是一种由角质细胞组成的鳞状物质，围绕在皮质层外部。这种鳞状物质越接近头皮部分越平滑，越远离头皮部分越粗糙。一般毛发的表皮层由 6～12 层角质鳞状物组成，不同发质的表皮层形状、结实度、耐拉性能均有差异。皮质层是毛发最重要的部分，约占整个发径的 45%，是决定毛发水分含量、韧性和强度的关键。髓质层是毛发中心部分，被皮质细胞所围绕，髓质层中间有色素存在。

毛发的主要化学成分是角质蛋白，占头发重量的 65%～95%；另外，毛发中还含有脂质、色素、微量元素（如硅、铁、铜、锰等）以及水分等。

① 角质蛋白。毛发的角质蛋白是一种具有阻抗性的不溶性蛋白质，一般含有 18 种氨基酸，其中以胱氨酸含量最高，与人的皮肤相比，胱氨酸多出 40%～50%；其次是组氨酸、赖氨酸、精氨酸，这三种氨基酸的含量比约为 1∶3∶10，这种比率是毛发角质蛋白特有的。各种氨基酸组成多肽，并以长链、螺旋、弹簧式的多维结构相互缠绕交联。胱氨酸在蛋白质的

三级结构中相互形成二硫键连接，大大增强了角质蛋白的强度和阻抗性能，赋予了毛发独有的刚韧特性。

② 脂质。毛发中的脂质因人而异，约占1%～9%。毛发中的脂质，分为皮脂腺分泌脂质和毛发内部固有脂质，这些脂质在组成上并无差别。脂质的主要成分是游离脂肪酸，同时也含有中性脂肪，如蜡类、甘油三酯、胆固醇和角鲨烯等。

③ 色素。毛发中黑色素含量在3%以下。

④ 微量元素。毛发中含有的金属元素有铜、锌、钙、镁等，除了这些金属微量元素外，还有磷、硅等无机成分，占毛发的0.55%～0.94%。这些微量元素与角质蛋白或脂肪酸形成结合状态。

⑤ 水分。水分是毛发组成中非常重要的部分。头发中水的含量受环境湿度的影响，通常占毛发总重量的6%～15%，最大时可达35%。水的存在可降低角质蛋白链间氢键形成的程度，从而使头发变得柔软润泽。

毛发中的角质蛋白水解后分解为氨基酸，具有氨基酸和角质蛋白的化学性质，一些发用化妆品可利用这些化学性质，来改变毛发的形态和色泽。

① 氢键断裂。毛发一般不溶于水，但具有吸水性。如被水润湿后，毛发膨胀变得柔软，干燥后恢复原状，这是由于角质蛋白分子结构中含有大量亲水性极性基团，如$—NH_2$、—COOH、—OH等，均能与水分子形成氢键；同样，水分子进入毛发纤维结构内部后，与蛋白结构中电负性大的原子形成氢键，暂时破坏其内部原有的氢键，使毛发膨胀而变软。干燥失去水分子后，被破坏的氢键恢复，毛发恢复到原来状态。因此，在染发、烫发之前，须将毛发润湿，才能达到预期的效果[2]。

② 酸碱对离子键的破坏。酸或碱溶液可破坏毛发结构中的离子键，使毛发纤维容易变性。

③ 碱对二硫键的破坏。在碱性较强的条件下，角质蛋白中的二硫键发生断裂，使毛发更易于伸直，也使纤维变得粗糙、无光泽、强度下降、易断裂等。碱对毛发的破坏程度受碱的浓度、溶液pH值、温度、作用时间等因素影响，温度越高，pH值越高，作用时间越长，破坏越严重。因此在发用化妆品的配方设计中需综合考虑毛发的染烫效果和后期维护的可行性。

④ 氧化剂的作用。氧化剂是发用化妆品的常用组分。氧化剂能够将角质蛋白中的二硫键氧化为磺酸基，角质蛋白的高级结构被破坏，致使毛发纤维强度下降，会使毛发缺乏弹性和光泽，易断裂。氧化剂对毛发的损害程度与氧化剂溶液的浓度、温度、pH值有关。

⑤ 还原剂的作用。角质蛋白中的二硫键能够被还原剂还原为巯基。这种巯基在酸性条件下相对稳定，在碱性条件下，则容易氧化为二硫键。

5.3.7 美乳化妆品

美乳化妆品是指有助于乳房健美的化妆品。乳房的发育主要与脑垂体和性腺有关，脑垂体分泌促性腺激素控制卵巢的内分泌活动，卵巢分泌雌性激素和孕激素，两者一起作用促使乳房发育。如果脑垂体与卵巢腺体激素分泌失调，则出现雌性激素水平降低，导致乳房发育不正常，呈现平乳、微乳、松弛、萎缩或下垂等症状。

美乳化妆品的配方主要是在普通膏霜基质中添加相关的活性成分，由营养剂、基质及美乳添加剂三部分组成。美乳添加剂指能够改善乳房组织的微血管循环，增强细胞活力，产生胶原蛋白和弹性硬蛋白，活化和重组结缔组织，增强组织纤维韧性，以达滋润并丰满乳房的一类物质。这些添加剂多为天然动植物提取物和合成类活性物质。

（1）天然动植物提取物

草药和生物性原料可间接提供类雌激素、各种维生素、微量元素、蛋白质、氨基酸等营养成分，因此是美乳化妆品中较为常用的功能性添加剂。

（2）合成类活性物质

① 乳酸钠硅烷醇。乳酸钠硅烷醇主要是通过刺激乳房皮肤下层纤维细胞和改善表层皮肤的水分，增加皮肤组织的再生能力，重新建立生理平衡，从而达到丰胸目的。

② 硅烷醇透明质酸酯。硅烷醇透明质酸酯结合了 HA 的保湿特性与硅烷醇的特性，也是合成和构造皮肤结缔组织（胶原蛋白、弹性蛋白）的一个组分；同时，它能辅助保持皮肤糖胺聚糖的完整性，具有维护弹性纤维的作用。

③ 水杨酸酯硅烷醇。水杨酸酯硅烷醇具有抗炎症、抗浮肿、重组细胞膜和抵抗细胞膜中自由基产生的脂肪过氧化的作用，促使乳房坚挺。

（3）激素

激素的丰胸作用是最为显著的。比如催乳激素能促进乳腺生长、促进泌乳；胸腺素能促使胸腺中原始的干细胞或未成熟的 T-淋巴细胞分化为成熟的、引起细胞免疫作用的 T-淋巴细胞；雌激素能增加生殖器官的有丝分裂并促进其生长发育，可软化组织，增加弹性，降低毛细血管脆性，且易被皮肤吸收。

但是，激素对部分人体存在不良反应，在许多国家已被禁用，我国也不允许在美乳化妆品中添加雌性激素。

5.3.8　抑汗除臭化妆品

人的皮肤布满汗腺，不时地分泌汗液，以保持皮肤表面的湿润，实现废弃物的排泄。汗腺分泌液有特殊的气味，同时汗液被细菌（主要是葡萄球菌）分解后，也产生气味。体臭是由于分泌物中的油脂、蛋白质等被皮肤表面的细菌催化降解成有特殊气味的小分子物质形成的。腋臭是由顶泌汗腺分泌物中的有机物经各种细菌作用后产生不饱和脂肪酸所致，汗臭主要由两种物质产生，一种是异戊酸类，另一种是挥发性的类甾醇类。抑汗除臭化妆品是用来去除或减轻汗液分泌物的臭味或防止这种臭味产生的一类化妆品。

为了消除或减轻汗臭，通常从几方面着手：a. 抑汗，抑制汗液的过量排出，可间接防止体臭；b. 化学除臭，利用化学物质与引起臭味的物质反应达到除臭目的，通常使用的是对人体无害的碱性物质，可去除异戊酸类，常用的除臭物质有碳酸氢钠、碳酸氢钾、甘氨酸锌、$Zn(OH)_2$、ZnO 等；c. 物理除臭，利用吸附剂可吸附产生臭味的物质，实现抑制气味的目的，常用的吸附剂有阳离子交换树脂、阴离子交换树脂、硫酸铝钾、2-萘酚酸二丁酰胺、异壬酰基-2-甲基-葡萄糖胺。*γ*-氨基丁酸酐、聚羧酸锌、聚羧酸镁、分子筛等；d. 抑菌，利用杀菌剂抑制细菌繁殖，可减少汗液中有机物的分解，达到除臭的目的，常用的杀菌剂有二硫化四甲基秋兰姆、六氯二羟基二苯甲烷、3-三氟甲基-4,4,7-二氯-*N*-碳酰苯胺，以及具有杀菌功效的阳离子表面活性剂如十二烷基二甲基苄基氯化铵、十六烷基三甲基溴化铵、十二烷基三甲基溴化铵等；e. 掩蔽，利用香精掩盖汗臭，达到改善气味的目的。

（1）抑汗剂的作用机理

出汗是小汗腺和大汗腺分泌作用的总体表现。一些化学品能抑制汗液的分泌，如金属盐、抗副交感神经药物、肾上腺素抑制剂、醇、醛、单宁等都具有不同程度的抑汗作用，但因不良反应和法规限制，只有少数几种铝盐、锆盐以及生物制剂较为常用。抑汗剂的作用主要有如下几种机理：①角质蛋白栓塞理论，铝和锆离子与角质蛋白的 COOH 基团结合成环状大分子化合物，封闭汗腺导管，抑制汗液分泌；②渗透袜筒理论，金属盐可促进水在汗腺导管内的渗透，使得汗液不排出皮肤表面，直接渗透至真皮组织，被称为渗透袜筒理论；③神经学理论，金属离子能抑制汗腺神经信号，使出汗减少；④电势理论，金属离子的正电性可改变汗腺导管的极性，进而促使汗液的皮肤吸收；⑤收敛作用，通过收敛剂的使用让皮肤表面的蛋白质凝结，使汗腺膨胀而堵塞汗腺导管，从而产生抑制或降低汗液分泌量的作用。

（2）抑汗化妆品的配方组成

抑汗化妆品的主要作用在于抑制汗液的过多分泌，吸收分泌的汗液。因此，出于安全因素，收敛剂是最为常用的抑汗剂。收敛剂的品种很多，一般分为两类：一类是金属盐类，如苯酚磺酸锌、硫酸锌、硫酸铝、氯化锌、氯化铝、明矾等；另一类是有机酸类，如单宁酸、柠檬酸、乳酸、酒石酸、琥珀酸等。绝大部分有收敛作用的盐类，其 pH 值较低，这些化合物电解后呈酸性，对皮肤有刺激作用。如果 pH 值较低而又含有表面活性剂，会使刺激作用增加，可加入少量的氧化锌、氧化镁、氢氧化铝或三乙醇胺等进行酸度调整，从而减小对皮肤的刺激。

收敛剂用量一般为 15%～20%，因其具有酸性，所选乳化剂必须具有耐酸性，并与收敛剂具有良好的配伍性。常用的乳化剂主要有非离子表面活性剂如脂肪酸甘油酯、聚氧乙烯脂肪酸酯等，阴离子表面活性剂如烷基硫酸盐、烷基苯硫酸盐等都可作为乳化剂。乳液的基质中油蜡用量一般为 16%～20%，多为多元醇的脂肪酸酯和鲸蜡等。常用碱性物质作为 pH 调节剂，一般用量为 5%～10%。为了达到增白效果，常添加钛白粉等白色粉质原料，用量为 0.5%～1.0%。

5.3.9 抗粉刺化妆品

粉刺又称痤疮或青春痘，是一种毛囊、皮脂腺堵塞的慢性炎症性皮肤病。粉刺发生是由于体内雄性激素水平增高，促进皮脂腺活动旺盛，皮脂分泌量增多，同时也伴随着表皮和角质的增生加快，角质堵塞毛囊孔和皮脂腺开口部，妨碍皮脂的正常排泄，形成毛囊口角化栓塞，增多的皮脂不能及时排出，形成淡黄色的粉头，经氧化污染后变成黑色。

皮脂在粉囊内积聚增多，突出皮肤表面成为丘疹，经细菌感染引起炎症，发展成毛囊炎，出现脓疮、破溃，最后形成疤痕。抗粉刺类化妆品通常是通过在化妆品基质中添加抑菌剂、角质溶解剂、穿透剂、抑制皮脂分泌剂等有效成分获得，有时也会添加一些细微的磨砂颗粒以促进角质层的去除。

5.4 化妆品产业化生产工艺流程设计工程化实例

5.4.1 膏霜类化妆品产业化生产工艺流程

膏霜类化妆品常温下呈现乳化体状态，主要成分有油、脂、蜡、水、乳化剂等，从流动性进一步分类则分为雪花膏、润肤膏、冷霜等半固体状态膏霜类化妆品，以及洗面奶、洁面乳液等液态膏霜类化妆品。膏霜类化妆品产业化生产工艺流程主要包括原料预处理、组分混合乳化、分散冷却、静置老化、商品化包装。通用产业化生产工艺流程如图 5-2 所示。

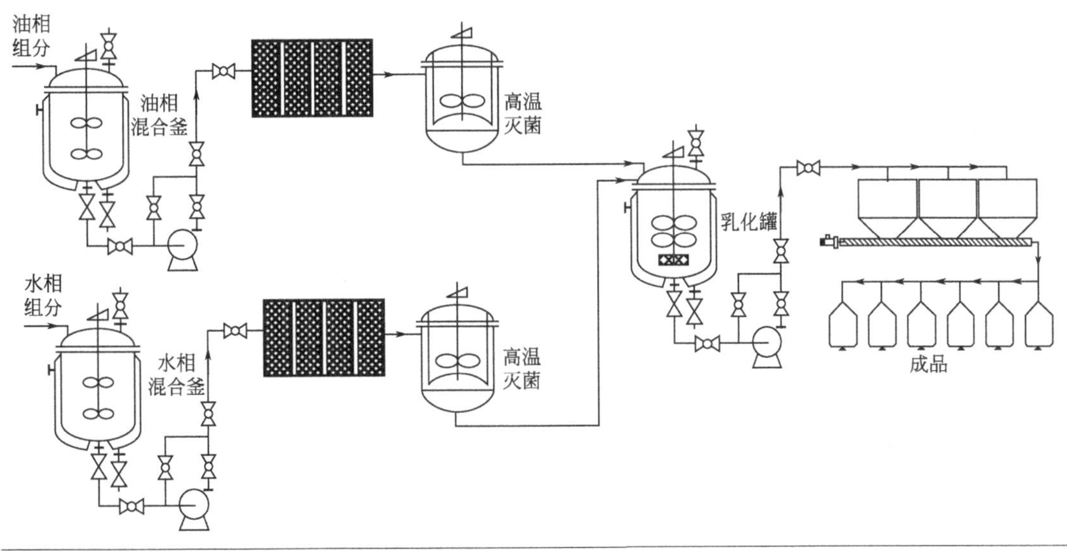

图 5-2　膏霜类化妆品产业化生产工艺流程

5.4.2　香水类化妆品产业化生产工艺流程

香水类化妆品是一类以香味为主的芳香制品，通常为液态化妆品。常见皮肤用香水类化妆品有香水、古龙水、花露水、化妆水，毛发用香水类化妆品有奎宁水、营养性润发水。香水类化妆品产业化生产工艺包括混合、陈化储存、过滤、灌装、商品化处理。通用产业化生产工艺流程如图 5-3 所示。

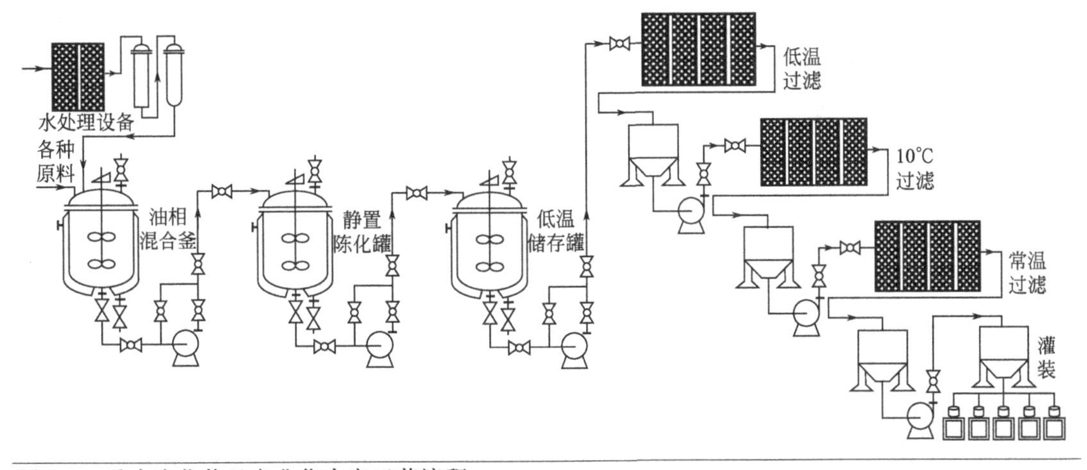

图 5-3　香水类化妆品产业化生产工艺流程

5.4.3　美容类化妆品产业化生产工艺流程

美容类化妆品主要目的是掩盖眼、唇、面部、指甲等身体缺陷，美化容貌，同时让被修饰的部位呈现鲜明色彩，是具有芳香气味的一类化妆品。常见的品种有胭脂、唇膏、指甲油、眼影、睫毛膏、眉笔、眼线液等。如图 5-4 所示唇膏生产工艺流程。

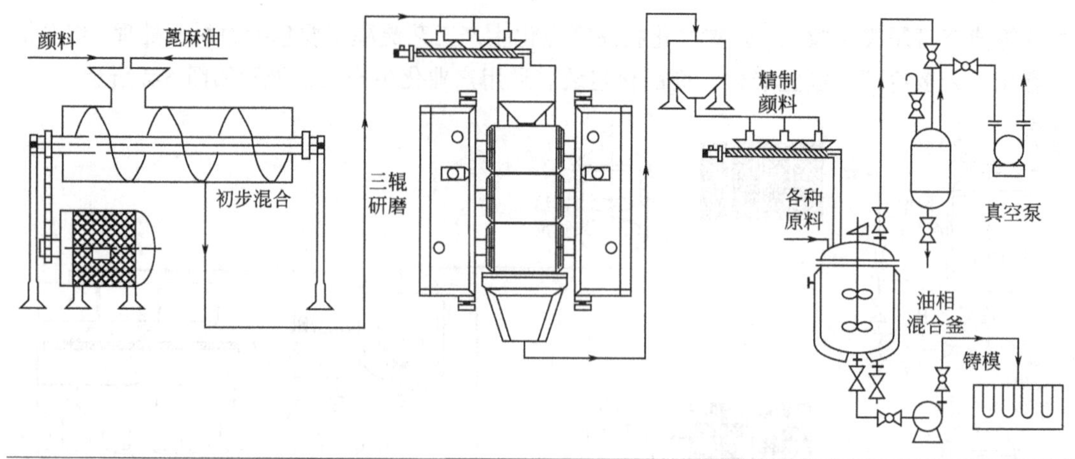

图 5-4　唇膏生产工艺流程

5.5　化妆品产业化生产设备

化妆品多为乳液状、膏状、水状、粉状，是由多种化学原料、天然原料复配成的一种精细化学品，在生产过程中较少发生化学反应。化妆品最终的状态和流变性质取决于原料的属性、配比，除此之外最重要的影响因素来自设备的选择和使用。在化妆品的制备过程中主要涉及原料的粉碎、研磨，物料的混合、乳化、分散，物料的输送、加热、灭菌，产品的成型、包装，化妆品用水的纯化等多个环节。用于化妆品生产的设备多为模块化设备，具有多用性，同一种设备可用于不同类型的产品的生产，可根据化妆品种类与生产工艺不同任意组合。

5.5.1　天然功能产物提取设备

近年来，随着人们对化妆品功能需求多样化的不断提升，化妆品绿色、天然品质的深入人心，天然功能产物提取技术水平成为提升化妆品品质、推动化妆品产业化、拓展化妆品市场的物质基础和品牌保障。

（1）渗漉罐

渗漉法是将适度粉碎的药材或植物置于渗漉罐中，由上部不断添加溶剂，溶剂渗过药材层向下流动过程中浸出药材成分的方法。渗漉罐基本结构由筒体、椭圆形封头（或平盖）、气动出渣门、气动操作系统等组成（图 5-5）。渗漉法的基本操作是将植物材料粉碎成中粗粉后，用 70%～100%量的溶剂（乙醇或乙醇水溶液）浸润原材料 4h 左右，待原材料组织润胀后将其装入渗漉罐中，将原料层压平均匀，用滤纸、纱布盖料，再覆盖盖板，以免原材料浮起，随后打开底部阀门，从罐上方加入溶剂，将原材料颗粒之间的空气向下排出，待空气排完后关闭底部阀门，继续加溶剂至超过盖板板面 5～8cm，将渗漉罐顶盖盖好并放置 24～48h，将溶剂从罐上方连续加入罐中，打开底部阀门，调整流速，进行渗漉浸取。

渗漉操作过程不需加热，溶剂用量少，过滤要求低，适用于热敏性、易挥发物料的提取，不适用于黏度高、流动性差的物料的提取。渗漉法属于动态浸出方法，溶剂利用率高，有效成分浸出完全，可直接收集浸出液，适用于贵重原料及高浓度制剂中有效成分的提取，但新鲜、易膨胀、无组织结构的药材不宜选用。

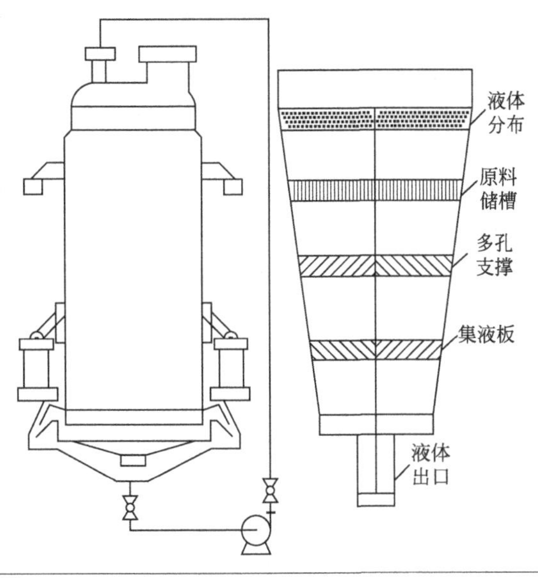

图 5-5 渗漉罐结构示意图

（2）提取罐

回流提取法是植物或药材中有效成分提取较为普遍的方法，工业上通常通过提取罐实现。如图 5-6 所示，提取罐的上封头设计有投料门、清洗球、蒸汽出口、回流口、观察窗等，部分提取罐的上封头设计有电动机的支架，支架上安装有减速箱，电动机的传动轴通过减速箱减速后带动罐体内搅拌器转动。提取罐的夹套可通入蒸汽、有机油、冷却水进行换热。出渣门通过不锈钢软管与启闭汽缸连接，启闭汽缸是出渣门的开启和关闭装置，通过压缩空气进行控制。为了保证出渣门关闭后不至于松脱，在罐体底部还设计有锁紧汽缸。当出渣门关闭后，锁紧汽缸通过压缩空气将出渣门牢牢地锁住，保证提取操作的正常进行。在加热浸提工艺中，为了减少溶剂蒸发后的损失，常将溶剂蒸汽引入冷凝器中冷凝成液体，并再次返回容器中浸取目的产物，这种操作过程称为回流提取法。

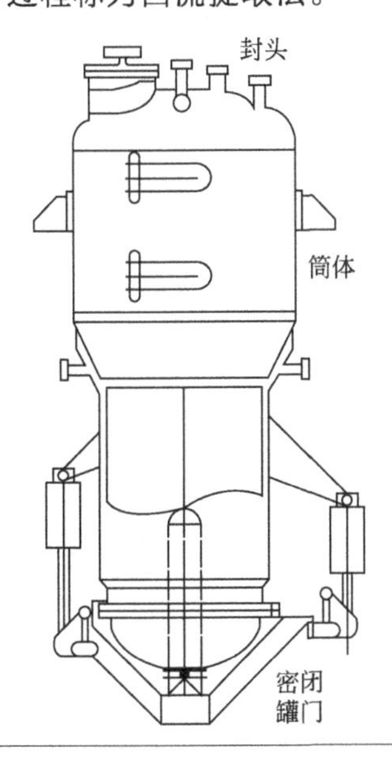

图 5-6 提取罐结构示意图

回流提取法本质上是浸渍法，其工艺特点是溶剂循环使用，浸取更加完全彻底。缺点是加热时间长，不适用于热敏性物料和挥发性物料的提取。该方法是一种较为普遍的提取方法，适用于绝大多数物质的提取，但是不适用于热不稳定和容易挥发的物质的提取。

（3）水力空化-真空提取茶多酚设备

水力空化是在一定水力条件下形成空化的一种方式，空化主要是液体内部局部压力降低时，溶于液体内部的气体空穴的形成、发展和溃灭过程。空化现象的出现将产生一系列强化效应，这些效应对过程会产生强化作用，起到节能、增效的效果。水力空化形成的空泡和液体可以整体流动，于是在很大面积内一个均匀的水力空化场产生了，因此水力空化产生的空化能量能够更加高效地被利用，水力空化形成的条件只需要简单的水力条件就可以，具有运行简单、能量消耗少、利用率高的优点，为水力空化在工业大规模推广应用打下基础[3]。自行设计的水力空化-真空提取茶多酚设备如图 5-7 所示。

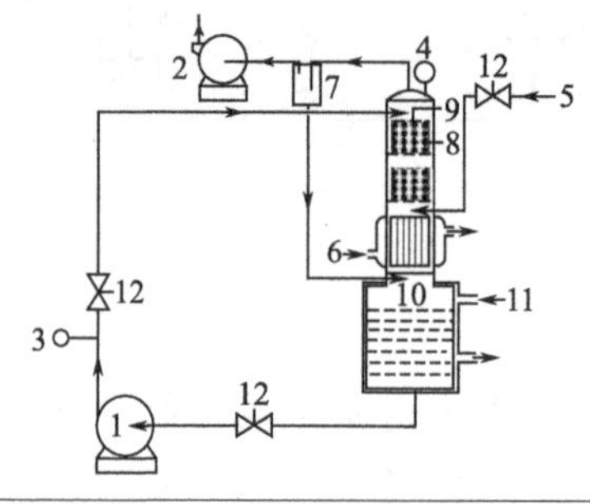

图 5-7　水力空化-真空提取茶多酚设备

1—涡轮泵；2—风机；3—压力表；4—真空表；5—空气；6—冷凝水；7—分离槽；8—茶叶；9—300 目滤网；10—乙醇储槽；11—热水；12—阀门

（4）I-O-J 组合水力空化装置

I-O-J 组合水力空化中的撞击流空化是另一种新颖的化学强化技术。撞击流由 Elperin 首次提出，作为一种科学概念，可以加强气相和固相系统的转移。液体在撞击点的动量、流动方式都发生了巨大变化，形成强大的微混合效应。强烈的微混合增加了分子碰撞的可能性。压力波动会改变分子的能量和分布，一部分分子获得更多能量。这样的效果有利于大豆粕蛋白溶解度的提高。I-O-J 组合水力空化设备如图 5-8 所示。

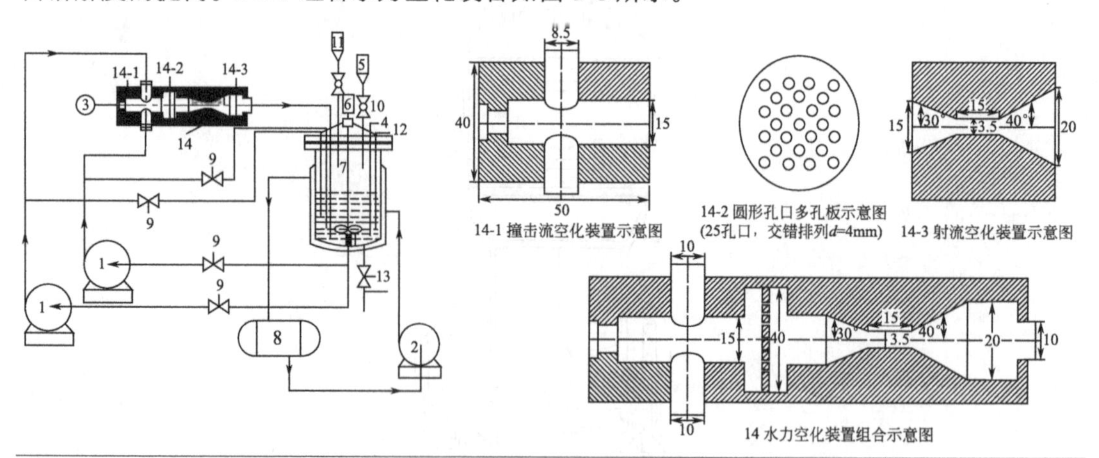

图 5-8　I-O-J 组合水力空化设备

1—涡轮泵；2—循环泵；3—压力表；4—温度表；5—加料槽；6—搅拌器；7—反应器；8—热水储槽；9—截止阀；10—球阀；11—加料槽；12—pH 计；13—阀门；14—水力空化组合部分；15—200 目不锈钢硬筛网

（5）涡流空化-机械研磨协同强化装置

涡流空化是水力空化的一种，是利用涡轮泵装置在水介质中产生空化作用，利用空化作用的能量破坏大豆蛋白的高级结构，使蛋白质分子量降低，把亲水基团暴露出来，从而提高大豆粕蛋白的水溶解性。利用涡流空化-机械研磨协同强化装置，强化大豆粕蛋白的水溶解性。利用单因素实验和响应面实验优化了水力空化压力、水力空化时间、水力空化温度、料液比等因素，确定了最优工艺条件，并测定了最优工艺条件下所得大豆粕蛋白水溶液的表面活性[4]。涡流空化-机械研磨设备如图 5-9 所示。

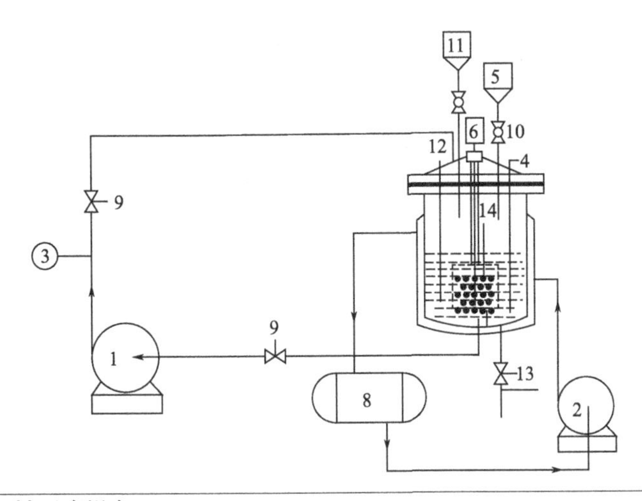

图 5-9　涡流空化-机械研磨设备

1—涡流泵；2—循环泵；3—压力表；4—温度表；5—加料槽；6—搅拌器；7—反应器；8—热水储槽；9—截止阀；10—球阀；11—加料槽；12—pH 计；13—阀门；14—研磨材料

（6）撞击-喷射流空化强化设备

水力空化是一种新颖的化学强化型技术，可产生局部瞬态高温（5000K）、高压（182385kPa）和高速微喷射，以及各种极复杂的物理化学效应。撞击流空化与喷射流空化是水力空化的两种形式。撞击流空化的观点由 Elperin 首次提出，液体在撞击点的动量、流动方式都发生了巨大变化，形成强大的微混合效应，增加了分子碰撞的可能性。压力波动会改变分子的能量和分布，使一部分分子获得更多能量。喷射流空化特点是，由喷射流空化部件的流动面积的变化，引起液体流动压力的变化而形成空化效应。当液体通过喷射流空化装置的收缩部时，液体压力等于或低于液体的蒸气压，从而形成空化腔。随着压力的进一步降低，空化腔继续增长，并在最低压力下达到最大尺寸，随后，当液体射流膨胀并降低流速时，压力恢复，导致早期形成的空化腔坍塌。

将撞击流与喷射流空化装置串联，使得撞击-喷射流空化形成协同耦合效果。而协同效果对于大豆粕蛋白结构改变及提高其溶解性的研究尚未见报道。本研究基于喷射流空化和撞击流空化的特征，将喷射流空化和撞击流空化耦合技术用于本研究中以促进大豆粕蛋白溶解，利用单因素实验和响应面实验优化了撞击-喷射流空化压力、撞击-喷射流空化时间、撞击-喷射流空化温度、撞击-喷射流空化装置结构、料液比等影响大豆粕蛋白溶解度的因素，确定了最优工艺条件，同时测定了最优工艺条件下水溶性大豆粕蛋白溶液的表面活性。撞击-喷射流空化强化设备如图5-10所示。

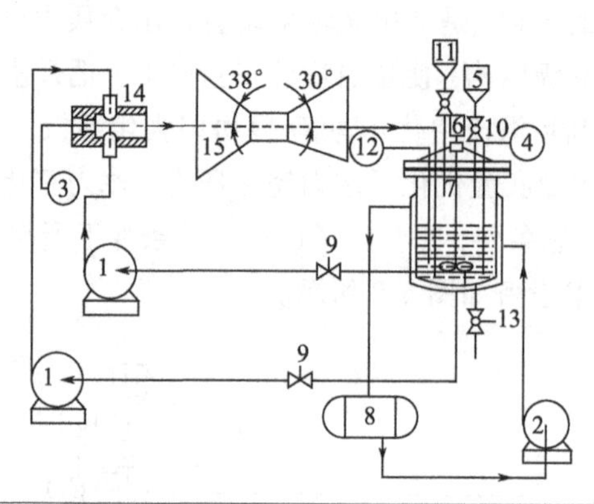

图5-10　撞击-喷射流空化强化设备

1—涡轮泵；2—循环泵；3—压力表；4—温度计；5—加料槽；6—搅拌器；7—反应器；8—热水储槽；9—截止阀；10—球阀；11—加料槽；12—pH计；13—阀门；14—撞击流水力空化装置；15—喷射流水力空化装置

5.5.2　乳化设备

化妆品原料在产业化生产过程中，根据水溶性分为油相与水相不溶两相，为了实现化妆品功能、性质均一化，需要将不溶两相进行均一化分散，即一种液体以极微小液滴均匀地分散在互不相溶的另一种液体中的操作，通常被称作乳化。

乳化是膏霜类化妆品的核心操作，膏霜类化妆品包括雪花膏、冷霜、营养霜、防晒霜、洗面奶、护手霜、润肤乳、洗发乳等，属于化妆品中品种最多的一类。膏霜类化妆品常用的设备主要有各种类型的搅拌设备、均质设备、三辊研磨机、真空脱气设备等。一般搅拌乳化可得到颗粒度为5～10μm的乳液，胶体磨可将乳液的颗粒度控制在1～5μm，超声波乳化机、高剪切均质机和高压均质机则能实现1μm以下。最为常用的搅拌法，获得的乳液粒径较大，稳定性和细腻度不佳。为了提高化妆品的品质，具有更强分散能力的高效能均质乳化设备（如胶体磨、高剪切均质机、高压均质机、超声波乳化机）目前被大量采用[4]。

5.5.2.1　搅拌乳化设备

搅拌乳化通过液态分散体系的扩散混合、对流混合、剪切混合等混合方式来实现。对流混合过程中，通过搅拌器的旋转，在搅拌容器中将机械能传递给液体物料，引起液体的流动，产生强制对流，形成物料的对流混合。主要包括主体对流（物料大范围的循环流动）和涡流对流（旋涡的对流运动）。剪切混合是物料粒子间，在搅拌器机械作用下产生的剪切面之间的滑移和冲撞作用，促进了物料之间的局部混合。扩散混合是指各组分在混合的过程中，以分子热运动（扩散）形式向四周无规则运动，从而增大各种组分间的接触面积，缩短了扩散平均自由程，实现快速均匀分布的目的。

（1）搅拌乳化设备的基本组成与常见类型

搅拌乳化设备是由搅拌装置、测温装置、取样装置、壳体等基本结构组成的一种搅拌釜。其中搅拌装置的主要功能是逐步完成物料的混合、分散、乳化。搅拌装置主要由搅拌桨、搅拌轴、动力电机、变速器、密封装置等部分组成。壳体成分主要是金属、玻璃、搪瓷，总体呈现圆筒形外观，圆筒外部具备夹套结构。为了进料和出料的方便，夹套上端通常设有加料口，下端设有出料口，夹套内可添加循环导热介质（硅油或水），配合导热介质的生产过程则需要外加高温循环泵。部分不具有夹套结构的搅拌釜，则可将导热介质通过蛇形管置于釜内，实现乳化过程的有效控温。为了机械结构的稳定，搅拌机通常被固定于釜顶，或者固定于可以移动的稳定构件上[5]。

搅拌乳化装置主要有以下几种类型：

① 立式搅拌釜。搅拌器垂直安装，电机、变速器、轴的中心在一条垂直于地面的线上是立式搅拌釜的显著特征，是最为常用的稳定搅拌设备，基本构成如图 5-11 所示。

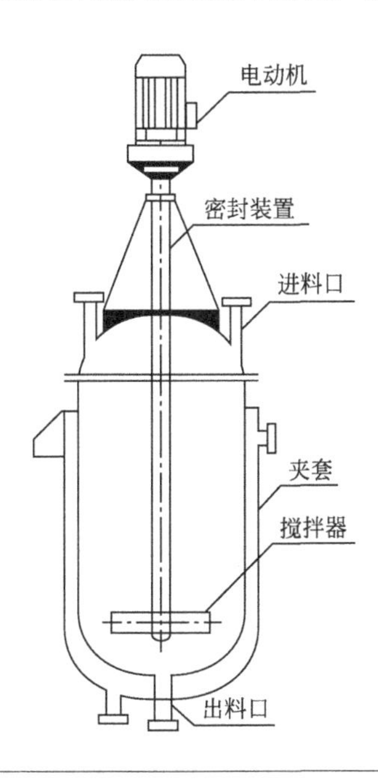

图 5-11　立式搅拌釜的构造图

② 卧式搅拌釜。卧式搅拌釜具有轴对称的整体结构，轴为平行于地面的水平型搅拌釜（图 5-12），卧式搅拌釜降低了搅拌釜内部物料高度，增大了各组分接触面积，提升了搅拌设备的抗震稳定性，沉降平衡与搅拌混合的动态平衡效率更高，高效率实现各组分的分散、乳化。通常配备无通轴、螺带式搅拌器，有效地实现水平方向上的整体混合。螺带式搅拌器为了实现在转动过程中带动液体流动同时促进气体在液体中的分布，采用中空钢管，钢管上设计通气小孔，气体从气孔进入，分布到框架管内，又从管上的其他小孔排出，均匀分布在液体中，分散效果优于固定分布管式结构。

③ 偏心搅拌釜。偏心搅拌釜是指搅拌装置根据物料状态、分散需要、设备空间等需要设置在偏离搅拌空间中心的部位，改变搅拌釜内的物料运动、循环路径（图 5-13），可以解决搅拌过程中物料分层、沉降等问题。

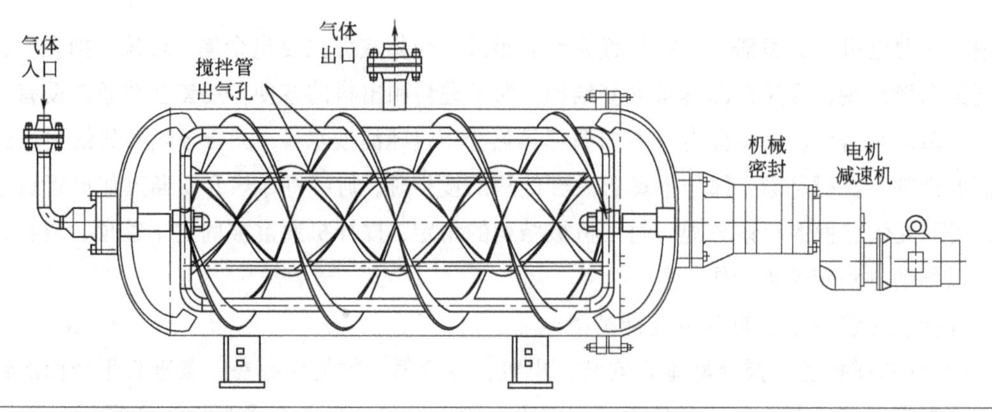

图 5-12　卧式搅拌釜构造图

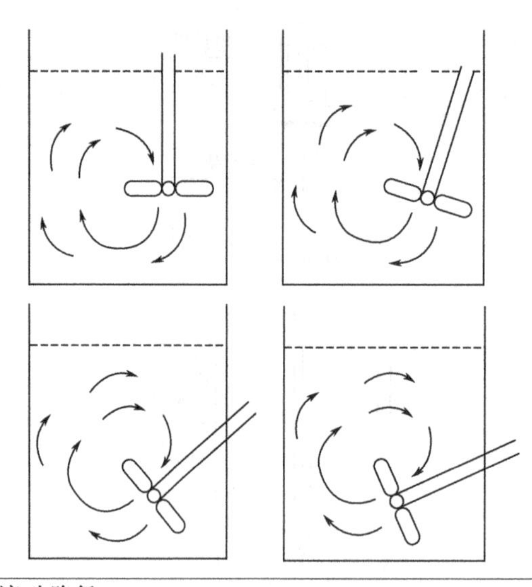

图 5-13　偏心搅拌器物料流动路径

④ 移动式搅拌设备。移动式搅拌设备一般由搅拌器、轴和电机构成，可以完成小规模搅拌、混合、乳化等过程，搅拌器本身不具筒状的釜体结构，因此使用过程中需要根据需求配合使用能够加热的外部设备。该类搅拌设备具有便携、灵活、简便的优势，适合于实验室小规模的研究和生产。

（2）搅拌乳化设备中物料粒子移动路径

搅拌乳化设备中搅拌器带动物料粒子的运动具有三个方向的速度，分别是径向速度、轴向速度和切向速度。其中径向速度和轴向速度对混合起关键作用。切向速度使液体绕轴转动，形成速度不同的液层，在离心力的作用下，产生表面下凹的旋涡，形成打旋现象。物料粒子移动具有轴向移动、径向移动、轴向和径向混合移动三种基本类型。

① 物料粒子轴向移动。物料粒子轴向移动是指一部分物料粒子沿轴向移动靠近搅拌装置（搅拌桨），同时另一部分物料粒子沿轴向远离搅拌装置（搅拌桨），搅拌速度较快时产生打旋现象，转速越快旋涡越深，速度极快时叶片可露出液面（如图 5-14 所示），导致空气混入混合体系而产生气泡，影响搅拌乳化的宏观状态。产业化过程中，在搅拌釜内壁加装与搅拌轴平行的挡板，有效降低旋涡产生的概率，但是挡板的体积、数量、排布方式会对搅

拌效果有直接影响，同时也会增加搅拌过程中的能耗，因此挡板的加装要科学计算、合理设计与设置。

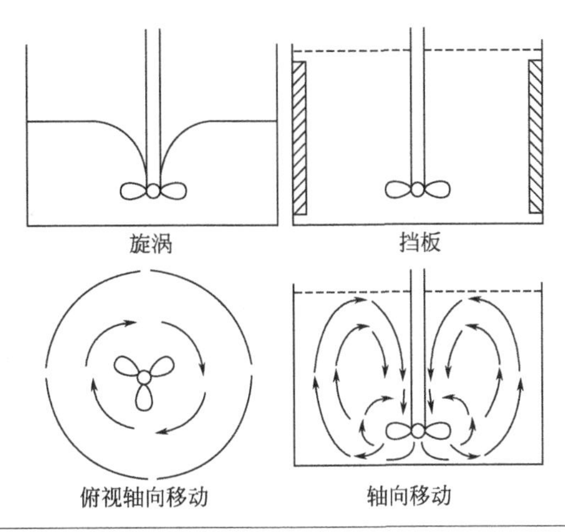

图 5-14　物料粒子轴向移动

② 物料粒子径向移动。物料粒子径向移动是指物料粒子沿轴向流入，沿径向流出的粒子运动形式（图 5-15）。

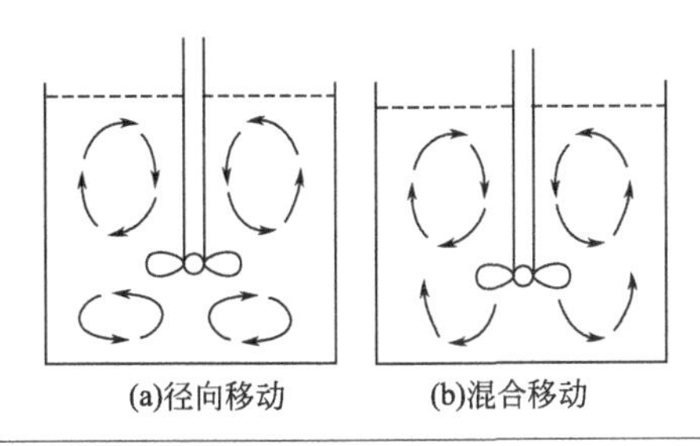

图 5-15　物料粒子径向移动（a）和混合移动（b）示意图

③ 物料粒子轴向和径向混合移动。轴向和径向混合移动是指物料在发生轴向移动的同时在转轴附近有部分物料沿轴向自上而下地移动，向釜底推进后由釜底往上移动形成闭环循环，产生径向移动（图 5-16）。

（3）搅拌乳化设备搅拌器类型

① 框式搅拌器。框式搅拌器适用于高黏度物料的搅拌，其外形轮廓与容器壁形状相一致，底部形状适应罐底轮廓，多为椭圆锥形等，桨叶外缘至容器底部的距离为 30～50mm（图 5-16）。框式的结构单位时间效率高、搅拌釜内不产生搅拌盲区、结构简单坚固、建造成本低。框式的结构搅拌转速低，物料径向速度较大，轴向速度较小，一般会通过加装挡板减小因切线速度所产生的表面旋涡。

② 锚式搅拌器。锚式搅拌器与框式搅拌器功能类似，整体造型与轮船的锚相似，搅拌器外缘与搅拌釜内壁间间隙较小（图 5-17），在搅拌过程中可清除附着于釜壁的物料与积累于釜底的沉淀物，使整体搅拌过程具有最佳的传热效果。桨叶外缘的圆周速度为 15～80r/min，可用于搅拌黏度达到 200Pa·s 的物料。

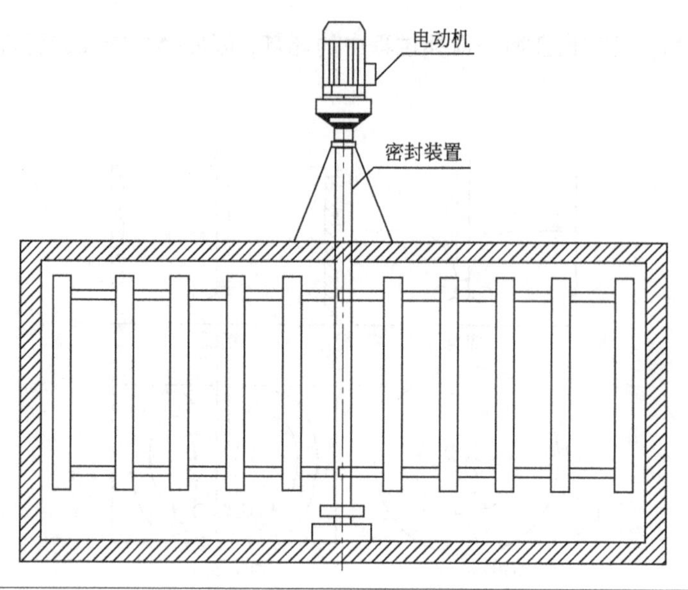

图 5-16　框式搅拌器

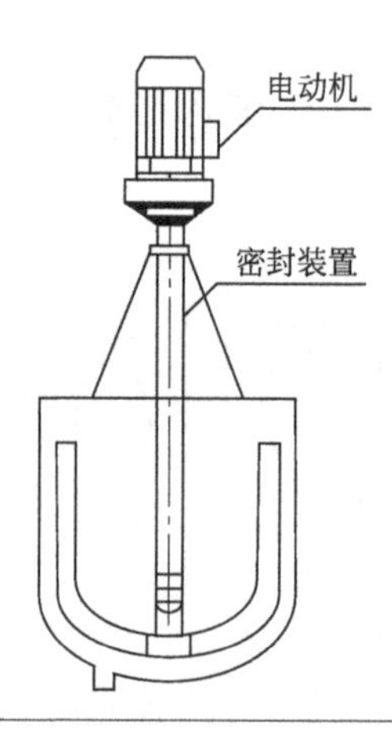

图 5-17　锚式搅拌器

③ 螺旋型搅拌器。螺旋型搅拌器包括螺杆式搅拌器与螺带式搅拌器。螺杆式搅拌器主体为旋转轴、平板叶片，两者采用机械焊接的方式以螺旋的方式连接到旋转轴（图 5-18）。螺带式搅拌器主要结构包括单条或双条螺带、支撑杆、搅拌轴，支撑杆起到固定螺旋型螺带的作用，设置数量为每个螺旋间距 2～3 条螺带。螺旋型搅拌器的外廓尺寸接近容器内壁，使搅拌涉及整个罐体。螺旋型搅拌器搅拌遵循轴流型搅拌器搅拌规律，搅拌过程中，物料沿螺旋型搅拌器外侧螺旋上升，在中心形成凹穴汇合，形成外上内下的对流循环移动。螺旋型搅拌器可防止物料滞留、黏附、堆积，与搅拌釜内壁具有良好配合效果，螺旋型搅拌器整体高度可根据搅拌釜内壁形状、搅拌物料高度灵活组合和确定。

④ 涡轮式搅拌器。涡轮式搅拌器主要由轴、圆盘、叶片组成，圆盘和叶片相互垂直，整体形状与离心泵叶轮相似（图 5-19）。叶片分为平直、弯曲两种，桨叶长、宽、高比为 20∶5∶4。涡轮式搅拌器具有高速、稳定的特点，转速在 100～500r/min。涡轮式搅拌器运行过程中，高速运转可产生强大的离心力，将液体物料吸入轮心，同时在离心力的作用下液体

沿着涡轮切线的方向抛出，湍流程度大，剪切力大，可将乳液细化。涡轮式搅拌器主要使物料产生径向移动，同时也有轴向移动。可用于气体及其不相溶液体、固液之间的混合，与桨式搅拌器相比涡轮式搅拌器液体流动的方式更为丰富，流动的速度更快，桨叶附近液体的湍流更为剧烈，剪切力更大，因此在乳化过程中可以获得粒径更小的乳液。涡轮转动的高速离心力对上下层液体均有较强的吸入力，搅拌器上下物料均可形成自身的流动回路，不适用于容易分层液体物料的混合。通过将搅拌器偏向安装于釜的底部，使得搅拌器以下径向流动的物料碰底后快速反撞回反应釜，同时减少釜底沉淀物料量，整体物料循环形成最优化循环路径。

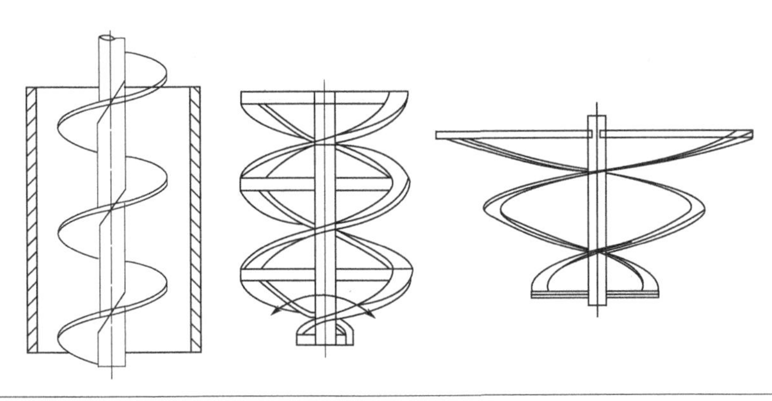

图 5-18　螺旋型搅拌器

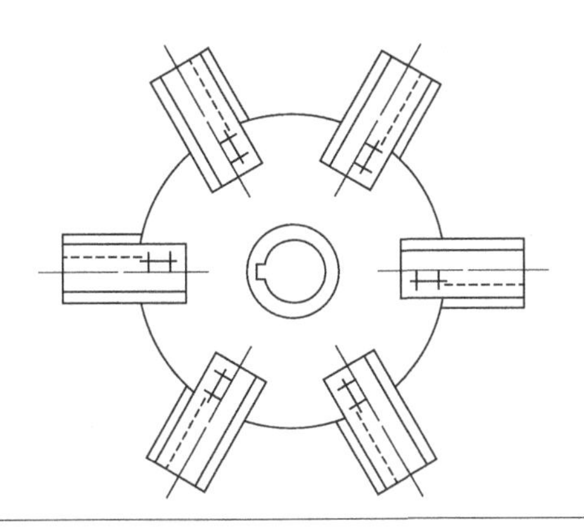

图 5-19　涡轮式搅拌器

⑤ 桨式搅拌器。桨式搅拌器，是结构最为简单的一种搅拌器。桨叶分为平直桨叶、旋转桨叶。平直桨叶桨式搅拌器，桨叶与旋转平面成不同角度，旋转搅拌过程中湿物料产生径向、轴向移动，在低黏度物料以及固体物料的混合分散过程中广泛使用，搅拌釜物料高度较高，可加装多层桨叶提升搅拌效果。旋转桨叶桨式搅拌器与轮船的螺旋桨推进器的形状相似，主体结构通常是由 2～3 片旋转桨组成，桨片通常采用螺母固定于轴上，为了结构稳定与安全性，螺母的拧紧方向与桨叶旋转方向相反。由于旋转桨叶的推进作用，使得物料在搅拌釜中心附近形成向下的流动，外部物料则呈现向上的流动，通过中心物料和外部物料的循环物质交换实现物料均匀分散（图 5-20）。

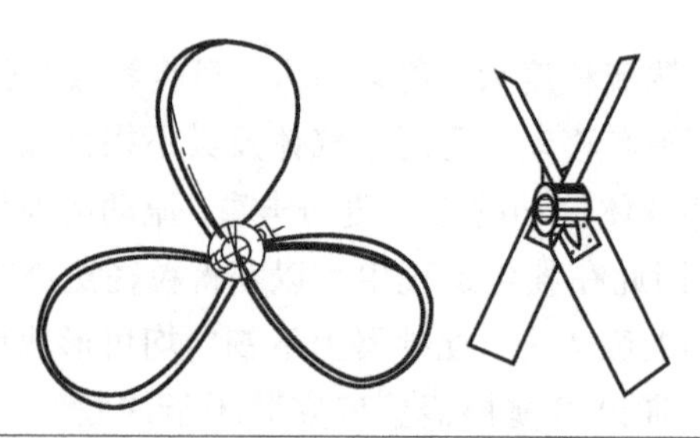

图 5-20　桨式搅拌器桨叶结构

5.5.2.2　均质乳化设备

均质也称匀浆，是使悬浮液（或乳化液）体系中的分散相颗粒度降低、分布均匀化的处理过程。均质过程起减小物料粒径、提升物料分散均匀度的作用。实际产业化生产过程中均质设备通常结合搅拌器使用，以实现膏体和乳剂的高稳定性和颗粒的高细腻度。

（1）剪切均质设备

剪切均质设备主要结构包括定子和同心高速旋转的转子，属于定子-转子系统，转子通过电机高速旋转带来高剪切力，实现物料分散乳化（图 5-21）。剪切均质设备的电机转速范围为 1000～10000r/min，在电机带动下转子高速旋转从而产生强大的离心力作用场，在转子中心形成强负压区，物料被吸入，在惯性力的作用下，由中心向四周扩散，被送至转子和定子之间的窄小间隙内（剪切区），物料受到强剪切力作用，高速通过定子结构的细孔，重新进入待剪切区域内，新的物料被吸入，开始新的物料均质循环。剪切均质设备具有独特的剪切分散机理和超细化、低能耗、高效化、性能稳定等优点，成为精细化工产品行业中提高产品品质必不可少的工艺设备。

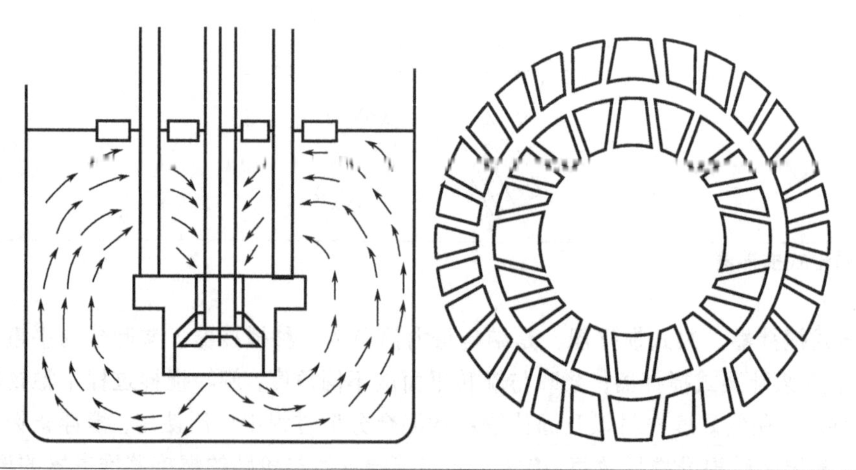

图 5-21　剪切式均质设备基本结构

为了提升物料均质品质，降低物料粒径，提升分散乳化效果，对定子-转子结构进行创新设计，形成了胶体磨剪切均质设备。主要的结构元件由固定的圆盘（定盘）和高速旋转的磨盘（动盘）组成，如图 5-22 所示。动盘形状是两个相互套合的截锥体，材质一般为不锈钢，表面可为平滑表面或波纹表面，其转速一般为 1000～10000r/min。定盘的材质一般为铸铁，表面也可为平滑表面或波纹表面。定盘与动盘之间的距离约为 0.050～0.150mm。物料在动盘高速旋转下，被迫通过两盘之间的间隙，高速旋转磨盘使附于旋转面上的物料速度较大，相反固定面上的物料速度为零，两者之间形成较大的速度梯度，从而使物料受到强烈的剪切摩擦，产生微粒化作用。物料乳化后粒径可达到 0.01～5μm。

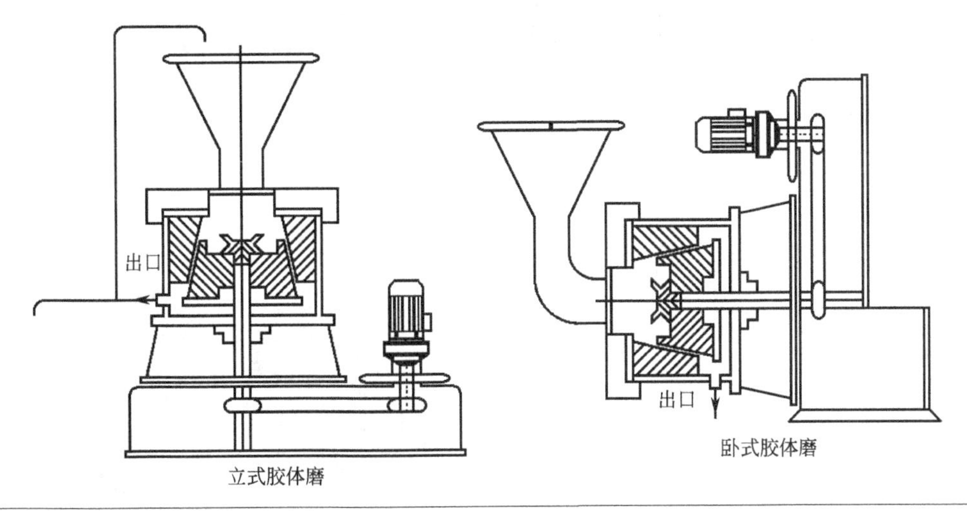

图 5-22　胶体磨主要构成元件结构

（2）超声波乳化设备

超声波乳化设备是在超声波（20000Hz）作用下，实现物料体系均质的自动化装置。能量释放高度集中、强度强大、物料振动剧烈、物料乳化品质稳定是超声波乳化突出特征。图 5-23 所示超声波乳化设备中，主体结构是弹簧式超声波产生器，工作过程中首先物料混合物从入口经喷嘴高速流入管路时，物料以一定的压力冲击舌簧片的刃口，在舌簧片的尖端产生强烈的振动。精准优化舌簧片频率，使物料所激发的舌簧片振动频率与舌簧片的固有频率相当，从而产生超声波共振效应，乳化效果最佳。激发频率与液体的流速成正比，而与喷嘴和舌簧片间的距离成反比。超声波共振使得物料在舌簧片附近产生空化作用，液滴得以破碎，破碎后的物料可以再一次经过入口进入管路，进行循环破碎。粗制的乳液可以经过多次循环超声乳化，得到高稳定性的乳液。此外，超声波乳化设备产生的空化作用，使微生物细胞内产生空泡，伴随空泡振动和瞬间破裂释放出巨大能量，能够从结构角度彻底改变细胞，使其失去活性，起到杀菌消毒的作用。

（3）高压均质设备

高压均质设备主体结构包括均质阀、高压泵、电机、传动机等元件，高压泵是其核心部件。在高压泵中利用高压使得物料高速通过狭窄的缝隙，物料在强大剪切力、与金属环产生的撞击力、静压力突变产生的空化作用等综合力的作用下，大粒径物料分散成更细微、稳定的混合体系（图 5-24）。

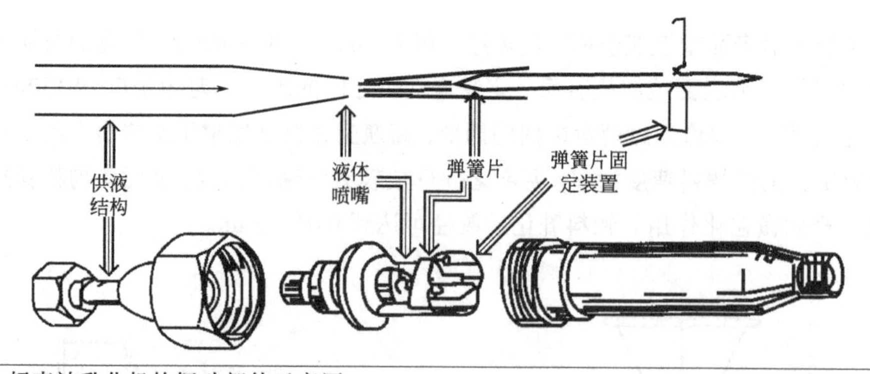

图 5-23　超声波乳化机的振动部件示意图

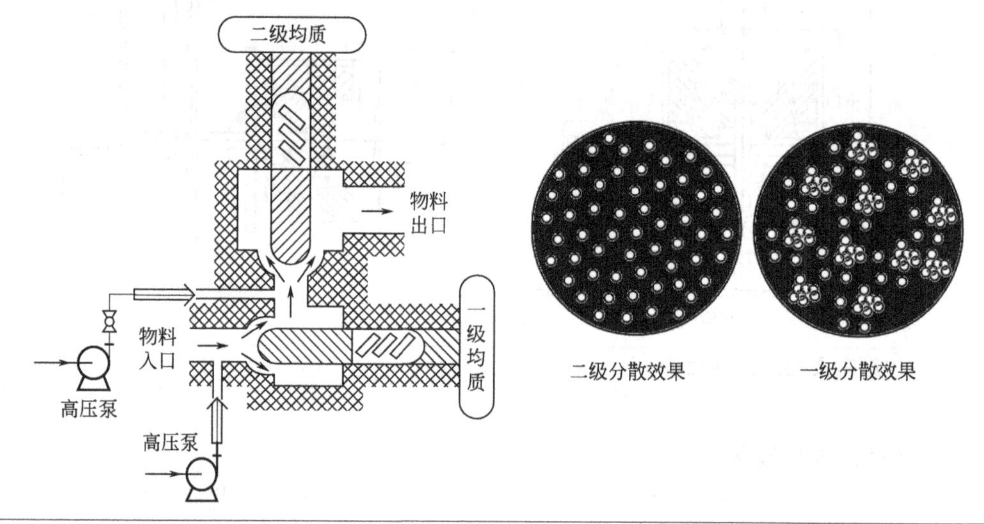

图 5-24　多级高压均质设备

5.5.2.3　辅助设备

（1）三辊研磨机

三辊研磨机由机体、出料板、冷却系统、轧辊、挡料板、电气开关或电气控制系统、手轮、传动系统等部件构成，其中最为关键的部件为在铸铁的机架中安装的三只不同转速的、采用不锈钢或花岗石制成的轧辊，辊轴的两端装有大小齿轮用来变速。在手轮的调节下，前后两轧辊可以前后移动，调整间隙，中间轧辊的位置固定不动（图 5-25）。

需要研磨的物料首先制备成膏状，用泵或人工的方式送入后辊和中辊的两夹板之间。夹板必须与辊的表面密合，防止膏状物料向两端泄漏。轧辊紧密结合与高速旋转产生强大的剪切作用力，高效地破坏物料颗粒内分子之间的结构应力，降低物料最小颗粒的粒径。辊距的调节以物料分散粒径的大小决定，反复研磨几次后，可通过刮板细度仪等粒径测量仪器定量测量，达到要求后完成研磨。

三辊研磨机广泛应用于油墨、墨汁、涂料、塑料、橡胶、医药、食品、化妆品等精细化工行业原料的湿式研磨，它具有粉碎、分散、乳化均质、调色等多种功能。在化妆品制造过程中，三辊研磨机是一种应用比较广泛的研磨设备，尤其在冷霜、唇膏、粉底液等产品制造生产中。

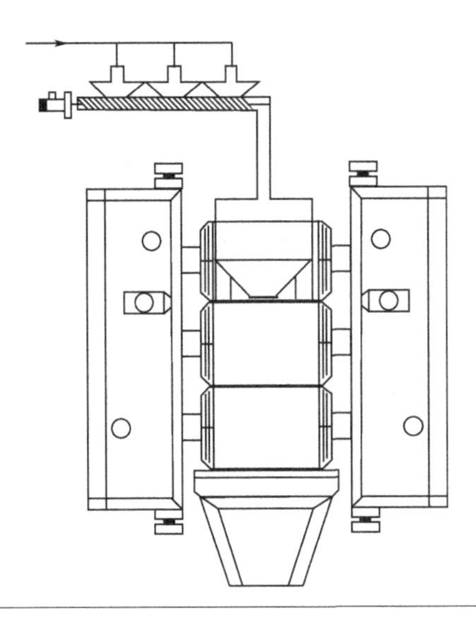

图 5-25　三辊研磨机结构图

（2）真空脱气设备

霜膏类化妆品在生产过程中由粉状物料或搅拌生产工艺带入空气使产品外观粗糙多泡，影响产品的密度、外观质量和储存稳定性。因此为了提高产品品质，一般需要对原料或者最终的产物进行脱气处理。

真空脱气法是产业化生产中使用最多的方法，物料通过泵的抽吸作用进入真空罐，当真空罐充满物料后，入口侧阀关闭，真空泵继续运行使得真空罐内形成负压。压力降低，气体的溶解度减小，致使物料中分散和溶解的气体被释放出来，聚集在真空罐的顶部，此时进料阀再次打开，新物料进入罐内，聚集在真空罐顶部的气体通过自动排气阀排出（图 5-26），经过脱气处理的膏体结构紧密细腻并有光泽，同时可以有效地提高产品的透明度。

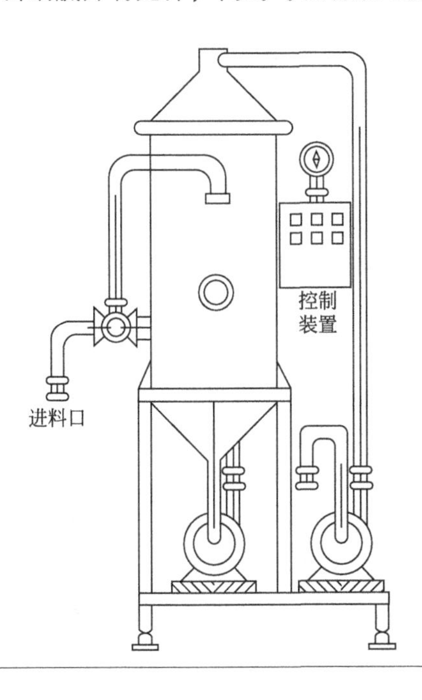

图 5-26　真空脱气装置

（3）灌装设备

① 液体灌装设备

常压灌装设备：常压液体灌装机是在正常压力下，靠液体自重进行灌装的一类简单的灌装设备。设备的基本构造如图 5-27 所示。液体产品由高位槽或泵经输液管送进灌装机的储液箱，储液箱内液面一般由浮子式控制器保持基本恒定，储液箱内的流体产品再经过灌装阀的开关进入待灌容器中。这类灌装机分为定时灌装和定容灌装两种，适用于灌装低黏度不含气体的液体，如香水、化妆水、爽肤水、花露水等。该类灌装机最显著的特点是原理简单，设备成本低，维护简单；但常压液体灌装机的定量方式比较简单，灌装损耗较大，对于一些高成本的化妆产品或者黏度较高的乳液而言并不适用。

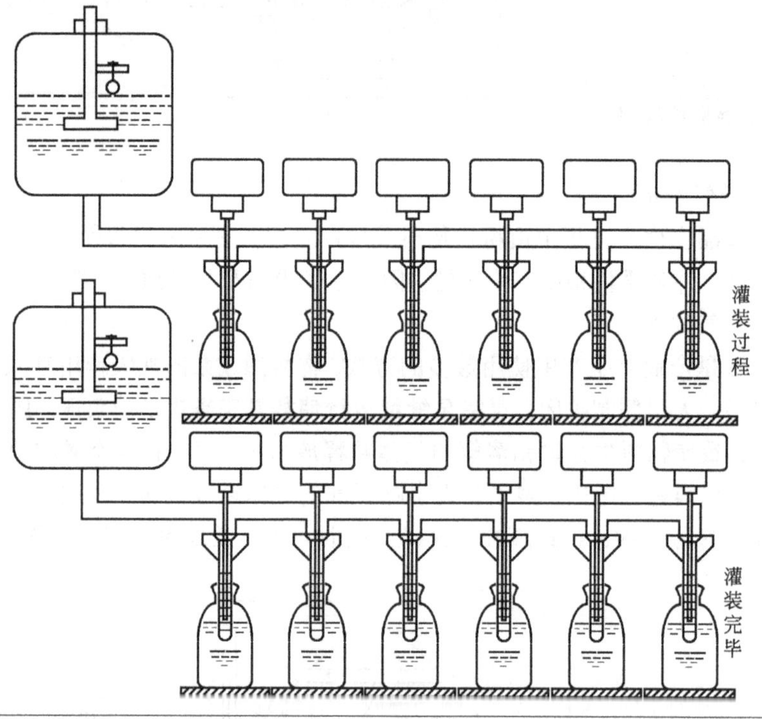

图 5-27　定容等压灌装机的示意图

压力灌装机：气压式化妆品是化妆品的一种特殊设计，其容器是具有气阀系统的耐压金属、塑料或者玻璃器体。该类化妆品常见的有发用化妆品、抑汗祛臭化妆品、香水、剃须膏、洗面奶、喷雾水等。

根据产品生产规模的要求气雾剂灌装机可分为手动式、半自动式、全自动生产线式等。气雾灌装机在结构上主要由灌液计量缸、灌液头、台面、机架及气动元件组成。液体计量缸固定在台面上靠后的位置，灌液头安装在升降立柱的台板上，根据罐子的高度不同方便上下调节。其工作的过程分为灌液、封口、充气三个阶段。灌液计量缸、灌液头负责定量灌液，气动轧盖，气动元件负责将沸点在室温以下的流体——喷射剂（化妆品中多用氮气、三氯一氟甲烷、二氯二氟甲烷等）在高压下压入瓶内，并将瓶内空气挤出喷罐。

② 膏体和黏稠乳剂灌装设备。膏霜类产品的灌装最为常用的方法是机械压力法。采用

机械压力法的灌装设备主要有活塞式、刮板泵式、齿轮泵式，其中活塞式是目前化妆品工业中较为常用的一类灌装设备。该类灌装设备工作的主要原理是利用活塞的往复运动所产生的定量压差，将被灌物料定量挤入包装容器内（图 5-28），这种方法主要用于灌装黏度较大的稠性物料，例如灌装化妆品中的霜膏类和乳剂类、食品中的酱类和肉糜等，有时也可用于液体状物料的灌装。

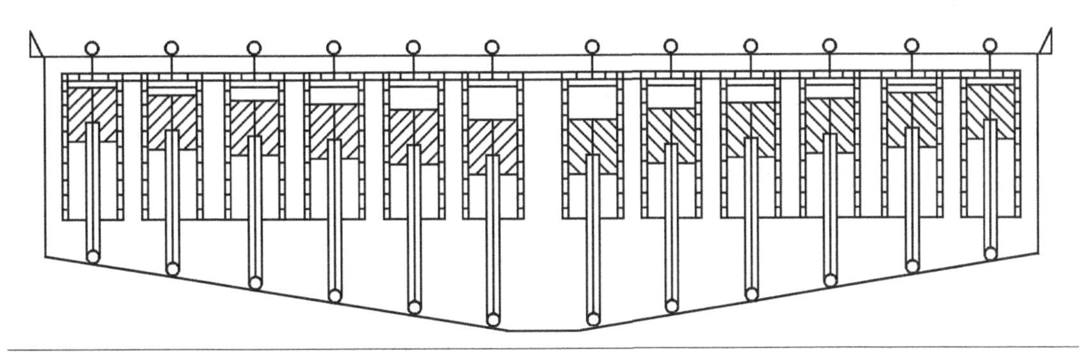

图 5-28　活塞式灌装机活塞运动示意图

（4）水处理设备

水在化妆品生产中是使用最广泛、最廉价、最丰富的原料。水具有很好的溶解性，也是一种重要的润肤物质。香波、浴液、各种膏霜和乳液等大多数化妆品中都含有大量的水，水在这些化妆品中起着重要的作用。化妆品生产用水的质量直接影响化妆品生产过程和最终产品的质量。

为了满足化妆品高稳定性和良好使用性能的要求，对化妆品生产用水有两方面的要求——无机离子浓度和微生物的污染。化妆品生产用水中无机离子的存在会影响乳液稳定性，与部分活性物质形成配合物影响产品品质或外观，此外也可造成微生物的滋生，因此化妆品用水需去除水中的无机离子。化妆品生产用水应为一般纯水，电导率小于 2.5μS/cm，细菌总数小于等于 100CFU/mL。典型的制水流程为：原水—预处理系统（砂滤、活性炭滤）—后处理系统（离子交换、反渗透）—储罐—分配管路。

1）水质预处理系统

水中的机械杂质、胶体、微生物、有机物和活性氯等对水处理设备的效率有较大影响，应当进行预处理。首先采用砂滤和微孔过滤树脂进行预处理，除去水中的粗颗粒物，包括一些悬浮状和胶体状的物质。采用活性炭、吸附树脂等吸附剂进一步去除剩余生物细微颗粒物（1～2mm）和一部分的铁和锰。

2）后处理系统

① 离子交换水处理。离子交换系统通常用在反渗透之前，目的是去除水中的钙镁离子软化水质。离子交换树脂是一种带有相应的功能基团的功能性高分子。常规的离子交换树脂带有大量的钠离子，当水中的钙镁离子含量高时，离子交换树脂可以释放出钠离子，功能基团与钙镁离子结合，这样水中的钙镁离子含量降低，水的硬度下降。当树脂上的大量功能基团与钙镁离子结合后，树脂的软化能力下降，可以用氯化钠溶液冲洗树脂，在高钠离子环境下，功能基团会释放出钙镁离子而与钠离子结合，这样树脂就恢复了交换能力。

② 膜分离纯水制备。水处理中最常用的膜分离方法有电渗析、反渗透、超过滤和微孔膜过滤等。电渗析是利用离子交换膜对阴、阳离子的选择透过性，以直流电场为推动力实现离子分离的方法。而反渗透、超过滤和微孔膜过滤则是以高于渗透压的压力为推动力的膜分离方法。其中在化妆品用水的纯化中反渗透法是最为常用的方法。

反渗透（RO）源于美国航天技术，是20世纪60年代发展起来的一种膜分离技术，其原理是原水在高压力的作用下通过反渗透膜，推动水由高浓度向低浓度扩散从而达到分离、提纯、浓缩的目的。由于该过程与自然界的渗透方向相反，因而被称为反渗透。反渗透可以去除水中的细菌、病毒、胶体、有机物和98.6%以上的溶解性离子。该方法运行成本低、操作简单、自动化程度高、出水水质稳定，与其他传统的水处理方法相比具有明显的优越性，广泛运用于水处理设备相关行业。

5.6 化妆品产业的发展趋势

20世纪美容化妆品行业取得了很大的进展，但是在科学技术含量上相对较低，其采用的原料绝大多数是化学物质。化学原料的大量使用使得化妆品的发展受到了限制，它最大的弊端是可能引起严重的毒作用和过敏反应。21世纪突飞猛进的科学技术发展，带动了化妆品科学和化妆品工业的显著发展。化妆品总体的发展趋势表现为功能化、天然化、生物工程化和新技术化。

（1）功能化

爱美之心人皆有之，更多的消费者开始追求更为细腻且富有弹性的皮肤，更为永驻的青春，更为精美的妆容，更为纤细或健美的体型，更为完美的曲线。在这些市场需求和消费群体的驱动下，化妆品朝着功能化的方向发展。此外，中国人口年龄结构趋于老龄化，抗皱、美白、祛斑、美体等具有抗衰老功能的化妆品及其相关服务的需求迅速增长，这类化妆品将成为化妆品市场的主流。

（2）天然化

英国科学家本斯提出，欧洲女性每年通过化妆品使用2.3kg的化学物质，这些物质很多可以被人体吸收。因此中华人民共和国国家卫生和计划生育委员会2015年出台的《化妆品安全技术规范》对化妆品中可能含有的有毒物质进行了严格限制。随着消费者安全意识的不断加强，人们在追求美丽的同时，开始关注化妆品和健康之间的关系，在环保美容消费理念的驱动下“天然化妆品”“草本化妆品”应运而生，因此天然化成为化妆品的又一发展趋势。开发天然化妆品在我国有得天独厚的条件，我国有几千年中医药的历史积淀，留下大量珍贵的医学古典。中药由天然的植物、动物、矿物组成，是人类了解较为深入的一批天然物质，基于几千年的研究基础，通过对中药中有效成分提纯、分析，依照中医基本理论配方，应用现代技术、生产设备配置，开发的中药化妆品具有科学性、适用性、安全性。中药化妆品可集天然化、疗效化、营养化等多种功能于一体，符合当今世界化妆品潮流，大量的植物成分已经成为化妆品配方设计的首选，其中使用最多的有绿茶提取液、芦荟提取液、人参提取液等，因此原料天然化也必将对我国和世界化妆品的发展作出贡献[6]。

（3）生物工程化

生物工程包括基因工程、细胞工程、酶工程、发酵工程、生化工程和转基因工程。随着生物技术的不断进步和发展，以分子生物学为基础的现代皮肤生理学研究不断发展。这些研究逐步揭示了皮肤损伤、衰老、色素沉积、光致损伤、毛发损伤的生物化学过程，并对这些生理过程进行了科学的阐述。在此基础上依据皮肤的内在作用机制，并通过适当的体外模型，有针对性地指导化妆品原料的选择，可达到保护皮肤、延迟衰老、防治损容性皮肤病的目的。例如，生物工程相关研究发现，婴幼儿的皮肤之所以亮泽、富有弹性，是因为其皮肤中含有大量表皮生长因子（EGF）。EGF 可强烈驱使细胞分裂、繁殖，化妆品行业称之为美容因子。此外类似的生物工程因子还有白细胞介素、肿瘤坏死因子（TNF）、酸性成纤维细胞生长因子（α-FGF）、胰岛素生长因子（IGF）、角质形成细胞生长因子（KGF）、神经生长因子（NGF）、阿尔法转化生长因子（α-TGF）等。每一个生物工程因子都有它独特的功能和特性，如能将它们应用于化妆品行业，将会带来巨大的突破。

（4）新技术化

目前化妆品配方设计过程中涉及的新技术主要包括新型乳化技术、纳米技术、天然植物萃取技术等。

① 新型乳化技术。乳化是化妆品相关技术中较为关键的步骤，是乳液、霜膏稳定性和状态的关键，为了实现乳膏更为丰富的触感，大量新型的乳化剂被设计用于化妆品的乳化过程，如新型乳化剂 343，可非常方便地配制水溶性乳膏；复合乳化剂 OW340B 可帮助各种中药及提取物在乳剂中均匀稳定分散。

② 纳米技术。纳米技术是用于化妆品最热门的技术。纳米颗粒是指粒径在 1～100nm 范围内的粒子。纳米技术使化妆品发生了质的改变，研究发现将化妆品的原料粉碎到纳米级别，能大大提高皮肤对原料的吸收率和利用率。纳米技术在化妆品的各个小类中均有采用。如二氧化钛（TiO_2）是美容化妆品行业中应用最广的防晒剂。纳米二氧化钛，是一种透明状的粉末，它既能散射又能吸收紫外线，与常规的二氧化钛相比，纳米二氧化钛可起到更高的防晒效果，并且对皮肤无刺激，可配制成透明防晒霜。又如大部分祛斑化妆品效果不佳的原因是真皮型或混合型黄褐斑的黑色素不在表皮上，而是在真皮浅层，因一般的祛斑活性物质无法达到真皮使治疗效果甚微。如果将从甘草中提取的祛斑原料光甘草定粉碎到纳米级别，由它配制的祛斑化妆品可透入真皮浅层，从而达到祛斑的效果。维生素 E 是化妆品中较为传统的抗氧化物质，在皮肤外用过程中也不能获得良好的效果，研究发现采用纳米技术包载维生素 E，可协助其进入皮肤并为表皮细胞所用，起到嫩肤、除皱、延缓衰老的作用[7]。

③ 天然植物萃取技术。煎煮是传统的植物萃取方式，由该法得到的提取物成分复杂，外观较差，限制了其在化妆品中的使用。在天然产物提取中，逐步使用各种现代化提取技术，如超微粉碎、低温提取、超临界萃取等，可充分保留药物的有效成分，同时也可有效降低各种不良反应。

参考文献

[1] 董银卯，孟宏，马来记. 皮肤表观生理学[M]. 北京：化学工业出版社，2018.
[2] 董银卯，李丽，孟宏，等. 化妆品配方设计 7 步[M]. 北京：化学工业出版社，2016.
[3] 程海涛，申献双. 水力空化-真空提取茶多酚工艺研究[J]. 现代化工，2016，36（10）：157-160，162.

[4] 程海涛，申献双．涡流空化-机械研磨协同强化大豆粕蛋白溶解的研究[J]．中国油脂，2019，44(6)：60-64.
[5] 姜晓娜，李刚，李翔．灵芝在化妆品中的应用和发展趋势[J]．中国食用菌，2019，38（3）：1-5.
[6] 薛绘，杨盼盼，吕旭阳，等．化妆品常用肤感改良粉体的性质与发展趋势[J]．日用化学工业，2022，52（1）：77-83.
[7] 吴彦，熊亚妹，孟丹丹，等．苯乙醛纳米微胶囊的制备及特性表征[J]．化学研究与应用，2020，32（12）：10.

第 6 章 香料与香精生产工艺原理与流程

从广义上讲，具有被嗅觉与味觉感知的芳香气味或滋味的物质都在香料的范畴内。实际生产中，香料是香精生产工艺过程中涉及的各种物质。单一品种的香料气味单一，单独使用无法满足实际香味需求。

香精是由人工调和数种乃至数十种香料而配制成的香料混合物。香精中各种香料的选择，以应用对象的特定要求为核心，是商品化、市场化、个性化、特定化的产品。香精产品因含有特定比例的不同种类香料而具有特定香型。香精可以作为特定功能成分添加在其他产品中。

香精应用形式主要分为两类：一类作为辅助成分添加到烟酒制品、医药制品、食品、化妆品、日用洗涤剂、香皂、文具用品、油墨等产品中，提升产品本身的品质或者起到特殊提示作用；另外一类是作为主要成分形成香精相关产品，例如香水、香料保健品等。

香料与香精的关系如图 6-1 所示。

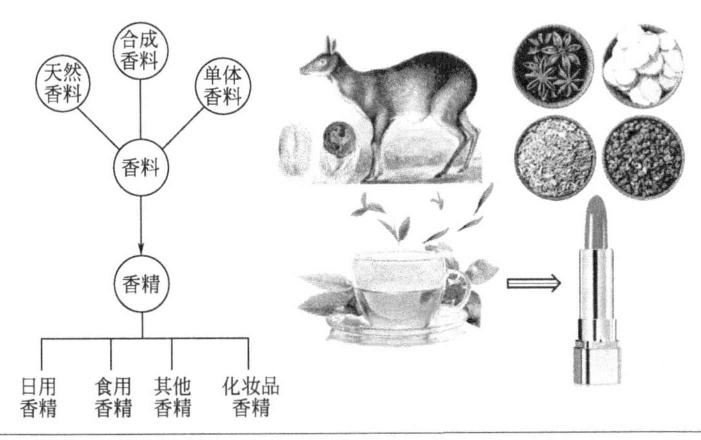

图 6-1　香料与香精关系示意图

6.1　概述

香料按照来源分为天然香料和人造香料。

天然香料分为动物性和植物性天然香料。动物性天然香料是少数几种动物的腺体分泌物或排泄物，产业化应用的品种有麝香、灵猫香、海狸香、龙涎香等。植物性天然香料是从芳香植物的花、草、叶、枝、干、根、茎、皮、果实或树脂中提取出来的有机混合物。根据形态和制法通常称为精油、浸膏、酊剂和香脂等。

人造香料可分为单体香料和合成香料。其中，单体香料是用物理或化学方法从天然香料中分离提纯的单体香料化合物；合成香料是以石油化工及煤化工基本原料等为起始物，通过有机合成的方法制取的香料化合物。如果以单体香料或植物性天然香料为原料经化学反应制得其衍生物，则称为半合成香料[1]。

不同类型的香料与香精相互关系如图 6-2 所示。

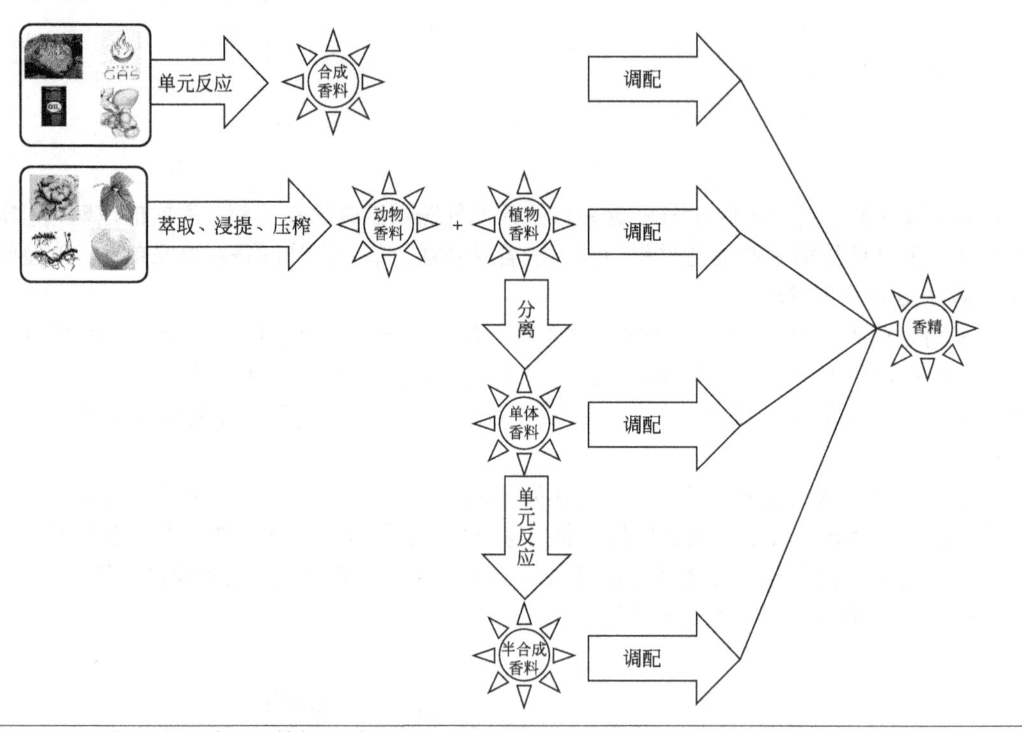

图 6-2 不同类型的香料与香精相互关系

6.2 植物天然香料产业化工艺原理与流程

植物性天然香料大多数呈油状或膏状，少数呈树脂状或半固态。植物性天然香料的生产方法通常有五种：水蒸气蒸馏法、溶剂提取法、物理压榨法、扩散吸收法和超临界流体萃取法。

6.2.1 水蒸气蒸馏法

水蒸气蒸馏法是提取植物性天然香料的最常用的一种方法，产业化工艺流程、设备、操作工艺多样成熟，提取成本低且提取量大，设备维护简单。根据水蒸气状态与所处设备位置不同分为：水中蒸馏、水上蒸馏、水汽蒸馏。除了在沸水中发香成分易溶解或分解的植物原料以外，大多数植物香料都是用水蒸气蒸馏法提取的。同时为了提高提取量与提取效果，可在提取设备内设置多层托盘，提高水蒸气蒸馏效果，工艺流程如图 6-3 所示。

水蒸气蒸馏法提取植物天然香料（精油）关键步骤是从植物含香部位经过蒸馏方式将香料提出，以及对蒸馏后香料混合物质的精制与分离。为了更高效、高品质提取香料，植物天然香料（精油）提取一般需要注意以下环节，工艺流程简图如 6-4 所示。

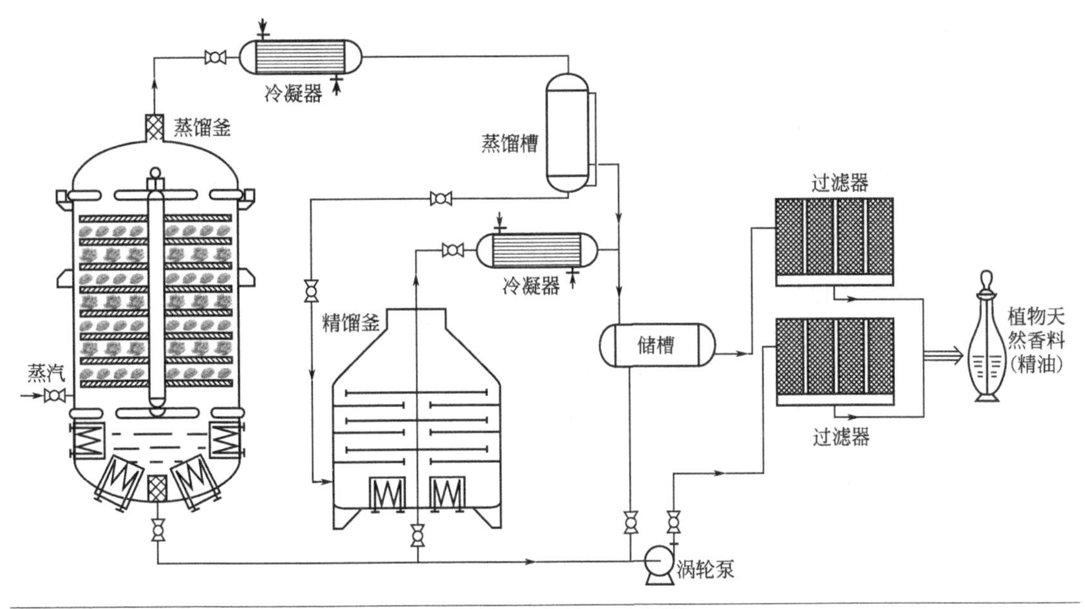

图 6-3　水蒸气蒸馏生产植物天然香料（精油）工艺流程示意图

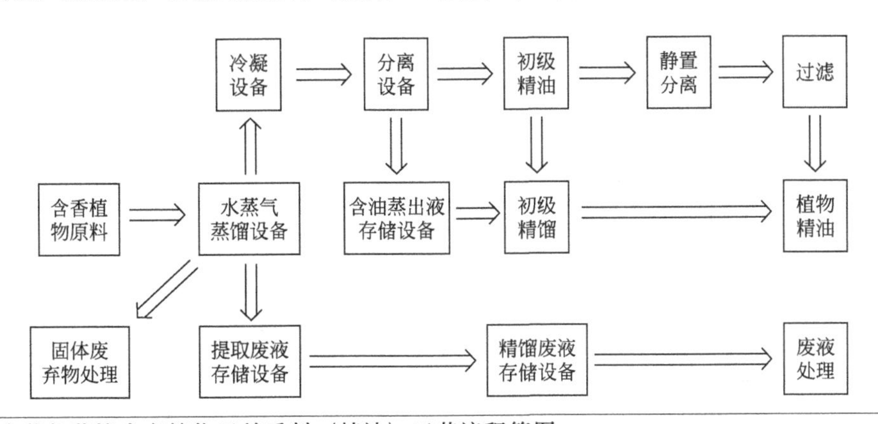

图 6-4　水蒸气蒸馏生产植物天然香料（精油）工艺流程简图

① 处理各种芳香植物时，需要对含香植物原料进行前处理，草类植物、花、叶、花蕾、种子一般直接投入蒸馏设备中进行香料提取。利用植物根部、果壳等作为原料时，首先要对提取原料进行水洗清洁、真空干燥、研磨等步骤，来除去杂质、破坏坚硬结构以有利于香料的提取与纯化。对于特殊工艺，还需要溶剂浸泡、生物发酵等处理步骤。

② 一般香料提取产业化工厂，会建造在原料基地附近，尤其是一些以花、花蕾为原料的香料，一般需要在花朵达到采摘要求后以最短时间将花朵采摘，立即提取，避免香料的损失，提高香料提取率。

③ 根据不同香料的物理、化学性质合理优化水蒸气蒸馏法提取植物天然香料工艺的温度、压力、时间，最大限度提升香料提取率，同时节约能源。

④ 水蒸气蒸馏法提取植物天然香料后剩余的植物废弃物，应该进行资源化、能源化等循环利用处理，实现 100%原子利用率。

水蒸气蒸馏法提取天然植物香料，广泛应用于桉叶精油、薰衣草精油、薄荷精油、玫瑰精油、白兰叶精油、八角精油等天然香料的提取。

6.2.2 溶剂提取法

溶剂提取法是指利用香料分子易溶于特定挥发性有机溶剂的特性，通过挥发性有机溶剂对植物原料的浸泡，植物原料中的含有香料的混合物（香料、色素、淀粉、脂肪、植物蜡、糖类）进入有机溶剂，再经过过滤、蒸馏、精馏等挥发溶剂回收路径，得到呈现膏状的黏稠混合物。膏状黏稠混合物经乙醇溶解后，经过沉淀、分离、过滤等操作除去杂质，再将香料混合物乙醇溶液减压蒸馏回收乙醇，最终得到植物精油，此过程中被称为浸油生产工艺。如果挥发性有机溶剂对植物浸泡时直接选择乙醇，提取香料混合物，所得乙醇溶液被称为酊剂。溶剂提取法一般在常温状态下进行，可以更好地保留植物中含有的香料物质结构。

溶剂提取法中溶剂选择是关键，一般遵循环境影响低、安全稳定不分解、无色无味、对芳香物质溶解度大、对于植物中溶出杂质选择性高、常温下沸点较低等原则。产业化过程中常用溶剂有石油醚、乙醇等。

溶剂提取法一般对原料没有特殊要求，只要洁净、新鲜就可以。但是也有特殊情况，例如某些鲜花香料溶剂提取，桂花需要对鲜花进行一段时间的腌制，树苔及其树花要先经过酶解处理，预先处理是为了促进香料分子以更快速度进入提取溶剂。

溶剂提取法可以在低温环境下实现天然植物香料的提取，对香料分子结构的影响最低可以最原始地保留天然植物香料的香韵。一般以名贵鲜花为原料的天然植物香料的提取多采用此类方法。溶剂提取法生产植物天然香料（浸膏）工艺流程如图 6-5 所示。

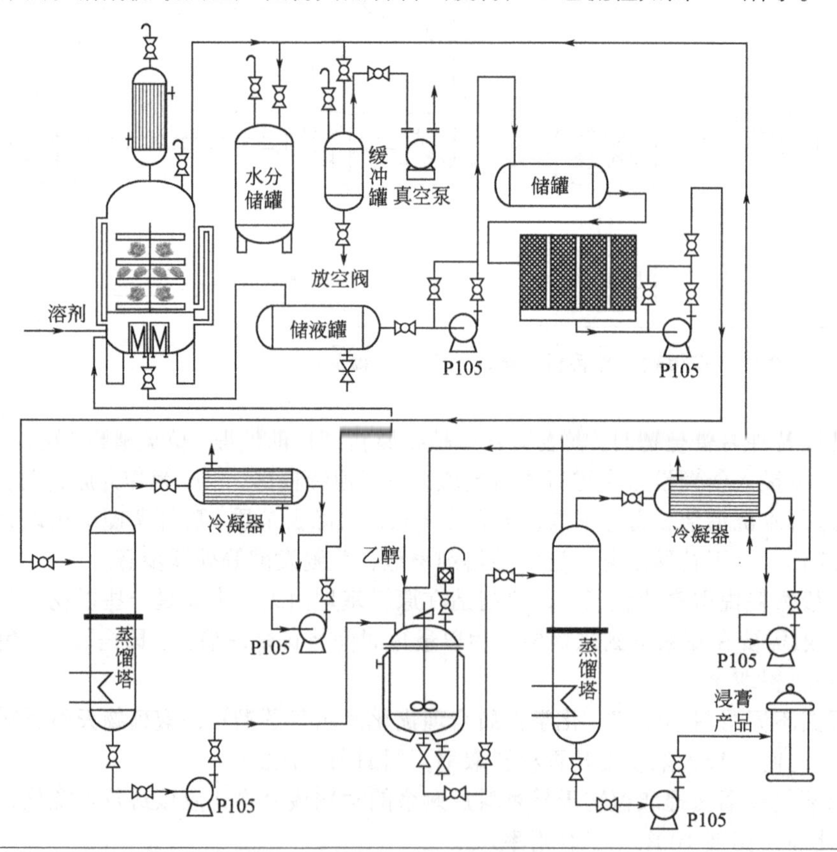

图 6-5 溶剂提取法生产植物天然香料（浸膏）工艺流程示意图

P105—液体输送泵

6.2.3 物理压榨法

物理压榨法是指通过产生物理性外力的设备与技术作用于天然植物原料，破坏植物原料有关组织结构，实现天然香料与其他成分的析出与分离。由于物理压榨法操作在常温下进行，有利于高温氧化、聚合、降解的天然植物香料的提取，保障了天然植物香料（精油）的原真香气。产业化过程中产生物理性外力的设备与技术有螺旋压榨设备、超声破壁设备、平板研磨机和激振研磨机等。

图 6-6 所示螺旋物理压榨法提取植物天然香料工艺流程，依靠螺旋平行向前的不断推进作用，使天然植物原料（果皮、整果、籽等）不断被挤压，植物组织、细胞被破坏，天然香料（精油）被挤压出来，因为天然植物组织含有大量水分、植物杂质等，因此需要对压榨挤出液进行过滤、油水分离等操作，最终得到天然植物香料（精油）。除了通过物理分离方法除去杂质外，对于一些容易与水形成均一体系的果胶等物质，需要通过化学反应将果胶转化为不溶于水的沉淀，实现果胶分离，通常加入的物质是稀石灰水（1%～1.5%），也可以在清洗过程中加入水溶性电解质（$NaSO_4$等）。

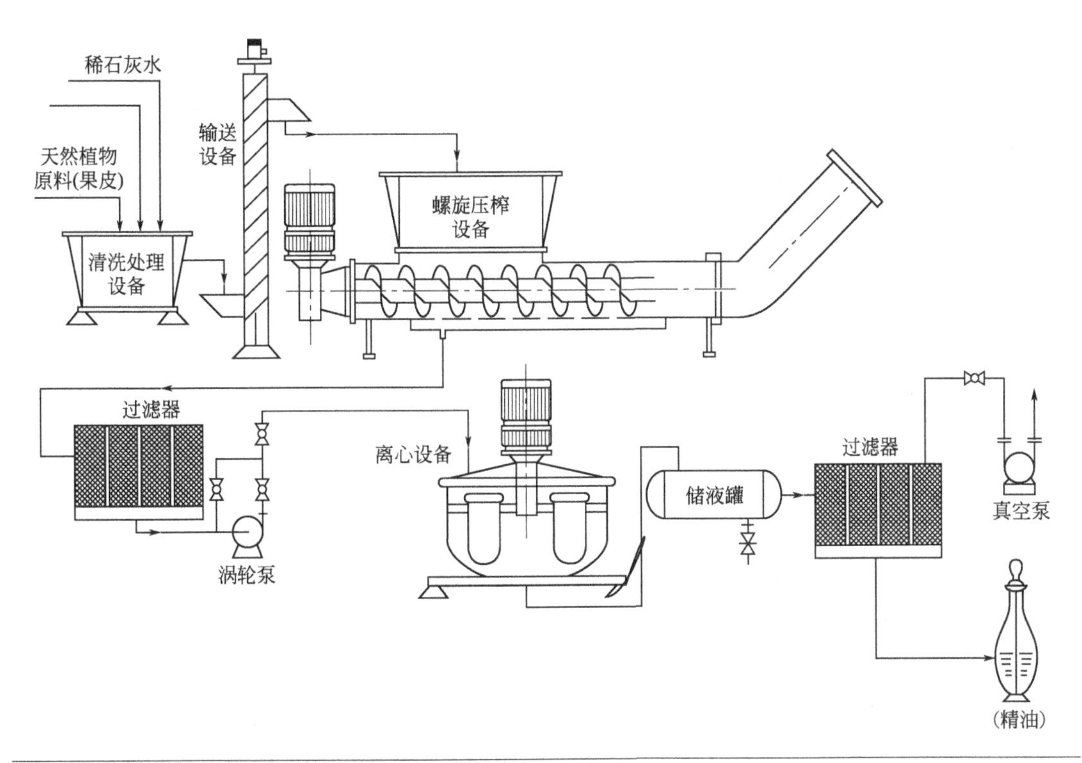

图 6-6 螺旋物理压榨法提取植物天然香料工艺流程示意图

物理压榨法所制备天然香料，对于香料分子结构破坏最小，天然香料品质保存原真，广泛应用于食品、香烟、香水、化妆品、香粉、酒用香精、天然饮料添加剂、涂料、胶黏剂等行业。

6.2.4 扩散吸收法

扩散吸收法生产天然植物香料是通过非挥发液相溶剂与固体作为香料吸收剂，提取天然香料的方法。以固体作为香料吸收剂，机理是吸附操作，香料产品以精油为主；非挥发固体吸收剂得到香料产品为香脂。

（1）非挥发液相溶剂吸收法

非挥发液相溶剂吸收的动力源于天然香料的自由扩散、挥发程度，对于常温下易挥发的天然植物香料可采用常温吸收法，对于不易挥发天然香料需要控制非挥发液相溶剂吸收温度在 60～70℃范围内，同时非挥发液相溶剂黏度降低也有利于天然植物香料扩散。

① 加热浸泡吸收。首先将非挥发液相溶剂（动物油脂、麻油、精制橄榄油）升温至 60～70℃范围内，非挥发液相溶剂流动性增加，天然植物所含香料进入非挥发液相溶剂中，进过多次更换，天然植物含香部分非挥发溶剂中植物天然香料达到饱和，最后经过降至室温得到天然香料产品香脂，工艺流程如图 6-7 所示。

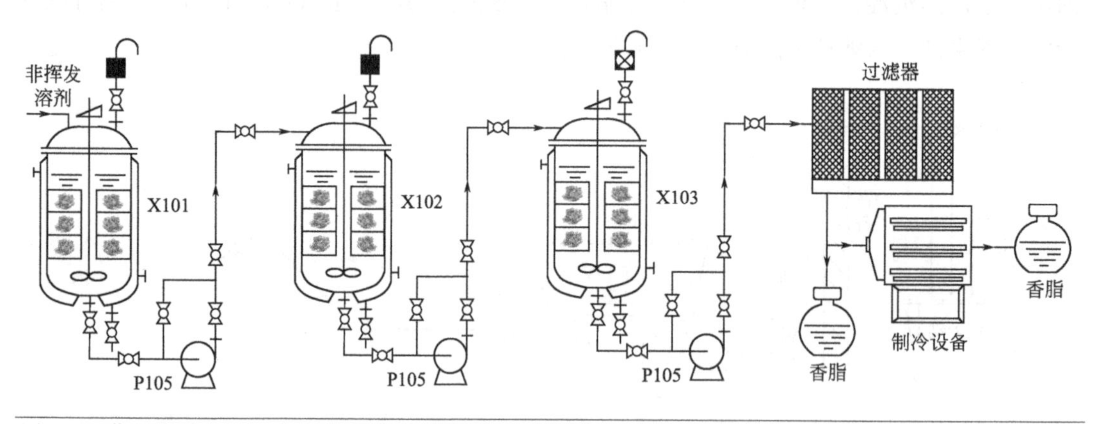

图 6-7 非挥发液相溶剂吸收制备天然香料工艺示意图

P105—涡轮泵；X101—第一吸收釜；X102—第二吸收釜；X103—第三吸收釜

② 常温吸附。以精制膏状猪油和牛油（1∶2）为溶剂，首先在外界热量作用下混合溶解，冷却至室温得到吸收载体，将吸收载体涂敷在玻璃板表面，将多块玻璃板等间距分层放置于木质框架上，在玻璃板上放置鲜花等天然植物含香原料，鲜花等释放出的含香成分被脂肪基吸收载体吸附，经过多次更换鲜花，脂肪基吸收载体多次吸附香料分子直至吸附饱和，将吸附香料分子的脂肪基回收再压制成型制备出各式各样的固体香脂，如图 6-8 所示。

（2）固体吸附剂吸收法

以固体多孔结构物质（活性炭、硅胶等）为吸附剂，吸附天然植物（鲜花、花蕾等）扩散出的香料分子，达到吸附极限后，再利用液态溶剂（石油醚等）对固体多孔物质吸附的香料分子进行洗脱处理，含有香料分子的液态溶剂（石油醚等）经减压精馏除去液态溶剂（石油醚等），得到天然植物香料产品精油，工艺流程图如 6-9 所示。

固体吸附剂吸收法提取天然植物香料，首先天然植物所含香料分子易于挥发、扩散；固体吸附剂稳定，吸附表面积大，与天然香料分子具有可逆吸附性质；洗脱溶剂性质稳定、易挥发，与天然香料分子具有良好的互溶性。

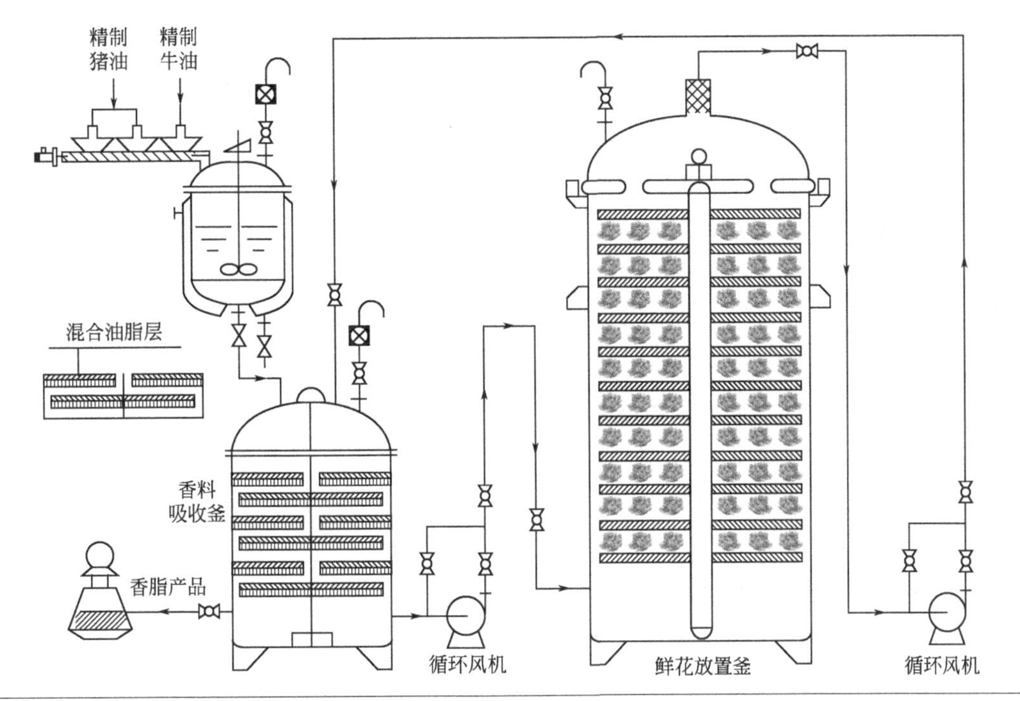

图 6-8　常温吸附天然香料工艺流程示意图

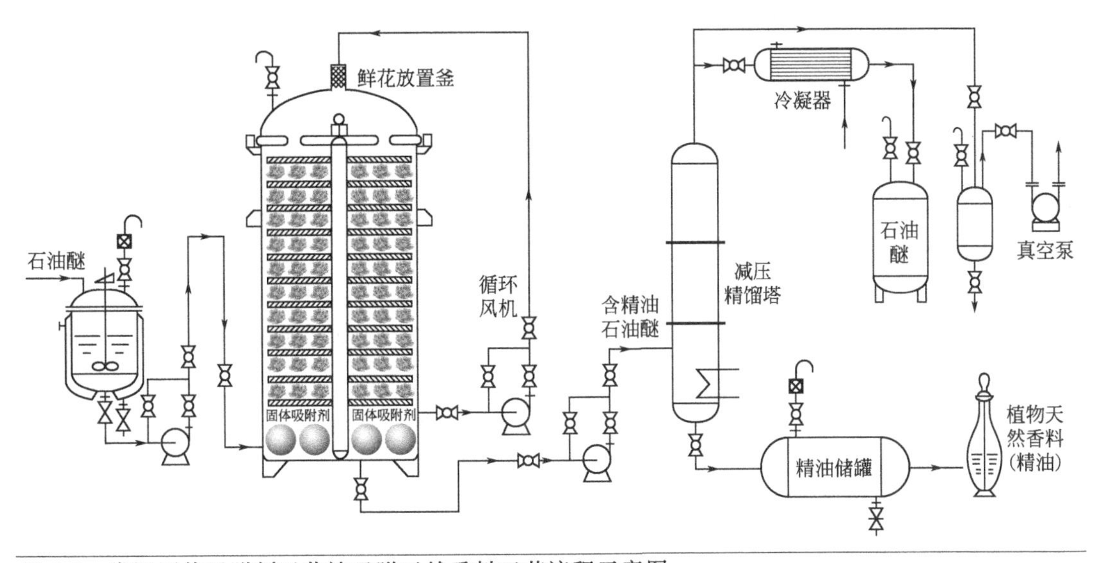

图 6-9　常温固体吸附剂吸收法吸附天然香料工艺流程示意图

6.2.5　超临界流体萃取法

近年来超临界流体萃取技术大量用于各种热敏性、高沸点物质的提纯分离，在化工、食品、医药、香料和化学分析等领域的应用和研究都获得长足的进展。

在香精行业，用现有技术水平要人工合成出与天然香料中的某些关键香气和香味完全相同的成分，且对环境不造成污染是难以做到的。所以如何有效地从天然原料中分离提取人们需要的香精香料就成为人们研究开发的课题。由于传统的蒸汽蒸馏、精馏，溶剂萃取、浸取，压榨等方法，在香料提取过程中，易产生热分解、溶剂残留，或部分芳香物质挥发损失等问题。而用超临界流体萃取技术就可解决这些问题，获得能保持天然色、香、味的高品质香精香料。

与分离提取方法相比，超临界流体萃取具有许多不可替代的优点，能满足许多工业领域中的某些特殊要求，不过其所需的高压技术和设备却不利于其推广应用，但在生产高附加值的香精香料工业引起人们的极大兴趣，并取得了很大的成功。此外，如将微粉技术与超临界流体萃取技术相结合，可大大提高萃取率，还可缩短萃取时间。近来关于电脉冲、超声波、磁场与超临界流体萃取技术的结合已经引起人们的注意，这些方面的研究很可能会带来惊人的效果，进一步推动超临界流体萃取技术在香精香料工业中的应用。总之，超临界流体萃取技术是一种相当有潜力的高技术分离方法，在香精香料工业中的前景是十分光明的，当然也还有问题有待人们去研究解决。

6.3 单体香料产业化工艺原理与流程

单体香料是指利用物理或化学方法从天然香料中分离出具有特定分子结构的香料单体物质。单体香料具有特定分子结构，保持稳定的香气氛是调香的基本需要。单体香料具有特定物理、化学性质，常用的生产工艺分为物理方法（分馏、冻析和重结晶）和化学方法（硼酸酯法、酚钠盐法等），相关方法原理、选用原则如下。

（1）物理分离法

① 分馏法。不同结构香料分子具有特定的沸点，分馏法就是利用沸点不同进行分馏，然后精制纯化的方法。香料分子结构易分解、聚合、相互反应，因此在单体香料分馏过程中通常采用减压分馏，产业化过程中采用的分流设备叫作分馏塔。

② 冻析法。冻析法依据香料混合物中不同组分的凝固点的不同，在温度降低过程中，凝固点温度高的组分首先以固体形态从液相体系中分离开，实现单体香料间的分离，以及混合香料的提纯。冻析法常用于固体单体香料的分离，冻析法是利用温度会改变物质的相态，使同相体系变为多相体系，从而实现单体香料分子的分离。

（3）化学分离法

化学分离法是通过可逆化学反应，利用特定物质与香料分子的特定官能团结合生成易于分离的中间产物实现香料分子间的分离纯化，分离后再利用反应的可逆性将分离出的中间产物还原为香料化合物原有的分子结构。

化学分离法产业化工艺包括中间分离产物合成、两相分离、萃取、精馏等单元操作，常用于醇、酚、醛等香料物质的分离。

图 6-10 所示为亚硫酸钠加成分离醛、酮类香料分子工艺流程示意图。首先醛、酮类香料分子与亚硫酸氢钠通过加成反应生成易溶于水的磺酸盐，通过分离器与有机溶剂分离，加成中间产物水溶液通过环己醇萃取除去剩余的有机杂质，向萃取后的水溶液中加入盐酸实现加成中间产物逆向分解为醛、酮类香料分子，再利用有机溶剂石油醚萃取醛、酮类香料分子，经过充分水洗后进入常压精馏塔除去有机溶剂石油醚，再经过减压精馏实现醛、酮类香

料分子的精制。

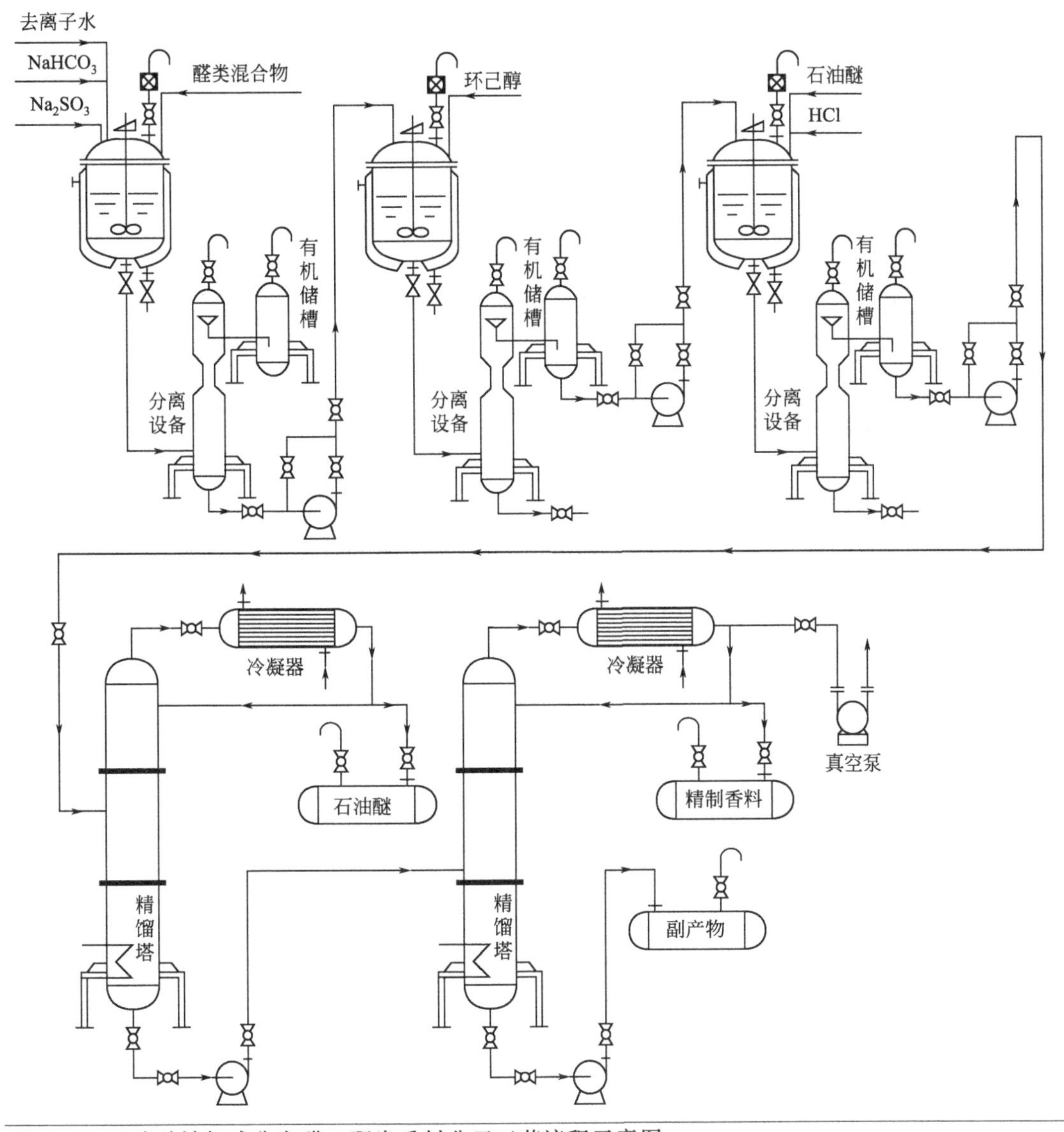

图 6-10 亚硫酸钠加成分离醛、酮类香料分子工艺流程示意图

酚类化合物单体香料是香料里重要的一类物质，图 6-11 所示通过成盐反应从丁香油中提取丁香酚单体化合物工艺流程，丁香油首先与稀氢氧化钠溶液反应生成溶于水的酚钠盐，丁香油中其他有机化合物香料与酚钠盐水溶液形成不溶两相，经分离设备实现分离，酚钠盐水溶液与无机酸（HCl）反应得到丁香酚单体香料。

醇类单体香料化学分离工艺流程如图 6-12 所示，天然香料精油中的醇类物质与硼酸生成高沸点化合物硼酸酯，经过减压精馏塔实现高沸点化合物与低沸点化合物的分离，硼酸酯与氢氧化钠发生皂化反应得到醇类单体香料粗产品，再利用减压精馏塔进行精制，得到精制醇类香料。

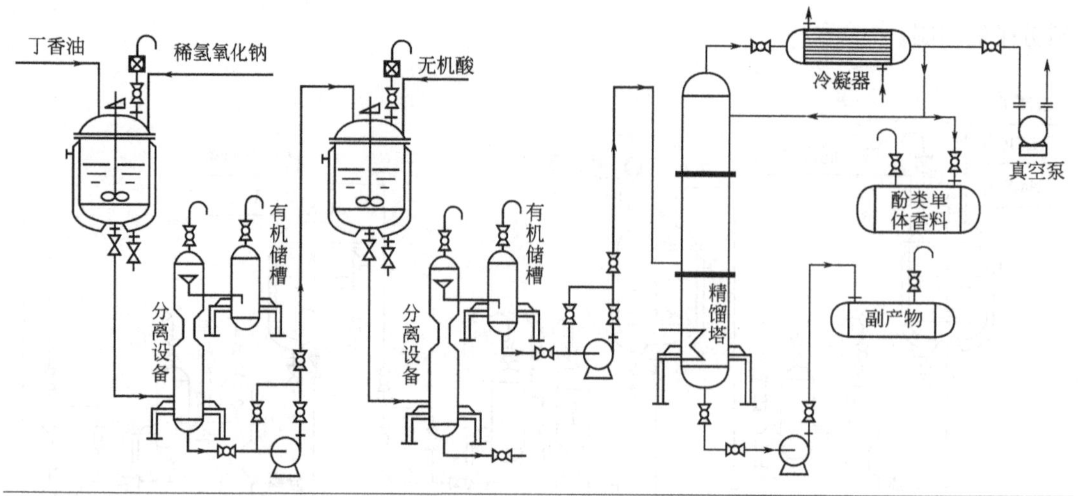

图 6-11　酚类单体香料提取工艺流程示意图

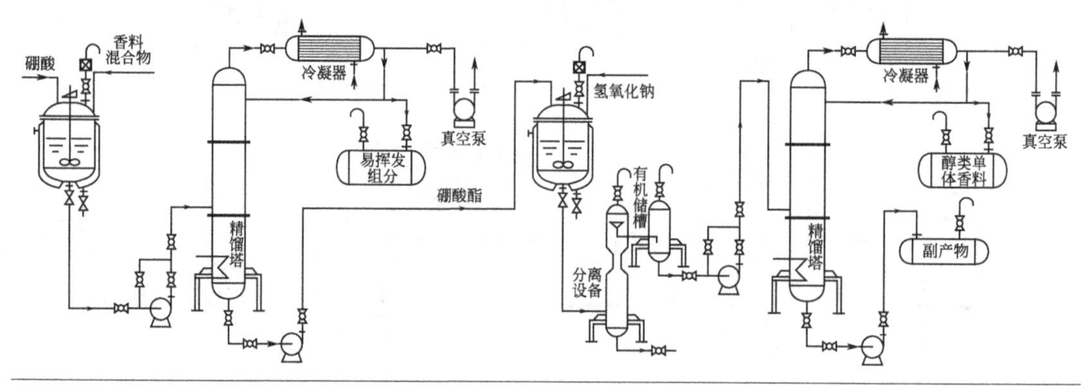

图 6-12　醇类单体香料提取工艺流程示意图

6.4　合成香料产业化工艺原理与流程

合成香料包括半合成香料与整体合成香料，半合成香料以天然香料中单体香料为原料经化学单元反应，形成新结构的含香分子。整体合成香料以石油与煤化工简单、基础原料为起点，经一系列最优单元反应组合，形成已有与全新目标含香分子。

6.4.1　半合成香料

以单体香料或植物性天然香料为原料，经化学单元反应实现新结构香料分子的合成，这一类香料产品称为半合成香料。成熟产业化半合成香料品种有：以松节油合成松油醇；以柠檬桉叶油合成羟基香茅醛；以山苍子油合成紫罗兰酮；以丁香油合成香兰素。

半合成香料的原料以大宗天然香料柠檬桉叶油、香茅油、山苍子油、八角茴香油等最为常见。半合成香料以从天然香料中分离出的单体香料（香茅醛、香茅醇、香叶醇、八角茴香油）成分为合成起始物，通过有机合成得到半合成香料。如图 6-13 所示是常见半合成香料合成路线图。

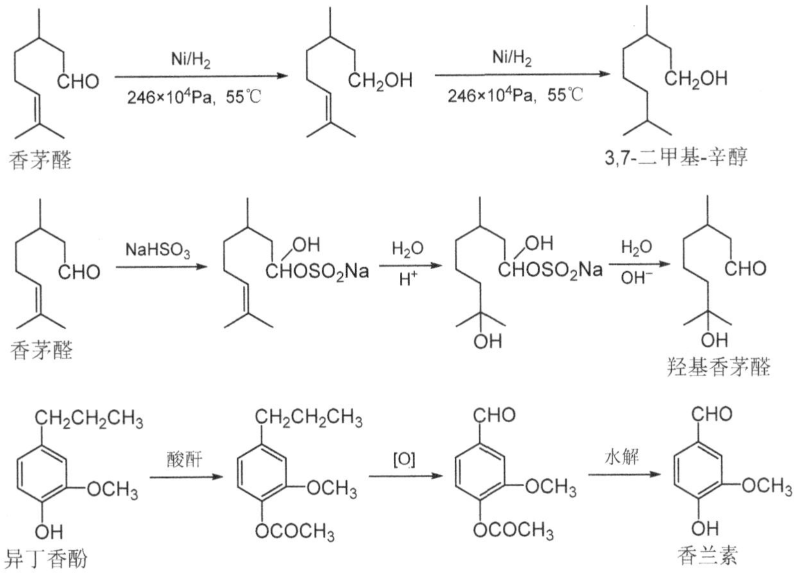

图 6-13　常见半合成香料合成路线图

6.4.2　整体合成香料

整体合成香料是指以特定化学结构香料为目标物，从石油化工及煤化工基本原料为起始物，经过不同有机合成单元反应的合理组合，得到的香料化合物。合成香料解决了由于天然香料受到环境、气候、资源的影响，天然香料产量不稳定、品种不丰富、成本高昂，无法满足产业化与市场需求等弊端。首先对现有天然香料进行元素、结构、成分分析，得到各组成成分化学结构，进而得到合成天然香料。以天然香料成分为研究基础，根据发香基团性质，通过分子结构化学修饰合成了多种自然界中不存在的香料分子，为香料的发展提供了充足的物质基础与理论基础。新品种香料的化学合成工艺的开发是香料发展趋势的重点。

整体合成香料是以化学合成路线为核心制备的人工单体香料，具有特定的官能团、分子结构，一般按照整体合成香料化合物官能团分为以下几类：

① 萜类化合物。代表性的合成香料如无环萜烯、β-月桂烯，由异戊二烯为原料合成，天然植物性香料中所含的大部分有香成分是萜类化合物。

② 醇类香料。正辛醇、2-己烯醇、苯乙醇、橙花醇等。

③ 醛类香料。甲基壬基乙醛、香兰素（3-甲氧基-4-羟基苯甲醛）、香茅醛（3，7-二甲基-6-辛烯醛）等。

④ 酮类香料。甲基壬基酮、对甲基苯乙酮、香芹酮、二氢茉莉酮等。

⑤ 酯类香料。甲酸戊酯、甲酸芳樟酯、乙酸异戊酯、苯甲酸甲酯、苯甲酸苄酯等。

⑥ 酚类及醚类香料。丁香酚、百里香酚、二苯醚、茴香醚等。

如图 6-14 所示为 2-甲基-十一醛的产业化工艺流程。2-甲基-十一醛是具有柑橘香味的无色液相黏稠单体香料，在多种化妆品、香水香精中被大量使用。2-甲基-十一醛常见合成方法有如下两种：首先是氯代乙酸酯与甲基壬酮为反应物，乙醇钠为溶剂，生成缩水甘油酯，再通过皂化与脱羧有机合成单元反应，得到甲基壬基乙醛；另外一条合成路径是以正十一醛为原料在胺类催化剂作用下与甲醛生成 2-亚甲基十一醛，再经过加氢反应最终生成 2-甲基-十一醛。

其反应方程式如下:

$$CH_3(CH_2)_8-\overset{\overset{\displaystyle O}{\|}}{C}-CH_3 + Cl-CH_2COOC_2H_5 \xrightarrow{CH_3CH_2ONa} CH_3(CH_2)_8-\underset{\diagdown O \diagup}{\overset{\overset{\displaystyle CH_3}{|}}{C}-CH}-COOC_2H_5$$

$$\xrightarrow{\text{皂化}} CH_3(CH_2)_8-\underset{\diagdown O \diagup}{\overset{\overset{\displaystyle CH_3}{|}}{C}-CH}-COONa \xrightarrow{H^+} CH_3(CH_2)_8-\underset{\diagdown O \diagup}{\overset{\overset{\displaystyle CH_3}{|}}{C}-CH}-COOH \xrightarrow{H^+} CH_3(CH_2)_8\underset{\underset{\displaystyle CH_3}{|}}{C}HCHO$$

2-甲基-十一醛

$$CH_3(CH_2)_9CHO \xrightarrow{HCHO} CH_3(CH_2)_8\overset{\overset{\displaystyle CH_2}{\|}}{C}CHO \xrightarrow{H_2} CH_3(CH_2)_8\underset{\underset{\displaystyle CH_3}{|}}{C}HCHO$$

2-甲基-十一醛

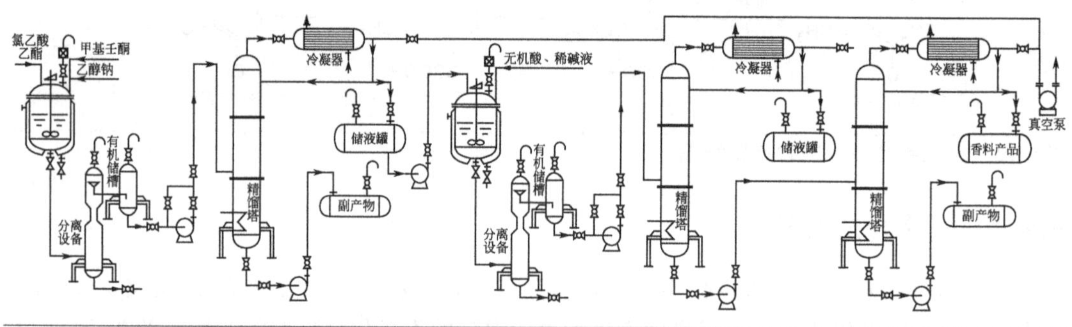

图 6-14　2-甲基-十一醛产业化工艺流程图

食品与香烟用香料大多为整体合成香料，可以根据环境、市场、原料、工艺条件，通过有机合成单元反应，制备多结构、多种官能团单体香料混合物。例如，利用葡萄糖和天冬氨酸为合成香料反应物，在高粱酒基和丙二醇溶剂中，通过美拉德（Maillard）反应制备出单体香料混合体，其中成分主要有 12 种吡嗪、3 种呋喃类化合物及呋喃酮、吡嗪酮类化合物各 4 种。在实验室优化过程中，采用正交设计优化美拉德反应工艺，利用气-质联用（GC-MS）检测仪器剖析美拉德反应产物香味成分，重点考察反应产物在香烟烟丝中的应用效果、添加量、添加方式，结果表明在烟丝中混合 1%反应产物，起到了良好改善卷烟的香气质、香气量，增补甜感，抑杂降刺，提升卷烟吸食品质的效果。

6.5　香精产业化工艺原理与流程

香精是多种天然香料、单体香料、合成香料按照一定比例配制而成的香料混合物。香精一般作为辅助成分添加于相关产品中，香精形态和使用用途紧密相关，是香精分类的主要形式。根据香精的用途分为：日用香精、食用香精、工业用香精。根据香精的形态分为：水溶性香精、油溶性香精、乳化香精、粉末香精[2]。

香精是数种或数十种香料的混合物。香精比例搭配恰当会使香味稳定长久、香气圆润纯正且绵软悠长、香韵丰润，给人以愉快的享受。为了了解在香精配制过程中各香料对香精性能、气味及生产条件等方面的影响，首先需要仔细分析它们的作用和特点。

6.5.1　香精中所含香料分类

（1）按照作用分类

① 主香剂，又称主香香料，是决定香气特征的重要组分，是形成香精主体香韵和基本香气的基础原料，在配方中用量较大。

② 和香剂，又称协调剂，用于调和香精中各种成分的香气，使主香剂香气更加突出、圆润和浓郁。

③ 修饰剂，又称变调剂，使香精香气变化格调，增添某种新的风韵。

④ 定香剂，又称保香剂。定香剂不仅本身不易挥发，而且使全体香料紧密结合在一起，能抑制其他易挥发香料的挥发速率，使整个香精的挥发速率减慢，留香时间长，香气特征或香型始终保持一致，是保持香气稳定性的香料。

⑤ 稀释剂，使香料达到较佳发香效果浓度所添加的有机溶剂。常用的是乙醇，此外还有苯甲醇、二辛基己二酸酯等。

（2）按照挥发程度（嗅觉感受）分类

① 头香，又称顶香，是对香精嗅辨时最初片刻感觉到的香气，即人们首先能通过鼻腔嗅感到的香气特征。一般是由挥发度、香气扩散力好的香料组成。

② 体香，又称中香，是在头香之后立即被嗅感到的中段主体香气。它能使香气在相当长的时间中保持稳定和一致。

③ 基香，又称尾香，是在香精的头香和体香挥发之后，留下来的最后香气。一般可保持数日之久，一般源于定香剂[3]。

6.5.2　香精的调配要求

① 作为调香师，既要具备香料的应用知识、丰富的经验，又要有灵敏的嗅觉和丰富的想象力，还要充分了解加香制品的性能。

② 调香师是根据使用者或加香制品的要求，借助经验对各种香料筛选、配制，最终用产品的香气来表现美丽的自然和美好的理想。

③ 目前主要的调香过程有“创香”和“仿香”两种。具体步骤如下：明确香精调香的香型与香韵；依据香精香型确定香精主香剂，即香精的主体部分；香基符合设计要求后，依次确定合香剂、修饰剂；最后加入定香剂[4]。

6.5.3　香精调配工艺流程

（1）无溶剂液体香精

无溶剂液体香精生产主要包括原料（天然香料、合成香料等）精制、分散搅拌、稳定、过滤、密闭熟化、性能测试、控制灌装、合格成品等主要环节，如图 6-15 所示。

其中熟化是重要环节，经过熟化后的香精香气变得和谐、圆润而柔和。熟化是复杂的化学过程，主要包括分子的微观运动与扩散，以及相互间化学物理相互作用。熟化通常采取的方法是将配好的香精在罐中放置一段时间，令其自然熟化。

如图 6-16 所示为无溶剂液体香精工艺流程，其中分散搅拌设备是关键的设备，分散搅拌设备分为内壁和外壳，设备顶部安装有带转动轴的电机，转动轴上装有多个矩形扇叶（透过孔）、一个U形扇叶，在设备上设有取样装置。

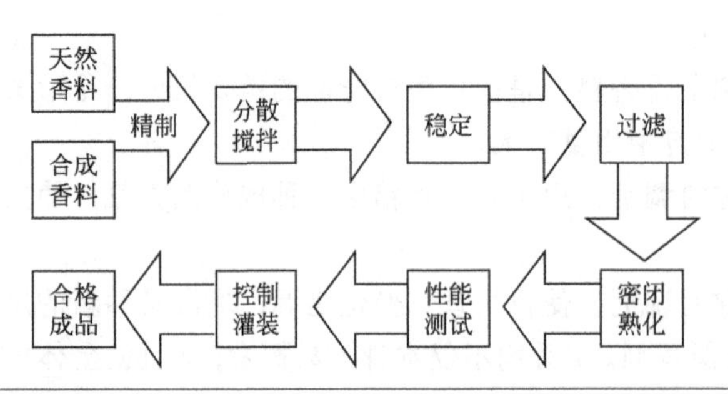

图 6-15　无溶剂液体香精配制工艺步骤

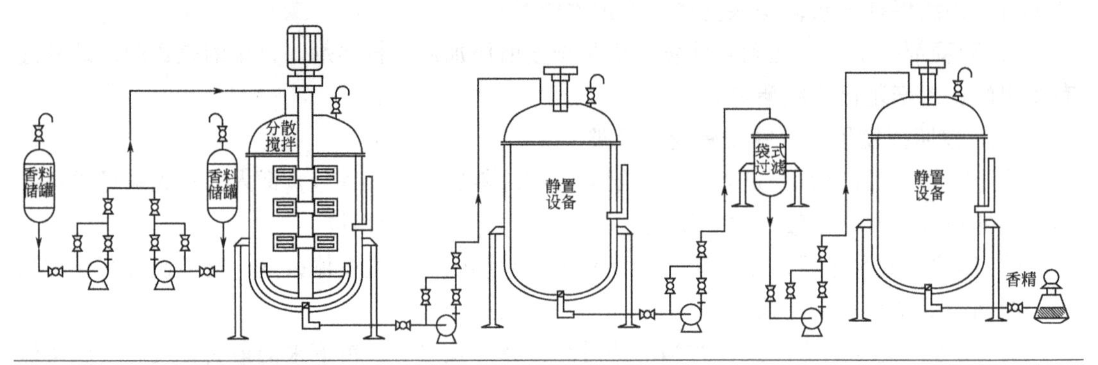

图 6-16　无溶剂液体香精工艺流程

（2）水溶性和油溶性香精

水溶性和油溶性香精体系包括配伍优化的香料混合香基、水溶性和油溶性溶剂、辅助成分三部分。油溶性溶剂常用的种类是精制的天然油脂与有机溶剂。天然油脂从自然界动植物中直接提取得到，主要成分为甘油与脂肪酸结合形成的甘油三酯，除此之外还有甘油一酯、甘油二酯。天然油脂易生物降解、油溶性良好、精制工艺成熟，扩展了油性香精的应用范围，提升了应用效果，在油溶性香精配方中占 80%左右。水溶性香精通常以 60%左右的乙醇水溶液为溶剂，占配方的 85%左右，除此之外还有丙二醇与甘油。

水溶性香精一般易挥发，不适宜在高温下使用。油溶性香精一般较稳定，适合在较高温度下使用，如用于糕点等需烘烤的食品中，工艺步骤如图 6-17 所示，工艺流程如图 6-18 所示。

（3）乳化香精

乳化香精一般是水包油型的乳化体，分散介质是蒸馏水，成本较低。常用于乳液状果汁、冰淇淋、奶制品等食品，洗发膏、粉蜜等化妆品中。常用的乳化剂有单硬脂酸甘油酯、大豆磷脂、山梨醇酐脂肪酸酯、聚氧乙烯木糖醇酐硬脂酸酯等。

例如柠檬、甜橙透明微乳化香精的制备过程中，采用微乳化技术，选取卵磷脂与聚氧乙烯山梨醇酐单月桂酸酯、蔗糖酯为复配乳化剂，丙三醇或丙二醇为助乳剂，香精含量低于 12%（质量分数）时能够制备透明、稳定的微乳化透明香精，其平均粒径在 12.2～31.6nm，加入水中时具有较高的透明度，其 0.2%稀释液的透光率约为 100%，颠覆普通乳化香精使产品至浊的特点，实现油溶性香精在水溶液中的透明化，同时提高香精在水溶液中的稳定性，为产品在国际市场立足打下基础。

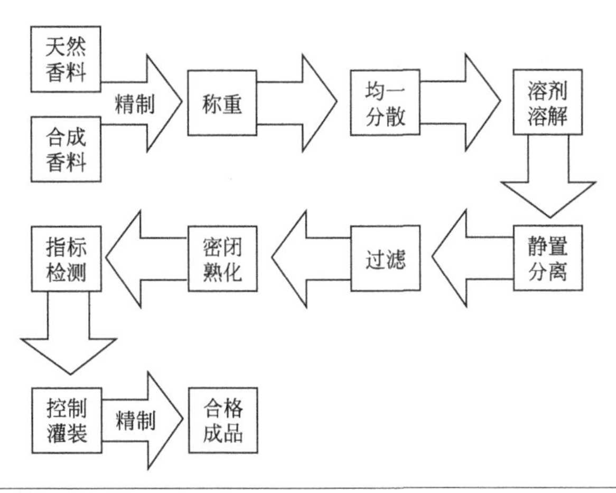

图 6-17　水溶性和油溶性液体香精配制工艺步骤

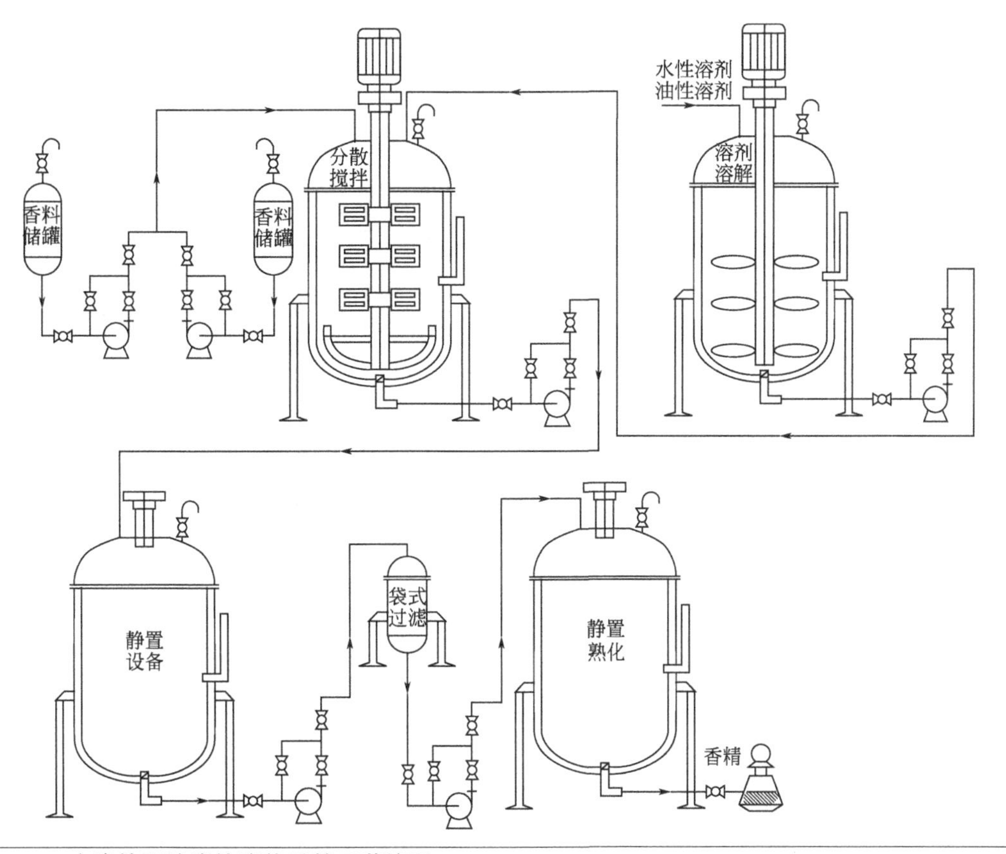

图 6-18　水溶性和油溶性液体香精工艺流程

生产工艺步骤、生产工艺流程如图 6-19 与图 6-20 所示，按一定的比例、顺序将水溶性乳化剂加入超纯水中，搅拌均匀即为水相；将一定量的油溶性乳化剂与香精按比例混合，搅拌均匀即为油相。同时也可向水相和油相中加入少量的抗氧化剂和防腐剂。边搅拌边将油相缓慢滴加到水相体系中，形成乳浊液，然后向体系中滴加助乳剂，搅拌 1h 左右，得到透明的微乳化香精。

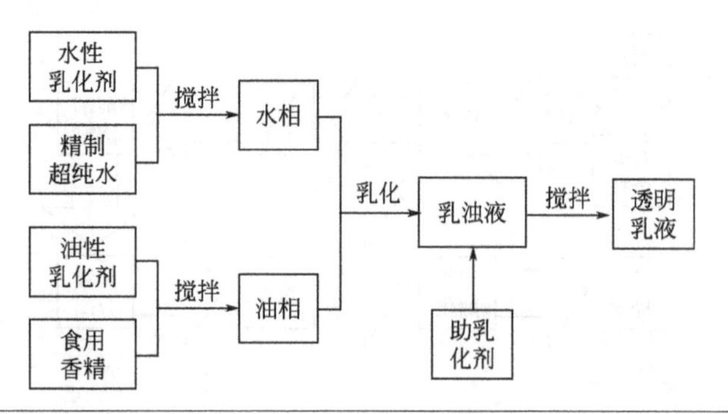

图 6-19　乳化香精配制工艺步骤

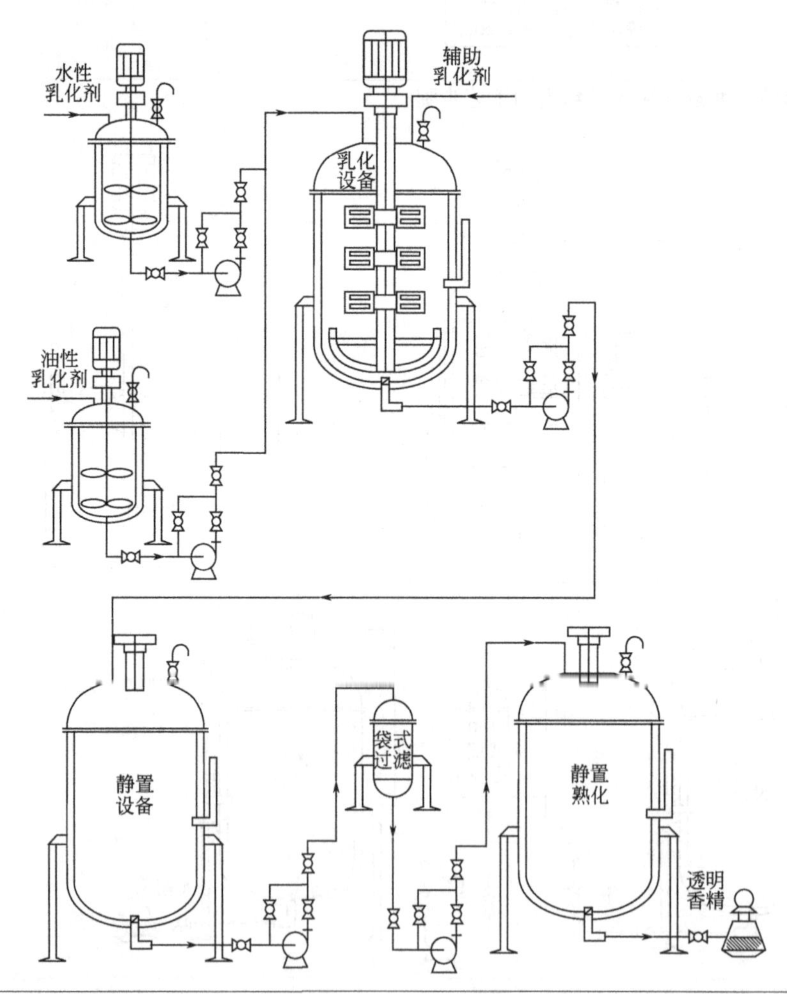

图 6-20　透明微乳化香精配制生产工艺流程

（4）粉末香精

粉末香精的生产方法有：粉碎混合法、熔融体粉碎法、载体吸附法、微粒型快速干燥法、微胶囊型喷雾干燥法。食品香精制备领域涉及粉末香精较为集中，例如，一种天然奶味粉末香精由包括反应底物以及脂肪酶和蛋白酶的原料制备而成，其中反应底物包括质量比为

1∶2∶3 的牛奶、乙醇和纯水；脂肪酶加入量为反应底物质量的 0.8%～1.5%；蛋白酶加入量为反应底物质量的 1.8%～2.5%。利用脂肪酶和蛋白酶的生物酶解作用，形成不同碳链长度的丙位和丁位内酯等风味物质，从而使牛奶酶解物具有一种独特而强烈的奶香韵，解决了传统调香香精中香气不足、奶味不正、口感单薄等问题，而且通过喷雾干燥工艺，将牛奶酶解液转化成粉末状香精，大大降低了香精的储存及运输成本，进一步拓宽了牛奶的应用范围。

粉末香精的生产方法中微胶囊型喷雾干燥法是当下比较流行的生产工艺。香精微胶囊化可抑制香精的挥发损失，保护敏感组分，有效控制释放作用，避免香精成分间发生反应，有效改变香精常温物理形态。

6.5.4　香精发展趋势

香精发展趋势呈现在两个方面：一是围绕香精配方进行的具有香味物质的天然合成与人工合成，以及自然界中新天然含香物质的纯化；二是香精产业化生产工艺与相关设备结构的设计，另外还有香精产品在使用过程中效果与问题的精准跟踪及有效及时地对配方与工艺进行调整。

① 深入研究利用生物技术进行含香物质的合成。现有比较成熟的生物技术包括天然物质发酵技术、植物组织无土人工培养技术、生物基因重组技术、生物基因突变技术。生物技术可以通过人工方法模拟天然植物新陈代谢产生的含香化合物，这一类含香物质在一些国家和地区被定义为“天然物质”，市场具有强烈的需求[5,6]。

② 生物技术区别于农业以外，可打破不利环境影响、经济政策影响、产业政策影响。生物技术可以通过工程技术方法进行工艺、配方、设备放大与产业化生产，产品回收工艺易于控制，产品品质可随时控制；可替代天然资源作为原料，进入产业化基础物质链，减少对自然环境、资源、能源的破坏。

③ 香精应用领域逐步从点到面，再扩展到全产业。应用性能持久化，是香精应用的基础，缓释控制技术是香精性能充分利用与发挥的重要工艺方法之一。常见香精缓释控制技术有微胶囊化技术、多孔性基材空穴置换技术、凝胶技术、乳化技术、渗透性薄膜技术。例如，通过微胶囊化技术在纺织品放置过程中将香精混入与纤维成为一体，得到持久保持特定香味的纺织品。

④ 通过材料创新实现分离技术的突破。利用高性能材料为基础的分离方法以及不同分离方法的合理组合，可以从天然香料中分离出更多种纯度更高、品质更好的含香成分。通过计算机模拟技术与现代分离技术有机配合实现香精配方调配自动化、智能化、自然化。

参考文献

[1] 李和平. 现代精细化工生产工艺流程图解[M]. 北京：化学工业出版社，2014.
[2] 蔡培钿，白卫东，钱敏. 我国食用香精香料工业的发展现状及对策[J]. 中国调味品，2010（2）：5.
[3] 陈立功，冯亚青. 精细化工工艺学[M]. 北京：科学出版社，2018.
[4] 李和平. 精细化工工艺学[M]. 3 版. 北京：科学出版社，2019.
[5] 田红玉，陈海涛，孙宝国. 食品香料香精发展趋势[J]. 食品科学技术学报，2018，36（2）：11.
[6] 王颖，王亮，李冬雪，等. 调味香料麻椒及花椒属植物精油的研究进展综述[J]. 中国调味品，2021，46（8）：6.

第7章
胶黏剂生产工艺原理与流程

胶黏剂是一类涉及有机化学、高分子化学、高分子物理、流变学、物理学、无机化学、分析化学、生物学等多学科知识与作用原理,生产工艺与粘接技术高度综合的精细化工产品。胶黏剂可以解决其他连接方式无法解决的实际问题，工艺简便，效果显著，其中特殊性能、特殊环境胶黏剂对条件连接、修补、密封有不可替代的作用。

在现代工业高质量发展、人类生活水平持续提升过程中，胶黏剂成为不可替代的基础物质材料。现代航空航天各类飞行器、高速动车等大量采用胶黏剂与粘接技术实现相应功能。在日常生活与现代工业的结构连接、装配加固、减振抗振、减重增速、装饰装修、防水防腐、应急修复等方面，胶黏剂起的作用越来越大。尤其是在新材料、新技术、新产品的创新开发过程中，胶黏剂显示出独特的功效。

7.1 胶黏剂基础知识

7.1.1 胶黏剂的种类

胶黏剂通过界面间的嵌入、黏附、分子间相互作用、化学键连接、胶黏剂本身内聚等作用，采用特有粘接工艺设计，实现两种或多种类别的制品或材料的连接。胶黏剂主要粘接物质来源于天然物质和化学合成物质，依据不同的分类标准可分类如下:

（1）依据胶黏剂中主体成分的化学组成与结构分类

胶黏剂主体成分是产生粘接作用的主要物质，其化学组成与结构直接影响粘接效果，具有不同粘接机理，从粘接本质区分胶黏剂，一般分为无机胶黏剂与有机胶黏剂两大类。

（2）依据胶黏剂宏观物理状态分类

① 含溶剂型胶黏剂。含溶剂型胶黏剂是合成树脂、橡胶等高分子聚合物通过溶胀作用在特定溶剂中形成特定黏度的聚合物溶液，合成树脂主要包括热固性和热塑性两类，橡胶主要包括天然橡胶或合成橡胶。

② 乳液型胶黏剂。在有关合成树脂或橡胶合成过程中，合成树脂或橡胶粒子在乳化剂作用下乳化形成乳液，通常如聚醋酸乙烯乳液、氯丁橡胶乳液、丁苯橡胶乳液和天然橡胶乳液等。

③ 黏稠胶黏剂。在特定合成树脂、橡胶中添加易挥发溶剂配制成高黏度膏状固体，大大提高其可塑性，通常用于结构密封、建筑嵌缝等填充粘接环境中。

④ 固态胶黏剂。固态胶黏剂通常是热塑性合成树脂或橡胶通过造粒工艺制成的粒状、块状或带状形式固体。加热熔融时可以涂布，冷却后即固化。

⑤ 薄膜型胶黏剂。薄膜型胶黏剂是指胶黏剂以薄膜状态实现粘接，粘接薄膜可通过特定涂布工艺形成，也可直接将合成树脂、橡胶加工成薄膜，直接使用，实现高粘接强度。

（3）依据胶黏剂固化机理分类

胶黏剂固化是粘接的关进步骤，粘接层固化可实现粘接强度标准，不同结构胶黏剂固化方式各有特点。主要有以下几类：

① 水溶剂型。以水作为溶剂，通过溶解、溶胀、乳化分散等方式形成胶黏剂，水分的存在使胶黏剂具有良好的流动性，有利于胶黏剂在粘接面积内均匀涂覆，胶黏剂主要组分分布更加均匀，水分挥发后胶黏剂主要组分与被粘接材料间发生相互作用实现粘接（如聚乙烯醇水溶液），同时活性基团分子链段间界面消失使分子链增长［如乙烯-醋酸乙烯酯共聚物（EVA）乳液］。

② 溶剂挥发型。主要是指除水之外的其他溶剂，有机溶剂最为常见，有机溶剂克服了水分不耐低温的弊端，同时胶黏剂主要成分以有机高分子聚合物为主在有机溶剂中具有更优良的溶解性，主要粘接成分与被粘接材料接触更充分，粘接强度更高，例如氯丁橡胶胶黏剂。

③ 热熔型胶黏剂。热熔型胶黏剂是指以热塑性聚合物为主要粘接成分的一类胶黏剂，受热流变性增加实现了在被粘接材料间的均匀分布，产生相互作用，降温热塑性聚合物变硬提升粘接强度，例如棒状、粒状与带状的乙烯-醋酸乙烯热熔胶。

④ 反应型胶黏剂。反应型胶黏剂是指在粘接过程中，胶黏剂主要成分通过与外界环境中物质（水分、空气等）或与外加物质发生化学反应，实现结构改变固化，完成材料间的粘接，例如 α-氰基丙烯酸酯瞬干胶、丙烯酸双酯厌氧胶和酚醛-丁腈胶等。

⑤ 压敏胶黏剂。压敏胶黏剂指在外界压力作用下实现材料间的粘接，但是胶黏剂层不会固化，也经常被称作不干胶。例如橡胶或聚丙烯酸酯型的溶液或乳液，涂布于各种基材上，可制成各种材质的压敏胶带。

（4）依据粘接材料受力类型分类

不同材料粘接后会作为相应部件使用，不同使用环境所受力不同，通常将胶黏剂分为结构胶黏剂与非结构胶黏剂两类。

① 结构胶黏剂。能承受较大的应力，可用于受力结构材料的连接。要求静态剪切强度大于 9.807MPa，且具有较高的均匀剥离强度。结构胶黏剂以热固性树脂作为主要粘接成分，例如环氧树脂（或改性环氧树脂）、酚醛树脂（或改性酚醛树脂）等作为主要组分。

② 非结构胶黏剂。所承受应力较小，一般用于非结构材料普通粘接，以热塑性树脂、合成橡胶等作为主要组分，例如用于电子工业的硅橡胶胶黏剂。

（5）依据胶黏剂应用领域分类

不同领域涉及材料性质独特，材料粘接所用胶黏剂机理相似，一般分为金属、塑料、织物、纸品、卷烟、医疗、制鞋、木工、建筑、汽车、飞机、电子器件等用胶黏剂；还有特种功能胶，如导电胶、导磁胶、耐高温胶、减振胶、半导体胶、牙科用胶、医用胶等。

7.1.2　胶黏剂的组成

胶黏剂的成分包括主体粘接物质（基料）、溶剂、固化剂、增塑剂、填料、偶联剂、交联剂、促进剂、增韧剂、增黏剂、增稠剂、稀释剂、防老剂、阻聚剂、阻燃剂、引发剂、光敏剂、消泡剂、防腐剂、稳定剂、络合剂、乳化剂等。不同种类胶黏剂依据粘接机理、性能标准、粘接工艺、使用环境、生产工艺、存储环境等功能要求选择相应物质作为组分，构成胶黏剂配方。

（1）主体粘接物质（基料）

主体粘接物质（基料）是胶黏剂的主要成分，与被粘接材料间产生相互作用（物理作用、化学作用），形成特定的物理、化学结构完成粘接。相互作用的产生需要一定的作用距离，胶黏剂要和被粘接材料间充分润湿，主体粘接物质（基料）的选择需要和被粘接材料性质相似，一般包括天然物质与合成高分子聚合物。合成高分子聚合物是现代胶黏剂的主流趋势，占据绝对地位，合成高分子聚合为主体粘接物质（基料）一般为了满足粘接工艺会加入其他高分子聚合物，添加时要充分考虑与作为主体粘接物质（基料）的高分子聚合物的相容性，以互溶增效为原则。

从热力学角度分析一般遵循以下规律，首先胶黏剂粘接过程只有在粘接体系的吉布斯自由能降低的情况下才有可能发生。粘接体系吉布斯自由能变化遵循以下公式：

$$\Delta G=\Delta H-T\Delta S$$

式中　ΔG——粘接体系吉布斯自由能的变化值；

ΔH——粘接体系焓变值；

ΔS——粘接体系熵变值；

T——热力学温度。

ΔG 值为负值，即 $\Delta H \leqslant T\Delta S$ 时，胶黏剂与被粘接材料间具有相容性。合成高分子聚合物的 ΔS 一般数值很小，$T\Delta S$ 数值接近等于零，因此粘接体系一般不具备任意扩散互溶的条件。在焓变值 ΔH 等于零时，合成高分子聚合物分子链之间可以通过分子链段运动做有限扩散。

受热分子结构无变化的聚合物（非热性聚合物），可用以下公式计算混合时的 ΔH：

$$\Delta H=V_{\mathrm{m}}V_1V_2\left(\delta_1-\delta_2\right)^2$$

式中　V_1、V_2——体积；

V_{m}——摩尔体积；

δ_1、δ_2——溶解度参数。

从公式可知 δ 值相等是 $\Delta H=0$ 的先决条件，也是聚合物形成扩散互溶的先决条件。对各种具有不同 δ 值的聚合物，两者的 δ 值相差越小，溶解效果越好。一般有机溶液的 δ 值在 7～12 之间，用作胶黏剂的高分子物质在 8～12 之间，才能配制成均匀的体系。

（2）粘接介质

粘接介质是指能够降低固体、液体胶黏剂分子间作用力，使胶黏剂主体粘接物质（基料）分散为分子、离子等均一体系的液相物质。胶黏剂组成成分中，粘接介质以低黏度液相物质为主，主要有脂肪烃类、酯类、醇类、酮类、氯代烃类、醚类、砜类和酰胺类，属于有机溶剂。多数有机溶剂具有一定的毒性、易燃性、易爆性，存在环境污染、生产安全等弊端。粘接介质无毒化、水性化、高性能化是其主要发展方向。

粘接介质在胶黏剂生产工艺与粘接工艺中，起到便于粘接工程施工、增大粘接强度、提升粘接强度均匀性等作用。胶黏剂主体粘接物质（基料）一般是高分子聚合物，呈现固态、高黏态，不利于粘接工程中胶黏剂层的铺展，无法完成粘接工艺。粘接介质可以改善被粘接材料与胶黏剂的润湿程度，提升胶黏剂分子的微观扩散能力，达到增大粘接力的效果。粘接介质还可以改善被粘接材料间胶黏剂层的流动性，增加了胶黏剂层的均匀程度一致性。

胶黏剂所含粘接介质的选择依据主要是粘接介质极性性质，粘接介质的极性影响主体粘接物质（基料）与被粘接材料的结合难易程度、相互溶解程度。粘接介质与主体粘接物质（基料）极性相似或相近有利于体系互溶性的提升。

粘接介质在胶黏剂体系中具有与粘接机理相适应的挥发性。粘接介质挥发速度快，表面层主体粘接物质（基料）成膜，不利于整体胶黏剂层固化，同时，因为挥发过程属于吸热过程，会产生大量冷凝水，降低了体系的互溶性，不利于粘接质量；粘接介质挥发过慢，使得胶黏剂固化时间过长，降低了胶黏剂施工的效率与粘接效果。粘接介质的毒性、价格、来源稳定性是其他考虑因素。

（3）主体粘接物质（基料）固化添加剂

固化是指胶黏剂通过恰当的涂覆方式，涂布于被粘接材料表面并充分润湿，通过适当机理胶黏剂层变硬固化，被粘接材料与固化胶黏剂层成为固态接头，产生机械、物理、化学作用力实现承受载荷的粘接。按照固化机理分为物理固化与化学固化。物理固化，在主体粘接物质（基料）固化过程中，不存在化学变化，依靠粘接介质挥发、聚合物乳液凝聚、热熔融体凝固等方式实现固化。化学固化，低分子化合物与主体粘接物质（基料）固化添加剂发生化学反应变为大分子，或线型高分子聚合物与主体粘接物质（基料）固化添加剂反应形成网状分子结构。主体粘接物质（基料）固化添加剂是胶黏剂粘接性能的重要影响因素，应根据胶黏剂中基料的类型、粘接件的性能要求、具体的粘接工艺方法、环保问题、生产安全、经济效益、社会效益等选择符合实际条件的主体粘接物质（基料）固化添加剂。

（4）粘接层增韧剂

粘接层增韧剂能降低高分子聚合物玻璃化转变温度、熔融温度，使粘接层胶黏剂脆性降低，提升粘接层胶黏剂流动性，一般是高沸点难挥发性液体与低熔点固体。按照增塑机理，分为改性增韧与添加增韧。改性增韧是增韧剂与主体粘接物质（基料）发生反应，使聚合物分子结构发生改变提升整个体系韧性。添加增韧是指增韧剂与主体粘接物质（基料）通过机械混合使得主体粘接物质（基料）分子之间空间增大，流动性增强，韧性提升。粘接层增韧剂要与胶黏剂其他组分有恰当的相容性，保障本身结构的稳定与增韧效果的持久性。

（5）胶黏剂填充材料

胶黏剂填充材料作为胶黏剂必不可少的成分之一，与主体粘接物质（基料）稳定存在，均一地分散于粘接体系中，起到增大弹性模数、降低线膨胀系数、减少固化收缩率、增大热导率、增强抗冲击韧性、增强介电性能（电击穿强度）、增强吸收振动强度、提高使用温度、提高耐磨性能，提高粘接强度，以及改善耐水、耐介质性能，降低胶黏剂生产成本。胶黏剂填充材料加入过多会导致胶黏剂流动性降低，不利于胶黏剂层均匀涂覆，胶黏剂层透明度降低，胶黏剂层针孔增多。

分子结构、粒径大小与均匀程度、添加量、添加方式是胶黏剂填充材料是影响胶黏剂体系性能的主要因素，应根据胶黏剂性能要求、使用环境、性能稳定性进行选择。常用的胶黏剂填充材料是颗粒状无机化合物，如金属氧化物、金属粉末、矿物等。

（6）胶黏剂工艺助剂

胶黏剂工艺助剂包括偶联剂、交联剂、促进剂、引发剂、增黏剂、防老化剂等，主要作用有：有效改善界面层的粘接强度和对水解的稳定性；提高粘接强度、耐热性、耐水性、耐化学药品性、抗蠕变性、耐老化性等；降低引发剂的分解温度或加快胶黏剂和密封剂固化反应速度；引起单体分子或预聚物活化而产生自由基；增加胶黏剂的初黏性、压敏黏性、持黏性；延长胶黏剂的使用寿命，延缓或抑制氧化降解。

7.1.3 胶黏剂使用原则

胶黏剂作为实现不同材料连接、结构重组的五大材料之一，有着广泛的应用领域，涉及工业、农业、国防、尖端科技领域，已成为航天、航空、车辆、船舶、电气、电子、机械、纺织、制鞋、服装、建筑、包装、木材加工、医疗、食品等行业的必备粘接材料。为了达到最佳粘接效果，应综合分析胶黏剂性能要求与被粘接材料的极性、分子结构、结晶性、物理性质（如表面张力、溶解度参数、脆性和刚性、弹性和韧性等）及被粘接材料粘接接头的特定功能（如机械强度、耐热性能、耐油特性、耐水性能、光学特性、电磁、生理效应等）。使用时重点注意以下几个方面：

① 被粘接材料的连接性，确定胶黏剂主体粘接物质（基料）的类型；

② 按不同材料粘接接头功能特征选取可满足指标要求的胶黏剂；

③ 根据粘接工艺可操作性、实际可行性，确定粘接所用胶黏剂品种。

现有胶黏剂无法满足实际材料粘接的需求，则可以根据粘接功能要求，优化新性能胶黏剂的配方，更新生产工艺生产出新性能胶黏剂，创新出适合新性能胶黏剂的材料表面处理方法与胶黏剂工艺实现材料的粘接。

7.2 主体粘接物质（基料）的鉴别

胶黏剂主体粘接物质（基料）是胶黏剂的主要功能物质、构成主体。对于胶黏剂粘接工艺创新、粘接工艺助剂添加、优化改进胶黏剂组成都需要确切掌握主体粘接物质（基料）的分子结构、元素组成、物理特性，要结合主体粘接物质（基料）化学性质与现代分析手段（如红外光谱、核磁共振等）进行科学鉴别与分析。

7.2.1 化学氧化燃烧法

胶黏剂中的主体粘接物质（基料）品种、结构、燃烧难易、火焰特征、产物气味等均存在差异，可依据差别的不同进行相关鉴别。不同主体粘接物质（基料）胶黏剂化学燃烧特性见表 7-1。

表 7-1 不同主体粘接物质（基料）胶黏剂化学燃烧特性

主体粘接物质	着火方式	自燃程度	燃烧火焰特征	燃烧物理变化	燃烧味道
聚乙（丙）烯	直接点火	可自燃	底部蓝，上端黄	熔融落下	有石蜡燃烧时的气味
聚苯乙烯	直接点火	可自燃	橘黄色，产生浓黑的烟灰	软化	苯乙烯单体味
聚四氟乙烯	不能直接点火	不可自燃	蓝黄色	燃烧时放出火花	刺激性臭味，酸性烟

续表

主体粘接物质	着火方式	自燃程度	燃烧火焰特征	燃烧物理变化	燃烧味道
聚醋酸乙烯	直接点火	可自燃	暗黄色，产生黑烟，但比聚苯乙烯少	软化	醋酸味
环氧树脂	直接点火	可自燃	黄色，冒黑烟	离开火源继续燃烧	有苯酚气味
聚氯乙烯	困难	不可自燃	火焰整体呈现绿色，下部发绿，上部冒白烟	火源消失，燃烧终止	有氯化氢气味
酚醛树脂	困难	可自燃	黄色火焰	受热膨胀，出现龟裂纹	有苯酚、甲醛气味
尼龙	较慢	不可自燃	蓝色火焰	受热熔融，产生泡沫	蛋白质烧焦气味
丙烯酸树脂	直接点火	可自燃	黄色火焰，冒黑烟	发黄、龟裂、脱落	植物组织腐烂臭味
ABS	直接点火	不可自燃	火焰中心蓝色，外部黄色	无明显物理状态变化	含有苯乙烯气味的黑烟
醇酸树脂	直接点火	自燃速度慢	黄色火焰	无明显物理状态变化	具有苦味黑烟
不饱和聚酯	直接点火	不可自燃	黄色火焰	燃烧迅速，局部膨胀开裂	苯乙烯单体气味
氯丁橡胶	困难	不可自燃	整体火焰呈橘黄色，下部发绿	软化凝固呈炭	橡皮燃烧与氯化氢气味
硅橡胶	困难	不可自燃	混杂白烟火焰	燃烧后有白色灰烬	无特殊气味

注：ABS 是丙烯腈（A）、丁二烯（B）、苯乙烯（S）三种单体的三元共聚物。

依据胶黏剂所含主体粘接物质（基料）的特性，受热出现熔融流变的高分子聚合物为热塑性聚合物，没有熔融流变状态的则为热固性聚合物。含有不同主体粘接物质（基料）的胶黏剂，在有明火引燃过程中，分别都会发生自燃与自熄，常见的用于胶黏剂中作为主体粘接物质（基料）的热固性聚合物有不饱和聚酯、环氧树脂和硅树脂。

7.2.2　热分解鉴别法

胶黏剂中主体粘接物质（基料）属于高分子聚合物范畴的，在受热环境下会发生分子结构变化（降解、分解、解聚），变化过程中会产生小分子量的挥发性物质（气体、液体、固体），依据挥发性物质的物理、化学特性对相应高分子聚合物加以鉴别。

具体鉴别方法如下：将少量的胶黏剂试样置于耐热试管中，在敞开的试管口上放一块湿润的广范 pH 试纸（也可用石蕊试纸或刚果红试纸），将试样对着火焰加热试管，仔细观察胶黏剂试样的变化情况（熔融、流变、分解、产生气体、凝聚、蒸发等），产生气体与 pH 试纸接触后发生物理、化学变化的过程。有机酸气体为弱酸性 pH 值，颜色显示范围为 4～5，无机酸气体为强酸性 pH 值，颜色显示范围为 1～2，通常强碱性气体烟雾 pH 值为 8～10。

7.2.3　溶解试验分析法

有机化合物间存在相似相溶特性，不同分子结构、官能团、元素间存在特定相互作用。例如，羟基含量低的聚乙烯醇缩丁醛及乙基纤维素可溶于甲苯和甲醇；聚异丁烯、聚乙烯、聚丙烯可溶于甲苯，不溶于甲醇与醋酸乙酯；聚异丁烯呈现橡胶状态，能溶于四氯化碳；聚乙烯、聚丙烯不溶于四氯化碳。

7.2.4 显色反应鉴别法

不同主体粘接物质（基料）的胶黏剂，在外界条件作用下产生的物质借助相关手段会呈现特定颜色，可依据相关物质颜色的差异确定胶黏剂主体粘接物质（基料）的结构组成。例如，聚苯乙烯胶黏剂，加热解聚，产生苯乙烯气体，苯乙烯气体在紫外线灯照射下呈紫色荧光；聚氯乙烯胶黏剂溶解于吡啶溶剂，加热煮沸 1min，外加 2%浓度的氢氧化钠甲醇溶液 1mL，溶液呈褐色乃至黑色；硝酸纤维素胶黏剂加热，放出二氧化氮，通入等量的乙醚和乙醇混合溶剂中溶解形成溶液，溶液与二苯胺的硫酸溶液反应呈深蓝色；羧甲基纤维素胶黏剂加热熔融并变焦，溶于乙二醇中，加入硫酸铜水溶液生成铜盐。

7.2.5 红外光谱分析鉴别法

胶黏剂的主体粘接物质（基料）多为高分子聚合物，都有自己的特征红外吸收光谱，对胶黏剂进行红外光谱分析，可判定胶黏剂主体粘接物质（基料）的结构，同时经过数据分析也可以对共聚物、共混物进行区分与研究。例如，4000～3000cm^{-1} 为 OH、NH 伸缩振动；3300～2700cm^{-1} 为 CH 伸缩振动，其中 3000cm^{-1} 以上的为芳香 CH，3000cm^{-1} 以下的为脂肪 CH；2500～1900cm^{-1} 为各种三键、累积双键的伸缩振动；苯环在 2000～1660cm^{-1} 有特征吸收。在 1800～600cm^{-1} 区间大多数聚合物都有最强谱带。

7.3 胶黏剂粘接影响因素及机理

粘接是两种及两种以上材料接触时，与胶黏剂在界面层产生相互作用，胶黏剂层固化形成粘接接头体系。涉及界面化学、界面物理、粘接接头体系力学（形变与断裂）等相关学科理论知识。研究胶黏剂粘接机理是深入了解粘接接头体系，理解胶黏剂粘接过程，创新粘接技术的基础。

7.3.1 胶黏剂粘接影响因素

7.3.1.1 粘接接头体系粘接相关界面

粘接接头体系由被粘接材料、固化胶黏剂组成，被粘接材料与胶黏剂间形成相互作用（物理、化学等作用）实现粘接。粘接接头在实际使用环境中，持续受到外界环境应力作用，粘接接头各组成元素间作用力逐渐被削弱，削弱程度的影响因素包括应力、温度、水分、有害介质、微生物、使用方法、使用频率等。

粘接接头体系粘接相关界面如图 7-1 所示，胶黏剂粘接界面中，胶黏剂、被粘接材料之间没有明显界面；粘接界面、胶黏剂、被粘接材料之间结构、性质（强度、模量、膨胀性、导热性、耐环境性、局部变形、抗裂性）、受力情况各不相同；粘接界面的结构、性质是动态变化的，主要影响因素有使用环境、受力情况、化学作用等。

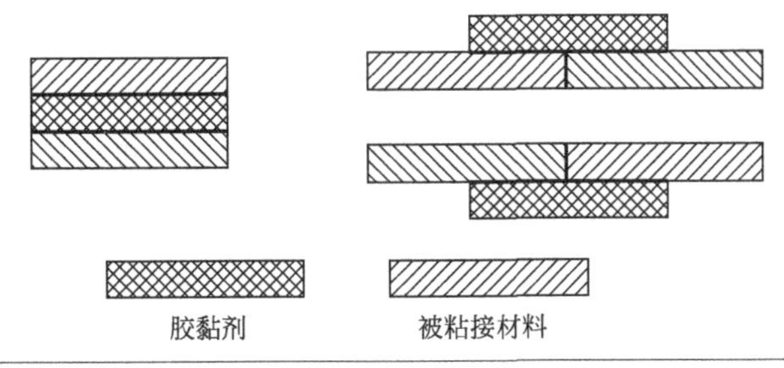

图 7-1　粘接界面示意图

粘接界面的相互作用分为物理作用、化学作用，物理作用包括机械嵌入连接、范德华相互作用（偶极力、诱导偶极力、色散力和氢键）；化学作用分为共价键、离子键和金属键等相互作用。化学作用的粘接强度比物理作用的粘接强度牢固、稳定、键能大，但是化学作用要求物质构成原子、分子具备特定的量子化学条件，并不是胶黏剂与所有材料能在接触界面形成化学键合；物理作用存在于粘接界面任何接触点。

被粘接材料表面化学状态、微观结构、吸附物质；胶黏剂主体粘接物质（基料）分子结构（聚合度、分子量、官能团）；胶黏剂黏稠程度、流动性、与被粘接材料润湿程度；粘接工艺参数（界面处理方式、涂胶方法、晾干温度、晾干时间、固化温度、固化压力、固化时间、升温速率和降温速率）等是影响粘接界面相互作用的主要因素。

7.3.1.2　胶黏剂界面的润湿

（1）界面润湿的力学依据

胶黏剂主体粘接物质（基料）与被粘接材料产生相互作用实现粘接，需要两者分子之间达到有效接触距离，因此主体粘接物质（基料）与被粘接材料接触界面两者要充分润湿，最大限度为相互作用的产生创造条件，形成性能优良的粘接接头。润湿程度一般用接触角（θ）大小来衡量，如图 7-2 所示。$\theta \geqslant 90°$两相界面润湿程度低，效果差；$\theta < 90°$两相界面润湿，效果好；$\theta = 0°$两相界面完全润湿，效果最好，过程自发。

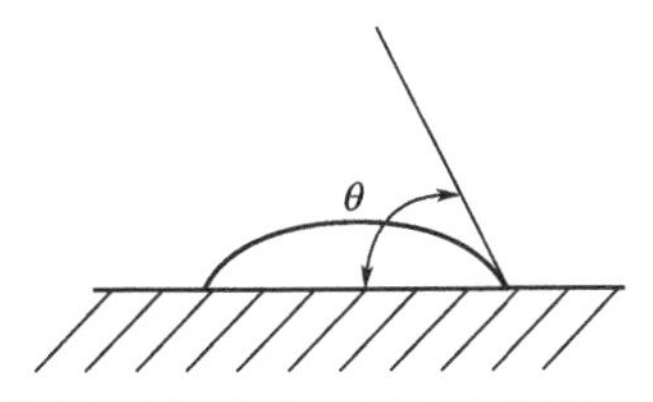

图 7-2　两相界面接触角示意图

胶黏剂在实际应用过程中，与被粘接材料接触界面具有一定粗糙程度，成为影响两相接触界面润湿角的主要因素，符合以下规律，如式（7-1）所示：

$$R = \frac{\cos\theta'}{\cos\theta} = \frac{S}{S'} \tag{7-1}$$

式中　R——界面粗糙度系数；

S——实际接触面积；

S'——表观接触面积；

θ——实际接触角；

θ'——表观接触角。

实际接触面积、实际接触角分别大于表观接触面积与表观接触角。由式（7-1）可知，接触界面的粗糙、凹凸程度会有助于增强原有润湿性能。胶黏剂粘接过程中一般会对接触界面进行处理，使得界面几何面积与表面能发生变化，改变界面接触角，实现胶黏剂在热力学平衡时完全浸润被粘接材料表面。

（2）界面润湿的动力学影响因素

界面润湿是实现胶黏剂粘接的必要前提，完成粘接固化形成粘接接头，还需要胶黏剂在一定时间内完成在界面间润湿的整个过程，即润湿动力学问题，如式（7-2）所示。

$$t = \frac{2\eta L^2}{R\nu\cos\theta} \tag{7-2}$$

式中　η——胶黏剂黏度；

ν——界面张力；

R——界面孔隙半径；

L——界面孔隙长度；

θ——接触角。

影响胶黏剂润湿动力学的关键因素是胶黏剂黏度，需要在固化前保持一定黏度实现接触界面间的完全润湿，一旦胶黏剂在完全润湿界面前失去自由流动的特性，就出现了动力学不完全润湿的结果。通过控制粘接温度、聚合物的分子量、溶剂挥发性实现胶黏剂黏度有效调节。

（3）界面吸附作用对润湿的影响

被粘接材料表面分子由于受力不均衡，造成表面极易和各种气体、水分子、固体颗粒杂质在材料表面形成非材料分子吸附层。非材料分子吸附层对胶黏剂粘接过程直接影响接触界面的接触角大小，进一步影响胶黏剂的界面润湿程度，影响胶黏剂与被粘接材料间相互作用的产生，影响粘接强度与效果。

7.3.2　胶黏剂粘接机理

胶黏剂粘接机理就是胶黏剂与被粘接材料之间产生相互作用，实现胶黏剂与被粘接材料连接成为一体粘接接头的具体过程。相对比较成熟、全面的理论有吸附粘接机理、分子扩散理论、机械嵌入连接理论、静电吸引理论、化学成键理论，每一种理论的形成源于对某一类粘接现象的理论分析与总结，从物质结构基础上分析，围绕某一特定相互作用，对胶黏剂粘接过程进行解释与阐述。

（1）吸附粘接机理

胶黏剂在实现材料粘接润湿过程中，胶黏剂主体粘接物质（基料）分子与被粘接材料分子间产生相互吸引作用，由于胶黏剂与被粘接材料自身分子处于电子稳定结构状态，不同分子的价层电子运动轨道仍然稳定存在，只不过分子间相互距离减小，电子运动空间出现重叠概率大增，重叠轨道上会同时出现双方原子的价层电子，从而产生相互吸引，形成分子间吸附存在的现象，实现材料连接，胶黏剂与被粘接材料润湿程度越高，分子间距离越接近，作用力越强。

吸附粘接机理并不能解释所有粘接过程中出现的问题，实验研究证明水分子对于高表面能界面的吸附热远大于多种有机溶剂，在外界水分子作用下，胶黏剂与被粘接材料间容易插入水分子，胶黏剂与被粘接材料脱附，但实际并没有分离，因此需要其他机理的深入探索。

（2）分子扩散理论

分子扩散理论认为胶黏剂与被粘接材料间存在相容性，两者分子在接触界面上实现自由扩散，界面消失，胶黏剂与被粘接材料成为整体，完成粘接。分子扩散理论用于解释，采用高聚物为主体的胶黏剂实现高分子聚合物材料间的粘接过程。高分子聚合物材料间粘接另外一个制约因素就是动力学问题，温度直接影响高分子聚合物动力学扩散的速度，高分子聚合物材料在玻璃化转变温度以上才具有显著的扩散速度，所以粘接过程需要一定温度的保证，才能完成粘接，形成性能优良的粘接接头。

（3）机械嵌入连接理论

胶黏剂在被粘接材料界面润湿扩散过程中，进入材料分子间的孔隙，胶黏剂固化后形成像树根一样的固态胶黏剂并连续分布于被粘接材料分子孔隙之间，形成强大的机械嵌入连接作用，实现材料间的粘接，对于多孔材料间的粘接，机械嵌入连接理论最为合理。

当被粘接材料与胶黏剂接触界面孔隙被空气、其他气体、水蒸气填充时，胶黏剂粘接过程中自身黏度的变化是影响粘接的主要因素，高黏度胶黏剂填充表面孔隙变得困难，胶黏剂与被粘接材料作用力首先从此开始被破坏。实际粘接过程中，可通过相关技术使被粘接材料表面形成均匀微观结构，利用低黏度粘接剂的高流动性、润湿性，实现被粘接材料界面微观结构被胶黏剂充分填充、接触、渗透，微观空隙内形成牢固的机械嵌入连接，高效保证胶黏剂粘接的持久性。对于非多孔材料间的粘接，利用机械嵌入连接理论进行解释，缺乏胶黏剂进入微观分子空间的动力条件。

（4）静电吸引理论

静电吸引理论的建立，来源于胶黏剂实际粘接现象。实验研究发现，胶黏剂与被粘接材料分离过程中会出现明显的放电现象，胶黏剂与被粘接材料间存在电荷聚集层结构，实现两者间的粘接作用力来源于电荷间静电吸引作用，实验研究数据表明胶黏剂与被粘接材料间分离需要的能量与电荷聚集层结构模型计算得到的静电吸引力数值相当。

（5）化学成键理论

化学成键理论将胶黏剂与被粘接材料之间的作用力，分为分子间相互作用力与原子间化学成键作用力。化学成键的键能相比分子间的作用力稳定性高、强度大、耐久性长。化学成键需要胶黏剂、被粘接材料构成原子具备一定的物质结构基础与化合价态，因此胶黏剂组分与被粘接材料必然存在一定化学活性，因此在胶黏剂存储、粘接工艺中需要特定的条件与特殊粘接工艺参数。在耐应力环境中材料的粘接都采用反应型胶黏剂。

7.4　粘接工艺设计

7.4.1　胶黏剂主体粘接物质（基料）的确定

胶黏剂种类繁多，而主体粘接物质（基料）结构各异、综合性能不同，要满足不同粘接材料结构、性能、要求的变化，实现粘接效果的完美体现，需要对胶黏剂进行分析、选择、确定，基本方法、原则介绍如下。

（1）根据被粘接材料界面性质与状态选择胶黏剂

被粘接材料因材料元素组成、分子结构状态、聚集程度的差异，常见材料界面状态一般分为多孔性界面、结构致密界面、惰性界面；影响粘接效果的界面性质主要有耐热性、物质结构性质、分子极性大小。

多孔型耐热性能差材料的界面（木材、纸张、皮革），多选择水基型、溶剂型胶黏剂；结构致密型耐热界面（金属、陶瓷、玻璃），选用反应型热固性树脂为主要粘接成分的胶黏剂；具有惰性界面，则需要进行表面处理，提高表面自由能后，再选用乙烯-醋酸乙烯共聚物热熔胶黏剂或环氧胶黏剂；极性被粘接材料应选用强极性主体粘接物质构成的胶黏剂，如环氧胶黏剂、酚醛树脂胶黏剂、聚氨酯胶黏剂、丙烯酸酯胶黏剂以及无机胶黏剂等。

材料极性大小一般依据介电常数（ε）的大小进行分类，介电常数是表征材料物质结构对电荷束缚能力的大小，束缚电荷强弱直接影响材料的绝缘性能，介电常数越大，束缚电荷的能力越强，材料的绝缘性能越好。介电常数大于3.6的为极性材料；在2.8～3.6之间的为弱极性材料；小于2.8的为非极性材料，如表7-2所示。

表7-2　常见聚合物高分子材料介电常数

聚合物高分子材料名称	ε	聚合物高分子材料名称	ε
聚甲基丙烯酸甲酯	3.5	硅橡胶	2.3～4.0
聚氯乙烯	3.2～3.6	ABS	2.4～5.0
丁腈橡胶	6.0～14	酚醛树脂	4.5～6.3
氯丁橡胶	7.3～8.5	聚乙烯醇缩丁醛	5.6
聚四氟乙烯	2.0～2.2	聚甲醛	3.8
聚乙烯	2.3～2.4	脲醛树脂	6.0～8.0
聚苯乙烯	2.73	聚氨酯弹性体	6.7～7.5

（2）根据被粘接材料使用环境影响因素选择胶黏剂

使用环境影响因素中主要是指受力的大小、种类、持续时间、使用温度、冷热交替周期和介质环境。在胶黏剂粘接材料使用过程中承受的外界作用力各不相同，则要求胶黏剂粘接强度与之相适应，承受外界作用力小、分散，较小胶黏剂粘接强度即可达到要求，选择成本低的非结构性胶黏剂，承受外界作用力大、集中，需要较大粘接强度，要选用结构性胶黏剂。使用环境高温、周期震动频繁，则要求胶黏剂具备耐热和抗蠕变性能，胶黏剂主体粘接物质选用固化生成三维结构的热固性树脂。温度周期性更替，需要胶黏剂固化后韧性变化范围大，一般选择韧性好的橡胶、树脂为主要粘接成分的胶黏剂。要求使用寿命较长、耐疲劳，一般选用合成橡胶为主体粘接成分的胶黏剂。对于专用性能要求如电导率、热导率、导磁、超高温、超低温等，则必须选择体现特殊性能的特殊结构主体粘接物质为主要成分的胶黏剂，例如环氧-聚氨酯胶黏剂、聚氨酯胶黏剂和环氧-尼龙胶黏剂，是一类耐低温或超低温胶黏剂，可实现–70℃环境下材料的粘接；环氧树脂胶黏剂、α-氰基丙烯酸酯胶黏剂和氯丁橡胶胶黏剂只能实现环境温度低于100℃聚合高分子材料的粘接。

（3）根据胶黏剂粘接工艺的可行性、低成本选择胶黏剂

胶黏剂的选择首先要在性能上满足使用、环境要求，其次就是在粘接工艺可行与低成本

上进行选择。粘接工艺应围绕被粘接材料进行精准、个性化设计，力求简单、便捷，同时在满足性能、工艺要求基础上各种材料选择应以成本最低为最后的标准要求，力求经济实惠、易得、易处理回收。

7.4.2 胶黏剂配方的优化设计

胶黏剂配方的优化设计，主要是依据配方各组成成分间存在的分子间相互作用，通过调整胶黏剂组成物质种类，优化组成物质种类间比例关系，达到平衡胶黏剂力学性能、粘接强度、粘接工艺，满足被粘接材料实现连接的工程需求。其中胶黏剂呈现出的粘接强度是影响胶黏剂综合力学性能、实现连接的核心关键因素，粘接强度包括界面间粘接强度、胶黏剂内聚强度。

胶黏剂配方的优化设计步骤为：首先依据被粘接材料界面结构状态、性能要求、使用环境等因素确定胶黏剂主体粘接物质（基料）；其次，依据粘接工艺、环境经济政策、生产成本确定胶黏剂其他辅助成分；最后，依据胶黏剂配方设计经验确定胶黏剂组分初始比例，依据单因素实验、正交实验确定最优配方比例，其中胶黏剂性能可以选取主要指标及多指标进行实验测试，利用相关数据处理与转化得到优化的配方组分比例，在对优化配方确定的胶黏剂经过多次实际实验与实际因素考虑后得到实验室小试配方。通过对以往研究内容整理，结合自身对于胶黏剂研究研究、分析、应用、工程实践，将影响胶黏剂配方优化过程、综合性能的各种因素列于表 7-3。

表 7-3 胶黏剂配方因素对胶黏剂性能影响一览表

配方影响因素	综合性能	配方影响因素	综合性能
胶黏剂主体粘接物质（高分子聚合物）分子量变化	力学性能 低温柔韧性 黏度 润湿性能	增塑剂所占比例	抗冲击强度 黏度 内聚强度 蠕变性能 耐热性能
高分子聚合物分子结构（极性）	内聚力 对极性表面黏附力 耐热性 耐水性 黏度	填料类型、用量	热膨胀系数 固化收缩率 胶黏剂触变性能 整体成本 硬度 黏度
高分子聚合物交联性能（交联密度）	耐热性 耐介质性能 模量 延伸率 低温脆性 蠕变性能		

7.4.3 粘接工艺步骤

经过配方设计、优化、小试、中试、产业化生产得到的是具有特定粘接性能的多组分混合物。为了实现不同材料的连接还需要利用特定粘接工艺步骤形成粘接接头，在相应防护、保养条件下，经过一定时间，达到理论粘接性能。工艺步骤如下：①根据实际使用环境、条件计算粘接面积；②被粘接材料修整与表面处理；③根据材质及强度的要求选取符合性能要求、环境要求、操作条件的胶黏剂；④针对不同类型胶黏剂，按照使用要求准确取用胶黏剂各组成部分，充分混合；⑤根据胶黏剂性质选用合适材质的涂布工具与涂布方法（涂抹、喷涂等），将胶黏剂均匀涂布于被粘接材料接头表面，将被粘接材料压实合拢，胶黏剂层通过物理或化学方式固化，被粘接材料实现连接。

关键环节具体要求如下：

① 被粘接材料界面处理。不同种类的材料，在合成制备、成型加工、储运过程中为了实现反应工艺、成型工艺、储运安全会添加不同物质，造成在材料表面残留，改变被粘接材料表面的物理性质与化学性质。另外被粘接材料本身元素构成多样、极性各异、粗糙程度不一致，因此需要对被粘接材料界面进行处理。界面处理要达到以下目标：提高被粘接材料表面能，提升被粘接材料粘接表面积，清除被粘接材料表面杂质与脱落层。粘接界面处理方法有机械震荡摩擦法、化学物质反应处理法、溶剂溶解处理法、电流处理法。

② 精准定量胶黏剂各组分。胶黏剂最佳综合性能源于各组分均匀分布，胶黏剂分子与被粘接材料分子形成充分相互作用，离不开胶黏剂各组分精准定量。比如，添加固化剂型高分子材料胶黏剂，固化剂分子与胶黏剂主体高分子聚合物发生交联形成三维网状结构，胶黏剂固化实现粘接，如果固化剂量少则固化不完全，粘接强度达不到要求；固化剂过多，则固化剂分子过量会和其他物质吸附，造成胶黏剂性能下降。根据实际粘接工程验证、理论分析，胶黏剂各组分定量误差应在2%～4%区间。

③ 胶黏剂层涂布方式。工程化过程中，胶黏剂涂布最常见方式是刷涂法、辊涂法、喷涂法。应依据被粘接材料性质、胶黏剂层厚度、施工环境、生产效率、特定性能选择恰当涂布方式，常见方式如表 7-4 所示。

表 7-4 胶黏剂涂布方式一览表

涂布方式	被粘接材料性质
刷涂法	所有材料
辊涂法	被粘接材料界面规整
喷涂法	胶黏剂层涂布较薄
静电喷涂	高效节能要求
用特定粘接设备（热熔枪）涂布	热熔胶的涂布

④ 胶黏剂的固化。胶黏剂的固化是被粘接材料实现粘接的核心步骤，发生于胶黏剂以液态方式涂布与润湿被粘接材料界面之后。常见的固化方式有溶剂挥发、胶黏剂冷却、高温熔体低温凝固、常温化学交联、受热固化、辐射（紫外线、电子束）固化。

7.5 胶黏剂生产工艺

胶黏剂生产工艺，是指在胶黏剂配方优化的基础上，从原料经加工设备、反应容器、分离设备、陈化后处理设备到胶黏剂产品的整个过程以及每个环节相应条件控制。一般包括原料精制、精准称量、复配反应、分离纯化、特殊工艺处理，以及每个环节的过程工艺控制、能量回收。

7.5.1　天然产物胶黏剂

天然产物胶黏剂是指以天然产物为原料经物理复配、化学修饰制备的胶黏剂，是应用历史最为长久的一类胶黏剂。天然胶黏剂具有原料来源丰富、成本低、生产工艺简便、使用过程简单等特点，被广泛应用于诸多领域。

7.5.1.1　天然产物胶黏剂的特点与分类

天然产物胶黏剂区别于其他胶黏剂的根本，在于天然产物胶黏剂粘接实效高、有效时间长、粘接工艺步骤少、成本低、天然产物本身性能稳定、水溶性好、无环境影响、环境可降解程度高。天然产物胶黏剂主体成分天然产物受限于生长区域、季节、气候、光照等自然环境因素与条件，相应产品种类单调、易生物降解、粘接强度低、生产工艺无法实现现代化、不适应现代产业需求，随着石油化工原料的丰富与相关研究的发展，出现了以合成特定结构物质为主体成分的合成胶黏剂，迅速取代天然产物胶黏剂，成为胶黏剂产业的主流。由于受环境质量要求提升、石油矿产资源日益枯竭、合成胶黏剂主要粘接物质高分子聚合物污染环境程度高等因素影响，寻找利用可再生、可循环资源为原料制备胶黏剂成为研究焦点与热点，空前受到重视。

天然产物胶黏剂广泛应用于木材、纸制品、纺织物、文具用品、美术作品、玻璃、皮革等领域。

天然产物胶黏剂依据主要粘接物质来源性质，主要分为植物性胶黏剂、动物性胶黏剂、天然矿物成分胶黏剂。

常见植物性胶黏剂有淀粉及其衍生物为主要粘接成分的胶黏剂、添加淀粉物理改性胶黏剂、纤维素类胶黏剂、木质素类胶黏剂、大豆蛋白基胶黏剂。

常见动物性胶黏剂属于氨基酸类胶黏剂、动物胶。氨基酸类胶黏剂主要由动物乳液、血液、内脏、皮肤、骨骼、肌腱、韧膜、分泌物提取物、性能改进助剂构成。动物胶是动物高分子蛋白质胶黏剂，骨胶、皮胶、明胶、鳔胶、鱼胶、酪朊、血胶、虫胶是常见的品种[1]。

天然矿物成分胶黏剂有沥青胶黏剂、地蜡胶黏剂、石蜡胶黏剂、硫黄胶黏剂、辉绿岩胶黏剂等。

7.5.1.2　植物源天然产物胶黏剂的生产工艺

（1）淀粉胶黏剂

淀粉胶黏剂生产工艺，主要是指利用物理、化学或物理化学的方法，使淀粉分子在水溶液中不同程度地溶胀、溶解，得到流动性较好、黏度较低、固含量高的淀粉胶黏剂。淀粉分子依靠分子间的氢键结合，耐水性较差，分子结构如图 7-3 所示。

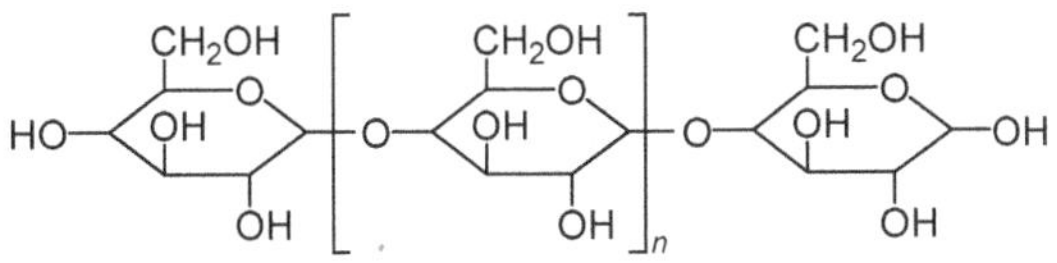

图 7-3　淀粉分子结构图

生产工艺：准确称取 10～15g 淀粉加入 85～90g 水中，充分搅拌混合均匀，然后边加热边搅拌至 90℃左右，再保持温度 10～15min 即得到淀粉胶黏剂。

（2）化学改性淀粉胶黏剂

为了提高淀粉分子耐水性，通过双氧水氧化作用，减少淀粉分子中羟基数目，提高胶黏剂粘接耐水性能，提升粘接强度。淀粉氧化原理如图 7-4 所示。

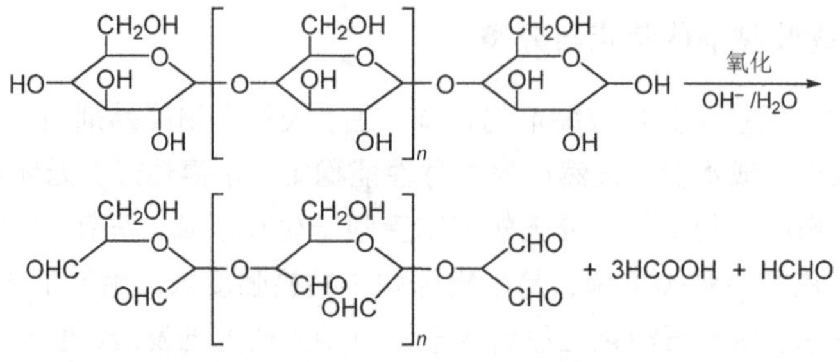

图 7-4　淀粉氧化原理示意图

配方优化：经过实验室实际验证及多性能指标优化分析后，确定改性淀粉胶黏剂配方为淀粉 14g；双氧水 3g；亚硫酸钠 2g；氢氧化钠溶液（11%）1.4g；甘油 3.4g；辛醇 0.2g；去离子水 85g。

生产工艺：a. 将准确称量的淀粉，加入已经添加配方用量 50%去离子水的搅拌釜中，边加入边搅拌充分混合。b. 接着加入准确称量的亚硫酸钠并搅拌溶解，然后匀速滴加氧化剂，滴加时间控制在 3～4h。c. 滴加氢氧化钠溶液，体系黏度增加，再加入甘油等助剂，搅拌分散均匀，然后再加入剩余去离子水，继续搅拌，经性能检测黏度达到 45 Pa·s，固含量大于 15%，粘接时间 7～10min，粘接强度（被粘接材料为纸）大于 65N/m。

产业化工艺流程如图 7-5 所示。

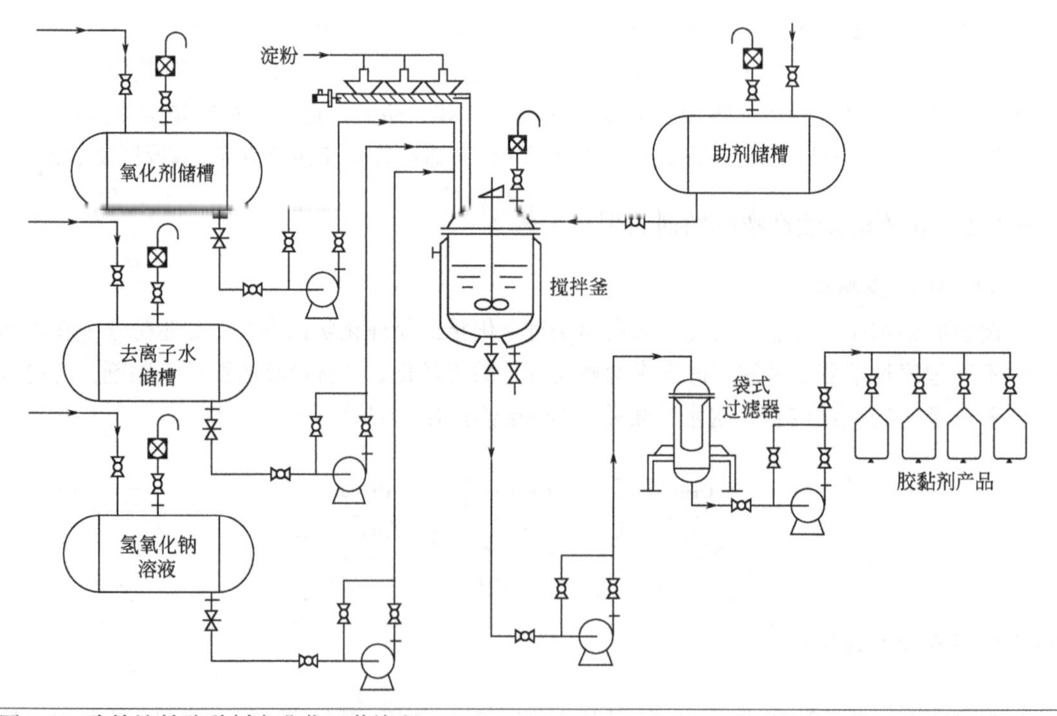

图 7-5　改性淀粉胶黏剂产业化工艺流程

（3）物理添加改性淀粉胶黏剂

氧化改性淀粉胶黏剂在使用过程中，干燥速度与实际粘接工艺要求存在差距，影响粘接效率。氧化淀粉干燥时间较长，根源在于分子中存在亲水基团（羟基），会和水分子产生相互作用，形成分子间作用力，束缚水分子向空气中扩散、挥发，使得干燥时间增长。为了提高水分子迁移、扩散、挥发速度，添加具有与亲水基团相互作用的物质，破坏亲水性羟基与水分子的相互作用，让水分子具有自由运动的空间，不受束缚快速挥发。

根据与氧化淀粉分子中羟基发生相互作用的机理差异，一般分为填料型、接枝反应型、高分子聚合物共混型、交联氧化型四种类型速干氧化淀粉胶黏剂。

① 添加填料型。添加填料型作用机理是，通过向淀粉胶黏剂中添加性质稳定、一定粒径的无机颗粒，提升胶黏剂固含量，减少水分子存在空间，有效堵塞被粘接材料表面孔隙，切断水分子向被粘接材料扩散的路径，保证水分子向空气挥发的速度与效率。但是，加入填料会影响淀粉分子结构与被粘接材料相互作用的产生，降低粘接强度，黏度增加粘接层甩胶分离。产业化应用比较成熟的填料有轻质碳酸钙、膨润土、瓷土、高岭土、明矾等。

② 接枝反应型。脲醛树脂、聚乙烯醇、有机硅偶联剂、氰乙酸、丙烯腈等是常用加入氧化淀粉胶黏剂中，通过接枝反应起到减弱氧化淀粉中羟基与分水子相互作用的物质。接枝效应提高了氧化淀粉分子中水分子向空气中扩散的速度与效率，提升了干燥速度。

③ 高分子聚合物共混型。高分子聚合物与氧化淀粉充分分散、混合，在干燥过程中高分子聚合物与氧化淀粉分子相互交错连接，形成面积更大的网格，高分子聚合物与被粘接材料分子间产生新的相互作用，使粘接强度提升，同时高分子聚合物形成的薄膜层有效限制了胶黏剂向被粘接材料内部扩散、渗透，高分子聚合物分子结构中具有的憎水基团与水分子产生排斥作用，加快了水分子移动、扩散速度，缩短了胶黏剂干燥时间。苯丙（苯乙烯-丙烯酸酯）乳液、乙烯-醋酸乙烯酯共聚物乳液、聚乙烯醇、脲醛树脂是应用最为广泛的几类高分子聚合物。

④ 交联氧化型。交联氧化型淀粉胶黏剂，是通过加入氧化剂将淀粉中羟基氧化，同时形成新的化学键产生交联作用，加速淀粉胶黏剂干燥，提升胶黏剂粘接层内聚力，改善粘接效果。

物理添加改性淀粉胶黏剂生产工艺，关键在于外加不同类型、性质改性物质的充分溶解，以及与淀粉及其衍生物的充分混合分散与有效反应，产业化工艺流程图如图 7-6 所示。

（4）木质素胶黏剂

木质素是一种源于植物的有机高分子聚合物，也是可再生芳香基化合物。主要存在于植物树皮与木材中，含量仅次于纤维素，呈无色或淡黄色。产业化提取木质素主要从纸浆废液中提取，木质素作为树脂状物质可直接用于木材的粘接，为了提高粘接强度、改善粘接工艺性能，通常加入酚醛树脂、环氧树脂与木质素发生缩聚反应，制备木质素基改性胶黏剂。

木质素胶黏剂的生产原理与方法，主要针对两个方面：首先获得木质素，然后添加高分子聚合物进行改性。木质素获得常用的方法为利用超滤方法处理碱木质素原料，分离出分子量集中的木质素及其衍生物，然后通过溶剂萃取除去木质素中其他有机杂质，再添加不同类型改性物质，进行物理改性或化学改性。木质素胶黏剂工艺流程图如图 7-7 所示。

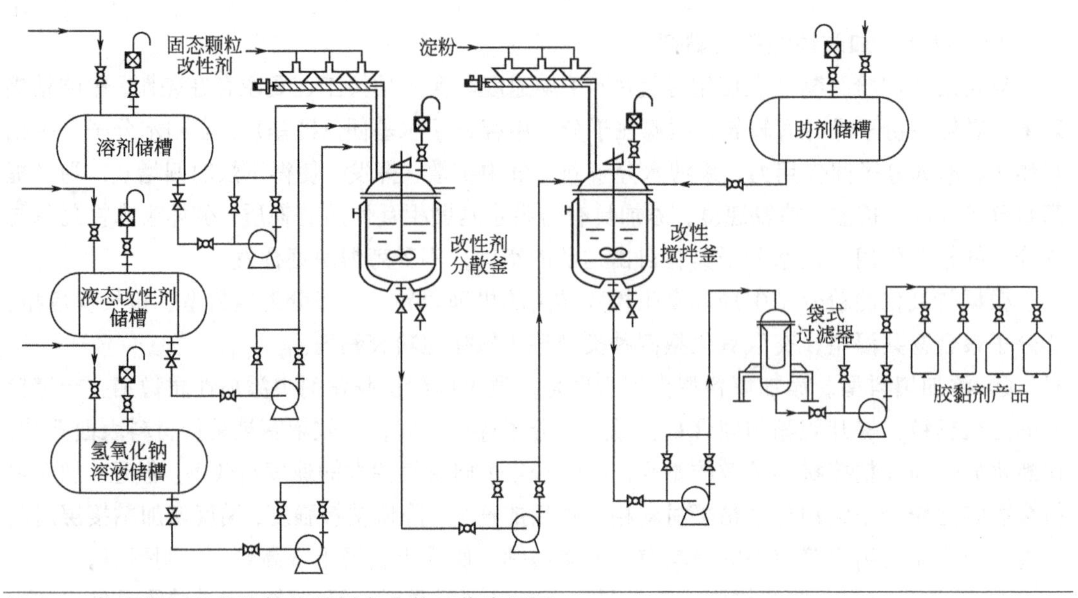

图 7-6　物理添加改性淀粉胶黏剂产业化工艺流程图

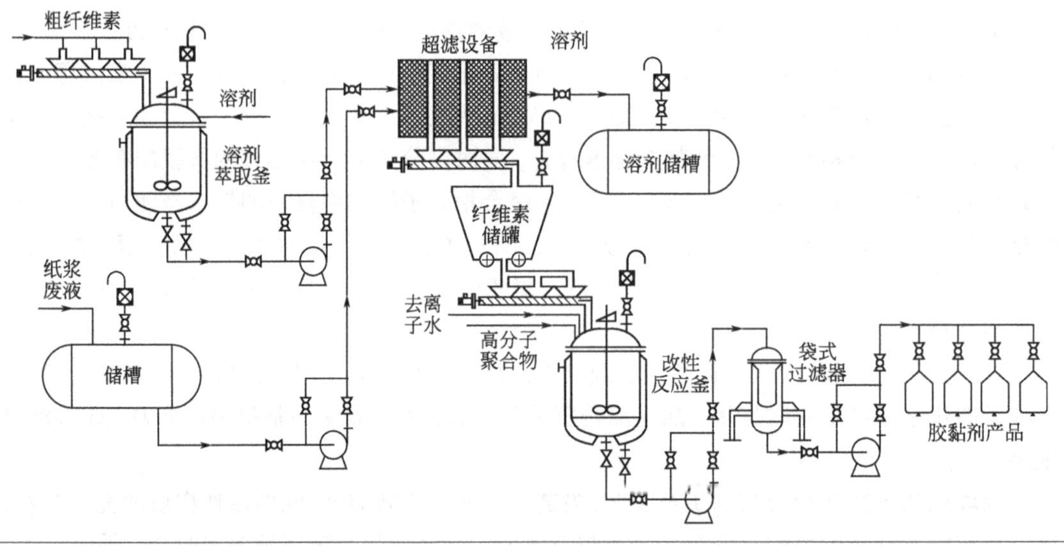

图 7-7　木质素胶黏剂工艺流程图

（5）纤维素类胶黏剂

纤维素是植物细胞壁主要成分，占植物组织 75%～90%以上，常见的提取原料有木材、棉花、蚕丝、竹子、麦秆、稻草等。纤维素分子为β-(1→4)-葡萄糖缩合物，为直链结构结晶化合物，不溶于水，可发生酯化、醚化反应，衍生物众多。常见改性纤维素种类包括甲基纤维素、乙基纤维素、羟甲基纤维素、羟丙基纤维素、羟乙基纤维素。

制备原理：纤维素与碱和溶剂化剂（水）反应制成纤维素盐类，再添加精制氯甲烷与纤维素盐类发生醚化反应，制得甲基纤维素。生产工艺流程如图 7-8 所示，主要包含纤维素碱化、醚化、纯化、成型加工、氯甲烷回收等五个关键工艺环节。

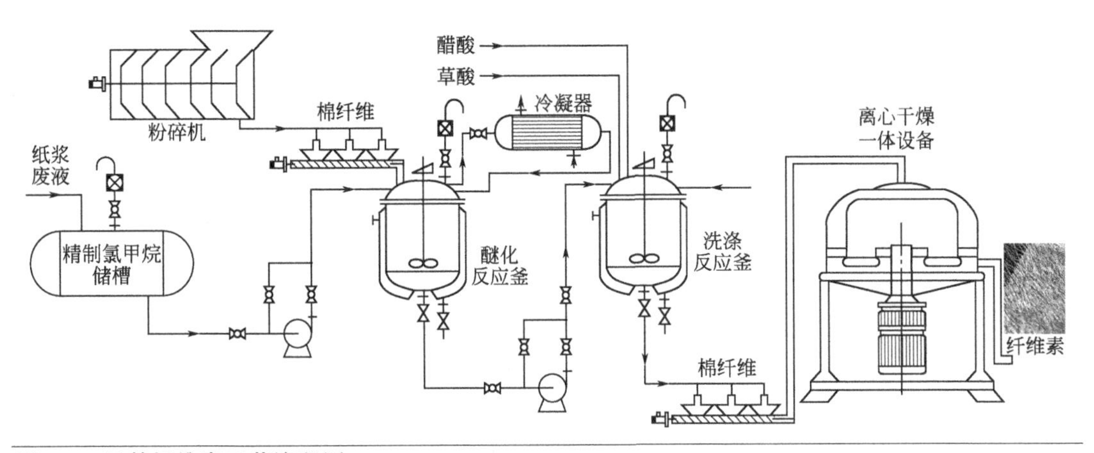

图 7-8　甲基纤维素工艺流程图

7.5.1.3　动物胶黏剂

动物胶黏剂主体粘接物质属于氨基酸类化合物及其衍生物，主要来源于动物组织与动物分泌物，经过相关工艺处理与化学降解，添加相关助剂得到相应动物性胶黏剂。主要用于木材、纺织物、艺术作品（国画装裱）粘接，但是由于自身化学基团的影响，易吸水水解，自身作为营养物质有利于微生物繁殖出现发霉现象。

（1）骨胶与明胶胶黏剂

骨胶分子式为 $C_{102}H_{149}O_{38}N_{31}$，通常为软骨、结缔组织提取物，水解后被称为明胶，分子式为 $C_{102}H_{151}O_{39}N_{31}$，主要是通过水为溶剂，浸泡软骨、结缔组织，通过加压、调节温度得到水解产物骨胶与明胶。然后直接通过干燥造粒得到明胶颗粒。

明胶颗粒加热溶解于水后，添加相关助剂、固化剂、耐水剂得到明胶胶黏剂。对木材、皮革、纸张、织物、金属等材料具有高粘接强度。

（2）皮胶

以动物的皮、筋等组织为原料，经过水解、精制等工艺制得，经成型工艺制备得到片、粉两种类型的产品。皮胶经低温（35℃）水解，添加 10%甲醛、4%对硝基酚溶液、3%甘油搅拌均匀得到皮胶胶黏剂。用于木材、纸板、棉织物材料的粘接，24h 后剪切强度达 0.3～0.5MPa。

（3）虫胶

虫胶为紫胶虫吸食和消化树汁后的分泌液干燥凝结而成的一种天然树脂。其主要成分为 9,10,16-三羟基软脂酸，结构式如图 7-9 所示。

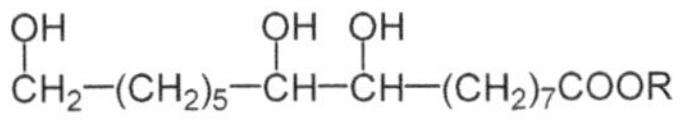

$$\overset{OH}{CH_2}-(CH_2)_5-\overset{OH}{CH}-\overset{OH}{CH}-(CH_2)_7COOR$$

图 7-9　9,10,16-三羟基软脂酸结构式

粘接力强、电绝缘性好是虫胶的优点，尤其是防水、防潮、耐酸碱性能更为突出。主要用于金属、陶瓷、软木、云母、非金属材料与器件的粘接、密封、固定。

动物胶黏剂生产工艺流程图如图 7-10 所示。

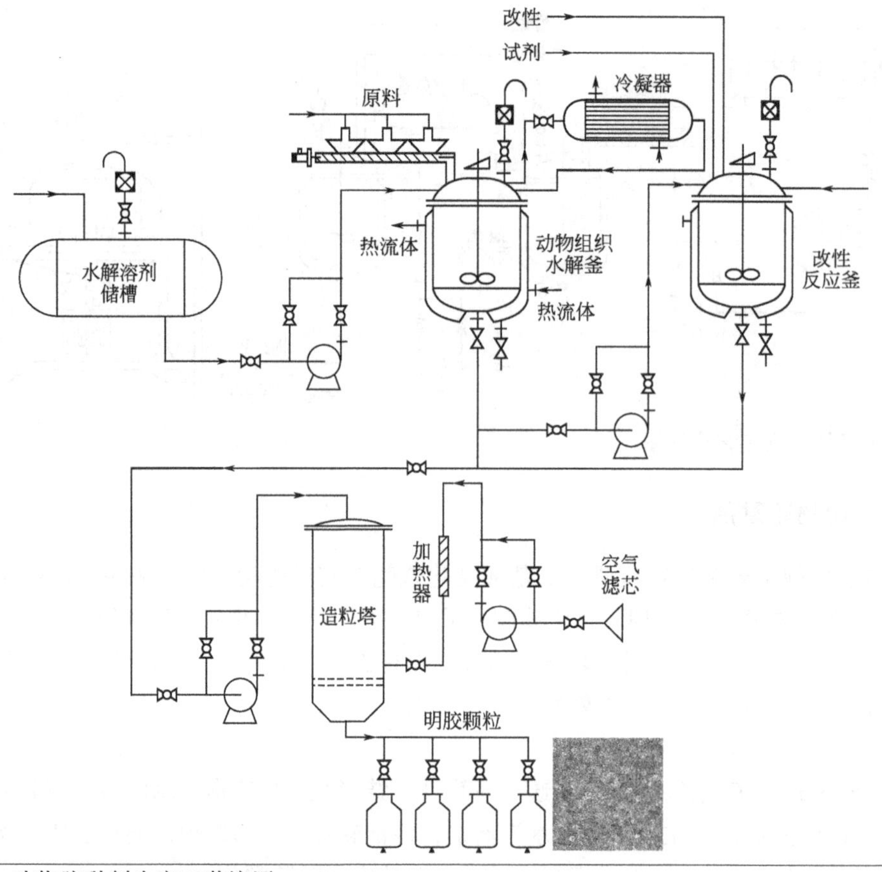

图 7-10　动物胶黏剂生产工艺流图

7.5.2　高分子聚合物合成胶黏剂

7.5.2.1　酚醛树脂

酚醛树脂（PF）的首次发现源于德国科学家拜耳，当时拜尔在观察酚与醛在酸环境下的缩聚反应，得到树蜡状产物，成为酚醛树脂的最初雏形产品，但没有实现产业化。酚醛树脂产业化是在美国科学家Baekeland取得酚醛树脂胶黏剂专利的基础上，从酚醛树脂化学组成、产业化工艺、生产设备单元、实际应用等方面进行科学研究与实践，取得了大量产业化成果，合成了多种改性酚醛树脂新产品。

酚醛树脂的主体分子结构由酚类化合物与醛类化合物经缩聚化学反应形成，以酚醛树脂为主体粘接物质复配而成的混合物称为酚醛树脂胶黏剂。酚醛树脂胶黏剂粘接强度大、抗老化性能优越、耐酸碱性强、绝缘性好、抗蠕变性强、改性基团位点多、产业化工艺便捷、成本低廉。

主要产品类型分为酚醛树脂系列胶黏剂与改性酚醛树脂胶黏剂。产业化应用的酚醛树脂系列胶黏剂主要有水溶性酚醛树脂胶黏剂，在木材加工、木材下游产业广泛应用。产业化应用的改性酚醛树脂胶黏剂主要有酚醛-聚乙烯醇胶黏剂、酚醛-丁腈橡胶胶黏剂、酚醛-环氧树脂胶黏剂、酚醛-氯丁橡胶胶黏剂，在汽车、航空航天工业领域有广泛的应用。

（1）水性酚醛树脂胶黏剂

水性酚醛树脂胶黏剂的产业化过程，首先在以氢氧化钠为催化剂环境下，苯酚与甲醛发生缩聚反应生成酚醛树脂，然后再加入适量去离子水调整黏度为 500～1000 Pa·s，固含量 45%～50%，游离苯酚分子含量小于 2.5%，整体为红棕色透明黏稠液体，最终得到水性酚醛树脂胶黏剂。酚醛树脂部分缩聚反应方程式如图 7-11 所示。

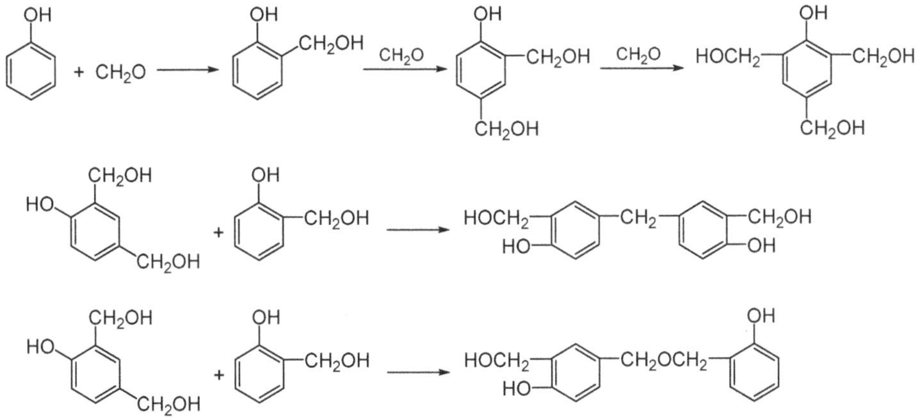

图 7-11　酚醛树脂部分缩聚反应方程式

水性酚醛树脂生产工艺中，通过固体螺旋传输设备向缩聚反应釜添加 600g 苯酚，同时加入 40%氢氧化钠溶液 160g，通过搅拌装置充分混合均匀，温度通过热蒸气控制在 40～50℃，时间控制在 30min。充分分散均匀后，匀速缓慢滴加精制甲醛溶液（37%），滴加时间为 40min，通过三个阶段控温，第一阶段在 90min 时间内升温至 85℃，第二阶段在 30min 时间内升温至 95℃并保持 20min，降温至 80℃并保持 15min，调整黏度，检测性能，过滤、出料、包装。同时可根据实际需求，通过真空脱水、加入乙醇调整溶解程度，制备热固性酚醛树脂。生产工艺流程如图 7-12 所示。

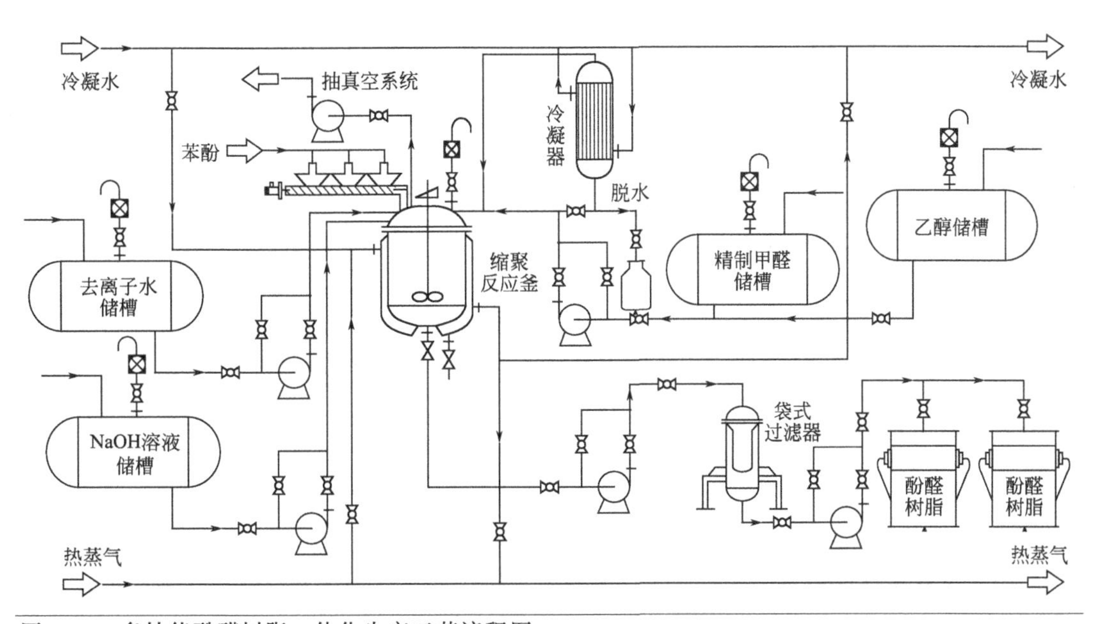

图 7-12　多性能酚醛树脂一体化生产工艺流程图

（2）酚醛-聚乙烯醇缩丁醛胶黏剂

酚醛-聚乙烯醇缩丁醛胶黏剂是苯酚与甲醛在碱性环境下进行缩聚反应，得到酚醛树脂后，再添加聚乙烯醇缩丁醛，进行交联改性，总体反应过程如图 7-13 所示，最后利用乙醇调整黏度与固含量得到酚醛-聚乙烯醇缩丁醛胶黏剂。

$$ROH + \left[\underset{OOCCH_3}{CH}-CH_2\right]_x\left[\text{(butyral ring: O, O)}\right]_n\left[\underset{OH}{CH}-CH_2\right]_z \xrightarrow{-H_2O} \left[\underset{OOCCH_3}{CH}-CH_2\right]_x\left[\text{(butyral ring: O, O)}\right]_n\left[\underset{O-R}{CH}-CH_2\right]_z$$

$$R = \left[C_6H_2(CH_2-)-CH_2-O-CH_2-C_6H_5\right]_m$$

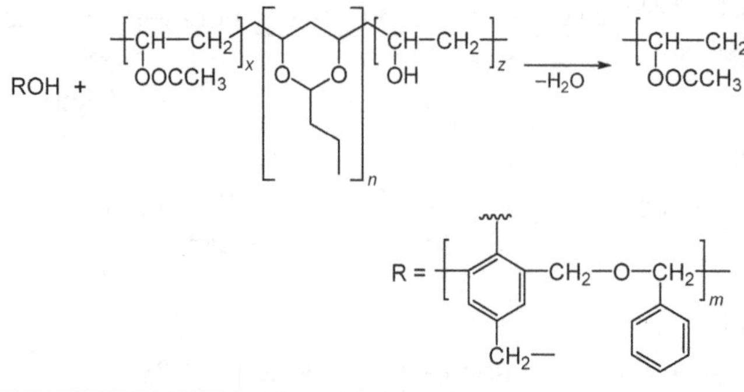

图 7-13　酚醛-聚乙烯醇缩丁醛交联结构示意图

在实验室研究、配方优化、中试、产业化放大实验的基础上，得到酚醛-聚乙烯醇缩丁醛胶黏剂生产工艺，先通过固体物料传输设备将苯酚在缩聚反应釜中熔化，再添加甲醛、氢氧化钠溶液，搅拌下逐步升温至 65℃维持 20min，继续升温速率为 1℃/min，直到温度升至 95℃，在 95℃下反应 2h，通过动力输送泵送入改性釜与乙醇、聚乙烯醇缩丁醛进行改性，性能达标后经过过滤后出料得到酚醛-聚乙烯醇缩丁醛胶黏剂。工艺流程图如图 7-14 所示。

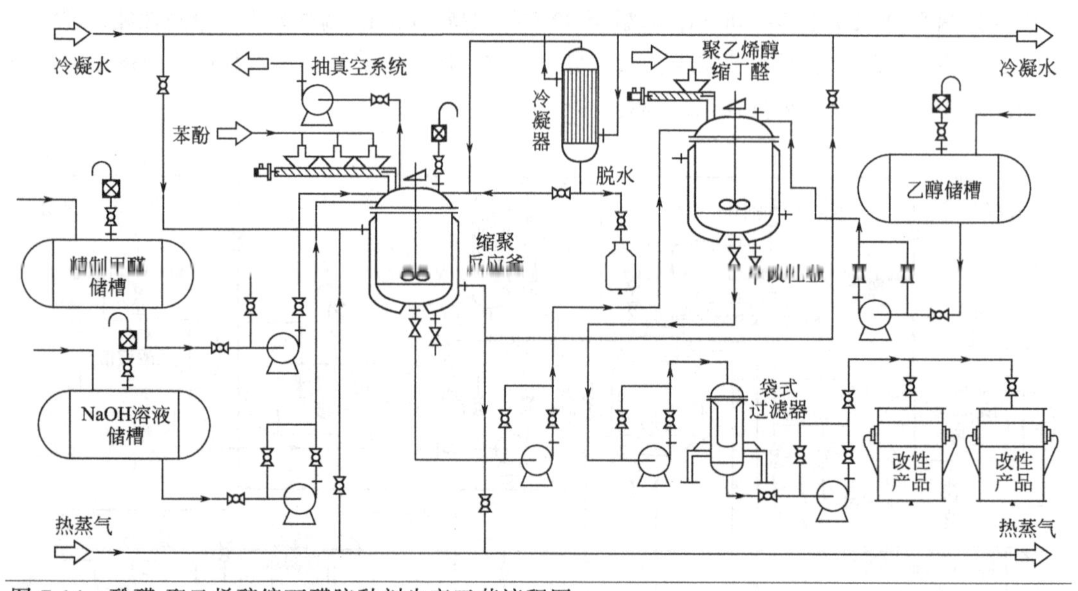

图 7-14　酚醛-聚乙烯醇缩丁醛胶黏剂生产工艺流程图

（3）酚醛-丁腈橡胶胶黏剂

酚醛-丁腈橡胶胶黏剂由丁腈橡胶、线型酚醛树脂作为主要粘接物质，添加氧化锌、硫黄、促进剂、防老剂、硬脂酸、炭黑、轻质碳酸钙、酯类溶剂（醋酸乙酯、醋酸丁酯），经过低温（45℃）混炼分散，切片溶解得到的特殊性能胶黏剂。主要粘接物质结构的相互补充、分子链相互充分分散渗透实现了金属与非金属、塑料、弹性体材料之间的粘接。

产业化生产工艺流程如图 7-15 所示，先将丁腈橡胶、酚醛树脂经过混炼机，在低温（45℃）混炼，混炼均匀后再加入硬脂酸、炭黑、轻质碳酸钙、氧化锌等助剂继续混炼，混炼均匀后利用混炼机将酚醛-丁腈橡胶复配产品，压成橡胶薄片，通过螺旋输送设备将橡胶薄片输送到橡胶切片机切成均匀的小块，再将均匀小块输送到复配混合釜，同时加入酯类溶剂搅拌溶解，直到溶解均匀后经袋式过滤器过滤，经过性能检测，再进行包装。

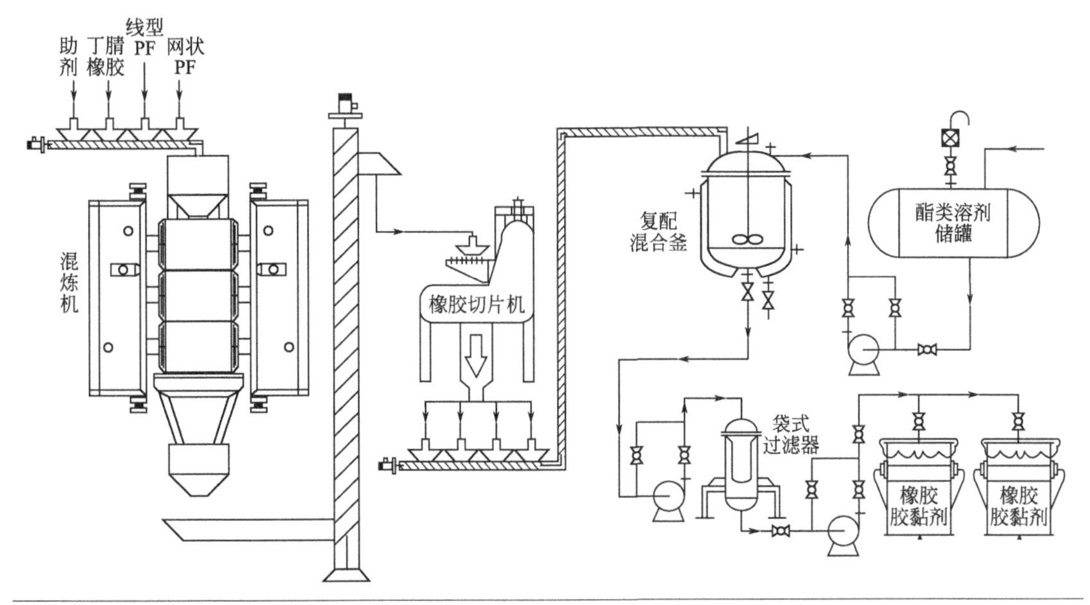

图 7-15　酚醛-丁腈橡胶胶黏剂产业化工艺流程图

PF—酚醛树脂

7.5.2.2　聚醋酸乙烯酯及其共聚化合物乳液胶黏剂

（1）聚醋酸乙烯酯乳液胶黏剂

聚醋酸乙烯酯乳液胶黏剂是以聚醋酸乙烯酯为主要粘接物质，水作为分散介质，其中添加聚乙烯醇、邻苯二甲酸二丁酯等助剂，混合分散形成的聚合物乳液混合物，广泛应用于瓷砖粘贴、乳胶漆制造、织物粘接、铅笔生产、印刷装订、纸品加工、木材加工、家具组装、汽车内装饰、工艺品制造、皮革加工、卷烟接嘴、建筑装潢、标签固定等许多领域。

聚醋酸乙烯酯乳液胶黏剂制备核心是醋酸乙烯酯单体均聚生成聚醋酸乙烯酯乳液。聚醋酸乙烯酯乳液一般采用游离基乳液聚合方法得到，机理为首先引发剂通过自由基引发链式加成聚合反应，经过链增长、链终止三个阶段，总体聚合过程如图 7-16 所示。

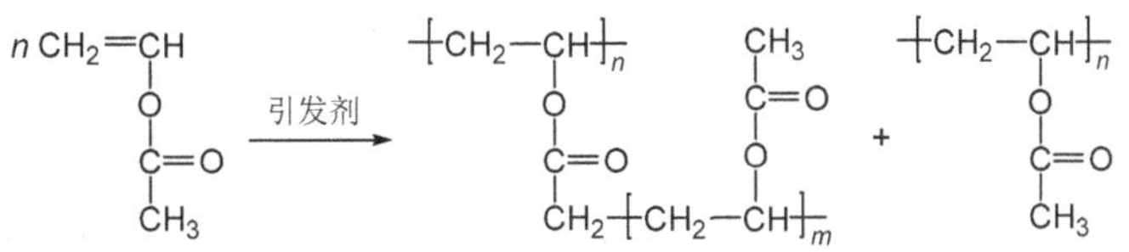

$$n\,CH_2{=}CH(OCOCH_3) \xrightarrow{\text{引发剂}} \left[CH_2-CH\left(O-C(=O)-CH_2-\left[CH_2-CH(O-C(=O)-CH_3)\right]_m\right)\right]_n + \left[CH_2-CH(O-C(=O)-CH_3)\right]_n$$

图 7-16　醋酸乙烯酯乳液聚合示意图

产业化生产工艺流程如图 7-17 所示，蒸馏水经 F101 计量后投料至聚乙烯醇溶解设备 D101，将 54 g 聚乙烯醇投入到 D101 内。在 80～95℃条件下搅拌 1～4h，聚乙烯醇充分溶解为透明溶液。向单体计量槽 F103 中投入 1000g 醋酸乙烯酯；将增塑剂、引发剂（10%过硫酸钾溶液）、缓冲剂（10%碳酸氢钠溶液）分别放入 F102、F105、F104 内。充分溶解聚乙烯醇溶液经过滤设备 M101，输送到聚合设备 D102 内，同时在搅拌条件下添加乳化剂 OP-10，分散均匀。先向 D102 内加入 15%醋酸乙烯酯单体与 40%的引发剂溶液，搅拌下乳化、分散 30min。然后通过夹套将 D102 内物料升温至 60～65℃，此时聚合反应开始，釜内温度因聚合反应的放热而自行升高，可达 80～83℃，釜顶回流冷凝器 C101 中将有回流出现。待回流减少时，开始向 D102 内通过 F103 滴加 85 份醋酸乙烯酯单体，并通过引发剂计量槽，滴加过硫酸钾溶液。通过控制加料速度来控制聚合反应温度在 78～80℃之间，所有单体约在 8h 内滴加完毕；单体滴加完毕后，加入全部剩余的过硫酸钾溶液。加完全部物料后，通过蒸汽将体系温度升至 90～95℃，并在该温度下保温 30min。向 D102 夹套中通入冷水使物料冷却至 50℃，通过 F104 加入 3%碳酸氢钠 10%溶液；通过 F102 向釜内加入 110g 邻苯二甲酸二丁酯，然后充分搅拌使物料混合均匀，经过滤设备过滤出料密封包装。

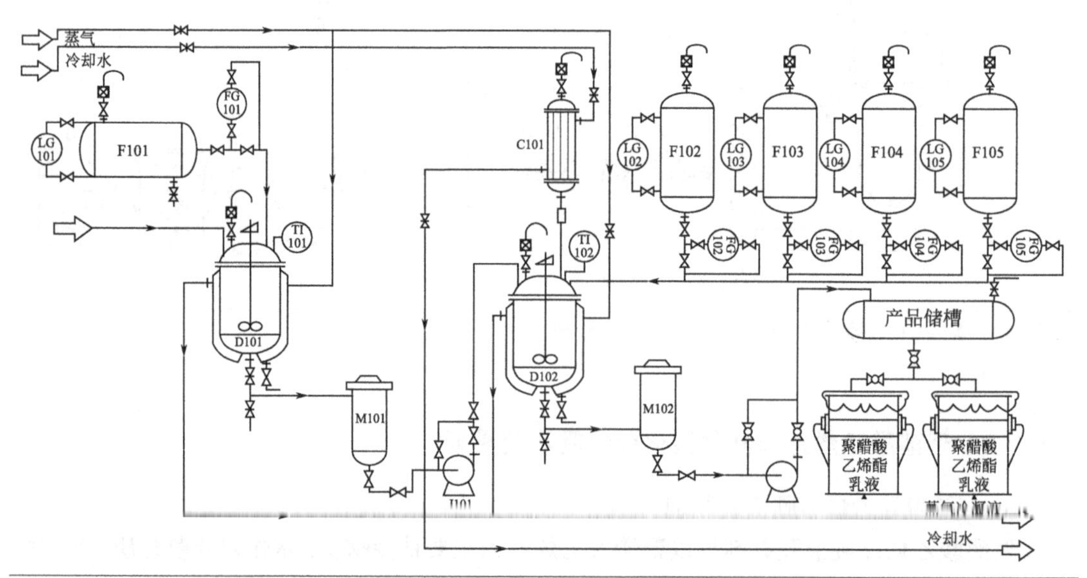

图 7-17　聚醋酸乙烯酯乳液生产工艺示意图

C101—回流冷凝器；D101—溶解釜；D102 聚合釜；F101—去离子水储罐；F102—邻苯二甲酸二丁酯储罐；F103—醋酸乙烯酯储罐；F104—碳酸氢钠储罐；F105—过硫酸铵储罐；FG102～FG105—流量控制器；J101—原料泵；LG101，LG102—液位计；M101，M102—过滤器；TI101，TI102—温度控制器

（2）聚醋酸乙烯酯共聚、共混改性乳液胶黏剂

聚醋酸乙烯酯乳液因软化点较低，均聚过程中采用亲水性聚乙烯醇作保护胶体，因而其耐热性和耐水性差。这在很大程度上限制了其推广应用，降低了其使用价值。聚醋酸乙烯酯的改性分为共聚和共混两种类型[2]。

共聚改性是指在乳液聚合过程中添加能够与醋酸乙烯酯单体进行共聚交联的活性单体，在乳液聚合过程中活性单体进入聚醋酸乙烯酯共聚乳液分子主链。乳液固化过程中活性单体具有的活性基团在分子主链间发生相互作用，形成交联化学键，使线型聚醋酸乙烯酯共聚乳液分子变为网状结构，由热塑性变为热固性。固化后的网状聚醋酸乙烯酯共聚分子具有不溶、不熔的性质，粘接强度大，耐热、耐水、抗蠕变性、耐酸碱、耐溶剂性能大幅度提升。

生产工艺成熟、共聚改性性能良好的活性单体有丙烯酸、甲基丙烯酸、羟乙基丙烯酸烷酯、马来酸及其单酯或双酯、氯乙烯、偏氯乙烯、甲基丙烯酸羟乙酯、甲基丙烯酸羟丙酯等。例如，以丙烯酸为活性单体进行共聚改性，改性分子结构变化过程如图 7-18 所示。

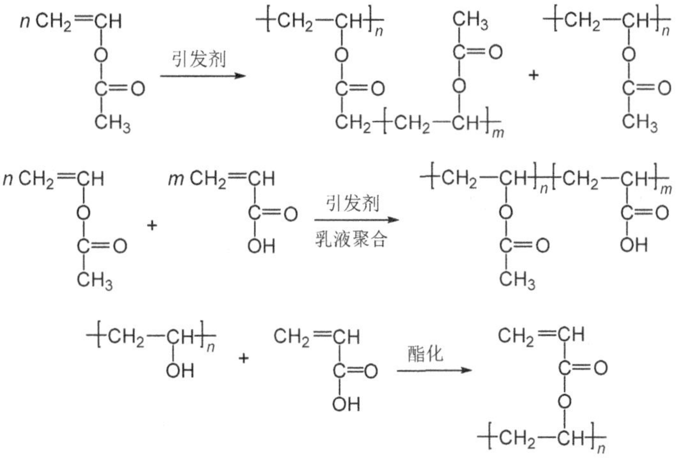

图 7-18　共聚改性分子结构示意图

共混改性是指醋酸乙烯酯单体首先通过均聚反应生成聚醋酸乙烯酯分子结构，向聚醋酸乙烯酯乳液体系中引入其他分子结构的功能性聚合物乳液，再向乳液体系添加使高分子聚合物分子链进一步交联的物质，形成网状结构转化为热固性聚合物。常用的共混改性物质有酚醛树脂、脲醛树脂、羧基丁苯树脂胶（乳液）。常用的交联固化剂为聚亚甲基聚苯基氰酸酯（PAPI）。

羧基丁苯树脂胶（乳液）是由丁二烯、苯乙烯、不饱和羧酸等共聚单体，通过乳液聚合形成的三元共聚物乳液，结构如 7-19 图所示。

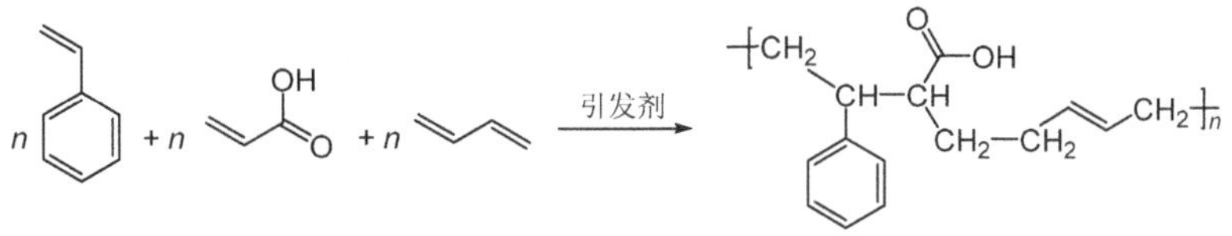

图 7-19　羧基丁苯树脂胶（乳液）结构示意图

羧基丁苯树脂胶（乳液）作为外加共混改性剂，分子结构中的羧基（—COOH），以及聚醋酸乙烯酯分子中的羟基（—OH），与交联固化剂聚亚甲基聚苯基氰酸酯（PAPI）分子中的异氰酸酯基（—NCO）反应交联，使聚合物体系柔软性、耐水性和耐热性大幅度提升。聚醋酸乙烯酯共聚、共混改性乳液胶黏剂生产工艺流程如图 7-20 所示。

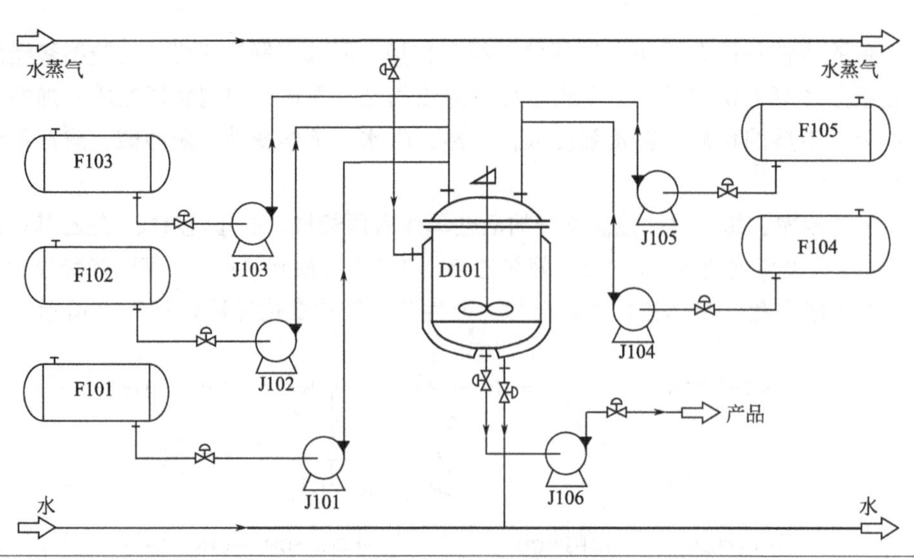

图 7-20 聚醋酸乙烯酯共聚、共混改性乳液胶黏剂生产工艺流程图

D101—聚合釜；F101—去离子水；F102—邻苯二甲酸二丁酯；F103—醋酸乙烯酯；F104—碳酸氢钠；F105—过硫酸铵；J101～J106—液体输送泵

7.5.2.3 丙烯酸酯系列胶黏剂

丙烯酸酯系列胶黏剂是指由丙烯酸、丙烯酸衍生物、丙烯酸酯类化合物、丙烯酸衍生物酯类化合物作为主要粘接物质或作为单体通过共聚反应生成丙烯酸酯类聚合物，制备得到的反应型或非反应型胶黏剂。

丙烯酸酯系列胶黏剂性能主要取决于单体选择、聚合控制，单体是高分子聚合物构成单元，聚合反应的基础物质，不同单体、聚合程度差异使得聚合物在弹性、粘接强度、硬度、拉伸强度、柔软性等方面呈现不同性能，对乳液及其固化高分子膜的物理和力学性能起决定作用。乳液聚合过程中，一般选用的单体为丙烯酸和丙烯酸 C_1～C_8 直链烷烃酯类。不同丙烯酸酯类单体，随着烷烃碳链的加长，均聚物逐渐变软，玻璃化转变温度降低，聚合物柔软，直到丙烯酸正丁酯后，由于烷基碳原子的增加，出现侧链结晶倾向，聚合物变脆。常用的丙烯酸酯单体有丙烯酸甲酯、丙烯酸乙酯、苯乙烯、丙烯腈、顺丁烯二酸二丁酯、偏二氯乙烯、氯乙烯、丁二烯、乙烯等。常用的功能单体有丙烯酸、甲基丙烯酸、马来酸、富马酸、衣康酸、丙烯酞胺等。常用的交联单体有（甲基）丙烯酸羟乙酯、（甲基）丙烯酸羟丙酯、*N*-羟甲基丙烯酰胺、乙二醇二（甲基）丙烯酸酯、己二醇二（甲基）丙烯酸酯、三羟甲基丙烷三丙烯酸酯、二乙烯基苯等。

依据胶黏剂的物理形态和固化粘接特点，丙烯酸酯系列胶黏剂分为溶液型、乳液型、反应型丙烯酸系及α-氰基丙烯酸酯胶黏剂等。

（1）溶液型丙烯酸酯胶黏剂

从丙烯酸酯共聚物生成与溶于有机溶剂的过程进行分类，溶液型丙烯酸酯系胶黏剂分为以下两类：第一类首先经过共聚反应生成丙烯酸酯高分子聚合物，在溶于恰当有机溶剂中形成一定黏度胶黏剂；第二类是共聚单体在有机溶剂中发生聚合反应，生成高分子聚合物，通过控制聚合度控制胶黏剂黏度。此类胶黏剂，突出特点是具有良好透明性。

溶液型丙烯酸酯胶黏剂是铝、铁、不锈钢、铜等金属材料与有机玻璃、聚苯乙烯、硬聚氯乙烯、聚碳酸酯以及 ABS 塑料等非金属材料粘接用胶黏剂，在粘接材料配制胶黏剂时，加入胶黏剂总重量 3%～6%的固化剂，使胶黏剂充分固化实现高粘接强度。

（2）乳液型丙烯酸酯胶黏剂

乳液型丙烯酸酯胶黏剂主要由丙烯酸（酯）单体、水、引发剂、乳化剂、胶体保护剂、缓冲剂体系经共聚反应得到的乳液聚合物复配制得。用过氧化物作为引发剂，乳化剂采用阴离子型和非离子型乳化剂，缓冲剂是为维持乳液体系 pH 值加入的碳酸氢钠，选用聚乙烯醇、甲基纤维素作为保护胶体。单体一般会选择 3 种或 3 种以上的丙烯酸酯单体，经自由基引发聚合而成。其聚合原理如图 7-21 所示。

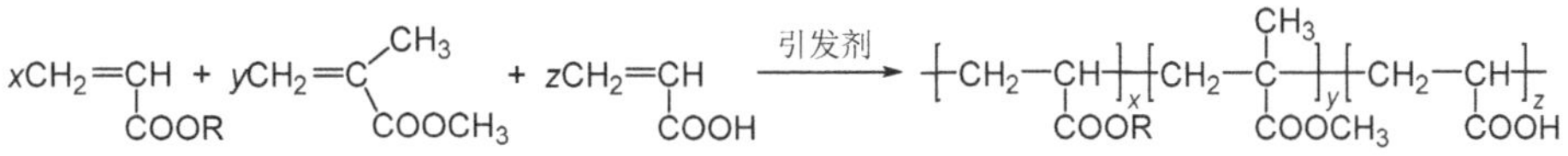

$$x\mathrm{CH_2{=}\underset{\substack{|\\COOR}}{CH}} + y\mathrm{CH_2{=}C}\!\begin{smallmatrix}\mathrm{CH_3}\\ \mathrm{COOCH_3}\end{smallmatrix} + z\mathrm{CH_2{=}\underset{\substack{|\\COOH}}{CH}} \xrightarrow{\text{引发剂}} \left[\mathrm{CH_2-\underset{\substack{|\\COOR}}{CH}}\right]_x\left[\mathrm{CH_2-\overset{\substack{CH_3\\|}}{\underset{\substack{|\\COOCH_3}}{C}}}\right]_y\left[\mathrm{CH_2-\underset{\substack{|\\COOH}}{CH}}\right]_z$$

图 7-21　丙烯酸酯单体聚合原理示意图

（3）反应型丙烯酸酯胶黏剂

反应型丙烯酸酯胶黏剂，是以丙烯酸酯单体的自由基共聚合为粘接原理，以双组分形式构成的胶黏剂。与其他的胶黏剂相比，通常以甲基丙烯酸酯、高分子弹性体和引发剂溶液为主剂，而以促进剂溶液为辅助剂。粘接材料时，将主剂和辅助剂分别涂在材料粘接面上，两个粘接面接触时，单体立即发生聚合反应，聚合反应在几分钟即可完成实现粘接。制备此类胶黏剂的技术关键在于：a. 粘接材料接触时，在短时间内快速产生足够量的自由基，完成链式自由基聚合反应；b. 高分子改性弹性体的加入对聚合过程无影响，保证材料顺利实现粘接；c. 为了提高胶黏剂粘接强度与胶层内聚粘接强度，适当添加多官能团单体，具有足够的稳定性。

（4）α-氰基丙烯酸乙酯胶黏剂

α-氰基丙烯酸酯胶黏剂具有瞬时（几秒）固化粘接、应用范围广、成本较高、产量较少、粘接工艺简单、更新速度快等特点。由于氰基和酯基具有很强的吸电子性，所以在弱碱或水存在下，可快速进行阴离子聚合而完成粘接过程。氰基丙烯酸乙酯胶黏剂主要粘接物质为 α-氰基丙烯酸酯类化合物（可以是甲酯、乙酯、丁酯、异丙酯等）。α-氰基丙烯酸酯类化合物合成一般采用两步法，氰基乙酸酯与甲醛加成缩合得到缩合产物，缩合产物再受热裂解得到 α-氰基丙烯酸酯类化合物[3]，制备过程如图 7-22 所示：

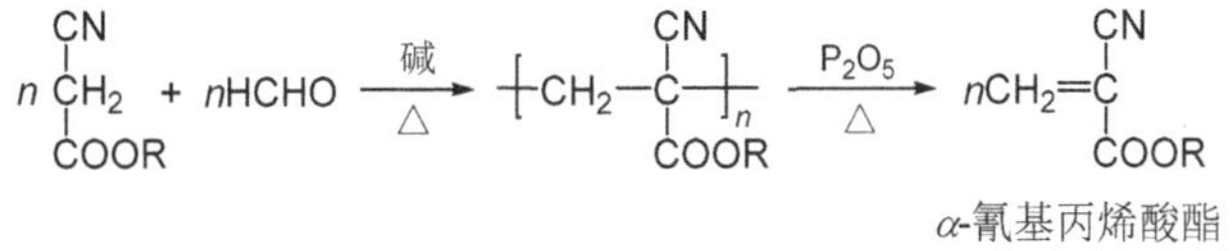

$$n\,\overset{\substack{CN\\|}}{\underset{\substack{|\\COOR}}{\mathrm{CH_2}}} + n\mathrm{HCHO} \xrightarrow[\triangle]{\text{碱}} \left[\mathrm{CH_2-\overset{\substack{CN\\|}}{\underset{\substack{|\\COOR}}{C}}}\right]_n \xrightarrow[\triangle]{\mathrm{P_2O_5}} n\mathrm{CH_2{=}\overset{\substack{CN\\|}}{\underset{\substack{|\\COOR}}{C}}}$$

α-氰基丙烯酸酯

图 7-22　α-氰基丙烯酸酯类化合物制备过程示意图

氰基丙烯酸乙酯胶黏剂产业化工艺流程如图 7-23 所示，将 F101 中氰基乙酸乙酯与 F102 中二氯乙烷经泵投入 D101 中，搅拌并升温到 70℃。慢慢加入甲醛与六氢吡啶的混合物，泵加速度以釜内温度稍低于回流温度为宜，30～60min 内加完。打开 C101 通水管，继续加热使之回流，通过 L101 除水，加入邻苯二甲酸二丁酯及对甲基苯磺酸，再继续回流除水，直到蒸汽温度超过 83℃时，蒸去二氯乙烷。降温到 60～70℃，加入五氧化二磷，对苯二酚搅匀后，启动 J106，在减压蒸馏装置中，并在二氧化硫气氛中进行裂解，收集沸程为 90～120℃的粗品于 F105 中。再通过 E101 进行精馏，收集 80～90℃的馏分于 F108 中（仍在二氧化硫的保护下）即得产物。

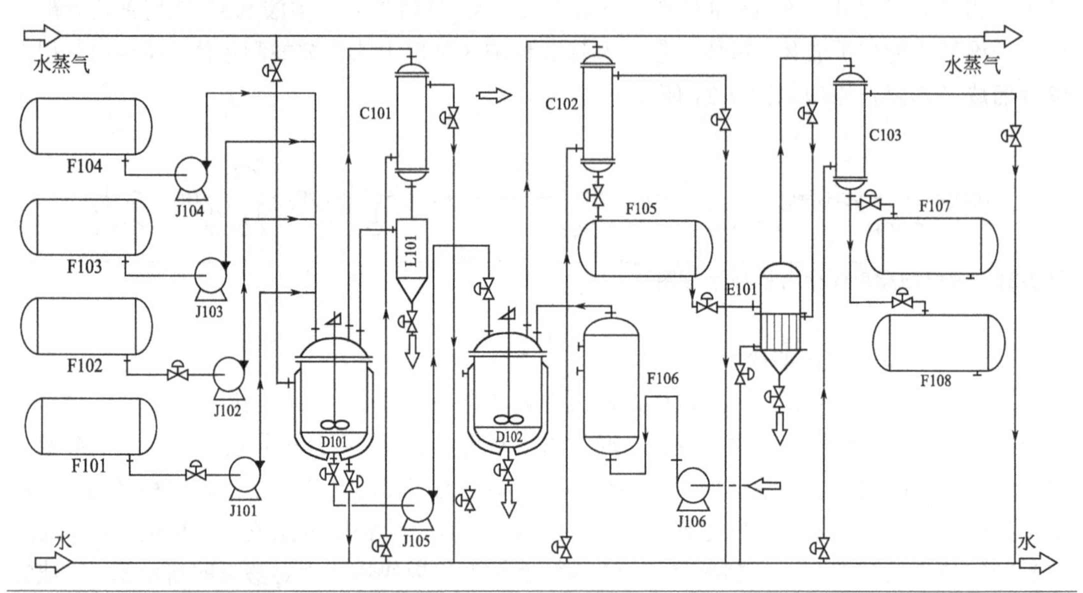

图 7-23　氰基丙烯酸乙酯胶黏剂产业化工艺流程图

C101～C103—冷凝器；D101—反应釜；D102—裂解釜；E101—精馏塔；F101—氰基乙酸乙酯储罐；F102—二氯乙烷储罐；F103—甲醛储罐；F104—邻苯二甲酸二丁酯储罐；F105—粗品储罐；F106—缓冲罐；F107—非沸程品接受罐；F108—成品接收罐；J101～J104—原料泵；J105—输送泵；J106—真空泵；L101—分水器

7.5.3　橡胶胶黏剂

橡胶胶黏剂是以合成橡胶（氯丁橡胶、丁腈橡胶、丁基硅橡胶、聚硫橡胶）或天然橡胶为主体粘接物质，添加其他助剂得到复配产品。以主体粘接物质制备工艺差异，橡胶胶黏剂分为复配型橡胶胶黏剂、乳液聚合胶黏剂、改性橡胶胶黏剂。橡胶胶黏剂的弹性出色，适于粘接柔软的或热膨胀系数相差悬殊的材料，例如橡胶与橡胶，橡胶与金属、塑料、皮革、木材等材料之间的粘接。在飞机制造、汽车制造、建筑、轻工、橡胶制品加工等行业有着广泛的应用[4]。

橡胶胶黏剂属于复配型胶黏剂，主要是指以天然橡胶、合成橡胶为主要粘接物质，通过塑炼，混炼、切片及溶解等基本生产工艺过程制备而成。其中主要粘接物质结构改性、新型结构橡胶的合成成为橡胶胶黏剂发展更新的关键领域。

塑炼的实质就是使橡胶大分子链断裂、大分子链由长变短、平均分子量降低的过程。促使大分子链断裂的因素有机械破坏作用和热氧化裂解两种作用。机械破坏是指在机械作用下，使大分子链断裂；热氧化裂解是指氧对橡胶分子的化学降解作用。塑炼方法主要有开炼机塑炼、密炼机塑炼。

混炼是指在炼胶机上将各种助剂、改性剂等外加成分均匀地混到生胶（塑炼胶）中的过程。混炼胶的质量对胶料进一步加工和成品的质量有着决定性的影响，即使配方很好的胶料，如果混炼不好，将会出现外加成分分散不均匀，胶料可塑度过高或过低，易焦烧、喷霜等，使后续工艺不能正常进行。而且还将导致制品性能下降。混炼方法通常分为开炼机混炼和密炼机混炼两种。

混炼胶的溶解一般在带有强力搅拌的密封式溶解器中进行，先将混炼胶剪成细碎的小块（混炼后立即切片），投入溶解器中，投入 80%的溶剂，待主要粘接物质溶胀后室温下搅拌 8～24h 使之溶解成均匀的溶液，再加入剩余 20%溶剂调节胶黏剂黏度达到性能要求。产业化工艺流如图 7-24 所示。

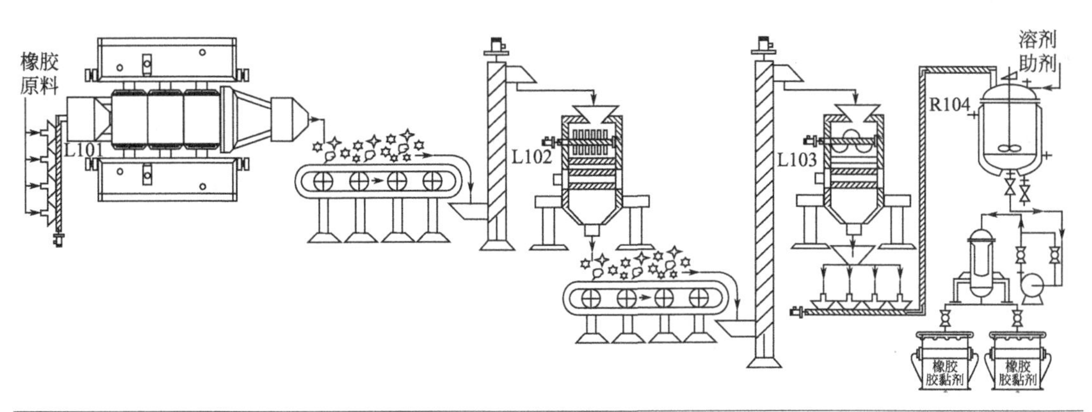

图 7-24　橡胶胶黏剂产业化工艺流程图

L101—塑炼机；L102—混炼捏合机；L103—烘干筛分机；R104—复配混合釜

7.5.4　压敏胶黏剂

压敏胶黏剂（pressure sensitive adhesive）就是指通过施加压力就实现材料的粘接，不需要加热或溶剂活化，只需要达到粘接敏感压力。粘接机理决定了压敏胶黏剂使用方便，用途广泛，发展异常迅速，前景十分广阔。压敏胶黏剂产品已被广泛应用于工业、日用、医用等诸多领域。压敏胶黏剂产品一般还是将其涂布于各种基材上，加工成胶带、标签或者其他各种制品[5]。

压敏胶黏剂依据主体粘接物质结构差异分为橡胶型压敏胶和合成树脂型压敏胶黏剂。根据压敏胶黏剂物理状态差异分为热熔型、反应型、溶剂型、乳液型、水溶液型压敏胶黏剂。依据胶黏剂涂布工艺分为单面压敏胶黏剂和双面压敏胶黏剂。

（1）丙烯酸酯压敏胶黏剂

丙烯酸酯压敏胶黏剂具有极好的抗老化性能，同时胶黏剂内聚力强，胶层透明度高。一般丙烯酸酯压敏胶黏剂由多种丙烯酸酯单体共聚得到，无需添加其他助剂，直接作为压敏胶黏剂粘接层，广泛应用于金属、塑料、纤维、纸张、木材、陶瓷、玻璃等多种性能材料的粘接；胶黏剂分子性能稳定、安全，在食品包装和医疗制品中被广泛使用。

① 溶剂型丙烯酸酯压敏胶黏剂。溶剂型丙烯酸酯压敏胶黏剂是通过丙烯酸酯单体在有机溶剂环境下，经自由基聚合生成丙烯酸酯聚合物，根据实际需要调节黏度、添加其他辅助功能（成型、装饰、特殊功能）成分，形成的复配体系。经溶剂聚合，用于压敏胶黏剂的丙烯酸酯聚合物聚合度小、平均分子量较低、湿润速度快、首次粘接强度大、耐水、速干。由

于聚合过程在有机溶剂环境下进行，在环保、资源、能源及安全等方面存在隐患，但由于其性能特殊性在某些领域暂无替代产品，因此溶剂型丙烯酸酯压敏胶黏剂占有一定比例。

为了提高丙烯酸酯压敏胶黏剂性能，满足实际使用要求，添加活性基团单体进行改性，在聚合过程中将活性基团引入丙烯酸酯共聚物分子主链。采用能量方式（加热、射线辐照）使主链中活性基团（不饱和键、功能基团）产生相互作用，在主链间形成化学键，实现共聚物分子联结形成立体网状结构，这种方式被称为分子内交联。采用外加物质（交联剂）方式，实现共聚物分子联结形成立体网状结构，这种方式被称为外交联，产品一般为双组分形式。聚合物分子交联后的立体网状结构，在持黏力、耐热性和耐溶剂性等方面，赋予溶剂型丙烯酸酯压敏胶黏剂优异性能，产业化使用的大部分属于交联改性后的溶剂型丙烯酸酯压敏胶黏剂。

② 乳液型丙烯酸酯压敏胶黏剂。乳液型丙烯酸酯压敏胶黏剂是指丙烯酸酯单体，经乳液聚合得到的聚丙烯酸酯共聚物乳液，再添加增稠剂（如羟甲基纤维素、聚乙烯醇等）、中和剂（如氨水和氢氧化钠）、湿润剂（如乙二醇、乙二醇单丁醚等）、防霉剂（如五氯苯酚钠、三氯苯酚钠等）和着色剂得到的乳液聚合物复配体系。

（2）橡胶型压敏胶黏剂

由于橡胶本身具有可逆形变、玻璃化转变温度低等特点，作为主要粘接物质广泛用于压敏胶黏剂中。根据橡胶聚合物分子链形成方式、聚合溶剂环境、活性基团交联方式分为溶液型橡胶压敏胶黏剂、接枝型橡胶压敏胶黏剂、交联型橡胶压敏胶黏剂。

产业化生产工艺流程如图 7-25 所示。

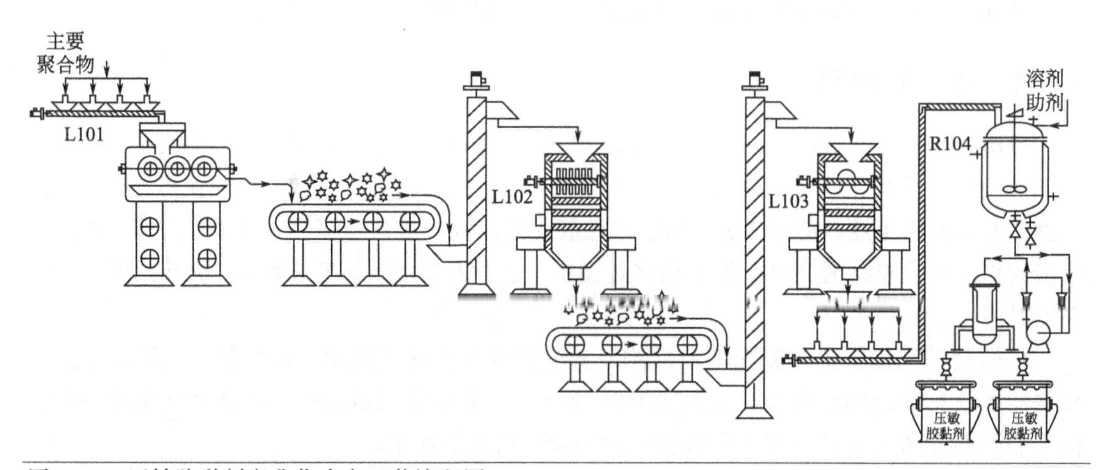

图 7-25　压敏胶黏剂产业化生产工艺流程图

L101—塑炼机；L102—混炼捏合机；L103—烘干筛分机；L104—复配混合釜

7.5.5　光敏胶黏剂

光敏胶黏剂由光敏聚合物、交联剂、光敏剂、阻聚剂以及性能促进剂组成，在特定波长、强度紫外线照射下光敏胶黏剂固化实现材料间的粘接。具有高功能、粘接安全性高、无溶剂、固化速度快、低温固化等优点。在电子工业中广泛应用于微型电路的光刻，这在微型电路制作中起着重要作用。在电气、电子、光学、汽车、军工等领域被广泛应用。

7.5.6　密封胶黏剂

凡是能防止内部气体或液体泄漏、外部灰尘或水分等侵入，以及防止机械振动、冲击损伤或达到隔声隔热等作用的材料均称为密封胶黏剂，在日常生活和工业生产中，上下水道的密封、微型电子元件的封装、人造卫星仪器仪表的保护、大型客机座舱的密封，都需要密封胶黏剂。广义地讲，简称密封胶（sealant）。

密封是工程上极为重要的问题，密封胶在航天、航空、机械、电气、电子、电器、建筑、造船、汽车、军工、石油化工等领域都得到了广泛的应用。随着新型密封胶的相继涌现，将会使现代工程施工更加便捷。

7.6　胶黏剂发展趋势

胶黏剂在高铁列车、建筑装饰、航空航天产业、汽车整车制造、木材家具、生物医学领域广泛应用，并开展深入研究。权威数据 Globe Newswire 研究表明，2017～2022 年期间，胶黏剂市场在全球范围内将以 5%的年增长速度持续增长，预计 2022 年胶黏剂市场规模将达到 535 亿美元。根据实际产业化数据分析表明，目前，大多数胶黏剂商品基于不可再生的石化资源，具有性能高、品种多、市场占比大、经济利润丰厚等特点，使用过程中会释放大量挥发性有机化合物以及甲醛气体，对环境和人类身体健康造成巨大不可逆影响[6]。

天然胶黏剂由于无污染、无危害、环境影响为零，逐步成为胶黏剂产业的焦点与核心。生物质资源被认为是石化资源的不二替代物质，目前单宁、淀粉、木质素和植物蛋白是研究成果最多的天然胶黏剂主要粘接物质。虽然，这些天然胶黏剂使用过程中存在耐水性较差、粘接力较低等问题，但可以通过改性或复配优化配方等手段改善其性能。

由于胶黏剂使用范围越来越广，人们对其性能也提出了更高的要求，因此，多功能胶黏剂受到了广泛关注。近期，研究人员以木质素基大分子（木质素-CTA）为引发剂，以甲基丙烯酸月桂酯为共聚单体，通过可逆加成分解链转移（reversible addition-fragmentation chain transfer，RAFT）聚合，将香草醛和脂肪酸衍生物接枝共聚到木质素上。这种方法制备出的木质素基动态网络，可用作抗真菌、自修复和导电多功能胶黏剂，是制备木质素基高附加值材料的一种有效途径，同时也为其他多功能胶黏剂的设计与制备提供了思路。

研究人员还通过将大豆苷元与环氧氯丙烷反应，合成大豆苷元二缩水甘油醚（daidzein diglycidyl ether，DDE）多功能交联剂，以水和十二烷基硫酸钠（SDS）为溶剂，将 DDE 掺入大豆蛋白后，两者之间发生环加成反应，形成的苯并吡喃环双交联网络结构增强了这种纯生物胶黏剂的力学性能、耐水性、韧性和热稳定性。测试结果表明，在大豆分离蛋白胶中加入 6%（以胶黏剂主剂的质量为基准）的 DDE 和 SDS 溶剂后，胶合板的干、湿剪切强度分别提高了 52.3%和 164.4%，并且提高了大豆蛋白胶黏剂的防霉性，使其保质期延长至 12h。

除此之外，单宁改性也取得了相应进展，研究人员发现解聚后的 2-氨基-5-巯基-1,3,4-噻二唑（AMT）在降低分子量的同时暴露出更多的官能团，从而促进了单宁与甲醛之间的羟甲基化和聚合反应，最终形成高度交联的网络结构。聚乙烯亚胺（PEI）中的氨基不仅可以与单宁中的邻醌发生迈克尔加成和席夫碱缩合反应，还能和酚醛树脂中的羟甲基发生缩合反应，从而增强了胶黏剂与黏附表面之间的交联程度。此外，邻苯二酚和黏附表面之间存在氢键和阳离子-π等相互作用，进一步提高了改性酚醛树脂（DTPF-PEI）的黏附性能。

参考文献

[1] 叶楚平，李陵岚，王念贵. 天然胶黏剂[M]. 北京：化学工业出版社，2004.

[2] 张春燕，罗建新，魏亚南，等. 聚醋酸乙烯酯乳液的共聚改性及性能研究[J]. 新型建筑材料，2016，43(4)：4.

[3] 聂聪，刘洁，杜美娜. 耐热型 α-氰基丙烯酸酯胶粘剂的制备与性能研究[J]. 中国胶粘剂，2016，25(3)：3.

[4] 赵云峰. 航天特种高分子材料研究与应用进展[J]. 中国材料进展，2013(4)：217-228.

[5] 张志成，郑元锁，王世驹. 压敏胶粘剂研究进展[J]. 现代化工，2000(10)：22-25.

[6] 马玉峰，龚轩昂，王春鹏. 木材胶黏剂研究进展[J]. 林产化学与工业，2020(2)：1-15.

第 8 章
涂料生产工艺原理与流程

涂料是一类复配精细化工产品，经特定涂装工艺涂装于其他物体特定位置（表面、内部、结构连接处等），待涂料固化后形成连续、具有一定强度、极强装饰性、特殊功能的涂层。涂料产业化工艺包括生产工艺与涂装工艺两部分。涂料工业发展至今有上百年的历程，以主要成膜物质的不断更新为基础，围绕日常生活、市场需求、国家发展战略，不断优化涂料配方，不断改进涂料涂装工艺，形成了多品种、多功能、持续更新的发展格局。目前涂料以合成树脂占据主要格局，主要有聚合物乳液涂料、醇酸涂料、丙烯酸涂料、乙烯涂料、环氧涂料、聚氨酯涂料等[1]。

涂料由油漆发展而来，最初以油脂和天然树脂为主要成膜物质，所以被称为油漆，在物体表面形成的连续保护层被称为漆膜。随着石油化工与有机合成技术飞速发展，合成了众多高分子聚合物，其中抗老化、抗冲击、耐腐蚀性等保护性能突出的合成树脂逐步取代了植物油脂和生漆，成为主要成膜物质，随之带来的是涂装技术的更新，“油漆”不再能够真实、全面反映连续保护层的本质，“涂料”成为新的代表名词。

涂料组成依据物质决定功能，功能确定组分的原理确定，一般涂料由主要成膜物质、填充物质、辅助成分、特殊功能成分组成。成膜物质决定涂料的主要性能指标与涂装工艺，主要成膜物质由经加工的天然干性油或树脂，逐步发展为合成树脂占据绝大比重。填充物质主要为颜料与填料，主要物质为无机化合物颗粒，主要起装饰、遮盖、支撑作用。辅助成分，主要作用是促使主要成膜物质成膜，满足生产工艺与涂装工艺的要求，使干燥涂层具有足够韧性，抑制微生物生长防止涂料变质霉变，具有足够的储存稳定性与均匀性，功能物质添加成分赋予涂层导电性、稳定性、特殊强度。

为了对涂料有系统认识与深入研究，依据涂料主要成膜物质特性、涂层功能、涂料用途、涂装工艺、固化机理进行不同的分类（表 8-1）。

表 8-1 涂料分类一览表

分类依据	主要涂料品种
成膜物质特性	油性类、天然树脂类、酚醛树脂类、沥青类、醇酸树脂类、氨基树脂类、硝基漆类
	溶剂涂料、乳液涂料、粉末涂料、有光涂料、多彩涂料、双组分涂料
涂层功能	打底涂料、不粘涂料、铁氟龙涂料、装饰涂料、防锈涂料、防腐涂料、防污涂料、防霉涂料、耐热涂料、耐高温涂料、防火涂料、防火涂料、导电涂料、电绝缘涂料、荧光涂料等

续表

分类依据	主要涂料品种
涂料用途	建筑涂料、船舶涂料、汽车涂料、木制品涂料、飞机涂料、家电涂料、木器涂料、桥梁涂料、纸张涂料、塑料涂料、风力发电涂料、核电涂料
涂装工艺	刷涂涂料、喷涂涂料、电泳涂料、烘涂涂料、流态床涂装涂料
固化机理	常温干燥涂料、烘干涂料、电子放射固化涂料

8.1 涂料基础知识

8.1.1 涂料的作用

涂料本身主要由成膜物质组成，成膜物质固化干燥后，形成连续隔离层，隔离了涂料涂装物体与外界所处环境物质（水分、气体、微生物、紫外线等）的接触，使物体自身性能更加稳定，延长产品使用寿命。尤其以钢铁制品使用涂料最为明显。例如，涂料能使仪器仪表和贵重设备在热带、亚热带的湿热气候条件下正常使用并防止霉烂，磷化底漆可使金属表面钝化，富锌底漆则起阴极保护作用，使金属缓蚀。保护效果最显著的当属钢铁结构的桥梁，钢铁结构直接暴露于外界环境几年时间就氧化失去使用用途，若涂装合适涂料并定期维修，钢铁桥梁使用年限可达百年。

涂料主要成分除成膜物质外，颜料占比也较大。颜料本身为具有特定化学结构的颗粒聚集体，因结构差异，在太阳光、人造光源等光线下呈现不同颜色，使得被涂装的物体外形更美观、与环境有更好的融合和顺畅效果。

由于颜料为涂料主要成分之一，涂覆于物体表面色彩突出，可以根据实际需要，在危险品、化工管道、机械设备、道路、铁路标志表面涂覆颜色，起到警示、识别、指示作用。

涂料添加特殊功能物质，在特定场合还发挥着特殊功能作用，例如电性能方面的电绝缘、导电、屏蔽电磁波、防静电产生；热能方面的高温、室温等温度标记；吸收太阳能、屏蔽射线；轮船、舰艇的底部涂上防污涂料以防海生物的附着；导弹外壳的涂料在进入大气层时能消耗掉自身，同时也能使摩擦生成的强热消散，从而保护导弹外壳。涂料在国防军工、航空航天及国民经济中均有其特殊的功能作用。

8.1.2 涂料固化机理

主要粘接物质作为涂料的主要成分，为了完成物质结构合成，实现涂装工艺，形成均匀的涂层保护膜，一般会加入溶剂提升涂料体系的流动性和可塑性，再通过外界环境的改变，使溶剂挥发，涂料涂层在使用环境下固化干燥。如果主要成膜物质在使用环境下不呈现玻璃化状态，无法固化干燥，就会对主要成膜物质改性增加活性基团、添加交联物质，改变其化学结构实现固化干燥成膜。为充分发挥涂料应该有的功能与用途，涂料不仅要在被涂装物体表面有恰当的结合力，而且还要具备一定程度的硬度、韧性、耐久性、耐污染性、耐碱性、耐水性等性能。涂料具有的性能需要充分固化后才能显现出来。依据涂料主要成膜物质在固化过程中结构有无变化，分为物理固化机理、化学固化机理[2]。

① 涂料中液态成分（溶剂、分散相）挥发，主要粘接物质固化干燥。高分子聚合物涂料在溶剂挥发后，主要成膜物质转化为玻璃化状态，分子运动固定在特定范围内，涂料涂层变硬固化而不再发黏，本身分子之间不发生化学反应。

② 含有不饱和结构单体的涂料，在外界环境的氧气或水分存在条件下，发生由自由基引发的聚合反应、缩聚反应（异氰酸酯与水分），涂料实现交联成膜固化，但是此类涂料在生产、储存过程中，应采取良好的密封措施，隔绝空气、水分。

③ 涂料组分之间发生反应而交联固化。这类涂料在储存期间必须保持稳定，涂料产品以双组分形式存在，使用前按一定比例混合，在涂装过程中即发生交联而固化。

除了活性单体、外加固化剂之外，还可以通过能量变化实现涂料主要粘接物质固化成膜，主要包括高温、射线辐射等。

8.1.3　颜料的选择

颜料的选择与处理，包括颜料化学结构选择、颜料颜色选择、颜料本身性能选择。颜料化学结构选择，主要根据涂料主要粘接物质的性能、涂料使用环境及性能要求，选择需要呈现颜色的无机颜料或有机颜料。

颜料颜色的选择，根据涂料色卡，同时将涂料配色参考表作为参考，选出基色进行配合，另外根据颜色选择颜料种类。由于单一颜料呈现的颜色不能满足实际需求，涂料颜色需要多种颜料进行配色。配色基于基本光学原理：物体（包括颜料）呈现不同颜色，是物体对光选择性地吸收和反射而形成的。太阳光由紫外线、红外线和可见光组成，其中可见光是由红、橙、黄、绿、青、蓝、紫七种不同波长的色光组成，物体将七种色光全部吸收则呈现“黑色”，物体将七种色光全部反射则呈现“白色”。物体选择性地吸收一定波长的光，物体折射出去的特定波长的光是物体呈现的颜色。例如钴黄呈现黄色，钴黄吸收了太阳光中的青、蓝等颜色的光，同时对橙、黄、绿等色光呈现反射效果。依据物体（颜料）选择性地吸收与反射，可以利用有限的颜料，配合出众多颜色[3]。

经过实际配色经验，配色过程有以下几个原则需要注意：

① 红、黄、蓝基本颜色为配色用的三原色，按一定比例混合可以配合出系列颜色，其中黄与蓝颜料配合成绿色；

② 在不同比例红、黄、蓝基本颜色配合出的颜色中，加入白色，配合出颜色被冲淡，用以调节颜色“饱和度”（颜色深浅程度差异）；

③ 同样，向配合出的颜色添加不定量的黑色，用以调节颜色“亮度”；

④ 涂料颜料选择不宜种类过多，为了减少不符合要求、品质低的颜料引入涂料体系。

8.1.4　固化涂料颜料与主要成膜物质体积比（颜基比）

颜料与主要成膜物质体积比被称作颜基比［PVC，见式（8-1）］，直接影响涂料涂膜连续程度、涂料涂膜厚度、涂膜性能，是涂料配方设计中的核心关键参数，图 8-1 所示为颜基比示意图。

$$\mathrm{PVC}=\frac{\text{颜料体积 }V_{\text{颜料}}}{\text{颜料体积 }V_{\text{颜料}}+\text{成膜物质体积 }V_{\text{成膜}}} \tag{8-1}$$

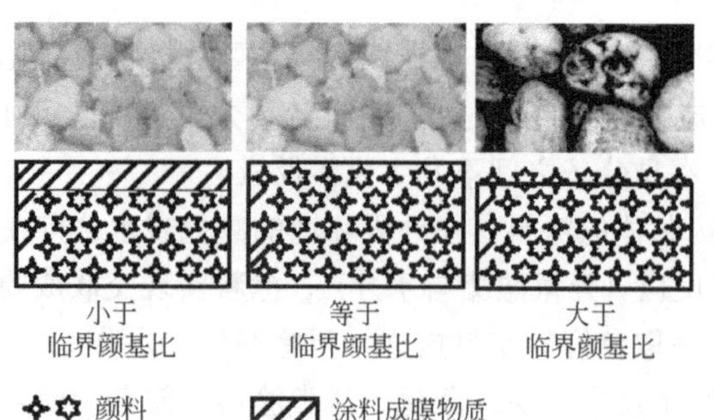

图 8-1 涂料颜基比示意图

涂料固化涂膜中，成膜物质刚好连续成膜，将颜料空隙恰好填充，颜料比例继续增加成膜物质则不再连续，此时颜基比被称作临界颜基比。临界颜基比受颜料本身多孔程度、成膜物质与颜料分散程度的影响。涂膜性能在临界颜基比出现拐点，颜基比（PVC）在 0～100 之间逐步增大，涂料涂膜耐水性逐渐下降，涂膜的光亮程度也逐渐变暗，涂膜由连续经临界颜基比转换为不连续并呈现不连续程度增加状态。例如，一定涂料涂层光亮程度下，颜料的遮盖力越强越好，同时颜料还会影响涂料的黏度、颜料在涂料体系中的稳定存在性能。在满足涂料涂层性能要求下，调节颜基比（PVC）可以降低涂料成本。

8.1.5 主要成膜物质的发展与选择

主要成膜物质在涂料中的作用是在被涂装物体与外界环境间，形成连续隔离界面，形成物质、能量选择性透过，实现应该具有的功能。主要成膜物质连续保护膜的形成，需要物质本身结构的支撑，分子结构一般为大分子、聚合物。随着原料、科学技术、需求的发展，成膜物质从早期天然树脂到合成高分子聚合物，利用有机合成技术与科学实验，实现了成膜物质结构根据需求的科学设计，随着使用环境的要求，聚合物乳液逐步成为涂料成膜物质的主要研究趋势与研究对象。

聚合物乳液是单体在水分散体系聚合过程中，形成的高分子聚合物微粒（粒径在 0.1～10μm）分散于水相中，形成稳定的乳状液。聚合物乳液以水代替了有机溶剂，实现了成膜物质合成绿色化，成为涂料工业主要发展方向之一。其中烯类单体是乳液聚合基础性单体，涂料工业具有重要工业应用价值的聚合物乳液包括：醋酸乙烯酯均聚乳液、丙烯酸均聚乳液、醋酸乙烯酯-丙烯酸酯共聚乳液、苯乙烯-丙烯酸酯共聚乳液、乙烯-醋酸乙烯酯共聚乳液（EVA）、醋酸乙烯-氯乙烯-丙烯酸酯共聚乳液等。

8.1.5.1 乳液聚合机理

聚合物乳液主要由链状聚合物粒子与分散介质构成，链状聚合物粒子是乳液粒子的构成单元，乳液粒子一般直径为 0.1～10μm，内部聚合物粒子呈球形分布，外层有保护层，分散介质挥发乳液粒子互相堆积，链状聚合物粒子活性端头相互连接，使得胶体保护层界面消失，成膜物质成膜。涂料涂层主要由聚合物分子链组成，聚合物分子链本身性能与分子链分布结构决定了涂料涂层性能[4]，整体过程如图 8-2 所示。

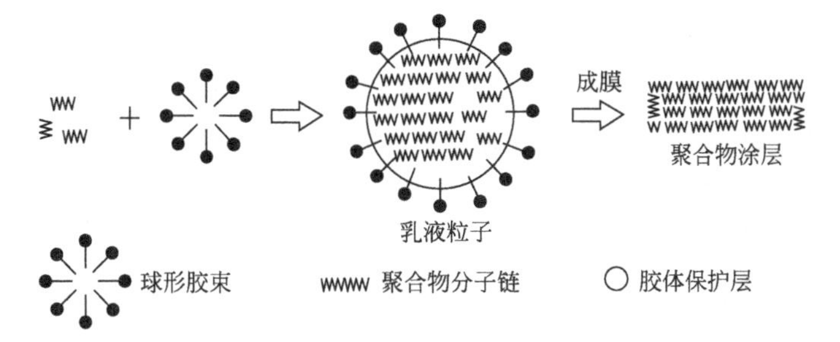

图 8-2　乳液聚合整体过程示意图

分散介质水溶液内部主要包括表面活性剂、水溶性高分子聚合物、自由基引发剂、缓冲剂等无机盐。乳液的构成要素中，最重要的是聚合物粒子。用作乳液的聚合物粒子，必须考虑粒子内部的层次结构。聚合物乳液粒子的内部在组成上具有一定的不均匀性，为了有效地利用粒子表层的性质，有时要有目的地改变粒子的核心和外壳的组成。聚合物乳液粒子通过其表面所形成的保护层的作用使乳液粒子稳定地分散在水中，这种保护层由吸附保护层、化学结合保护层构成。吸附保护层是由表面活性剂和水溶性聚合物在粒子表面发生物理吸附而形成的；化学结合保护层是由羧基、羟基或水溶性聚合物与粒子进行化学结合而形成的，乳液聚合过程微观示意图如图 8-3 所示。

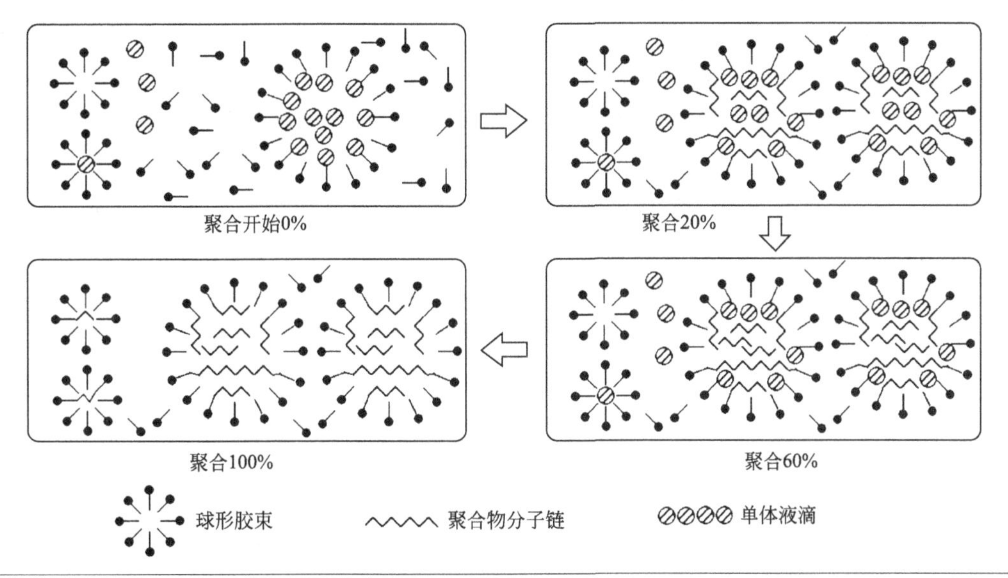

图 8-3　乳液聚合过程微观示意图

8.1.5.2　乳液聚合工艺

乳液聚合工艺所需主要原料包括单体、水及微量组分（如引发剂、乳化剂、改性剂、链转移剂、阻聚剂、pH 调节剂、增稠剂、消泡剂、保护胶体、电解质、分子量调节剂、促进剂、还原剂等），通过合理的配方设计后进行乳液聚合反应而得聚合物乳液。科学设计配方、合理区分组分性质、系统考虑各组分间相互作用，是乳液聚合工艺关键核心。一般情况下单体占配方总量（质量）的 50%左右，单体是聚合物乳液形成的物质基础，单体化学结构决定涂料涂层的物理、力学、化学、功能等性能指标，依据涂料涂层连续保护膜的性能要求、工艺条件、被涂装物体化学结构组成与性质、国家环境经济政策，从结构角度选择满足相应要求的单体。聚合物乳液常见单体有苯乙烯、甲基丙烯酸甲酯、氯乙烯、丙烯腈、醋酸乙烯、丙烯酸高级烷基酯、顺丁烯二酸和反丁烯二酸的高级烷基酯、高级乙烯基酯(丙酸乙烯酯等)、高级乙烯基醚、丁二烯、乙烯等

单体选择通常会选择几种（>1）不同结构、不同官能团单体，进行聚合反应，被称为共聚反应，得到的乳液被称为共聚乳液。只有一种单体进行的聚合反应，被称为均聚反应，得到的乳液被称为均聚乳液。例如，为了改性丙烯酸酯均聚乳液，一般选择性添加醋酸乙烯酯、苯乙烯、丙烯腈、顺丁烯二酸二丁酯、偏二氯乙烯、氯乙烯，丁二烯、乙烯等单体，与丙烯酸酯单体发生共聚反应。为了满足其他性能要求（与底材相互作用、分子链交联、储存稳定性等）还需要添加具有特殊官能团的功能单体［（甲基）丙烯酸、马来酸、富马酸、衣康酸、（甲基）丙烯酰胺、丁烯酸等］以及交联单体［（甲基）丙烯酸羟乙酯、（甲基）丙烯酸羟丙酯、*N*-羟甲基丙烯酰胺、双（甲基）丙烯酸乙二醇酯、双（甲基）丙烯酸丁二醇酯、三羟甲基丙烷三丙烯酸酯、二乙烯基苯是常用的几种功能单体］。具有羧基基团的单体与丙烯酸酯单体，共聚得到分子主链含有羧基基团的改性聚丙烯酸酯共聚乳液，提升了乳液稳定性，增加了乳液黏稠度，为分子链立体连接提供交联功能点。

间歇聚合、半连续聚合、连续聚合、种子聚合是乳液聚合的几种成熟工艺，由于聚合物乳液粒子分子链端头活性高，以及体系是一种热力学亚稳定系统，会产生聚合物乳液粒子在聚合反应完成后凝聚、交联使乳液粒子粒径增大，在乳液合成工艺过程中通常会增加过滤单元操作，实现聚合物乳液粒子粒径分布的均匀性。聚合物乳液凝聚物的出现主要原因在于引发剂、乳化剂的选择与浓度控制，单体活性与精炼程度，反应釜分散设备效率，聚合体系热量传递均匀度，体系聚合温度程序升温控制精度，聚合物乳液粒子吸附保护层厚度、电荷分布程度、粒子大小等宏观因素与微观因素。

（1）间歇乳液聚合工艺

间歇乳液聚合，是指在聚合反应过程开始初期，按照配方确定的比例，以及反应设备的容量，将确定的所有组分的量一次性全部加入聚合反应设备内部，然后控制聚合工艺条件进行聚合反应，间歇性产出乳液。由于一次性将单体投入聚合反应釜，容易造成聚合反应集中发生，反应热集中释放，给生产安全带来隐患，一般控制的聚合温度较低，尤其有利于沸点低的单体聚合。

间歇乳液聚合工艺合成的聚合物乳液粒子粒径分布范围宽，容易出现大粒径聚合乳液粒子，也更容易造成凝聚沉淀，产品质量不稳定因素增多，突出优点是操作步骤少，过程控制因素少，在合成橡胶、氯乙烯单体聚合工业化过程中应用最为广泛。

间歇乳液聚合工艺中关键聚合设备为不锈钢、搪瓷衬里密闭反应装置，具有热量传递、温度控制、聚合过程加料装置。此装置由于聚合单体量非常集中，瞬间放热量传递需要时间，更主要应用于单体聚合较少的反应过程，限制了此种工艺的推广。

（2）半连续乳液聚合工艺

半连续乳液聚合工艺，主要是指单体与引发剂，分别连续滴加入聚合反应釜，利用引发剂加入量的控制来控制聚合反应工艺条件。此工艺主要的特点是，单体与引发剂程序化滴加，程序阶段数目可以根据需求随时调整，实现了聚合工艺条件的微观化控制，在产业化工艺中

被广泛应用。单体与引发剂加入的程序阶段越多，聚合乳液粒子直径越小，乳液成膜越致密。醋酸乙烯酯、苯乙烯、丙烯酸酯、丙烯腈单体聚合采用半连续乳液聚合工艺综合效果优越。

（3）连续乳液聚合工艺

连续乳液聚合工艺，是指单体、引发剂等反应物按照配方量，连续不间断地滴入聚合反应釜，同时将达到性能指标的聚合物乳液连续输出反应釜，可在反应过程中添加适当的中间反应釜，使聚合体系充分反应，数量不宜过多，一般添加 1～2 个中间反应聚合釜，再多会增加工艺过程能量消耗与设备成本。连续乳液聚合工艺聚合条件稳定，变化因素少，聚合物乳液产品质量变化小，整体工艺造价经济，同时有利于实现产业化过程的自动化控制。

（4）种子乳液微粒聚合工艺

种子乳液微粒聚合工艺，包括种子乳液微粒制备、种子乳液微粒生长两个阶段。种子乳液微粒制备是指在种子乳液制备釜中，添加单体、乳化剂、引发剂水溶液、去离子水进行乳液聚合，首先得到粒径小、分布均匀的乳液微粒，合成工艺中需要精准滴加单体，快速分散乳液微粒，乳液微粒越小，分布越均匀，整体呈现出的“蓝光”现象越明显。

种子乳液微粒生长过程中，首先将种子乳液微粒定量加入乳液微粒生长聚合釜，继续按照配方确定的比例，添加单体、乳化剂、引发剂水溶液、去离子水，围绕种子乳液微粒继续聚合，分子链匀速增长，直到乳液体系达到性能要求。

种子乳液微粒聚合工艺，在种子乳液微粒生成阶段，种子粒径要尽量小、数目足够多；同时在种子乳液微粒生长阶段单体滴加与分散要精准控制，使单体尽可能全部围绕种子乳液微粒聚合，使分子链不断增长，不生成新的乳液微粒。此工艺得到的聚合物乳液分子粒径分布均匀、稳定性高，产品品质稳定。

（5）微量乳化剂乳液聚合工艺

传统乳液聚合工艺过程中，添加乳化剂目的是稳定整个乳液体系，最终乳化剂成为涂料成膜的成分之一，但是由于乳化剂的亲水性，乳化剂过多会造成涂料涂膜耐水性降低，同时由于乳化剂分子结构的影响使得涂层涂膜透明度降低。

无皂（微量乳化剂）乳液聚合工艺就是为了消除乳化剂带来的性能弊端而产生的，乳液聚合过程中不添加乳化剂，加入其他高分子成膜物质来稳定乳液体系，整体生成的乳液粒子粒径大，成膜后具有高耐水性，优良的力学、电学和热学性能等优点，尤其在光学、医学、生物学、电子、化工、建筑等领域具有广阔的应用前景。

（6）核壳乳液聚合工艺

核壳乳液聚合工艺是在种子乳液微粒聚合工艺基础上，加入“粒子设计”概念形成的可控组装乳液聚合工艺。核心在于“粒子设计”，设计范围包括异相结构的控制、异形粒子官能团在粒子内部或表面上的分布、粒径分布及粒子表面处理。可根据需要得到形态结构各异的乳液粒子，具有“核壳”结构特点，成膜后性能更加优异。

（7）微乳液聚合工艺

微乳液体系整体液滴粒径在 10～100nm 范围，是水、聚合物乳液微粒、乳化剂、助乳化剂构成的各相同性的热力学稳定体系，体系清亮透明或半透明。

“微乳液”概念于 1943 年被研究人员 Schulman 首次提出，是相对于普通乳液而定义的，通常普通乳液体系不透明、呈现乳白色，静置一定时间后会分层、沉淀，微乳液粒径只有普通乳液滴粒径的 1/1000，因其液滴粒径小于可见光波长（380～765nm），所以通常微乳液体系是透明的。

从微观形态区分，微乳液体系结构分为：水包聚合物乳液（O/W）型（聚合物乳液相分散于水相）、聚合物乳液包水（W/O）型（水相分散于聚合物乳液相）、双连续型。

8.2 涂料分类概述

涂料随着应用领域的不断扩展而飞速发展，不同应用领域对于涂料性能、涂装工艺都有独特的要求，逐渐形成了具有鲜明特征的涂料种类，其中包括建筑涂料、乳液涂料、粉末涂料、聚合物分子结构交织成膜涂料、辐射固化（光固化）涂料等。

（1）建筑涂料

建筑领域是涂料应用历史最悠久、使用量最大的领域。根据建筑的类型、功能、保护与装饰的要求，建筑涂料主要类别分为建筑墙面涂料（内墙涂料、外墙涂料）、建筑防水涂料、建筑地坪涂料、功能性建筑涂料等。

建筑涂料除了具有涂料通常的保护、装饰作用外，还具有建筑适居性改进功能。装饰功能体现在涂料平面色彩、涂料涂装图案、涂料涂层光泽度的研发设计与涂料立体涂装工艺研发设计等方面。保护功能是涂料成膜涂层能够消除外界环境能量、物质对建筑本身材料的影响与结构破坏，起到延长建筑使用周期的目的。建筑适居性改进，是通过向建筑墙面涂装功能性物质，改善人居环境的隔声、防震、传热等外界因素。

不同种类的建筑涂料选择，需要依据建筑结构与材料性能、建筑所处地域环境政策、居住人群的特征、建筑使用要求、建筑施工季节综合考虑。建筑外墙涂料涂层主要性能应突出耐候性，建筑内墙涂料的选择和施工方法则以人群健康、涂装工艺快捷为主要选择依据。建筑本身基础构成材料为石灰、水泥、混凝土类无机结构材料，涂料涂层应具备较高的耐酸碱指标。基材为钢铁材质构件，所选用的涂料成膜涂层应具有突出的防锈功能。涂料涂层的性能达标使用周期，应该与所涂装物体的更新装饰时间相适应，略长于装饰更新期。

（2）乳液涂料

乳液涂料是指主要成膜物质为聚合物乳液的一类涂料，根据实际需求添加颜料、助剂，经过颜料研磨、整体体系分散得到的涂料产品。其中分散介质是水，不含挥发性有机溶剂分子，降低合成资源消耗，消除了涂料涂装、成膜过程中环境污染物的产生与影响，提升了消防安全，成为涂料发展主流，乳液涂料应用迅速扩展到各个领域。

（3）粉末涂料

粉末涂料是一种无溶剂涂料，存储环境下所有主要组分为固体，涂装过程中将涂料均匀分散于被涂装物体表面，在能量作用下主要成膜物质熔融成为一体，接着固化（物理降温、化学交联）成膜。粉末涂料不存在分散介质，不含有机溶剂，储运方便，可实现涂装自动化、连续化，涂料涂装利用率100%，涂装厚度达30～500μm。依据粉末涂料成膜物质性质分为热塑性粉末涂料、热固性粉末涂料。生产工艺过程主要包括干混合或熔融混合、粉碎、过筛、分级等。

（4）聚合物分子结构交织成膜涂料

聚合物分子结构交织成膜涂料，是指涂料中成膜物质有多种（>3）聚合物组成，在成膜过程中，多种成膜物质相互交联形成新的多相聚合物分子结构。聚合物乳液分子结构交织成膜涂料，是其中发展最为突出的一类复合多相涂料，制备工艺为：首先采用乳液聚合的方法制得由组分Ⅰ单体合成的“种子”乳液，称作交织成膜物质Ⅰ，经物理性陈化使分子链活性基团钝化，再加入另外一种活性单体、交联剂、引发剂，聚合产生第Ⅱ种聚合物分子链，同时和第Ⅰ种聚合乳液交联，根据需要可以增加多种单体，丰富聚合物乳液分子链结构特征，从而提升聚合物乳液成膜后性能。

（5）辐射固化（光固化）涂料

辐射固化（光固化）涂料是指在光（包括紫外、可见光）或高能射线（主要是电子束）的作用下，液相聚合物成膜物质交联聚合固化成膜。辐射固化（光固化）涂料具有固化成膜速度快（涂装保护效率高）、污染程度低、能量利用率高、固化成膜产物性能优异等优点，是一种环境友好的绿色涂料与涂装技术。

光固化成膜过程主要是由光或射线引发的分子间聚合、分子链间的交联，一般由预聚物、活性单体、光引发剂等成分组成辐射固化（光固化）涂料。

8.3　涂料工艺

涂料工艺包括涂料生产工艺与涂料涂装工艺。涂料生产工艺主要包括配方设计与优化、原料处理与精制、颜料分散与研磨、涂料各组分分散、涂料性能检测、涂料分离与纯化。涂料涂装工艺是指将涂料产品，在相应工具、设备作用下，按照涂装步骤均匀覆盖于被涂装物体表面。如图 8-5 涂料工艺示意图所示。

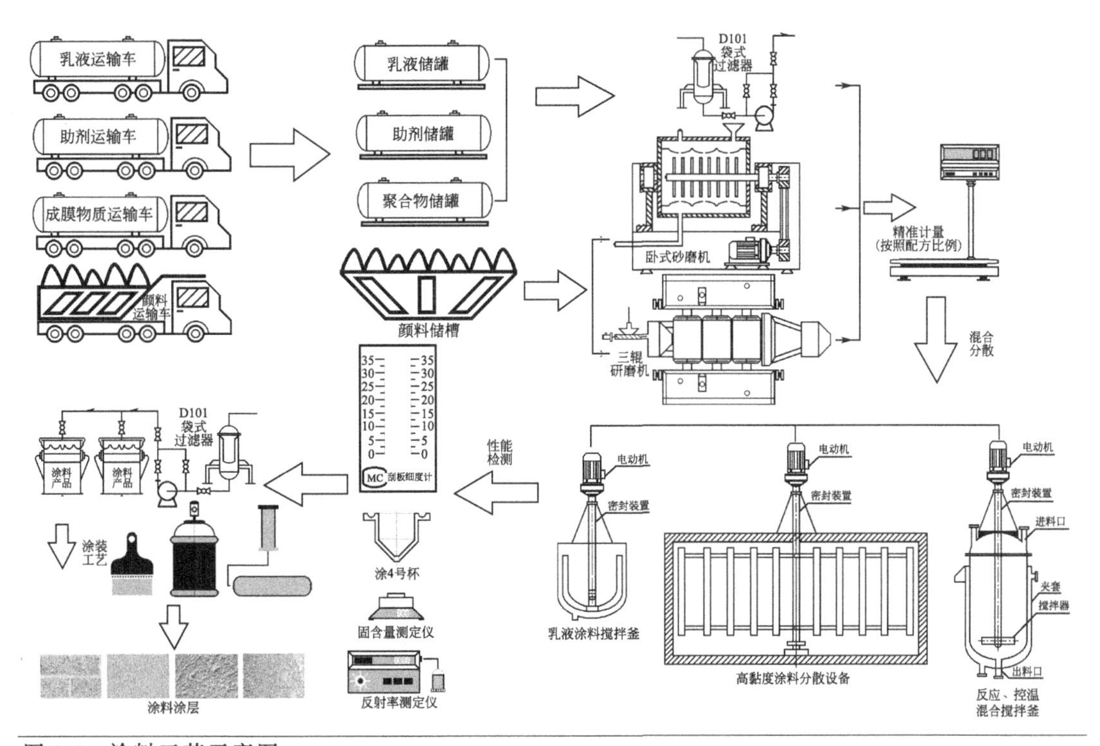

图 8-4　涂料工艺示意图

依据涂料性能指标、被涂装物体结构性质，选择合适的成膜物质、颜料、溶剂、涂装工艺，利用颜基比公式［式（8-1）］，按照颜基比影响性能规律计算出涂料基本配方，按照配方制备出涂料小试样品，进行实验室性能测试，依据测试结果对涂料配方中物质组成、所占比例进行依次优化与调整，达到性能、环境、成本、社会效益的平衡，最终确定实验室涂料配方。在实验室配方基础上，开展实验室中试、产业化试验，主要获得大规模、产业化、连续生产过程的最佳工艺参数与产业化过程控制条件。

产业化过程中，首先依据配方将涂料所需聚合物乳液、颜料、助剂、其他成膜物质，通过经济可行的方式运输到产业化基地工厂，分别存储到相应储罐与储槽，每次存储量应与实际产能相匹配。颜料在不同厂家出厂时有自己的质量标准、生产工艺，一般首先将颜料进行处理，除去由生产工艺带入的物质（保护油类等），然后经卧式砂磨机或三辊研磨机对颜料进行研磨分散，使颜料粒径分布更加均匀，颜料与成膜物质、助剂更加充分结合，同时液态成膜物质、助剂等从储槽经过滤装置后按照配方确定比例精确计量后，与计量后颜料分别加入混合分散釜中进行低速搅拌。搅拌釜中搅拌桨类型、釜体结构依据实际涂料黏度、控制条件进行选择，涂料各组分充分混合成为均一体系后，进行性能检测，达标后过滤得到商品化涂料，再根据实际需要选择喷涂、刷图、滚涂等涂装方式进行涂装，干燥成膜后得到功能化涂料涂层。

参考文献

[1] 刘登良. 涂料工艺[M]. 北京：化学工业出版社，2010.
[2] 张瑞. 工程机械涂料与涂装的发展趋势分析[J]. 涂料工业，2020，50(3)：6.
[3] 周宏民，刘跃进. 国内合成氧化铁颜料生产技术概况及发展趋势[J]. 化学世界，2000，41(8)：4.
[4] 洪亮，瞿金清，蓝仁华. 聚氨酯-聚丙烯酸酯复合乳液的制备方法和发展趋势[J]. 现代化工，2002(增刊 1)：5.

第 9 章
电子信息产业精细化工产品

电子信息产业是指为了实现信息传输、制作、加工、处理、传播、存储、计算、控制等功能，利用电子技术、信息技术、精细化工绿色合成技术，产业化研发、生产与电子信息产品相关的设备、硬件、系统集成材料、软件以及应用服务等行业的有机整体，随着电子信息产品的创新发展，电子信息产业最终市场化产品通常被称为电子产品或电气产品。

电子产品的发展与化学过程密切相关，其产业化过程需要用到多种、数量巨大的精细化工产品，围绕相应产品的生产形成了电子产品产业化精细化工产品行业，成为电子产品行业创新发展的物质基础与支撑。电子产品产业化精细化工产品行业是电子产品工业中核心关键基础化学材料，是通信、计算机、信息网络技术、工业自动化、智能家电等关键电器元件的生产材料，决定相关电子产品性能的稳定，推动电子产品更新换代。

9.1 电子产品产业化精细化工产品定义

电子产品产业化精细化工产品是指围绕电子工业，为电子产品产业化配套的精细化工产品。电子产品是以电能为运行基础，实现特有功能的相关产品，是电能与使用功能转换的物质基础。电子产品生产过程中用的各种原料、介质都属于电子产品产业化生产用精细化工产品的范畴。常见电子产品如图 9-1 所示。

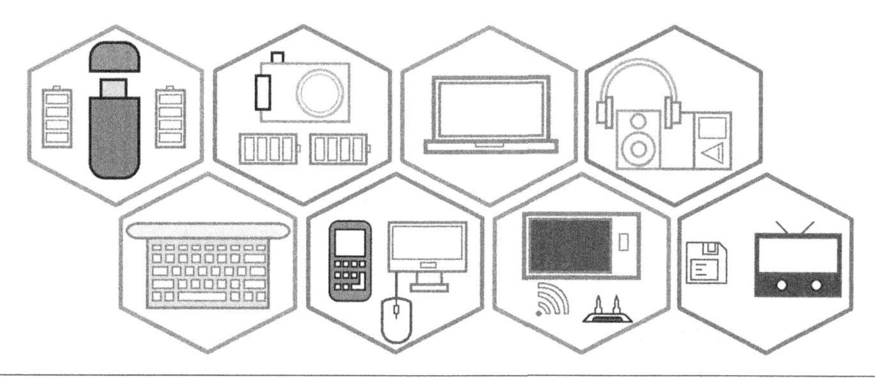

图 9-1　常见电子产品示意图

电子产品以计算机、超大规模集成电路为突出代表，其发展水平成为国家科技水平的重要体现。目前主要包括集成电路、电子元器件、印制线路板、电子产品总装生产、电子产品存储用产品。电子产品产业化精细化工产品是材料科学、化工、化学、电子信息工程等学科相互支撑的协作领域。

9.2 电子产品产业化精细化工产品主要特征

(1) 突出专用属性、所跨领域广、种类多

由于计算机、过程控制、人工智能的广泛应用，为了实现相应电能与控制的科学转化，实现对相关参数的精准控制，需要多种电子元件相互协调组成整体系统，因此电子产品产业化精细化工产品种类繁多。目前主要包括半导体材料、磁性材料及中间体、电容器化学品、电池化学品、电子工业用塑料、电子工业用涂料、打印材料化学品、高纯单质、光电材料、合金材料、缓蚀材料、绝缘材料、特种气体、电子工业用橡胶、压电与声光晶体材料、液晶材料、印制线路板材料。

不同电子产品产业化精细化工产品之间存在材料化学组成、生产工艺、作用机理、使用领域的差别，同时具有高度专用性、应用领域集中的突出特征。例如，电池化学品、合金材料、压电与声光晶体材料都属于电子产品产业化精细化工产品，但是它们在生产工艺、应用领域、功能作用等方面截然不同。

(2) 技术精度要求高、生产工艺高度分工细化

电子产品功能独特性决定电子产品的生产需要多种材料，每一种材料都有专门生产工艺，需要相应技术研究人员支撑，因此细化分为多个专一产品生产行业，与上游石油化工等基础化学原材料行业相比差别巨大。产品生产工艺越精细，需要的技术、设备、操作步骤技术含量越高。能够满足这样技术要求的企业则越集中,所占有的市场越大,市场竞争力越强。

(3) 产品更新换代周期短

电子化学品为了具有更个性化、更时尚、更新颖的功能，不断推出功能集约、全面、使用便捷的换代产品，每一次功能的提升都需要相应产业化精细化工产品质量标准的更新、生产工艺的丰富，产业化企业需要更深入的科技研发，研发周期越短，新产品的出现越迅速，市场占有份额越大。

(4) 功能性强、附加值高、质量标准高

功能是电子产品具有使用价值的基础，功能越突出、越多样，使用价值越高，相应产品产生的附加值就越丰厚，同时也体现产品质量与标准的突出。电子产品产业化精细化工产品处于电子产品产业链的上游，生产工艺、产品指标标准是影响电子产品功能的主要因素，通过产业链的层级传导，最终制约电子产品的发展。例如，功能电解液对铝电解电容器的电容量、使用寿命及工作稳定性等具有关键性影响，而电容器质量的好坏将直接影响下游家电、汽车、信息通信设备等终端产品的工作质量和寿命。

(5) 区域分布不均衡、发展前景广阔

电子产品产业化精细化工产品85%以上的市场集中在美国、日本、西欧，地区分布近几年逐步发生改变，形成新的发展格局，其中亚太地区的中国、韩国、马来西亚电子产品工业

飞速增长，中国丰富的原材料、相对低廉的劳动力成本以及靠近下游需求等方面优势明显，陶氏公司、霍尼韦尔、三菱化学、巴斯夫等国际知名企业逐步将电子产品产业化精细化工产品生产重心放在中国。

中国对于电子产品产业化精细化工产品，出台积极政策推动其快速发展，接连出台了《“十三五”国家战略性新兴产业发展规划》《“十三五”材料领域科技创新专项规划》《新材料产业“十三五”发展规划》等重大政策，相应的各行业鼓励措施和政策也接连推出，诸如重新核准多晶硅牌照发放、氟化工准入、稀土准入与整合、“核高基”国家重大项目专项、集成电路“国八条”等。在液晶显示器（LCD）材料、印制线路板（PCB）化学品、封装材料、高纯试剂、电容器化学品、电池材料、光伏化学品、电子用药品试剂以及电子氟化工、电子磷化工等领域国内企业已具备参与国际竞争的实力，在政策利好推动下，国内电子产品产业化精细化工产品行业将呈现高增长态势。

9.3　印制线路板产业化精细化工产品

印制电路板（PCB），又称印刷线路板，是重要的电子部件，是电子元器件的支撑体，是电子元器件相互连接的载体。PCB 被称为“电子产品之母”，其应用几乎渗透于电子产业的各个终端领域中，包括计算机、通信、消费电子、工业控制、医疗仪器、国防军工、航天航空等诸多领域。PCB 在整机中起着元器件和芯片的支撑、层间互连和导通、防止焊接桥搭和维修识别等作用。而印制线路板的所有功能及性能的稳定性、可靠性同生产过程中的化学品都息息相关。随着功能增加、电子元件增多，印制线路板层数可以自由调控，如图 9-2 所示。

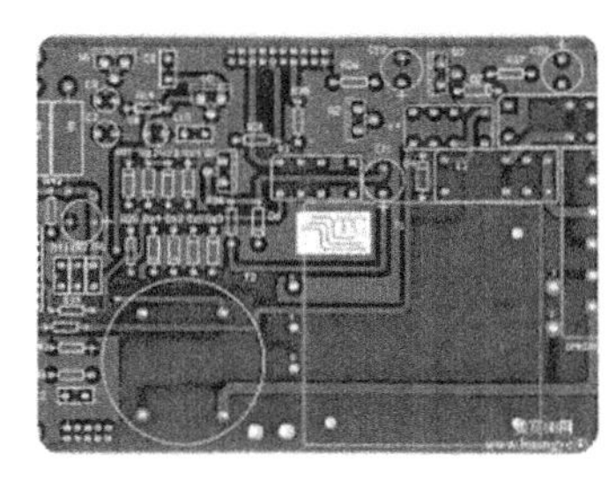
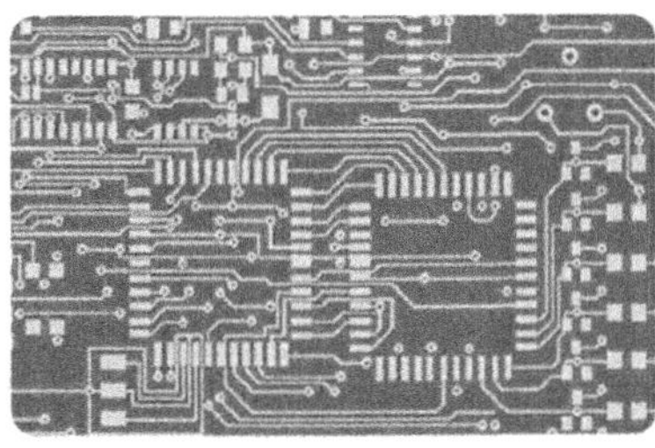
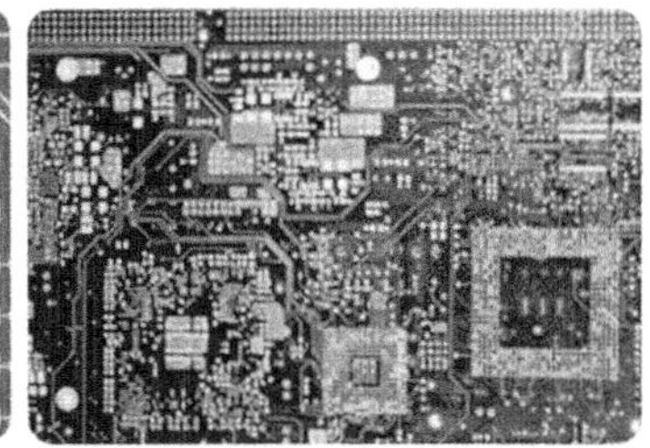

图 9-2　印制线路板（PCB）示意图

几乎每种电子设备，小到电子手表、计算器，大到计算机、通信电子设备、军用武器系统，只要有集成电路等电子元器件，为了它们之间的电气互连，都要使用印制线路板。在较大型的电子产品研究过程中，最基本的成功因素是该产品的印制线路板的设计和制造。印制线路板的设计和制造质量直接影响整个产品的质量和成本，甚至导致商业竞争的成败。印制线路板产业化精细化工产品主要围绕微型电路导线微观分布，隔绝之间相互作用，实现不同电子产品元件集成互通。

9.3.1 印制线路板的基材

印制线路板的基材主要是合成树脂和补强材料，可作为铜导线线路和导体元件的载体与绝缘材料。首先合成树脂、玻璃纤维等组分形成强化树脂层，在强化树脂层间添加铜箔线条，经高温高压工艺条件制成复合板材。新一代精密电子高密度互连多层电路板应用广泛，它们对于基板的热性能、力学性能、环保要求都变得更为严格，层数结构及制作工艺也变得复杂。合成树脂中环氧树脂、酚醛树脂最为常见。

9.3.2 线路成像用光致抗蚀剂和网印油墨

光致抗蚀剂又称光刻胶，为由感光树脂、增感剂和溶剂三种主要成分组成的对光敏感的混合液体，是制造印制线路板电路图形的关键材料。感光树脂经光照后，在曝光区能很快地发生光固化反应，使得这种材料的物理性能，特别是溶解性、亲和性等发生明显变化。经适当的溶剂处理，溶去可溶性部分，得到所需图像。目前光致抗蚀剂主要有两大类：一类是液体光致抗蚀剂，包括普通的液体光致抗剂和电沉积液体光致抗蚀剂（简称 ED 抗蚀剂）；另一类是干膜抗蚀剂，干膜抗蚀剂具有工艺流程简单、对洁净度要求不高和容易操作等特点，自问世以来，很快受到印制电路企业的欢迎，几经改进和发展，现在已经在印制电路制造各种抗蚀剂中占 90%以上，成为主流产品。PCB 网印油墨的主要产品有阻焊剂、字符油墨和导电油墨等。

9.3.3 电镀用化学品

电镀用化学品除主要用于镀铜工艺外，在镀镍、锡、金及其他贵金属的电镀工艺中也要使用。因为一般电镀工艺较直接金属化电镀工艺具有应用方便、成本低、导电性及产品可靠性高的特点，目前普遍使用。常用的电镀用化学品有 $Na_2S_2O_7$、Na_2SO_3、NaOH、$CuSO_3$、HNO_3、HCl 和 HCHO 等。

9.4 半导体产业化精细化工产品

半导体包括集成电路、分立器件、光电子器件和传感器等四大类，广泛应用于计算机、消费电子、通信产品、汽车电子和工业控制等领域。半导体化学品是半导体制造和封装环节必不可少的原料，按照半导体在工艺流程的应用，可分为光刻胶及辅助原料、超净高纯化学品、电子气体、化学-机械抛光（CMP）材料、硅片和硅基材料以及封装材料等几大类。

半导体器件的发展与国家科学技术的进步息息相关，尤其在中国“3060 碳战略”与可持续发展的大背景下，半导体器件对能源产业发展有着重要支撑作用。目前，人类能源供给主要以石油、电能、煤炭三大板块为主，研究显示，电能和石油的供给基本持平，略大于煤炭供给，且电能供给呈现较大幅度增长，预计到 2050 年，电能的供给将超过煤炭和石油。因此，电能的合理化利用将会是国家发展的重大需求。电能的供给占总能源的 37.5%，所以优化电能效率、提高能源的利用率将会是半导体器件研究的重要方向。

半导体器件在电子信息行业应用广泛，能源消耗年增长幅度为 8%～10%，明显大于全球能耗平均 2%的增速。2016 年，中国数据中心总耗电 1.2×10^{11}kW·h，超过了三峡水电站全年发电量，占比全国电量的 2%，与农业总耗电量相当。同时电力传输过程中，电能损耗非常严重，每年有大约 2/3 的电能浪费于电能传输与电能转换的过程中。

半导体器件的发展影响着国家安全、能源能耗及社会发展。近年来，以碳化硅（SiC）、氮化镓（GaN）为代表的第三代半导体及超宽禁带半导体材料具有耐高压、低功耗的显著优势，已经成为中国功率半导体行业研发和产业化的重点。在党和国家大政方针的引导下，亟须抓住第三代半导体的战略机遇，着力推动高性能、高能效半导体的研发与产业化。

新型半导体器件的未来发展具有以下几个方面趋势：高效能半导体及器件的不断发展，将射频领域应用推向更高频率、更高功率的方向；高效能半导体提高功率开关器件输出功率，更大程度上为电动汽车提供更好的动力输出，提高电能利用效率；高效能半导体促进照明、显示行业革新发展，发挥更好的节能与显示效果；推动超宽禁带半导体的发展，有望进一步降低能耗，提升半导体器件的效能[1]。

9.5　液晶材料产业化精细化工产品

液晶是一类被人熟知的软物质材料，它是处于固态和液态之间的一种中间态，既表现出晶体的各向异性，又具有液体的流动性。根据分子的排列方式即液晶相态，液晶可分为向列相液晶（NLC）、胆甾相液晶（CLC）、近晶相液晶（SLC）和蓝相液晶（BPLC）等。各类液晶由于结构的不同，表现出各自独特的光学性质。同时液晶材料对各种外界条件（热、电、光、磁等）的变化非常敏感，因此在显示领域、光电转换材料、生物膜和刺激响应性智能材料等方面都有重要应用[2]。

液晶材料是液晶平板显示行业重要的基础材料，是生产液晶显示器（LCD）的关键性光电专用材料之一，其技术直接影响着液晶显示整机产品性能（响应时间、视角、亮度、分辨率、使用温度等关键指标）。液晶材料在制造过程中有三个主要环节：第一步，从基础的化工原料合成制备液晶中间体，液晶中间体主要包括苯酚类、环己酮类、苯甲酸类、环己烷酸类、卤代芳烃类等；第二步，由液晶中间体化学合成普通级别的液晶单体，经过纯化去除杂质、水分、离子，升级为电子级别的液晶单体，液晶单体主要包括烯类、联苯类、环己烷苯类、酯类及其他含氟的液晶材料等；第三步，再由这些电子级别的液晶单体以不同的比例混合在一起达到均匀稳定的液晶形态形成混合液晶。

9.6　动力锂电池产业化精细化工产品

全球新能源汽车市场和智能手机市场在过去的十年内发展迅速。全球电动汽车的注册量在 2020 年一年内增加了 41%，截至 2020 年底，全球电动汽车总量已达到 1000 万辆。全球智能手机在 2019 年的出货量达到 1.48 亿部，2020 年受疫情影响略有下降，但依然达到了 1.33 亿部。锂离子电池作为二者的主要部件，其市场也得到了快速增长，2019 年全球锂离子电池市场规模达到 225GW·h，同比增长 15%。2020 年，全球动力电池装车量为 137GW·h，同比增长 17.5%。锂离子电池具有高能量密度、高电压、长寿命、低自放电等优于传统电池的性能，而它的价格优势也让它成为受市场青睐的电池产品。锂电池结构与工作原理如图 9-3

所示。

动力锂电池核心结构包括正极材料、负极材料、电解液和隔膜等。锂电池的正极材料在电池制造成本和质量中占比最大，而其品质直接决定了动力电池产品的安全性、电池能量密度等各项性能，在锂离子电池的发展历程中受到了研究者和企业的广泛关注。以 $LiCoO_2$ 为基础的第一代正极材料出现在20世纪90年代初期，随后，在21世纪早期出现了基于 $LiMn_2O_4$ 和 $LiFeO_4$ 的第二代产品。为了进一步满足人们对高能量密度电池的需求，富含镍的三元正极材料被研发出来，如 $LiNi_{0.8}Co_{0.15}Al_{0.05}O_2$（NCA）、$LiNi_xCo_yMn_{1-x-y}O_2$（NCM）等，NCM811、NCM622 和 NCM532 型正极材料的市场也逐渐扩大。高工产研锂电研究所（GGII）调研数据显示，2019 年中国锂离子电池正极材料出货量 40.4 万吨，同比增长 32.5%。其中，三元正极材料出货量 19.2 万吨，同比增长 40.7%，成为正极材料市场的主要增长点。2020 年中国正极材料出货量 51 万吨，同比增长 27%。近五年内，预测三元正极材料市场会进一步增长，尤其是高镍型三元正极材料可能会成为市场的发展趋势。全球锂电池市场的日益扩大直接促进了制造锂电池的金属原材料的需求的增长，作为相对稀缺的矿藏资源，镍、锂、钴等供给也进一步紧张[3]。

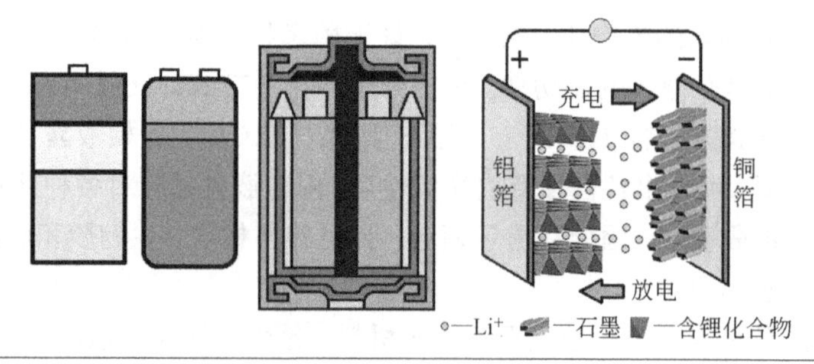

图 9-3　锂电池结构与工作原理示意图

9.6.1　正极材料

钴酸锂 $LiCoO_2$（LCO）正极材料由于其体积能量密度高、工作电压高以及生产操作简单等优点被广泛应用于便携式电子设备，其还具有低自放电、良好的循环性能等特征，然而 $LiCoO_2$ 的实际比容量只能达到其理论值的一半，且 Li^+扩散系数低导致倍率性能差的问题仍然需要进一步解决，成本高、热稳定性差也限制了 $LiCoO_2$ 的应用领域[4]，可以通过电池设计、电池尺寸的调整提高电池散热效果，提升电池热稳定性。

目前主要通过提高截止电压来提高钴酸锂电池的能量密度。提高充电电压，更多的锂离子从晶格中脱出，会引起结构的不稳定；材料表层脱锂程度变高，结构相变从材料表面扩展到颗粒内部；高价态钴不稳定，具有强氧化性，易与电解液反应；钴的溶解伴随着氧的脱出及产气的发生，这些因素都会造成循环寿命缩短、安全性降低，影响高电压钴酸锂的实际应用。为此，研究者提出许多方法进行改进，主流的方法是掺杂、包覆、电解液的优化、功能隔膜的使用。掺杂是通过引入其他元素，掺入材料晶格中，优化体相结构，抑制充放电过程中的相变，从而起到改善循环的作用；包覆是在表层或浅层引入其他元素，优化表面界面结构，抑制表面界面副反应，从而起到改善循环的作用；电解液优化及功能隔膜的使用，提高了电解液及隔膜的抗氧化性，抑制锂枝晶生长，提高安全性能，从而改善循环作用。近年来，研究者们同时进行基于高压钴酸锂表面掺杂、包覆、电解液优化及功能隔膜的使用来解决问题，高压钴酸锂的容量及循环性能得到改善，截止电压得到逐步提高[5]。

镍钴铝酸锂 NCA（$LiNi_xCo_yAl_{1-x-y}O_2$，$x \geqslant 0.8$）材料已成功地应用于特斯拉电动汽车的动力系统，但是仍存在着循环性能差和安全性能不佳等问题，这主要是由以下原因导致：处于高氧化态的 Ni^{3+}和 Ni^{4+}在高温条件下极不稳定，容易与电解液反应，导致材料表面结构发生变化，影响 NCA 材料的比容量和循环性能；Ni^{2+}半径（0.069 nm）与 Li^+半径（0.076 nm）相近，在充电过程中随着 Li^+的脱出，部分 Ni^{2+}迁移至 Li^+空位，产生锂镍混排，导致材料不可逆容量的损失；材料循环过程中形成的微应变会引起晶间裂纹，导致电解液进入晶界，引起材料的结构退化和容量衰减。如上所述，NCA 正极材料的大规模商业应用仍然受到表面副反应、阳离子混排、较差的循环稳定性（尤其在高温或高电压下）、较低的电导率和压实密度等影响。为克服以上缺点，进一步提高 NCA 材料的综合性能，使其拥有更加广阔的应用前景，研究者们从不同角度着手对 NCA 材料进行改性以提高其电化学性能[6]。

镍酸锂 $LiNiO_2$（LNO）具有和 $LiCoO_2$ 相同的晶体结构和 275mA·h/g 的类似理论比容量，与 LCO 相比主要在成本上低很多，但是 LNO 的问题在于 Ni^{2+}有替代 Li^+的倾向，在脱嵌 Li^+的过程中会堵住 Li^+的扩散通道。安全性和稳定性方面 LNO 比 LCO 更容易造成热失控。另外改性上，在高 SOC 条件下的热稳定性差可通过 Mg 掺杂来改善，添加少量 Al 能提高其热稳定性和电化学性能。

锰酸锂 $LiCoMn_2O_4$（LMO）由于其稳定性和较低的成本优势也得到了广泛的应用，但是其主要缺点是较差的循环性能，原因是在 Li 脱出的过程中其层状结构有变为尖晶石结构的趋势和循环过程中 Mn 的溶解的不利影响。具体讲是由于 Mn^{3+}的歧化反应形成 Mn^{2+}和 Mn^{4+}，二价 Mn 离子可以溶解在电解质中破坏负极的 SEI，所有含 Mn 的正极都存在这个反应。伴随着含 Mn 电极的电池老化，电解质和负极中 Mn 的含量逐渐增加，石墨负极阻抗变大。在改性方面一般采用阳离子掺杂改善 LMO 的高温循环稳定性。

磷酸铁锂 $LiFePO_4$（LFP）拥有良好的热稳定性和功率性能，其主要缺点是较低的电位和较差的离子导电性。对 LFP 进行纳米化、碳包覆和金属掺杂是提高其性能的方法。如果不用碳包覆纳米化的 LFP，将性能较好的导电剂混合使用也同样可实现良好的导电性。通常纳米化的 LFP 电极材料的低压实密度限制了 LFP 电池的能量密度。

9.6.2　负极材料

锂电池负极材料一般具备如下特点：具有较高的充放电可逆容量，放电循环特性良好，能快速使放电电压达到平衡，基本不与电解液反应，相容性好，资源丰富，成本低廉。目前商业化的负极材料是碳材料，主要包括石墨化碳、无定形碳和碳纳米管等；正在探索的非碳负极材料主要有硅基材料、锡基材料、新型合金、氮化物等。

（1）碳材料

① 碳布。随着可卷曲、可折叠、可穿戴及植入式电子设备的出现，柔性自支撑电极材料的研究也备受瞩目。碳布是一种商用机织物，由于其高导电性、多孔网络、大表面积、良好的机械柔韧性和强度，被认为是构建柔性电极的优秀基材。近年来，各种活性物质如金属单质、金属化合物以及复合物直接生长或涂敷在碳布表面。当用作锂/钠离子电池负极时，它们表现出优异的机械稳定性和电化学性能[5]。为了获得高电化学性能的自支撑电极材料，

更多是采用水热法、溶剂热法、电化学沉积法、气相沉积法等技术手段，在碳布或改性后的碳布上负载活性物质后再用作电极材料[7]。

② 石墨。作为负极材料导电性好，石墨具有良好的层状结构，同一碳层的碳原子呈等边六角形排列，而层与层之间靠分子间作用力即范德华力结合，适合锂离子的插入和脱插，理论容量为372mA·h/g，是首先被商业化和人们所熟知的负极材料，也是最成功的嵌入型负极材料。锂离子嵌入后可生成层状 LiC_6，有优异的嵌/脱锂动力学性能，是比较完美的负极材料。但是，理论电压也接近锂金属的剥离电压。特别是在高倍率下，这可能会导致析出锂枝晶而造成安全问题。石墨在嵌/脱锂过程中会有小幅体积膨胀，这可能会导致石墨结构的损坏，材料的比容量因此会慢慢降低，表现为循环性能不佳。此外，石墨在嵌锂过程，也就是放电过程中会在负极表面生成钝化层，也就是固体电解质界面膜（SEI 膜）。SEI 膜只允许锂离子通过而不让电子和电解质分子通过，因而显得非常特殊[8]。

③ 无定形碳材料。主要由低温热处理含碳前驱体而得，其结晶度（即石墨化程度）低，与电解液的相容性好，比石墨的理论容量高得多，但首次充放电的不可逆容量较高，输出电压较低，无明显的充放电平台电位。研究表明，无定形碳材料的比容量和热处理温度有很大关系。在 1000℃以下热处理得到的无定形碳材料比容量在 500～1000mA·h/g，但是该类材料的循环性能均较差，随循环次数的增加可逆容量迅速衰减到初始容量的一半以下。另外，无定形碳材料存在电压滞后现象，锂插入时，主要是在 0.3V 以下出现，而在脱出时则有相当大的一部分在 0.8V 以上。低温无定形碳材料的首次充放电效率比较低，特别是组装成锂离子电池后，实际容量还不如高温石墨化碳材料。

④ 碳纳米管。近年来发现的一种新型碳晶体材料，它是一种直径在几纳米至几十纳米、长度为几十纳米至几十微米的中空管，主要分为多壁碳纳米管和单壁碳纳米管。多壁碳纳米管的结构对比容量和循环寿命有很大影响，石墨化程度低的可逆容量大，第一次循环时可达640mA·h/g，石墨化程度高的可逆容量低，第一次循环容量仅有282mA·h/g，同时二者均存在明显的电压滞后现象。单壁碳纳米管可以认为是一层墨片辊压而成的圆柱体，直径一般为1～2nm。锂插入到单壁碳纳米管中时，可逆容量的范围一般为 460～1000mA·h/g，但是第一次循环的不可逆容量较大。总之，碳纳米管作为负极材料显示出特有的性能，由于碳纳米管可以制成薄膜，显然作为微型电池的负极材料具有相当的吸引力。但是碳纳米管的比表面积很大，因此首次不可逆容量都很大，降低不可逆容量是今后碳纳米管的改进方向。

⑤ 碳纳米纤维。采取静电纺丝技术和碳化制备工艺，增强碳负极材料定向传导电子的能力，降低电阻，同时提高倍率性能，能够在锂离子电池充放电过程中满足锂离子的嵌入与脱嵌要求，为开发出容量更大、循环性能更好的锂离子电池提供依据。近年来有关碳基复合纳米纤维的研究不断增加，利用电纺丝技术和碳化工艺制备碳纳米纤维，以聚丙烯腈（PAN）为原料，通过调节预氧化温度和时间、碳化温度和时间，对得到的碳纳米纤维的形貌结构等性能进行测试分析，研究碳化工艺对碳纳米纤维的性能影响，得到最佳碳化参数，将材料用于锂离子电池负极，研究其电化学性能。

（2）非碳材料

① 硅材料。硅材料作为一种有望替代商业化石墨的最具潜力的锂离子电池负极材料，具有高的理论容量（4200mA·h/g）和适宜的电压平台，在新一代二次锂离子电池负极材料领域的应用备受瞩目。但是硅负极材料在使用过程中由于一直面临以下问题，限制了其商业

化应用：在嵌锂过程中，平均每个硅原子与 4.4 个锂原子结合，其体积效应高达 300%以上，因此，电极材料在充放电过程中可能损坏，最终导致电池循环效率的降低；硅材料，尤其是纳米级别的硅颗粒，在电化学反应中的烧结团聚现象会造成电池负极可逆容量的衰减；硅材料的本征电导率较低（6.7×10^{-4}S/cm），造成材料本身的导电性较差，影响电极的倍率性能；现有硅纳米材料的制备方法通常比较复杂，成本较高[9]。

② 木质素。木质素具有许多吸引人的特性，包括高碳含量、高热稳定性、生物降解性、抗氧化活性和良好的硬度。这些优点促使人们将木质素尝试用于储能领域的研究。木质素天然的高含碳量和充足的芳环单元、酚羟基、碳碳共轭双键等多种活性基团，通过氧化还原、光解、磺化、缩聚或接枝共聚等化学反应能带来分子和晶体结构的设计灵活性，这些化学多样性对于制备具有特殊功能的电池以及超级电容器电极材料具有不可比拟的优势。例如，使用木质素作为原电池和可充电电池的电极、双电层电容器和电化学赝电容器的电极，以及为不同类型的燃料电池供电等。已有研究表明木质素是一种锂离子电池可行的前体或原料，可用于制备高性能电化学能源材料和组件，如负极材料[10]。

③ 钛化合物。作为负极材料具有较高的锂离子插入平台，钛化合物在充放电过程中可以有效避免锂金属的沉积，因此提高了电极材料的安全性。钛化合物负极材料被认为是锂离子电池负极材料的理想选择。其中，TiO_2 具有安全性高、锂存储电压平台合适、充放电结构稳定、原料价格低、制备方法简单易行、理论电化学性能指标高等优点。此外，作为锂离子电池的负极材料，TiO_2 具有约 1.75V 的高工作电压，提高了安全性。TiO_2 是多晶型，因为 TiO_6 八面体在三维空间的堆积方式不同，钛阳离子与氧阴离子是六配位的。

形貌对电极材料的电化学性能具有重要影响。与块状材料相比，纳米材料具有锂离子传输路径短、锂离子更容易嵌入和脱出、充放电速度快等优点。此外，纳米材料的表面张力要比普通材料大，具有高比表面积（SSA）的纳米材料可增大反应界面，从而提供更多的扩散通道，进而具有较大的锂存储容量。因此，纳米工程和形貌控制是提高 TiO_2 基负极材料的锂储存性能的关键手段[9]。

④ 金属合金。在具有储锂活性的金属基础上加入另外一种或几种非活性物质作为载体形成的复合材料，通常载体比较软，有利于缓解锂插入过程中产生的应变，同时提供较好的导电性。载体的可延展性大大减小，锂插入和脱离过程中产生的体积变化，可提高循环性能。这种负极材料优点是：加工性能好、导电性好、对环境的敏感性没有碳材料明显、具有快速充放电能力等。按基体材料可分为：锡基合金、锑基合金、硅基合金、锗基合金、铝基合金等。尽管新型合金材料的容量较高，但是合金的形成分解过程导致了金属颗粒的粉化，加上仍然存在的体积变化，使合金材料较难进入实际应用领域。

9.6.3　锂离子电池隔膜

隔膜虽然不参与锂离子电池的电化学反应，但其可以为电池的正极和负极提供物理屏障，因其具有一定的机械强度和热稳定性，可以在极端条件下保持尺寸稳定，防止隔膜破裂导致 2 个电极产生物理接触，造成电池短路；隔膜具有多孔性以及电解液吸收和保留能力，可以为电解液中的锂离子在正负两极之间的传输提供路径，在电池充放电周期中传输离子，保障电池的正常运行，因此隔膜的存在对电池性能和电池安全性起着至关重要的作用。目前，锂离子电池隔膜的材料主要是聚乙烯、聚丙烯等聚烯烃类物质，但聚烯烃基隔膜的孔隙率通常不超过 50%，热稳定性差，对极性液体电解质的润湿性差，极易造成锂离子电池电阻高、能量密度低等问题，随着隔膜工艺技术的进步，改性聚烯烃隔膜、非织造布隔膜以及纤维素纸基隔膜不断被人们研究和开发，对锂离子电池隔膜的改进与发展具有十分重要的意义[11]。

9.6.4 锂离子电池电解液介质

锂离子电池电解液通常由锂盐和混合有机溶剂组成，起到连接电池正负极和传输锂离子的作用，很大程度地影响着锂离子电池的功率密度、倍率、高低温及循环性能。高功率锂离子电池中电解液也发挥着重要的作用，对电解液的各项成分进行合理的优化和调整能够有效提高其耐高压性能和倍率性能，进而实现输出功率的提升。

（1）锂盐

锂盐应用于锂离子电池需满足以下条件：在有机溶剂中具有较高的溶解度，Li^+易于解离，在电解液中具有较高的电导率；具有较高的抗氧化还原稳定性，与有机溶剂、电极材料和电池部件不发生电化学和热力学反应；环境友好，易于制备、提纯和产业化。六氟磷酸锂（$LiPF_6$）是锂离子电池电解液中最常用的锂盐，具有良好的电化学稳定性和电导率，且分解产物有利于形成稳定的 SEI 膜；其主要缺点在于热稳定性较差，在溶液中的分解温度仅约为 130℃。常见锂盐还包括高氯酸锂（$LiClO_4$）、六氟砷酸锂（$LiAsF_6$）、四氟硼酸锂（$LiBF_4$）等。$LiAsF_6$热稳定性好、不易分解，但 As 元素有剧毒；$LiClO_4$电导率适中，但是作为一种强氧化剂存在电池安全问题；$LiBF_4$低温性能好、电导率高，电化学窗口宽，热稳定性好，但单独使用时不易在负极表面形成稳定的 SEI 膜。新型锂盐有双三氟甲基磺酰亚胺锂（LiTFSI）、双氟磺酰亚胺锂（LiFSI）、二氟草酸硼酸锂（LiDFOB）、二草酸硼酸锂（LiBOB）和氟烷基磷酸锂（LiFAP）等。LiTFSI 抗氧化性和热稳定性强，但存在对正极集流体的腐蚀问题。LiFSI 与 $LiPF_6$相比具有更优的热稳定性、水解稳定性和更高的离子电导率，在碳酸乙烯酯（EC）/碳酸甲乙酯（EMC）（体积比为 3∶7）混合溶剂中的离子电导率的顺序为 LiFSI > $LiPF_6$ > LiTFSI > $LiClO_4$ > $LiBF_4$，具有良好的低温倍率性能，同时不存在腐蚀正极铝箔的问题。LiFAP 憎水性强，不易发生水解，在有机溶剂中具有较高的离子电导率，具有较好的抗氧化性和热稳定性。LiBOB 稳定性较高，分解温度可达 302℃，但与某些正极材料如钴酸锂的匹配度不高。LiDFOB 是一种比 LiBOB 更易溶于有机溶剂的硼系锂盐，其电解液在较宽温度范围内具有较高的离子电导率。此外，LiBOB 和 LiDFOB 还是良好的电解液成膜添加剂[12]。

（2）有机溶剂

锂离子电解质溶液的物理化学性能及电池的电化学性能与溶剂的性质密切相关，合适的溶剂选择能够有效提升电池的高功率性能。通常溶剂的选择应符合下述基本要求：至少有一种组分溶剂具有较高的介电常数，使溶剂体系具有足够高的溶解锂盐的能力；具有较低的黏度使电解液中的 Li+更容易迁移；对电池的各个组分都是惰性的，在电池工作电压范围内与正负极有良好的兼容性；有较低的熔点、较高的沸点和闪点，无毒无害、成本较低。

常用的有机溶剂有碳酸酯类、醚类和砜类等。碳酸酯分为链状碳酸酯和环状碳酸酯，链状碳酸酯包括碳酸二甲酯（DMC）、碳酸二乙酯（DEC）和碳酸甲乙酯（EMC）等，环状碳酸酯包括碳酸乙烯酯（EC）和碳酸丙烯酯（PC）等。链状碳酸酯具有较低的介电常数、较低的黏度和较窄的液态温区；环状碳酯具有较高的介电常数、较高的黏度、较高的熔点和沸点，所以一般在电解液中会采用链状和环状混合的碳酸酯类溶剂。醚类则具有比较适中的介电常数和比较低的黏度。传统的碳酸酯类溶剂由于其耐高压性能有限，故而新型高电压溶剂（如氟类溶剂、砜类溶剂等）的开发、混合溶剂的使用以及对常规有机溶剂的改性成为高功率锂离子电池电解液溶剂方面研究的重点。

研究人员研究了亚硫酸二甲酯（DMS）、环丁砜（TMS）和亚硫酸二乙酯（DES）等砜类溶剂，将 LiBOB、$LiPF_6$和 LiTFSI 等锂盐分别加入 TMS/DMS（体积比为 1∶1）和 TMS/DES（体积比为 1∶1）混合溶剂中，发现电解液的室温离子电导率均超过 3mS/cm，电压窗口均超过 5.4V，显示了砜类溶剂优异的耐高压性能。砜类溶剂的不足在于其黏度较大，通常需要助溶剂。此外，砜类还可用作电解液添加剂来匹配三元高电压正极材料。LiDFOB-EC/EMC/DMS 电解液促进了 SEI 膜的成膜作用，提升了电解液的电导率[12]。

（3）添加剂

添加剂是锂离子电池电解液中占比最小的成分，但是其重要性却不可忽略。根据组成分类，电解液可分为含硫添加剂、有机磷类添加剂、含硼类添加剂、碳酸酯类添加剂。根据功能分类，添加剂可分为成膜添加剂、离子导电添加剂、阻燃添加剂、过充保护添加剂、控制电解液中酸和水含量的添加剂等，对于高功率锂离子电池来说，更为关注前两者。主要的负极成膜添加剂包括碳酸亚乙烯酯（VC）、亚硫酸丙烯酯（PS）、亚硫酸乙烯酯（ES）和氟代碳酸乙烯酯（FEC）等，而三氟乙基甲基碳酸酯（FEMC）、双氟草酸硼酸锂（LiDFOB）、双草酸硼酸锂（LiBOB）、三苯基亚磷酸酯（TPP）、三（三甲基硅烷）硼酸酯（TMSB）等用来促进和优化正极 SEI 膜的形成。常用的离子导电添加剂有 12-冠-4 醚、阴离子受体化合物和无机纳米氧化物等，均能有效提高电解液的离子电导率[12]。

参考文献

[1] 郝跃. 高效能半导体器件进展与展望[J]. 重庆邮电大学学报（自然科学版），2021，33（6）：885-890.

[2] 张洋，杨卫平，赵威，等. 聚合物稳定液晶材料研究进展[J]. 功能高分子学报，2021，34（1）：49-65.

[3] 周弋惟，陈卓，徐建鸿. 湿法冶金回收废旧锂电池正极材料的研究进展[J]. 化工学报，2022，73（1）：85-96.

[4] 谭洁慧，邓凌峰，张淑娴，等. 利用微量碳纳米管与石墨烯协同包覆提高 $LiCoO_2$ 正极材料的性能[J]. 材料导报，2022，36（2）：22-27.

[5] 阮丁山，李斌，毛林林，等. 钴酸锂作为锂离子正极材料研究进展[J]. 电源技术，2020，44（9）：1387-1390.

[6] 周心安，傅小兰，王超，等. 高镍三元正极材料镍钴铝酸锂的改性方法[J]. 功能材料，2021，52（1）：1064-1069.

[7] 王娜，费杰，郑欣慧，等. 碳布基自支撑锂/钠离子电池负极材料的研究进展[J]. 材料导报，2023（5）：1-17

[8] 彭盼盼，来雪琦，韩啸，等. 锂离子电池负极材料的研究进展[J]. 有色金属工程，2021，11（11）：

80-91.

[9] 郭致昂，唐博，范保艳，等. 低成本二氧化硅源镁热还原制备锂离子电池多孔硅负极材料的研究进展[J]. 功能材料，2022，53（1）：1055-1063.

[10] 李鹏辉，吴彩文，任建鹏，等. 木质素作为锂离子电池电极材料的研究进展[J]. 储能科学与技术，2022，11（1）：66-77.

[11] 张晓晨，刘文，陈雪峰，等. 锂离子电池隔膜研究进展[J]. 中国造纸：2022，41（2）：104-114.

[12] 陈港欣，孙现众，张熊，等. 高功率锂离子电池研究进展[J]. 工程科学学报，2022，44（4）：612-624.

第 10 章 精细化工产业发展趋势

多年来，世界各国化学工业都将精细化工产业作为石油和化学工业发展的战略重点之一，同时也将精细化工产业发展作为衡量一个国家综合国力与综合技术水平的标志。

20 世纪 50～60 年代以来，科学技术的发展和石油化工产品资源的丰富，为精细化工产业飞速发展提供了物质基础与技术保障，新兴门类、新品种犹如雨后春笋。它们的功能和使用价值不断在市场、应用领域推广与反馈，与时俱进，助推了精细化工产业的内涵式发展。

精细化工产业产品功能的提升、产品种类的丰富辐射带动了农业、医药、纺织印染、皮革、造纸、电子信息产业、新材料、国防等工业的创新发展，同时不断地将人们的衣、食、用水平提高，同时也增强了国民经济整体实力、经济效益、社会效益。精细化工产业的发展，为生物技术、信息技术、新材料、新能源技术、绿色环保等高新技术的发展提供了保证。

精细化工的发展，直接为石油和石油化工三大合成材料的生产及加工、农业化学品的生产，提供催化剂、助剂、特种气体、特种材料（防腐、耐高温、耐溶剂、阻燃剂、膜材料）、各种添加剂、工业表面活性剂、环境保护治理化学品等。保证和促进了石油和化学工业的发展。提高了化学工业及石油化工的加工深度，下游产业链得到不断延伸。

目前，西欧、美国的化工精细化率已达 55%～60%，日本达 60%以上，德国达 65%。而中国目前的精细化率达到 55%左右。

与发达国家相比，我国精细化工产业还存在相当大的差距，主要表现在精细化工的发展水平较低，生产技术相对较落后，产品品种少，精细化、功能化水平较低，产品质量档次不高。据 20 世纪 90 年代统计，世界精细化工产品高达 10 万多种，而中国则不到 2 万种；中国精细化工产品占化学工业产品的比例不到 40%，而美国、德国、日本等发达国家则占到 60%以上；直到目前，中国在精细化工领域的研究开发能力仍然不够强大，开发资金投入严重不足，满足不了精细化工产品尤其是无机精细化工产品日益飞速发展的需要。

当前是科学技术高速发展的信息时代，围绕材料科学、信息科学和生命科学为代表的前沿科学，正在形成规模空前宏大的新技术革命。材料科学技术、信息科学技术、生命科学技术、微电子科学技术、空间技术、国防科学技术等高新技术各领域所需要的无机精细化工产品的种类越来越多、性能越来越高，过去的那些低档次的所谓精细化工产品不可能适合这些高新技术的要求，因而精细化工产品行业既要接受新技术的挑战，又要处理好高新技术给精细化工行业带来的新机遇。高新技术的快速发展，势必会促进精细化工产业产品新品种、新产品的不断增加，对新产品的特征功能的要求肯定会不断攀高，功能化要求也会越来越突出[1]。

精细化工产业的发展，主要体现在对于市场需求的满足，以及自身产品功能提升带来其他产业效率的提高，这些需要依赖精细化工产业产品物质结构的创新与科学的优化设计。物质结构的创新与优化设计需要有特定结构的原料作为基础，再加上相应技术、过程智能控制与管理的创新，精细化工产业才能不断焕发生机，蓬勃发展。

10.1 石油资源化深度拓展对精细化工产业的推动

乙烯是石油化工的基本有机原料，目前约有75%的石油化工产品由乙烯生产，它主要用来生产聚乙烯、聚氯乙烯、环氧乙烷、乙二醇、二氯乙烷、苯乙烯、聚苯乙烯、乙醇、醋酸乙烯等多种重要的有机化工产品，实际上，乙烯产量已成为衡量一个国家石油化工工业发展水平的标志。乙烯资源是指从乙烯裂解装置中出来的裂解气体经分离及初步处理后所能得到的各种基础物料，主要是 C_1～C_9 等组分，其中有甲烷、氢气、苯乙烯、丁二烯、甲苯、混合二甲苯、芳烃抽余混合油等。大力开发以乙烯资源为基础的新原料领域，精细化工产业的发展有赖于原料的供应，否则精细化工产业创新发展就成了无源之水。

（1）乙烯生产工艺

到目前为止，世界上98%的乙烯生产采用管式炉蒸汽裂解工艺，还有2%的乙烯生产采用煤（甲醇）制烯烃等其他乙烯生产技术。另外，正在探索或研究开发的非石油路线制取乙烯的方法有：以甲烷为原料，通过氧化偶联（OCM）法或一步法无氧制取乙烯；以生物质乙醇为原料经催化脱水制取乙烯；以天然气、煤或生物质为原料经由合成气通过费-托合成（直接法）制取乙烯等。

① 管式炉蒸汽裂解制乙烯。对于一套乙烯装置来说，裂解炉技术和可操作性是基石。大型化、提高裂解深度、缩短停留时间、提高裂解原料变化的操作弹性已成为裂解炉技术发展的主要趋势。近年来，各乙烯技术专利商在炉膛设计、烧嘴技术、炉管结构、炉管材料、抑制结焦技术等方面均取得了一些进展。已建的最大石脑油裂解炉能力为20万吨/年，最大的乙烷裂解炉能力为23.5万吨/年。

② 石脑油催化裂解制乙烯。石脑油催化裂解是结合传统蒸汽裂解和FCC技术优势发展起来的，表现出了良好的原料适应性和较高的低碳烯烃产率。多年来经过学术界和工业界的不懈努力，取得了许多进展。根据反应器类型，石脑油催化裂解技术主要分为两大类：一类是固定床催化裂解技术；另一类是流化床催化裂解技术。

③ 重油催化裂解制乙烯。我国在重油催化裂解制乙烯领域进行了卓有成效的开发研究并取得了重要进展。中国石化洛阳石油化工工程公司开发了重油接触裂解技术（HCC），中国石化石油化工科学研究院在深度催化裂化技术（DCC）基础上开发了催化热解技术（CPP）。

④ 原油直接裂解制乙烯。为避免依赖于炼油厂或气体加工厂提供原料，一些公司开发出直接裂解原油的工艺，其主要特点在于省略了传统原油炼制生产石脑油的过程，使得工艺流程大为简化。

⑤ 甲醇制烯烃。甲醇制烯烃技术是以天然气或煤为原料转化为合成气，合成气生产粗甲醇，再经甲醇制备乙烯、丙烯的工艺，突破了石油资源紧缺、价格起伏大的限制。

⑥ 生物乙醇制乙烯。乙醇催化脱水制乙烯过程的技术关键在于选用合适的催化剂。已

报道的乙醇脱水催化剂有多种，具有工业应用价值的主要有活性氧化铝催化剂和分子筛催化剂。目前采用生物乙醇脱水路线制乙烯在技术上是可行的，但是尚需解决一些规模化生产的关键技术问题，主要是研究开发低成本乙醇生产技术；研究开发过程耦合一体化工艺技术，对乙醇脱水生产技术进行过程集成化；研究开发高性能催化剂，降低催化剂成本；装置大型化，提高能源综合利用效率，进一步降低生产成本，使生物乙醇制乙烯的生产路线和经济效益能够与当前石油制乙烯的价格持平或更具有经济效益。

天然气水合物（可燃冰），被称为“世界顶级的绿色能源”，燃烧后仅会生成少量的二氧化碳和水，释放的能量比石油、煤炭还高，为精细化工产业发展提供了物质合成原料、能源的跨越发展基础。

（2）乙烯资源化

乙烯资源化是合成功能物质的原料准备阶段，功能物质则决定了精细化工产业化产品质量、产业发展水平，乙烯资源化推动精细化工产业发展，合成功能性物质有以下发展方向：

① 环氧乙烷。环氧乙烷是由乙烯氧化而成，是生产表面活性剂脂肪醇聚氧乙烯醚（AEO）、壬基酚聚氧乙烯醚（NPE）及其他许多精细化工产品的原料，国内乙烯计划联产 1.6 万吨环氧乙烷，这样可按照环氧乙烷产能研发相关功能产品。

② 苯酚、丙酮。以苯与丙烯为原料，进行烷基化反应生成异丙苯，进一步以空气为氧化剂生产过氧化氢异丙苯（CHP），CHP 分解即生成苯酚、丙酮，它是重要的有机化工原料，也可用其来进一步生产交联剂——过氧化二异丙苯（DCP），它是优良的有机过氧化物，可作为高分子材料合成用引发剂、硫化剂及结构交联剂，尤其作为橡胶、塑料的交联剂越来越受到人们重视。

③ 壬基酚。壬基酚是由丙烯三聚获得壬烯，再与苯酚进行烷基化制得。壬基酚是 NPE 的原料，国内紧缺，各地都在计划发展。在丙烯三聚过程中，得到一定比例的四聚物十二烯，由十二烯制得的十二烯烷基酚，可作为润滑油添加剂生产硫化烷基酚盐清净剂。

④ 甲基叔丁基醚（MTBE）。MTBE 是混合 C_4 组分中的异丁烯与甲醇反应而制得。MTBE 可用作无铅高辛烷值汽油添加剂，以提高其辛烷值，同时又是制造纯异丁烯的中间体。它是用部分 MTBE 经裂解后获得纯异丁烯，然后纯异丁烯分别进行烷基化和聚合，其中烷基化可制取叔丁基酚类，可作为抗氧剂的原料，而聚合则可制取低分子量聚异丁烯，供无灰分散剂丁二酰亚胺生产用。

⑤ 丙烯腈。丙烯腈是由丙烯进行氨氧化而制取，丙烯腈一部分作为生产丙烯酰胺的原料，而另一部分可作为茂名乙烯工程或其他乙烯工程拟在建设的 ABS 装置中的原料。

⑥ 丁醇、辛醇。丁醇、辛醇是由丙烯经羰基合成得到正丁醛，然后再分别经过加氢或缩合等步骤，制得丁醇、辛醇。丁醇、辛醇可用作增塑剂和丙烯酸酯的原料。

⑦ 顺酐。顺酐可用来自裂解装置的 C_4 馏分，即经过抽提丁二烯和异丁烯后的 C_4 馏分作原料，在催化剂的存在下，经氧化而成。一部分顺酐可作为生产润滑油中的丁二酰亚胺的无灰分散剂。

⑧ 苯酐。苯酐由邻二甲苯氧化而成。苯酐一部分用作增塑剂原料，生产邻苯二甲酸二辛酯（DOP）或其他邻苯二甲酸酯类，少量用作生产 2-乙基蒽醌的原料。

⑨ 双环戊二烯。由于双环戊二烯在精细化工领域中应用广泛，自 C_9 馏分中单独分离出双环戊二烯加以利用已成为当今广泛采用的方法。

⑩ 异戊二烯。从 C_5 馏分中分离出聚合级异戊二烯并以生产聚异戊二烯合成橡胶为主要目的，可以优先发展需求量大的精细化工产品；用异戊二烯可生产苯乙烯-异戊二烯-苯乙烯嵌段共聚物（SIS）热塑弹性体，可用作黏度改进剂、黏合剂和润滑油添加剂等。异戊二烯是合成香料的重要原料，可合成异戊烯氯、甲基庚烯酮、芳樟醇、月桂烯等中间体，可生产香料 50 余种，广泛用于化妆品、肥皂、洗衣粉、食品、香烟、刷墙粉等。

10.2 新型表面活性剂加速化妆品更新换代

随着全球化妆品市场的成长以及消费者需求的不断增长，全球化妆品市场出现的新的发展趋势值得关注：

① 产品要环保、绿色、可生物降解。随着全球环保呼声的日益高涨，消费者对化妆品安全性要求越来越高，产品发展趋势必须是绿色、环保、可生物降解。源自天然成分和原料的化妆品产品将会越来越多地在市场上出现。

② 产品要对人体绝对安全。化妆品的安全性不仅关系到消费者的身心健康，也关系到企业和行业的生死存亡。就安全的具体措施而言，首先加强行业的自律，要“遵纪守法”，企业要有“全程”管理化妆品的意识，较之以往要更加重视产品上市后的安全，建立相应的预防和危机处理机制。从行政管理的角度而言，政府部门加强市场监管，改革重审批、轻监管的管理模式，加强对消费者消费行为的引导，研究、开发和生产适合不同地区消费者不同需求的产品，加强整个行业从业人员的培训和素质教育，进一步强化对化妆品不良反应的研究。

③ 以天然植物尤其是中草药成分的功效性产品很有发展潜力。以天然植物尤其是中草药成分的功效性产品对中国市场而言最有优势，在应用中草药方面中国具有得天独厚的条件。此外，我国素有“天然药物王国”的盛誉，开发的新产品很容易被消费者接受，在市场推广方面非常容易切入。

④ 抗衰老和防晒将是一个趋势。目前人们生活比较安定和谐，对皮肤抗衰老和美容方面的要求越来越高。这类产品在不久的将来将会突破传统的抗皱和保湿范畴，结合护肤、抗皱、润肤、表皮更新，使用产品后将会使你看起来更具活力。此外，防晒产品市场前景也非常广阔，是化妆品发展一个永恒的主题，必将贯穿到一年四季，因此防晒概念逐步深入人心。而皮肤保湿也仍将是护理用品的一个基本性质，对其概念的深入挖掘将继续主导护肤品的重要特性。

⑤ 功效化妆品被看好。防晒、祛斑、瘦身、美白、抗粉刺、染发以及防脱发等功效性化妆品的发展也是不可或缺的[2]。

10.3 功能高分子材料与智能材料融合发展

功能高分子材料是一类通过在天然或合成高分子主链和侧链上接枝反应性功能基团，使其具有新的诸如催化性、导电性、光敏性、导磁性、生物活性等特殊功能的一类新型高分子。功能高分子材料对物质、能量、信息具有传输、转换或储存的作用，又被称为特种高分子材料或精细高分子材料。功能高分子材料分为反应型功能高分子材料、光功能高分子材料、电磁功能高分子材料、生物医用功能高分子材料等几大类，因其具有催化性、导电性、光敏性、导磁性、生物活性等特殊的功能而备受人们关注。目前对功能高分子材料的研究主要集中在其结构和性能之间的关系上，通过优化功能高分子材料合成方法，开发出新型功能高分子材料，不断扩展其应用领域。

随着功能高分子材料产业的发展、市场功能需求的不断提升、环境要素的变化，功能高分子材料有以下发展趋势：

① 环境降解功能高分子材料。近年来，高分子材料的发展非常迅速，应用也日益广泛，但高分子材料在自然环境中很难分解，造成大量的白色污染，这就使发展可降解高分子材料成为必然趋势。降解高分子材料分为光降解高分子材料和生物降解高分子材料两类。高分子材料通过引入感光基团或添加光敏剂来制备光降解高分子材料，在光的作用下光降解高分子材料的聚合物链断裂，分子量降低。光降解高分子材料主要用于包装材料和农膜，但其应用条件苛刻、价格较贵，因此生物降解高分子材料在近几年更受关注。生物降解高分子材料是指通过生物酶作用或微生物化学作用能够发生降解的高分子。生物降解高分子材料包括淀粉、纤维素、甲壳素、透明质酸等天然高分子材料和乳酸、聚己内酯等合成高分子材料。生物降解功能高分子材料具有质量轻、价格便宜以及易降解等特点而被广泛应用于生物工程和医用降解高分子材料等领域。

② 形状记忆功能高分子材料。形状记忆材料是在改变并固定其形状后，通过改变外界条件（温度、pH、电场力等）能够使其恢复初始形状的材料。形状记忆高分子材料根据引起形状记忆效应条件的不同分为热致感应型、电致感应型、光致感应型和化学感应型，其中热致感应型形状记忆高分子材料应用最为广泛。形状记忆高分子材料具有质量轻、形变量大、成型容易等优点，被用于医疗、包装、建筑等领域。

③ 智能高分子水凝胶。高分子水凝胶是一种由亲水性高分子通过化学或物理交联而形成的具有三维网络结构的聚合物，能够吸收并保持大量的水。高分子水凝胶具有与天然组织相似的微环境，都具有很高的含水量（最高达 99%），在生物医药领域有广泛的应用，如伤口敷料、隐形眼镜、组织工程和药物递送领域。当高分子水凝胶所处的环境（温度、pH、离子浓度、光、磁场、电场和化学物质等）发生变化时，其结构或体积也会产生相应的改变，这种水凝胶被称为智能水凝胶。基于智能高分子水凝胶的刺激响应性，其被广泛应用于传感器、驱动器、药物载体和生物催化等领域。

多功能高分子材料由于其功能的多样化，在生产生活中具有更加广泛的应用。因此，功能高分子材料近年来逐渐向着多功能化方向发展，电磁材料、导电材料、光热材料等相继出现。此外，随着科学技术的不断进步，研究人员对高分子结构与性能之间关系的研究也逐渐深入，制备出越来越多的具有特殊功能的新型功能高分子材料，比如生物高分子材料、隐身高分子材料等，进一步扩大了功能高分子材料的范围。基于对高分子材料应用方面的更高要求，为克服高分子材料强度低、易老化、使用寿命短等缺点，兼有传统功能（电功能、光功能等）和特殊功能（自修复、形状记忆功能等）的功能高分子材料将是未来材料的研究方向。相信随着对高分子材料结构的深入研究，兼有两种或两种以上功能的高分子材料将进一步被扩展，有望应用于航空航天、医疗、食品、工业等各个领域[3]。

10.4 电子产品产业化精细化工产品

目前，随着化石燃料（煤炭、石油、天然气等）的不断消耗以及带来的环境污染问题，人们对可再生清洁能源（太阳能、风能等）的需求越来越大，这也是社会可持续发展的必然选择。然而，新能源迅速发展的同时，“三弃（弃风、弃光、弃水）”现象正持续恶化。储能是实现新能源多功能、绿色和高效利用的重要环节，受到全世界关注，也引起了研究人员的广泛兴趣。储能技术可分为电化学储能、机械储能和电磁储能三大类。其中，最重要的是电化学储能，它利用特定化学反应将电能、热能、机械能等转化成化学能储存起来。电化学储能因其技术成熟、成本低、商业化应用范围广等特点，普遍用于航空航天、电力系统、电动汽车、便携式电子产品等领域[4]。

10.5 纳米材料与纳米技术

纳米材料被誉为 21 世纪的新材料，广泛应用于化工、电子、国防、陶瓷等领域。传统的纳米材料制备方法存在粒径控制较困难、批次间重复性差、放大效应等不足。过程强化技术是化学工程学科的研究前沿和热点方向之一，旨在通过在生产过程中采用新工艺、新设备等手段，实现缩减操作单元、减小设备体积、提高生产能力及能量利用效率的目的，是实现化工过程安全、高效、绿色的重要途径。过程强化技术不仅在制备时间和能源利用效率等方面明显优于常规方法，还可以得到特殊形态和性能的纳米材料。过去二十年中，过程强化技术广泛应用于纳米材料的小试和规模化制备，并取得了良好的经济及社会效益，引起越来越多科学研究者的重视。以超重力、微化工、微波、超声、等离子体技术、离子液体为代表，强化技术在纳米材料制备领域中的应用及相关研究备受关注[5]。

纳米材料是指三维尺度中至少有一维处于纳米尺寸（1～100nm）的材料，或由它们作为基本单元构成的材料。有的学者将尺寸在数百纳米范围内的材料也统称为纳米材料。研究表明，含能材料的安全性、热稳定性、输出能量、临界直径和短脉冲起爆等性能均与材料粒度密切相关，随着粒度减小特别是到纳米级后，其撞击、摩擦、冲击波等长脉冲感度显著降低，安全性增加；能量利用率大幅提升，输出能量增大；分解活化能和热分解温度下降，热分解活性提高；短脉冲起爆感度增加，起爆可靠性增强。因此，通过含能材料的结构设计和纳米技术的应用，可显著提升材料性能并促进武器的发展。微纳米含能材料在冲击片雷管始发装药、逻辑网络炸药、传爆药、主炸药及推进剂等领域都有重要应用前景，纳米技术已在含能材料领域得到高度重视和广泛应用，成为含能材料领域最富活力和关注的研究方向之一。

纳米尺度铝、镁、硼、氢化物等高活性物质的应用是利用纳米技术提升含能材料性能的一个重要途径。纳米铝粉具有表面活性大、爆热高、点火能量较低、价格较低廉等优点，成为高威力弹药的重要和首选材料。数据表明，纳米铝粉可显著提高含铝炸药的综合爆轰性能，在 TNT 等较低爆速炸药体系中，纳米铝粉基炸药配方的爆速、爆压、爆热均高于相同用量的微米铝粉基配方，纳米铝粉的应用也使高爆速炸药体系的综合爆轰性能得以提高。铝粉颗粒越细，其在爆轰反应区参加反应的程度越高、能量释放越快，纳米铝粉基复合炸药表现出更短的反应时间和更高的爆轰反应程度，因而爆轰性能及做功能力较含相同比例的微米级铝粉复合炸药明显提高。

微纳米材料技术是促进炸药、推进剂等领域创新发展的重要基础与支撑，其在含能材料领域的应用将显著提升传统含能材料的综合性能，应用前景广阔。但含能材料的性能受到组分状态和微观结构的显著影响，相容性良好及组分均匀接触的纳米含能体系才能发挥出更优的综合性能。另外，目前纳米含能材料的制备规模过小，限制了其应用范围。未来研究重点是解决好纳米材料的活性保护、复合含能体系的均匀性和大批量、低成本纳米含能材料的规模制备等问题[6]。

10.6　清洁生产理念在精细化工产业化中的应用

绿色是地球生命的象征，绿色是持续发展的标志。

人类已跨入新的世纪，科学技术正以前所未有的速度突飞猛进地发展。绿色化学是 20 世纪 90 年代出现的一个多学科交叉的新研究领域，已成为当今国际化学化工研究的前沿，是 21 世纪化学科学发展的重要方向之一。绿色化学研究的目标就是运用现代科学技术的原理和方法从源头上减少或消除化学工业对环境的污染，从根本上实现化学工业的“绿色化”。

走经济和社会可持续发展的道路。从科学观点看，绿色化学是对传统化学思维的创新和发展，是更高层次的化学科学；从环境观点看，它是从源头上消除污染，保护生态环境的新科学和新技术；从经济观点看，它是合理利用资源和能源，实现可持续发展的核心战略之一。从某种意义上来说，绿色化学是对化学工业乃至整个现代工业的革命。因此，绿色化学及应用技术已成为各国政府、企业和学术界关注的热点。

1995 年 3 月 16 日美国政府设立“总统绿色化学挑战奖”，奖励旨在利用化学原理从根本上减少与消除化学污染物所取得的成就，目前更名为“美国绿色化学挑战奖”。从 1996 年起每年颁奖一次。1999 年英国皇家化学会创办了 *Green Chemistry* 国际杂志。瑞典、荷兰、意大利、德国、丹麦等国家积极推行清洁生产工艺技术，实施废物最小化评估办法，取得了很大的成功。短短几年在绿色化学领域所取得的成就足以证明化学家们有能力对我们生存的地球负责。绿色化学是对人类健康和生存环境有益的正义事业!

我国由于人口基数大，资源相对紧缺，生态环境的破坏和污染日趋严重。因此，大力发展绿色化学化工是实现我国社会和经济可持续发展的必由之路。2021 年 10 月 24 日，中共中央、国务院联合印发《关于完整准确全面贯彻新发展理念做好碳达峰碳中和工作的意见》。2021 年 10 月 26 日，国务院印发《2030 年前碳达峰行动方案》。碳达峰是指我国承诺 2030 年前，二氧化碳的排放不再增长，达到峰值之后逐步降低；碳中和是指企业、团体或个人测算在一定时间内直接或间接产生的温室气体排放总量，通过植物造树造林、节能减排等形式，抵消自身产生的二氧化碳排放量，实现二氧化碳“零排放”。

绿色化学又称环境无害化学、环境友好化学、清洁化学。绿色化学是一种对环境友好的化学过程，其目标是利用可持续发展的方法来降低维持人类生活水平及科学进步所需化学品与过程所使用和产生的有害物质。而在其基础上发展起来的技术称为绿色技术、环境友好技术或清洁生产技术，其核心是利用化学原理从源头上减少或消除化学工业对环境的污染。其内容包括重新设计化学合成、制造方法和化工产品来根除污染源，是最为理想的环境污染防治方法。是实现“碳达峰、碳中和”的核心关键技术。不同能源、资源绿色循环示意图如图 10-1 所示。

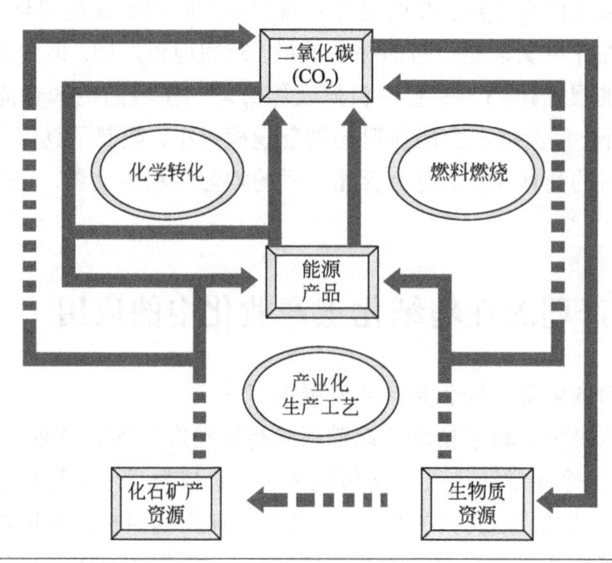

图 10-1　不同能源、资源绿色循环示意图

绿色清洁生产遵循以下原则:

① 防止废物的生成比在其生成后再处理更好;

② 设计的合成方法应使生产过程中所采用的原料最大量地进入产品之中，即提高原子的经济性;

③ 设计合成方法时，只要可能，不论原料、中间产物和最终产品，均应对人体健康和环境无毒、无害（包括极小毒性和无毒）;

④ 化工产品设计时，必须使其具有高性能或高效的功能，同时也要减弱其毒性;

⑤ 应尽可能避免使用溶剂、分离试剂、助剂等，如不可避免，也要选用无毒无害的助剂;

⑥ 合成方法必须考虑合成过程对成本与环境的影响，应设法降低能耗，最好采用在常温、常压下的合成方法，即提高能源的经济性;

⑦ 在技术可行和经济合理的前提下，原料要采用可再生资源代替消耗性资源;

⑧ 在可能的条件下，尽量不用引入新功能团的衍生物，如限制性基团、保护/去保护作用、临时调变物理化学工艺;

⑨ 合成方法中采用高选择性的催化剂比使用化学计量助剂更优越;

⑩ 化工产品要设计成在其使用功能终结后，它不会永存于环境中，要能分解成可降解的无害产物;

⑪ 进一步发展分析方法，对危险物质在生成前实行在线监测和控制;

⑫ 优化生产过程中化学物质的选择，使化学意外事故（包括渗透、爆炸、火灾等）的危险性降到最低。

10.6.1　绿色精细化工技术[7]

当前，我国精细化工产业化面临资源和环境等方面的重大挑战，绿色精细化工技术对于环境的保护和经济的发展具有至关重要的作用，是精细化工产业化可持续发展的必然选择。精细化工绿色化程度需用原子经济性、综合能耗以及全生命周期低碳等指标进行衡量。

精细化工产业的绿色发展是在传统发展模式基础上进行的绿色创新与发展，其内涵是提高能源效率、加强生态环境保护、控制温室气体排放，并从分子水平合成功能物质、原子经济精细化工、CO_2循环等方面促进传统精细化工等化石资源产业转型升级，从而实现绿色化与可持续创新发展。其绿色化程度需用原子经济性、综合能耗以及全生命周期低碳等指标进行衡量。目前，实现绿色化的 3 个基本途径是低碳化、清洁化和节能化。绿色精细化工技术是指在绿色化学基础上开发的从源头上阻止环境污染的精细化工技术。这类技术最理想是采用“原子经济”反应，即原料中的每一原子转化成产品，不产生任何废物和副产品，实现废物的“零排放”，不采用有毒有害的原料、催化剂和溶剂，并生产环境友好的产品[1]。绿色精细化工技术主要围绕能源资源多元低碳化、生产分离清洁化、过程控制节能化来发展。

能源资源多元低碳化是指用无碳、低碳可再生能源或其他新能源来替代高碳的煤炭或石油资源，以及通过 CO_2 的减排和利用，实现整个工艺流程的低碳排放。由于化工产品的生产过程是一个对环境产生影响和作用的过程，因此采取过程低碳、产品低碳和全生命周期低碳的概念来分析生产低碳化，可以从系统宏观的角度出发，综合分析产品与环境的效应以及对社会的影响。例如，新技术，催化反应技术、新分离技术、环境保护技术、分析测试技术、微型化工技术、空间化工技术、等离子化工技术、纳米技术等；新材料，功能材料（如光敏树脂、高吸水性树脂、记忆材料、导电高分子）、纳米材料、绿色建材、特种工程塑料、特种陶瓷材料、甲壳素及其衍生物等；新产品，水基涂料、煤脱硫剂、生物柴油、生物农药、磁性化肥、无滴薄膜、生长调节剂、无土栽培液、绿色制冷剂、绿色橡胶、生物可降解塑料、纳米管电子线路、新配方汽油、新的海洋生物防垢产品、新型天然杀虫剂产品等；催化剂，生物催化剂、稀土催化剂、低害无害催化剂（如以铑代替汞盐催化剂制乙醛）等。

化石资源的低碳化涉及含碳物质从加工、利用、碳固定到碳循环全过程。在过去，石化产业主要以石油与煤炭等高碳资源为原料，而且在含碳物质加工过程中，产生的 CO_2 直接排放到空气中，造成温室效应。未来，石化产业将加大生物质等低碳可再生资源的利用规模，并将生产过程中的 CO_2 经过化学转化或光合作用实现再利用，不仅提高碳资源的利用效率，还减少 CO_2 净排放。

生产分离清洁化是指通过降低原材料的毒性和能源资源的消耗，实现废物减量化、资源化和无害化，从而降低对环境的污染。其中，化学品制造所产生的污染不仅来源于原料和产品，更多的是源自其制造过程中使用的有机溶剂。大量挥发性溶剂的使用，有的会引起地面臭氧的形成，有的会引起水源污染，因此，改进传统的溶剂、选择对环境无害的溶剂以及开发无溶剂反应是绿色化学的重要研究领域。目前，超临界流体、离子液体以及水作为反应介质在化学合成领域引起广泛关注。例如：清洁原料，农林牧副渔产品及其废物、清洁氧化剂（如双氧水、氧气）等；清洁能源，氢能源、醇能源（如甲醇、乙醇）、生物质能（如沼气）、煤液化、太阳能等；清洁溶剂，无溶剂、水为溶剂、超临界流体为溶剂等；清洁设备，特种材质设备（如不锈钢、塑料）、密闭系统、自控系统等；清洁工艺，配方工艺、分离工艺（如精馏、浸提、萃取、结晶、色谱等）、催化工艺、仿生工艺、有机电合成工艺等。

过程控制节能化是指加强用能管理，采用技术上可行、经济上合理以及环境和社会可以承受的措施，减少从能源生产到消费各个环节中的能源损失和浪费，更加有效、合理地利用能源。一方面，采用高效节能设备（如高效分馏塔、换热器、空冷器、泵、压缩机、加热炉等）可产生直接明显的节能效果；另一方面，以节能、降耗、环保、集约化为目标的化工过程强化技术,是有望解决化学工业“高能耗、高污染和高物耗”问题的最有效技术手段之一。采用超重力、膜过程耦合、微化工、磁稳定床、等离子体、微波辐射技术等过程强化技术，开发出新型、高效的生产工艺，或对传统工艺改造和升级，可使化工过程的能耗、物耗和废物排放大幅减少。例如：节能技术，燃烧节能技术、传热节能技术、绝热节能技术、余热节能技术、电力节能技术等；节水技术，咸水淡化技术，避免跑、冒、滴、漏技术，水处理技术，水循环使用和综合利用技术等；生化技术，生化合成技术、生物降解技术、基因重组技术等；三废治理，综合利用技术、废物最小化技术、必要的末端治理技术等；化工设计，绿色设计、虚拟设计、原子经济性设计、计算机辅助设计等。

10.6.2 绿色精细化工技术实例

精细化工生产涉及原料、过程和产品等多个方面,绿色化技术研究集中在以下几个方面:

（1）原料绿色化、深度改性

随着化石资源的减少，有关可再生生物质碳资源的转化利用引起全球的广泛关注，目前生物质能已经成为世界各国转变能源结构的重要战略措施，许多新兴生物质能技术正处于研发示范阶段，可望在未来 10～20 年内逐步实现工业化应用。我国的生物质能技术的开发和利用正快速发展[8]。利用近/超临界甲醇醇解技术，成功开发了以地沟油、酸化油、餐饮废油等废弃油脂、动物脂肪和林木油脂等为原料的生物柴油新技术——SRCA 生物柴油绿色工艺；国内外一些研究者提出了基于催化加氢过程的生物柴油合成技术路线，动植物油脂通过加氢脱氧、异构化等反应得到类似柴油组分的直链烷烃，形成了第二代生物柴油制备技术。

以粮、糖、油类农作物为原料制取生物乙醇或生物柴油等已进入商业化早期阶段，相对于传统的石油生产汽油和柴油,生物质原料生产生物乙醇或生物柴油的过程更为节能、绿色，生产同样热值（1MJ）的生物乙醇所需要的能量为利用石油生产同样热值汽油所需能量的 5%～20%[9]。

纤维素转化是生物质利用的重要方向，主要包括气化制合成气、液化或热裂解制燃料和裂解油、水解为葡萄糖或木质素后再转化制乙醇或芳烃等。纤维素大分子中具有 C—O、C—C、C—H、O—H 等多种化学键，其选择性断键生成特定化学品是生物质催化领域的挑战。研究人员研究开发了 Ni-W_2C/AC 双功能催化剂,可一步转化纤维素为乙二醇,且产率可达 50%～74%；发明了选择氢解、近临界水条件下水解耦合加氢等纤维素绿色解聚转化为多元醇的新方法，发展了从纤维素直接选择性合成丙二醇、甘油催化氧化合成乳酸等生物质化学品的新途径，其催化剂 WO_3-Ru/C 能实现糖分子中的 C—C 键的选择性断裂；发现 Pb（Ⅱ）可高效催化纤维素直接转化制乳酸，使用微晶纤维素时乳酸产率达 60%以上，该催化体系还可将未经纯化的甘蔗渣、茅草和麸皮等直接转化为乳酸[10-13]。

（2）绿色反应工艺路线

精细化工过程的绿色化，就是要利用全新的绿色精细化工技术，符合原子经济性的工艺路线，并在源头上减少或消除有害废物的产生，减少副产物的排放，最终实现零排放。开发的己内酰胺绿色生产技术，通过单釜连续淤浆床与钛硅分子筛集成用于环己酮氨肟化合成环己酮肟，非晶态合金催化剂与磁稳定床集成用于己内酰胺加氢精制，工业实施后，使装置投资下降 70%，生产成本下降 10%，原子利用率由 60%提高到 90%以上，三废排放是国外引进技术的 1/200，产生了重大经济效益和社会效益。己内酰胺绿色生产技术的开发，践行了绿色化学的理念，是绿色化学的成功范例[14]。

（3）设备效率优化

精细化工产品产业化设备效率的优化提升是实现过程节能、低碳的重要手段。例如氯碱制备技术，通过离子膜法生产技术取代隔膜法制备氯碱，能够降低电耗；开发出用沉淀反应与无机膜分离耦合的盐水精制新技术，解决了传统盐水精制工艺存在的工艺流程长、生产不稳定等问题，另外，他们还将反应-膜分离耦合技术用于钛硅分子筛催化环己酮氨肟化制备环己酮肟中，有效地解决了催化剂的循环利用问题，缩短了工艺流程，实现了生产过程的连续化[15,16]。超重力旋转填充床反应器技术可有效地解决微观分子混合和传递限制导致的反应与分离过程效率低下的问题。微化工系统是通过精密加工制造出的带有通道、筛孔及沟槽等微结构的反应、混合、换热、分离装置，促成微米尺度分散的单相或多相体系的强化反应和分离过程[17]。此外，光催化、微波、等离子体等反应技术目前也是绿色化工技术的前沿热点。例如，甲烷部分氧化制甲醇过程大多在高温、高压条件下进行，且甲醇的选择性较低，采用光催化氧化法将甲烷直接转化为甲醇，该过程不需要氧气，避免了深度氧化，并且有效利用丰富廉价的水和太阳能资源，这将是研究甲烷合成甲醇的重要方向之一[18-21]。

（4）反应介质绿色化

传统精细化工过程使用大量有毒有害的挥发性溶剂，造成了严重的污染和浪费。绿色溶剂的有效利用不仅可减少环境污染，同时利用其特性还可以优化和强化许多化学化工过程，减少能源和资源消耗，并且可以实现一些传统条件下难以实现或无法进行的化学过程。因此，为了从源头上消除污染和安全隐患、节省资源，很多学者在以 CO_2、H_2O 和离子液体为代表的绿色溶剂替代有害溶剂的性质研究和有效利用方面开展了大量工作。

10.6.3　绿色精细化工技术发展趋势

绿色精细化工技术是精细化工产业可持续发展的一种新策略，绿色碳科学理念是其基础，作为新兴的前沿学科，必将成为 21 世纪精细化工产业技术发展的主流之一。对于未来绿色精细化工技术的发展，建议应重视以下几个方面的研究开发。

突出从原料到精细化工产品的直接制备、转化技术，提高产业化生产工艺过程的“原子经济”性。从绿色角度来看，很多传统精细化工功能物质分子结构的有机合成需要两步甚至三步反应才能完成，将多步反应改成一步的原子经济反应，实现功能物质分子结构从原料到目标产品直接转化技术，是精细化工科研工作者追求的不变主题。当然，要用单一的反应来实现原子经济性十分困难，甚至是不可能的，但可以充分利用相关化学反应的集成，即把一个反应排出的废物作为另一个反应的原料，从而实现封闭循环，实现精细化工产业化生产的零排放。

重视从原料精制与分离、生产工艺过程、产品提纯等精细化工全过程中能量的精细化使用和回收再利用，开发碳循环全过程中能量消耗最低技术。通过开发节能减排的新型工艺和技术，替代能耗高、CO_2排放量大的传统技术，合理利用太阳能、氢能、风能、地热能、热能，减少精细化工产业化过程中的碳排放。

强化精细化工产业链末端CO_2的集中收集、处理、转化、利用技术。通过开发高效的催化材料，解决高效活化、定向转化CO_2等关键科学问题，促进光催化以及电化学方法等再生能源技术在产生CO_2精细化工产品生产过程中的应用，以追求精细化工整个产业化系统排放的CO_2的量最低。

深化石油化工产业链，合成更多结构多样、功能丰富的功能性物质。建立以功能物质为目标的石油化工产业链延伸的创新模式，根据实际精细化工产品功能不断提升，及时建立具有相应功能的化合物合成工艺，产业化生产创新功能物质，形成“市场需求决定产品”的不断创新、持续提升的产业化绿色精细化工理念。

加快新能源、资源的勘探发掘，寻找石油、煤等化石能源、资源的创新替代品。新的能源、资源在物质组成、能量含量、环境影响、化学结构等方面与传统能源都有本质区别，将会给功能物质合成路线、能量利用过程、工艺废弃物回收净化带来提升与创新，实现精细化工产品产业化过程本质、根源绿色化。

参考文献

[1] 徐旺生，康顺吉. 无机精细化工新产品的研究开发现状与展望[J]. 无机盐工业，2013, 45（12）: 1-5.

[2] 日用化学工业编辑部. 化妆品市场发展趋势[J]. 日用化学工业，2012, 42（1）: 54.

[3] 韩超越，候冰娜，郑泽邻，等. 功能高分子材料的研究进展[J]. 材料工程，2021, 49（6）: 55-65.

[4] 余彦，胡勇胜. 蓬勃发展的电化学储能材料[J]. 硅酸盐学报，2022, 50（1）: 1.

[5] 宋春雨，聂普选，马守涛，等. 典型过程强化技术在纳米材料制备中的应用进展[J]. 过程工程学报，2021, 21（4）: 373-382.

[6] 曾贵玉，齐秀芳，刘晓波. 含能材料领域的几类颠覆性技术进展[J]. 含能材料，2020, 28（12）: 1211-1220.

[7] 杨贺勤，刘志成，谢在库. 绿色化工技术研究新进展[J]. 化工进展，2016, 35（6）: 1575-1586.

[8] 吴创之，周肇秋，阴秀丽，等. 我国生物质能源发展现状与思考[J]. 农业机械学报，2009, 40（1）: 91-99.

[9] Farrell A E, Plevin R J, Turner B T, et al. Ethanol can contribute to energy and environmental goals[J]. Science, 2006, 311: 506-508.

[10] Ji N, Zhang T, Zheng M Y, et al. Direct Catalytic conversion of cellulose into ethylene glycol using nickel-promoted tungsten carbide catalysts[J]. Angew Chem Int Ed, 2008, 47（44）: 8510-8513.

[11] Wang A Q, Zhang T. One-pot conversion of cellulose to ethylene glycol with multifunctional tungsten-based catalysts[J]. Acc Chem Res, 2013, 46（7）: 1377-1386.

[12] Luo C, Wang S, Liu H C. Cellulose conversion to polyols catalyzed by reversibly-formed acids and supported ruthenium clusters in hot water[J]. Angew Chem Int Ed, 2007, 46: 7636-7639.

[13] Yan N, Zhao C, Luo C, et al. One step conversion of cellobiose to C6-alcohols using a ruthenium nanocluster catalyst[J]. J Am Chem Soc, 2006, 128: 8714-8715.

[14] 孙斌，程时标，孟祥堃，等. 己内酰胺绿色生产技术[J]. 中国科学（化学），2014, 44（1）: 40-45.

[15] 徐南平，邢卫红. 一种膜过滤精制盐水的方法：CN1868878A[P]. 2009-02-11.

[16] Zhong Z X, Xing W H, LiuU X, et al. Fouling and regeneration of ceramic membranes used in recovering titanium silicalite-1 catalysts[J]. J Membrane Sci, 2007, 301：67-75.

[17] 尧超群，乐军，赵玉潮，等. 微通道内气-液弹状流动及传质特性研究进展[J]. 化工学报, 2015, 66（8）：2759-2766.

[18] 陈自力. 甲烷液相催化氧化制甲醇的工艺研究[D]. 西安：西北大学, 2008.

[19] 晏丽红. 膜催化技术用于甲烷转化反应的研究进展[J]. 天津化工, 2004, 18（3）：1-4.

[20] 陈希慧，李树本，王永忠，等. MoO_3/TiO_2 和 WO_3/TiO_2 光催化分子氧氧化甲烷的活性[J]. 分子催化 2000, 14（4）：245-246.

[21] Noceti R P, Taylor C E. Method for the photocatalytic conversion of methane：US5720858[P]. 1998-02-24.

[6] [illegible] Membrane Sci, 2007 [illegible]

[7] [illegible]

[8] [illegible] 2008.

[9] [illegible]

[10] [illegible] 2000 [illegible] 245-[illegible]

[11] [illegible] Taylor C E. Method for the photochemical conversion of methane: US5720858[P]. 1998.